21 世纪全国本科院校土木建筑类创新型应用人才培养规划教材

# 水分析化学

主　编　宋吉娜
副主编　李秀芳

## 内容简介

本书系统地阐述了化学分析和仪器分析的基本理论及在水分析中的应用。通过对本书内容的学习，可以使学生学习和掌握水分析化学的基础理论，并通过理论学习培养学生独立分析和解决实际水质问题的能力。本书共分11章，内容包括：绪论、定量分析概论、酸碱滴定法、络合滴定法、沉淀滴定法、氧化还原滴定法、电化学分析法、吸收光谱法、色谱法、原子吸收光谱法、水质分析实验，并附有计算题参考答案和附录。

本书既可作为给排水科学与工程、环境工程等专业本科生的专业教材，也可作为广大从事相关专业的科研人员、工程技术人员的参考书。

**图书在版编目(CIP)数据**

水分析化学/宋吉娜主编. —北京：北京大学出版社，2013.1
(21世纪全国本科院校土木建筑类创新型应用人才培养规划教材)
ISBN 978-7-301-21507-4

Ⅰ.①水… Ⅱ.①宋… Ⅲ.①水质分析—分析化学—高等学校—教材 Ⅳ.①O661.1

中国版本图书馆CIP数据核字(2012)第259565号

**书　　名：水分析化学**
著作责任者：宋吉娜　主编
策 划 编 辑：伍大维
责 任 编 辑：伍大维
标 准 书 号：ISBN 978-7-301-21507-4/TQ·0010
出 版 发 行：北京大学出版社
地　　址：北京市海淀区成府路205号　100871
网　　址：http://www.pup.cn　新浪官方微博：@北京大学出版社
电 子 信 箱：pup_6@163.com
电　　话：邮购部62752015　发行部62750672　编辑部62750667　出版部62754962
印 刷 者：三河市北燕印装有限公司
经 销 者：新华书店
787毫米×1092毫米　16开本　22印张　513千字
2013年1月第1版　2013年1月第1次印刷
定　　价：42.00元

# 前　　言

水分析化学是给排水科学与工程专业主要的专业基础课，也是科研单位、工矿企业从事水质研究、监测、处理的主要理论基础。本书以分析化学基本理论为基础，紧密结合现行水质标准及国家相应规范要求介绍主要化学滴定法和仪器分析法等方面的内容，并全面、系统地介绍了分析化学的各种方法在水质分析、检测中的应用，将理论与实践有机地结合起来。

本书以国际单位制和国家标准规定的测定方法、术语准则编写，内容力求实用，语言力求通俗易懂，重点力求突出。在内容上既注重必要的基本理论、基本知识，又立足于实用性、操作性，力求理论结合实际。为便于读者系统复习，各章末都配有一定数量不同难易程度的习题，并附有答案，以便读者自学时参考。

本书由宋吉娜任主编，李秀芳任副主编。具体分工如下：河北工程大学宋吉娜(第1、4、7、11章)，河北工程大学杨晶(第2章)，河北联合大学杨永(第3章)，徐州工业职业技术学院李秀芳(第5、6章)，河北工程大学岳晓鹏(第8、9、10章)。宋吉娜对全书进行了统稿、审核和定稿。

本书在编写中吸取了许多同类优秀教材的长处，在此致以衷心的感谢!

由于编写水平有限，书中难免存在一些疏漏，恳请广大读者给予批评指正。

编　　者

2012年9月

# 目　录

# 第1章 绪论

## 教学目标

本章主要讲述水分析化学的概述。通过本章学习，应达到以下目标。

(1) 熟悉水分析化学的分类。

(2) 熟悉常用的水质指标，了解主要的水质标准。

(3) 掌握产生误差的原因、误差和偏差的有关计算、精密度和准确度的关系，熟悉提高准确度的方法。

(4) 熟悉有效数字的判定及运算规则。

(5) 熟悉可疑值的取舍、有限量试验数据的统计处理、显著性检验。

(6) 熟悉一元线性回归方法。

## 教学要求

| 知识要点 | 能力要求 | 相关知识 |
|---|---|---|
| 水分析化学的分类 | 熟悉水分析化学的分类 | (1) 化学分析、仪器分析<br>(2) 常量、半微量、微量、超微量分析 |
| 水质指标和水质标准 | (1) 熟悉常用的水质指标<br>(2) 了解主要的水质标准 | (1) 浊度、色度、残渣、电导率、氧化还原电位<br>(2) 碱度、硬度、微生物指标 |
| 定量分析误差 | (1) 掌握产生误差的原因<br>(2) 掌握精密度和准确度<br>(3) 熟悉提高准确度的方法 | (1) 系统误差、偶然误差<br>(2) 精密度与误差、准确度与偏差 |
| 分析结果的数据处理 | (1) 熟悉有效数字及其运算规则<br>(2) 了解分析数据的处理 | (1) 有效数字<br>(2) 可疑值的取舍<br>(3) 置信度和置信区间<br>(4) 显著性检验 |
| 一元线性回归分析 | 熟悉回归方法 | (1) 相关系数<br>(2) 回归方程 |

### 引例

水是人类赖以生存的基本条件，但世界上水资源是有限的，我国更为贫乏。中国是一个干旱缺水严重的国家。淡水资源总量为28000亿立方米，占全球水资源的6%，仅次于巴西、俄罗斯和加拿大，居世界第四位，但人均只有2200立方米，仅为世界平均水平的1/4、美国的1/5，在世界上名列121位，是全球13个人均水资源最贫乏的国家之一。扣除难以利用的洪水径流和散布在偏远地区的地下水资源后，中国现实可利用的淡水资源量则更少，仅为11000亿立方米左右，人均可利用水资源量约为900立方米，并且其分布极不均衡。到20世纪末，全国600多座城市中，已有400多个城市存在供水不足问题，其中比较严重的缺水城市达110个，全国城市缺水总量为60亿立方米。

## 1.1 水分析化学的性质和任务

水分析化学是研究水及其杂质、污染物的组成、性质、含量和它们的分析方法的一门学科。它的任务包括：

(1) 鉴定各种用水的水质(杂质种类及浓度)是否满足用水的要求。

(2) 按照用水排水的需要，对水质进行分析，以指导水处理的研究、设计及运行过程。

(3) 为了对人类的环境进行保护，防止水被污染，而对江、河、湖、海及地下水、雨水、生活污水及工业废水等水体进行经常性的水质监测。

水分析化学是给排水科学与工程、环境工程等专业的一门专业技术课。通过本课程的学习，使学生掌握本专业所必需的水质分析的基本原理、基本知识和基本技能，培养学生严谨的科学作风和实事求是的科学态度、独立分析问题和解决实际问题的能力，能运用水质指标和水质分析综合资料，指导水处理的方法、设计及运行管理，并对水资源进行有效的保护和合理地开发提供科学依据。

## 1.2 水分析化学的分类

研究水中杂质、污染物质的组分、含量等方法是多种多样的。按照分析任务(或目的)分为定性分析、定量分析与结构分析；按照分析对象分为无机分析和有机分析；按照分析方法的原理分为化学分析和仪器分析；按照试样用量分为常量分析、半微量分析、微量分析、超微量分析等。

### 1.2.1 化学分析法和仪器分析法

1. 化学分析法

化学分析法是以物质的化学反应为基础的分析方法。被分析的物质称为试样(或样品)，与试样起反应的物质称为试剂。根据定性分析反应的现象和特征鉴定物质的化学组成；根据定量分析反应中试样和试剂的用量，测定物质组成中各组分的相对含量。前者属于化学定性分析，后者为化学定量分析。化学定量分析又分为重量分析与滴定分析。

通过化学反应及一系列操作步骤使试样中待测组分转化为另一种纯净的、组成固定的单一的相(一般是沉淀)，然后通过天平称量并计算出该组分含量。这样的分析方法叫重量分析法。按分离方法的不同可分为沉淀法、气化法、电解法和萃取法等。

将已知准确浓度的试剂溶液和被分析物质的组分定量反应完全，根据反应完成时所消耗的试剂溶液的浓度和用量，计算出被分析物质的含量。这样的分析方法叫滴定分析法。

2. 仪器分析法

仪器分析法是以物质的物理或化学性质为基础，采用各种不同仪器进行分析测定的方法。这类方法是利用能直接或间接地表征物质的各种特性(如物理的、化学的、生理性质等)，通过探头或传感器、放大器、分析转化器等转变成人可直接感受已认识的关于物理成分、含量、分布或结构等信息的分析方法。仪器分析法除了可用于定性和定量分析外，还可用于结构、价态、状态分析，微区和薄层分析，微量及超痕量分析等。

根据分析原理和仪器的不同，包括光谱分析法、色谱分析法、质谱分析法、电化学分析法、放射分析法、流动注射分析法、联用分析法以及其他仪器分析法等几大类。

### 1.2.2 常量、半微量、微量与超微量分析

1. 根据试样用量的多少分

根据试样用量的多少，分析方法可分为常量分析、半微量分析、微量分析和超微量分析。各种方法所需试样量见表1-1。

**表1-1 各种分析方法的取样量**

| 方法 | 试样重量/mg | 试样体积/mL |
| --- | --- | --- |
| 常量分析 | ＞100 | ＞10 |
| 半微量分析 | 10～100 | 1～10 |
| 微量分析 | 0.1～10 | 0.01～1 |
| 超微量分析 | ＜0.1 | ＜0.01 |

在无机定性分析中，多采用半微量分析方法；在化学定量分析中，一般采用常量分析方法。进行微量分析及超微量分析时，多需采用仪器分析方法。

2. 根据试样被测组分的百分含量分

根据试样被测组分的百分含量，分析方法可粗略地分为常量组分分析、微量组分分析及痕量组分分析。各种分析相对含量见表1-2。

**表1-2 各种分析方法的相对含量**

| 分类名称 | 相对含量/% |
| --- | --- |
| 常量组分分析 | ＞1 |
| 微量组分分析 | 0.01～1 |
| 痕量组分分析 | ＜0.01 |

痕量组分的含量还常用：百万分率(ppm，parts per million；$10^{-6}$ w/w 或 V/V)、十亿分率(ppb，parts per billion；$10^{-9}$ w/w 或 V/V)及万亿分率(ppt，parts per trillion；$10^{-12}$ w/w 或 V/V)表示，它们是百分含量的一种表示方法。

## 1.3 水质指标和水质标准

### 1.3.1 水质指标

水质是指水及其中杂质共同表现的综合特征。水质指标是衡量水中杂质的尺度，能够具体表明水中杂质的种类和数量，包括物理、化学、微生物学等指标。有些水质指标是直接由某一种物质的含量来表示的，如铅、六价铬、挥发酚等；有些水质指标是根据某一种类杂质的共同特性用间接的方式来表示其含量的，例如，水中有机物的类型繁多，不可能也没必要对它们逐个进行定性、定量的测定，而是用高锰酸盐指数、化学需氧量(COD)和生物化学需氧量(BOD)等水质指标来表示有机物的污染状况；还有些水质指标则是用配制的标准溶液作为标度来表示其含量的，如浑浊度、色度等。

1. 物理指标

1）水温

水的物理化学性质与水温有密切关系。水中溶解性气体(如氧、二氧化碳等)的溶解度，水中生物和微生物活动，非离子氨、盐度、pH 以及碳酸钙饱和度等都受水温变化的影响。

温度为现场监测项目之一，常用的测量仪器有水温计和颠倒温度计，前者用于地表水、污水等浅层水温的测量，后者用于湖库等深层水温的测量。此外，还有热敏电阻温度计等。

2）臭

臭是检验原水和饮用水水质的必需项目。检验臭对不同水处理方法的效果的评价有意义，并可作为追查污染源的方法之一。水中产生臭的一些有机物和无机物，主要是由于生活污水和工业废水的污染、天然物质的分解或细菌活动的结果。某些物质的浓度只要达到每升十分之几微克时即可察觉。然而，很难鉴定产生臭物质的组成。

臭的强度尚无标准单位，一般是检查人员依靠自己的嗅觉，在 20℃和煮沸后稍冷闻其臭，用适当的文字描述臭特征，若从强度上鉴别，可按表 1-3 中 6 个等级报告臭强度。

表 1-3　臭强度等级

| 等级 | 程度 | 说明 |
| --- | --- | --- |
| 0 | 无 | 无任何气味 |
| 1 | 微弱 | 一般饮用者难以觉察，嗅觉灵敏者可以察觉 |
| 2 | 弱 | 一般饮用者刚能察觉 |
| 3 | 明显 | 已能明显察觉，不加处理不能饮用 |
| 4 | 强 | 有很明显的臭味 |
| 5 | 很强 | 有强烈的恶臭 |

臭味的强度也可用“臭阈值”表示。所谓“臭阈值”系指水样经无臭水稀释到刚能闻到臭气时的稀释倍数。此法适用于近无臭的天然水至臭阈值高达数千的工业废水。

$$臭阈值=\frac{A+B}{A} \tag{1-1}$$

式中：$A$——水样体积(mL)；

$B$——无臭水体积(mL)。

例如，20mL水样稀释至200mL时闻到臭气，则臭阈值为10。

如果出现水样浓度低时闻出臭气(用“＋”表示)，而浓度高时未闻出臭气(用“－”表示)，此时以开始连续出现“＋”的那个水样的稀释倍数作为臭阈值。该水样的臭阈值用几何均值表示，几何均值等于$n$个检验人员测得的臭阈值数字积的$n$次方根。例如，5位检验人员测量水样的臭阈值分别为4、8、2、2、8，则

$$臭阈值=\sqrt[5]{4\times8\times2\times2\times8}=4$$

3）色度

纯水为无色透明。清洁水在水层浅时应为无色，深层为浅蓝绿色。天然水中存在腐殖酸、泥土、浮游生物、铁和锰等金属离子均可使水体着色。纺织、印染、造纸、食品、有机合成工业的废水中，常含有大量的染料、生物色素和有色悬浮微粒等，因此，常常是使环境水体着色的主要污染源。有色废水常给人以不愉快感，排入环境后又使天然水着色，减弱水体的透光性，影响水生生物的生长。

水的颜色定义为“改变透射可见光谱组成的光学性质”，可区分为“表观颜色”和“真实颜色”。“真实颜色”指去除浊度后水的颜色。测定真色时，如水样混浊，应放置澄清后，取上清液或用孔径为0.45$\mu$m滤膜过滤，也可经离心后再测定。没有去除悬浮物的水所具有的颜色，包括了溶解性物质及不溶解的悬浮物所产生的颜色，称为“表观颜色”，测定未经过滤或离心的原始水样的颜色即为“表观颜色”。对于清洁的或浊度很低的水，这两种颜色相近。对着色很深的工业废水，其颜色主要由胶体和悬浮物所造成，故可根据需要测定“真实颜色”或“表观颜色”。

测定清洁的天然水和饮用水的色度，通常采用铂钴比色法。用氯铂酸钾($K_2PtCl_6$)与氯化钴($CoCl_3$)混合液作为比色标准，称为铂钴标准。规定每升溶液中含有2mg六水合氯化钴(Ⅱ)(相当于0.5mg钴)和1mg铂［以六氯铂(Ⅳ)酸的形式］时产生的颜色为1度。测定时，水样与铂钴色度标准比较颜色，水样颜色与多少度的标准相当，这时铂钴标准的度数就是所测水样的度数。

铂钴比色法为测定色度的标准方法，该法操作简便，色度稳定，标准色列如保存适宜，可长期使用。但其中所用的氯铂酸钾太贵，大量使用时很不经济。铬钴比色法是用重铬酸钾($K_2Cr_2O_7$)和硫酸钴($CoSO_4\cdot7H_2O$)配制标准比色系列，原料宜得，精密度与准确度和铂钴比色法相同，只是标准色列的保存时间较短。

4）浊度

天然水和废水由于含有各种颗粒大小不等的不溶解物质，如泥土、细砂、有机物和微生物等而会产生浑浊现象。水样浑浊的程度可用浊度的大小来表示。所谓浊度是指水中的不溶解物质对光线透过时所产生的阻碍程度。也就是说，由于水中有不溶解物质的存在，使通过水样的部分光线被吸收或被散射而不是直线穿透。因此，浑浊现象是水样的一种光学性质。

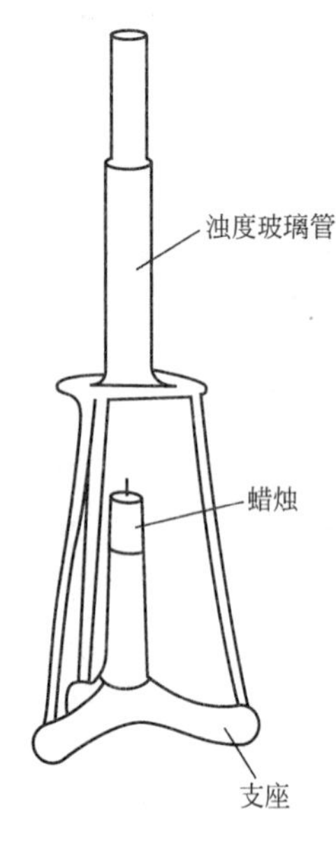


图 1.1　烛光浊度计

一般来说，水中的不溶解物质越多，浑浊度也越高，但两者之间并没有直接的定量关系。因为浊度是一种光学效应，它的大小不仅与不溶解物质的数量、浓度有关，而且还与这些不溶解物质的颗粒大小、形状和折射指数等性质有关。

各种水的浊度相差甚大，因此浊度的测定方法也应根据不同的水质来选用不同的仪器和方法。最常用的方法有下面两类。

(1) 目视法。

① 烛光浊度计法。烛光浊度计法是最早采用而且至今仍在使用的一种测定浊度的标准仪器和标准方法。它由三个基本部件组成：标准浊度玻璃管、支座和蜡烛(图 1.1)。标准浊度玻璃管要用精细磨制的光学玻璃，并应符合纳氏比色管的质量要求。最初管上的刻度是根据纯标准二氧化硅浑浊液(1mg/L $SiO_2$＝1 度)来标刻的。表 1－4 为标准浊度玻璃管的光程和浊度的对照略表。后来的浊度管就是按此表刻制的。为使用方便起见，标准浊度玻璃管分长管和短管两种：长管可测 25～1000 度的水样；短管则适于测 100～1000 度的水样。蜡烛要用蜂蜡或鲸蜡制成，每小时的燃烧量应为 7.3～8.1g。

表 1－4　标准浊度管的光程和浊度

| 光程/cm | 浊度/度 | 光程/cm | 浊度/度 |
|---|---|---|---|
| 2.3 | 1000 | 26.5 | 80 |
| 2.9 | 800 | 34.1 | 60 |
| 4.5 | 500 | 39.8 | 50 |
| 7.3 | 300 | 48.1 | 40 |
| 10.8 | 200 | 61.8 | 30 |
| 21.5 | 100 | 72.9 | 25 |

注：光程从玻璃管的内底算起。

烛光浊度计可以直接来测量 25 度以上的水的浊度。这种浊度计也称为杰克逊烛光浊度计(Jackson Candle Turbidimeter)，由此测得的浑浊度为杰克逊浊度单位(JTU，Jackson Turbidity Units)。

② 比浊法。浊度在 0～100 度的水样可用比浊法来测定。这种方法是将已知浑浊度的标准浑浊液按不同的浊阶配制成标准比浊系列。10～100 度者用容量为 1L 的均质无色玻璃瓶比浊，0～10 度者用纳氏比色管比浊。

在实际测定中，标准浑浊液无需再用粒径要求严格的纯二氧化硅来配制，而可用高岭土、漂白土等来代替。配好的浑浊液应该用烛光浊度计来标定，然后再将它稀释配制成各标准比浊系列。因此，用比浊法测得的浊度也是杰克逊浊度单位(JTU)。

(2) 散射法。

浊度小于 25 度，尤其是 5 度以下的水样，用比浊法有时感到不便。散射法是应用光线的散射原理制成的一种浊度计。根据丁道尔效应，散射光强度与悬浮颗粒的大小和总数成比例，即与浊度成比例。散射光的强度越大，表示浊度越高。因此可根据这种散射浊度计来测定水样的浊度，在散射浊度计上测得的浊度称为散射浊度单位(NTU)。

在用散射浊度计测定时，是在同样条件下，用一种标准参考浑浊液的散射光强度与水样的散射光强度进行比较，常用的标准参考浑浊液是由福尔马肼聚合物(FormazinPolymer)配制的。因此又把散射浊度单位称为福尔马肼浊度单位(FTU)，规定 1.25mg 硫酸肼和 12.5mg 六次甲基四胺在 1L 水中形成的福尔马肼聚合物所产生的浊度为 1 度。

散射浊度计与烛光浊度计在光学系统上是有差别的，前者测得的是浑浊物质对光线在一个特定方向(主要是和入射光成 90°角)的散射光强度；而后者是浑浊物质对光线通过时的总阻碍程度，包括吸收和散射的影响。

5) 残渣

残渣分为总残渣、可滤残渣和不可滤残渣三种。总残渣是水或污水在一定温度下蒸发，烘干后剩余在器皿中的物质，包括“不可滤残渣”(即截留在滤器上的全部残渣，也称为悬浮物)和“可滤残渣”(即通过滤器的全部残渣，也称为溶解性固体)。悬浮固体由不溶于水的淤泥、黏土、有机物、微生物等悬浮物质所组成；溶解固体是由溶解于水的各种无机盐类、有机物等所组成。

(1) 总残渣。取一定量均匀的水样，在已称至恒重的蒸发皿中于蒸汽浴或水浴上蒸干，放入 103～105℃烘箱中烘至恒重，增加的质量为总残渣。它表示水中溶解性物质与悬浮物质(包括胶体)的总量。

$$\text{总残渣(mg/L)}=\frac{(A-B)\times 1000\times 1000}{V} \tag{1-2}$$

式中：$A$——水样总残渣及蒸发皿重(g)；

$B$——蒸发皿净重(g)；

$V$——水样体积(mL)。

(2) 总可滤残渣。将过滤后的水样放在称至恒重的蒸发皿内蒸干，在 105～110℃或 180℃烘干至恒重，增加的质量为总可滤残渣。在 180℃烘干的总可滤残渣所得结果与化学分析结果所计算的含盐量比较接近。

(3) 总不可滤残渣。又称悬浮物(SS)，指不能通过孔径为 0.45μm 滤膜的固体物。用 0.45μm 滤膜过滤水样，经 103～105℃烘干后得到不可滤残渣含量。如果悬浮物堵塞滤膜并难于过滤，总不可滤残渣可由总残渣与总可滤残渣之差计算。

地表水中存在悬浮物使水体浑浊，降低透明度，影响水生生物的呼吸和代谢，甚至造成鱼类窒息死亡。悬浮物多时，还可能造成河道阻塞。造纸、皮革、冲渣、选矿、湿法粉碎和喷淋除尘等工业操作中产生大量含无机、有机的悬浮废水。因此，在水和废水处理中，测定悬浮物具有特定意义。

水中残渣还可以根据挥发性分为挥发性残渣和固定性残渣。水样测定总残渣后，于 600℃下灼烧 30min，冷却后用 2mL 蒸馏水湿润残渣，在 103～105℃烘干至恒重，所减少的重量即为挥发性残渣。该指标可粗略代表有机物含量，因为在 600℃下有机物将会全部分解而挥发(由于碳酸盐、硝酸盐、铵盐也会分解，故只是粗略地代表有机物)。固定性残渣则是灼烧后残留物质的重量，可以代表无机物质的多少。

6) 电导率

电导率是指长为 1m、截面积为 1m$^2$ 的溶液的电导，它与水中溶解性固体有密切的关系，可用于监测天然水和纯水中溶解性物质浓度的变化，估计水中离子化物质的数量，因此是估算水体被无机盐污染的指标之一。测定水的电导率还可以检查实验室用水的纯度及校核水分析结果的误差。

电导率的标准单位是 S/m(西门子/米)，一般实际使用单位为 μS/cm。单位间的换算为：

$$1mS/m=0.01mS/cm=10\mu S/cm$$

新蒸馏水电导率为 0.5～2μS/cm，饮用水电导率为 5～1500μS/cm，海水电导率大约为 30000μS/cm，清洁河水电导率为 100μS/cm。电导率随温度变化而变化，温度每升高1℃，电导率增加约 2%，通常规定 25℃为测定电导率的标准温度。

电导率的测定方法是电导率仪法，电导率仪有实验室内使用的仪器和现场测试仪器两种。

7）氧化-还原电位

水体中氧化还原作用通常用氧化-还原电位来表示。但是对于一个水体来说，不仅溶有无机物，还存在有机质和溶解氧，因此其氧化-还原电位并非代表一待定物质的电位，而是多个氧化物质与还原物质发生氧化还原的综合结果(可能已达到平衡，也可能尚未达到平衡)，是水体综合性指标之一。

水体的氧化-还原电位必须现场测定。方法是用贵金属(如铂)作指示电极，饱和甘汞电极作参比电极，测定相对于甘汞电极的氧化还原电位值，然后再换算成相对于标准氢电极的氧化还原电位值作为测量结果。

2. 化学指标

天然水中主要的离子成分有：$Ca^{2+}$、$Mg^{2+}$、$Na^{+}$、$K^{+}$、$HCO_3^-$、$SO_4^{2-}$、$Cl^-$、$SiO_3^{2-}$ 8 种基本离子，再加上起重要作用的 $H^+$、$OH^-$、$NO_3^-$、$CO_3^{2-}$、$F^-$、$Fe^{2+}$ 等，可以反映出水中离子的基本情况。污染严重的天然水、工业废水及生活污水除这些基本离子外，还有其他杂质成分。

主要化学指标有：pH、碱度、酸度、硬度、矿化度、DO、COD、BOD、TOC、TOD 等。

1）pH

pH 是水中氢离子活度或浓度的负对数，$pH=-\lg a_{H^+}$。pH 表示水中酸、碱的强度，是常用的和最重要的检测项目之一。pH=7，水呈中性；pH<7，水呈酸性；pH>7，水呈碱性。在水的化学混凝、消毒、软化、除盐及生物化学处理、污泥脱水等过程中 pH 是一重要因素和指标，pH 对水中有毒物质的毒性和一些重金属络合物结构等都有重要影响。

天然水的 pH 多在 6～9 范围内，这也是我国污水排放标准中的 pH 控制范围。由于 pH 受水温影响而变化，测定时应在规定的温度下进行，或者校正温度。通常采用玻璃电极法和比色法测定 pH。

2）酸度和碱度

水的酸度是水中给出质子物质的总量，水的碱度是水中接受质子物质的总量。酸度和碱度都是水的一种综合特性的度量，只有当水样中的化学成分已知时，它才被解释为具体的物质。酸度和碱度均采用酸碱指示剂滴定法或电位滴定法测定。

地表水中，由于溶入 $CO_2$ 或由于机械、选矿、电镀、农药、印染、化工等行业排放的含酸废水的进入，致使水体的 pH 降低。由于酸的腐蚀性，破坏了鱼类及其他水生生物和农作物的正常生存条件，造成鱼类及农作物等死亡。含酸废水可腐蚀管道，破坏建筑物。因此，酸度是衡量水体变化的一项重要指标。

水中碱度的来源较多，地表水的碱度基本上是碳酸盐、重碳酸盐及氢氧化物。当水中含有硼酸盐、磷酸盐或硅酸盐等时，则总碱度的测定值也包含它们所起的作用。废水及其他复杂体系的水体中，还含有有机碱类、金属水解性盐等，均为碱度组成部分。在这些情况下，碱度就成为一种水的综合性指标，代表能被强酸滴定物质的总和。

3）硬度

总硬度指 $Ca^{2+}$、$Mg^{2+}$ 离子的总量。$Ca^{2+}$ 和 $Mg^{2+}$ 广泛存在于各种类型的天然水中，$Ca^{2+}$ 主要来源于含钙岩石(如石灰岩)的风化溶解；$Mg^{2+}$ 主要是含碳酸镁的白云岩及其他岩石的风化溶解产物。硬度过高的水不适宜工业使用，特别是锅炉作业。由于长期加热的结果，会使锅炉内壁造成水垢，这不仅影响热的传导，而且还隐藏着爆炸的危险，所以应进行软化处理。此外，硬度过高的水也不利于人们生活中的洗涤及烹饪，含有硬度的水可与肥皂作用生成沉淀，造成肥皂浪费，饮用水硬度规定≤450mg/L(以 $CaCO_3$ 计)。

4）矿化度

矿化度是水中所含无机矿物成分的含量，用于评价水中总含盐量，是农田灌溉用水适用性评价的主要指标之一。常用主要被测离子总和的质量表示，对于严重污染的水样，由于其组成复杂，从本项测定中不易明确其含义，因此矿化度一般只用于天然水的测定。对无污染的水样，测得的矿化度值与该水样在 103～105℃时烘干的可滤残渣量值相近。

矿化度的测定方法有质量法，电导法，阴、阳离子加和法，离子交换法，密度计法等。质量法含意明确，是较简单、通用的方法。

质量法的测定原理是取适量经过滤除去悬浮物及沉降物的水样于已称至恒重的蒸发皿上，在水浴上蒸干，加过氧化氢除去有机物并蒸干，移至 105～110℃烘箱中烘干至恒重，计算出矿化度(mg/L)。

5）有机污染物综合指标

有机污染物综合指标主要有溶解氧(DO)、高锰酸盐指数、化学需氧量(COD)、生物化学需氧量($BOD_5$)、总有机碳(TOC)、总需氧量(TOD)等，这些综合指标可作为水中有机物总量的水质指标，将在后续章节中详细介绍。

3. 微生物指标

水中微生物指标主要有细菌总数、总大肠菌群、游离性余氯和二氧化氯。

1）细菌总数

细菌总数是指 1mL 水样在营养琼脂培养基中，于 37℃培养 24h 后，所生长细菌菌落的总数。水中细菌总数用来判断饮用水、水源水、地面水等污染程度的标志。我国饮用水规定细菌总数应≤100CFU/mL。

2）总大肠菌群

总大肠菌群是指那些能在 37℃、48h 之内发酵乳糖产酸产气的、需氧及兼性厌氧的革兰氏阴性的无芽孢杆菌，主要包括有埃希氏菌属、柠檬酸杆菌属、肠杆菌属、克雷伯氏菌属等菌属的细菌。我国饮用水规定总大肠菌群不得检出。

总大肠菌群的检验方法中，多管发酵法可适用于各种水样(包括底泥)，但操作较繁，需要时间较长；滤膜法主要适用于杂质较少的水样，其操作简单快捷。

如果是使用滤膜法，则总大肠菌群可重新定义为：所有能在含乳糖的远腾氏培养基上，于37℃、24h之内生长出带有金属光泽暗色菌落的、需氧的和兼性厌氧的革兰氏阴性无芽孢杆菌。

3）游离性余氯

当氯溶解在水中时，离解成HCl和HOCl：

$$Cl_2 + H_2O \longrightarrow HOCl + HCl$$

次氯酸HOCl部分离解为氢离子和次氯酸根：

$$HOCl \longrightarrow H^+ + OCl^-$$

HOCl和$OCl^-$被称为游离氯。加入到水中的氯大部分用于灭活水中微生物、氧化有机物和还原性物质，为了抑制水中残余病原微生物的复活，出厂水和管网中尚需维持少量剩余氯，称为余氯量。测定方法有：碘量滴定法、DPD(N，N-二乙基-1，4-苯二胺)光度法、N，N-二乙基-1，4-苯二胺-硫酸亚铁铵滴定法。我国饮用水标准规定：出厂水游离性余氯与水接触30min后不应低于0.3mg/L，管网末梢不应低于0.05mg/L。

4）二氧化氯

二氧化氯具有很强的反应活性和氧化能力，在水处理中表现出优良的消毒效果和氧化作用。$ClO_2$不仅能杀死细菌，而且能分解残留的细胞结构，并具有杀死隐孢子虫和病毒的作用。水中$ClO_2$可采用连续碘量法和吸收光谱法测定，出厂水$ClO_2$余量与水接触30min后不应低于0.1mg/L，管网末梢不应低于0.02mg/L。

## 1.3.2 水质标准

无论是作为生活饮用水、工业用水、农田灌溉用水、渔业用水的水源，还是用作航运、旅游等，都有一定的水质要求。即针对不同的用途，要建立起相应的物理、化学和生物学的质量标准，对水中的杂质加以一定的限制；同样，为了保护水体的正常用途，也会对排入水体的污水和废水水质提出一定的限制和要求，这就是水质标准。主要的水质标准如下。

1.《地表水环境质量标准》(GB 3838—2002)

《地表水环境质量标准》是国家环境法规的重要组成部分。它体现了国家环境保护法和水体污染防治法与国家环境政策对地表水环境质量的原则要求。它是地表水环境政策的目标，是各地进行水环境质量评价和进行环境分级管理的准绳，也是制定各类排放标准的执法依据。

《地表水环境质量标准》依据地表水水域使用目的和保护目标将水域功能分为五类，对水质要求、标准的实施和水质监测作了具体的要求。本标准共计109项，其中地表水环境质量标准基本项目23项，集中式生活饮用水地表水源地补充项目4项，集中式生活饮用水地表水源地特定项目50项。

2.《生活饮用水卫生标准》(GB 5749—2006)

生活用水直接关系着人们的日常生活和身体健康，是最基本的卫生条件之一，它的标准是各项水质要求中最基本的。它的制定考虑了以下几个方面的基本要求：①流行病安全；②毒理上可靠；③生理学上有益无害；④感官上良好；⑤使用上方便。

目前执行的《生活饮用水卫生标准》中水质指标共有 106 项。

3. 污水排放标准

随着工农业生产的发展和人口的迅速增加，排放的工业废水和生活污水逐年上升。出于防治措施落后于废水增加速度，绝大多数废水均未处理就直接排入水域，使江、河、湖、海以及地下水都受到不同程度的污染。为了控制水污染，保护地面水水体及地下水体水质的良好状态，保障人体健康，维持生态平衡，国家制定了《污水综合排放标准》(GB 8978—1996)、《城镇污水处理厂污染物排放标准》(GB 18918—2002)。

此外，污水回用有《城市污水再生利用城市杂用水水质标准》(GB/T 18920—2002)，农田灌溉水有《农田灌溉水质标准》(GB 5084—2005)，地下水的开发利用有《地下水水质标准》(GB/T 14848—1993)等。

4. 工业用水水质标准

对各种工业生产用水，也有相应的水质标准。如对纺织印染用水，若水的浑浊度、色度较高，就会在织物纤维上产生斑点，影响织物的质量；对锅炉用水，若水的硬度过高，就会在炉壁上产生水垢，浪费能源，缩短锅炉的使用寿命，甚至发生安全事故；对工业冷却用水，若水的 pH 控制不当，就会腐蚀管道等。各种工业生产用水的水质标准可从专著或文献中查到。

水质标准一般需要经过长期的观察、分析研究，才能制定出合理的标准。随着科技事业的不断发展和人民生活水平的不断提高，各种用水对水质标准的要求也在不断提高，对排放污水、废水中的污染物质的含量规定也更加严格。因此，水质标准要在实践中不断加以总结和修订。

## 1.4 定量分析误差

### 1.4.1 产生误差的原因

按误差的性质，可把误差分为系统误差和偶然误差两类。

1. 系统误差

系统误差也称可测误差或恒定误差。这是由于分析、测定过程中某些经常的、固定的因素造成的，对测定结果有恒定影响，在同一条件的重复操作中可重复出现，从而使得测定结果有系统的偏低或偏高。因此系统误差有一定的规律性、单向性和重复性，系统误差的大小可以测定出来。系统误差按其产生的原因不同又可分为以下几种。

1) 方法误差

方法误差是由于分析方法本身不够完善所造成的。例如，在重量分析中，沉淀的溶解损失或吸附某些杂质而产生的误差；在滴定分析中，反应进行不完全，干扰离子的影响，滴定终点和化学计量点的不符，指示剂选择不当，或其他副反应的发生等。方法误差的存在，使测定结果要么偏高，要么偏低，但误差的方向固定。

2）仪器试剂误差

仪器试剂误差主要是仪器本身不够准确或未经校准所引起的误差。如天平、砝码和量器刻度不够准确等，在使用过程中使测定结果产生误差。

3）操作误差

操作误差又称为主观误差，是在正常操作情况下，由于分析工作者掌握操作规程与控制条件稍有出入而引起的。例如，滴定管读数的偏高或偏低，人的视觉对某种颜色的变化辨别不够敏锐（偏深或偏浅）等所造成的误差。

2. 偶然误差

偶然误差也称不可测误差或随机误差，是由于某些偶然的因素（如测定时环境的温度、湿度和气压的微小波动，仪器性能的微小变化等）所引起的，与人为因素无关，其特点是：有时大，有时小，有时正，有时负，不可测定。偶然误差的影响虽然不一定很大，但不能用加校正值的方法减免。

偶然误差的出现虽然有时无法控制，但如果多次测量就会发现，它们的出现服从统计规律。即大偶然误差出现的概率小，小偶然误差出现的概率大；绝对值相同的正、负偶然误差出现的概率大体相等。因此它们之间常能相互完全或部分抵消，所以可以通过增加平行测定次数，减免测量结果中的偶然误差，也可通过统计方法估计出偶然误差值，并在测定结果中予以正确表达。

3. 过失误差

过失误差是指分析人员工作中的差错所引起的误差，主要是由于分析人员的粗心或疏忽而造成的，没有一定的规律可循。例如，容器不洁净，加错试剂，在称重时砝码读错数值，甚至记录错误或计算错误等，这些错误有时无法找到原因。但是只要在工作中增强责任心，认真细致地做好原始记录，反复核对，过失误差是完全可以避免的。

### 1.4.2 准确度和精密度

1. 准确度与误差

准确度是指测量值与真实值符合的程度。误差是指测定值与真实值之间的差值。准确度的高低用误差来衡量，误差越小，准确度越高；反之，误差越大，准确度越低。

误差常用绝对误差和相对误差来表示。

绝对误差 $E$ 表示测定值（$X$）与真实值（$X_T$）之差，即

$$E=X-X_T \tag{1-3}$$

应该指出，真值是某一物理量本身具有的客观存在的真实数值，是未知的。但真值可由理论真值（如某化合物的理论组成、圆周率 $\pi$ 等）、计量学约定真值（国际计量大会上确定的长度、质量、物质的量单位等）、相对真值［认定精度高一个数量级的测定值作为低一级的测量值的真值（例如国家环保局提供的标准样品含量）］来表示。

相对误差（$RE$）表示绝对误差在真值中所占的百分率，即

$$RE=\frac{E}{X_T}\times100\%=\frac{X-X_T}{X_T}\times100\% \tag{1-4}$$

绝对误差和相对误差都有正有负，当测量值大于真实值时，误差为正值，表示测定结果偏高；反之，误差为负值，表示测定结果偏低。

例如：有甲、乙两人测量物体长度。甲测得物体的长度为20.01cm，该物体的真实长度为20.00cm；乙测得物体的长度为10.01cm，该物体的真实长度为10.00cm。

则甲测得结果的绝对误差＝20.01－20.00＝＋0.01cm

乙测得结果的绝对误差＝10.01－10.00＝＋0.01cm

甲测得结果的相对误差＝＋0.01/20.00×100％＝0.05％

乙测得结果的相对误差＝＋0.01/10.00×100％＝0.10％

甲、乙两人测量的绝对误差相等，但是乙的相对误差是甲的相对误差的2倍，则乙测定结果的准确度要低于甲。因此相对误差能更有效地反映测得结果的准确度。

2. 精密度与偏差

通常用偏差表示分析结果的精密度。偏差是指多次平行测定结果相互接近的程度。偏差小，表示测定结果的重现性好，即各测定值之间比较接近，精密度高。偏差分为绝对偏差和相对偏差。

(1) 绝对偏差。测定值与平均值 $\overline{X}$ 之差。

$$d_{A_i}=X_i-\overline{X} \tag{1-5}$$

式中：$d_{A_i}$——第 $i$ 个测量值的绝对偏差。

(2) 相对偏差。绝对偏差在平均值中所占的百分数。

$$d_{R_i}(\%)=\frac{d_{A_i}}{\overline{X}}\times 100\% \tag{1-6}$$

式中：$d_{R_i}$——第 $i$ 个测量值的相对偏差。

(3) 平均偏差 $\bar{d}$。绝对偏差和相对偏差只能表示个别测量值和平均值的偏离程度，不能表示所有测定结果之间的接近程度。平均偏差是各测量值绝对偏差的绝对值的算术平均值，可以反映一组测定结果之间的接近程度，即精密度的大小。平均偏差数值越小，其测定结果的精密度越高。

$$\bar{d}=\frac{1}{n}\sum_{i=1}^{n}|d_{A_i}|=\frac{1}{n}\sum_{i=1}^{n}|X_i-\overline{X}| \tag{1-7}$$

(4) 相对平均偏差。平均偏差占平均值的百分数。

$$\bar{d}_R(\%)=\frac{\bar{d}}{\overline{X}}\times 100\% \tag{1-8}$$

(5) 标准偏差。表示一组测定数据中各个测量值与平均值之间的离散程度。

如果对同一试样进行平行测定的次数较多，或测定所得数据的分散程度较大时，用标准偏差 $S$ 来表示精密度比用平均偏差好，标准偏差又称为均方根偏差。当测定次数 $n<20$ 时，可按下式计算：

$$S=\sqrt{\frac{\sum_{i=1}^{n}(X_i-\overline{X})^2}{n-1}}=\sqrt{\frac{\sum_{i=1}^{n}d_{A_i}^2}{n-1}} \tag{1-9}$$

当测定次数较多时($n>20$)，标准偏差用$\sigma$表示，其数学表达式为：

$$\sigma=\sqrt{\frac{\sum_{i=1}^{n}(X_i-\mu)^2}{n}} \tag{1-10}$$

$$\mu=\lim_{n\to\infty}\frac{1}{n}\sum_{i=1}^{n}X_i$$

$\mu$为无限多次测定的平均值(总体平均值)，在校正了系统误差的情况下，代表真值。

(6) 相对标准偏差(变异系数)。标准偏差在平均值中所占的百分数。

$$CV(\%)=\frac{S}{\overline{X}}\times 100\% \tag{1-11}$$

**【例1-1】** 测定某亚铁盐中铁的质量分数(%)分别为38.04、38.02、37.86、38.18、37.93。计算平均值、平均偏差、相对平均偏差、标准偏差、相对标准偏差。

**解：** $\overline{X}=\frac{1}{5}(38.04+38.02+37.86+38.18+37.93)\%=38.01\%$

$d_1=38.04\%-38.01\%=0.03\%$

⋮

$d_5=37.93\%-38.01\%=-0.08\%$

$\bar{d}=\frac{1}{5}(|0.03|+|0.01|+|-0.15|+|0.17|+|-0.08|)\%=0.09\%$

$\bar{d}_R(\%)=\frac{0.09\%}{38.01\%}\times 100\%=0.24\%$

$S=\sqrt{\frac{(0.03\%)^2+(0.01\%)^2+(-0.15\%)^2+(0.17\%)^2+(-0.08\%)^2}{5-1}}=0.12\%$

$CV=\frac{S}{\overline{X}}\times 100\%=\frac{0.12\%}{38.01\%}\times 100\%=0.32\%$

3. 准确度与精密度的关系

综上所述，准确度是表示测定结果与真实值的符合程度，精密度是表示各平行测定结果之间的接近程度，精密度与真实值无关。例如，甲、乙、丙、丁4人同时测定同一种铜合金中铜的质量分数(设其真实质量分数为10.00%)，各分析6次，测得结果列入表1-5中，并用图1.2表示。

**表1-5 铜合金的测定结果**

| 分析者 | 编号 | | | | | | $\overline{X}$ |
|---|---|---|---|---|---|---|---|
| | 1 | 2 | 3 | 4 | 5 | 6 | |
| 甲 | 10.06 | 10.08 | 10.10 | 10.12 | 10.14 | 10.16 | 10.11 |
| 乙 | 9.94 | 9.96 | 9.98 | 10.00 | 10.02 | 10.04 | 9.99 |
| 丙 | 9.77 | 9.96 | 9.94 | 10.06 | 10.17 | 10.26 | 10.01 |
| 丁 | 9.94 | 10.06 | 10.16 | 10.27 | 10.37 | 10.42 | 10.20 |

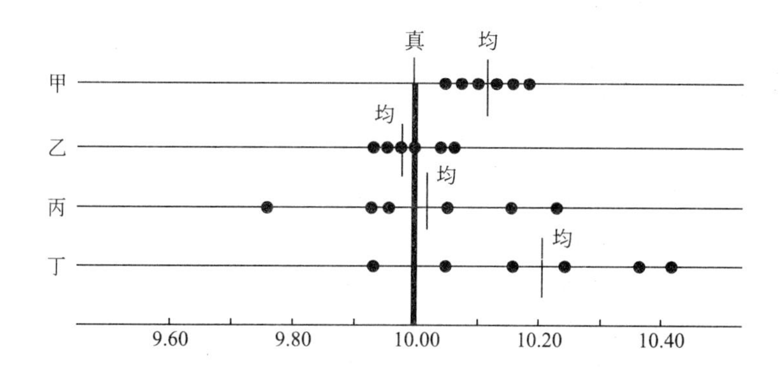


**图 1.2 铜合金分析结果的准确度和精密度**

真—真实值；均—平均值；● —个别测定值

由图 1.2 可知，甲的各个测定结果相差较小，因此精密度高，说明甲测定的偶然误差很小。但甲测定的平均值与真实值相差较大，因此准确度不高，即甲的系统误差较大。乙测定的精密度和准确度都较高，表明系统误差和偶然误差均较小。丙测定的精密度很差，说明偶然误差很大。尽管其平均值接近于真实值，但几个测定的数值彼此间相差较大，只是因为正、负误差相互抵消，才使结果接近真实值。丁测定的系统误差和偶然误差都很大，因此准确度和精密度都很差。

综上可知，精密度高是准确度高的前提，但精密度高不一定准确度高；在消除了系统误差的前提下，精密度高，准确度才会高。

### 1.4.3 提高分析结果准确度的方法

1. 选择合适的分析方法

各种分析方法的准确度和灵敏度是不同的，实际测定中要根据具体情况和要求来选，重量分析和滴定分析的灵敏度虽不高，但对常量组分的测定，能获得比较准确的结果，一般相对误差不超过千分之几；而对低含量、微量或痕量组分的测定，常常测不出来，需用高灵敏度的仪器分析方法测定，仪器分析法在测定常量组分时，结果并不十分准确，但对微量或痕量组分的测定灵敏度较高，尽管相对误差较大，但因绝对误差不大，也能符合准确度的要求。

2. 减小测量误差

为了保证分析结果的准确度，必须尽量减小测量误差。例如，一般分析天平的一次读数产生的绝对误差为±0.0001g，无论采用直接称量法还是采用差减称量法，均要读两次平衡点，所以称量一次试样引入绝对误差最大可能达到±0.0002g。为了使称量的相对误差小于 0.1%，所称重量就不能小于 0.2g。滴定分析中滴定管一次读数误差为±0.01mL，一次滴定中，需读数两次，所以滴定一次引入绝对误差最大可能达到±0.02mL，为使滴定时的相对误差小于 0.1%，消耗滴定剂的体积必须在 20mL 以上，以减小误差。

3. 增加测定次数，减小随机误差

增加平行测定次数可以减少随机误差，使平均值越接近“真实值”。但应注意，测定次数若过多，既耗费时间又耗费药品，准确度提高并不显著，在一般分析中，平行测定3～4次即可，在较高要求的分析中，也只能测定8～10次。

4. 检查并消除测量过程中的系统误差

在实际工作中，有时遇到这样的情况，几次平行测定的结果精密度很好，可是由其他分析人员或用其他可靠的方法进行检查，发现分析结果有严重的系统误差，甚至因此而造成严重的差错。造成系统误差有各方面的原因，通常可根据具体情况，采用以下方法来检验和消除系统误差。

1）对照试验

对照试验是检验系统误差的有效方法。对照试验常有以下几种方式：①用与试样相同的测定方法和测定条件对已知含量的标准试样或纯物质进行测定，将得到的标准试样或纯物质的测定结果与真值进行比较，用显著性检验判断是否有系统误差；②用其他可靠的分析方法和选定分析方法对同一试样进行测定，将所得测定结果加以比较，以判断是否有系统误差；③用同一分析方法，经不同分析人员、不同实验室对同一试样进行对照试验，将所得测定结果加以比较，判断是否有系统误差。

2）回收试验

在无标准试样又不宜用纯物质进行对照试验，或对试样的组成不完全清楚时，则可以采用“加入回收法”进行试验。这种方法是向试样中加入已知量的被测组分，然后用与测定试样相同的方法进行分析，根据分析结果中被测组分含量的增大值，便可计算出分析的误差并对测定结果加以校正。

$$回收率=\frac{测得总量-试样总量}{加入量}\times 100\% \tag{1-12}$$

回收率越接近100%，则分析结果的系统误差越少。

3）空白试验

由试剂不纯和容器不符合要求所引起的系统误差，一般可做空白试验来扣除。所谓空白试验，是在不加试样的情况下，按照与分析试样同样的方法进行试验。试验所得结果称为“空白值”。从试样分析结果中扣除“空白值”后，就可得到比较可靠的分析结果。

4）校准仪器

由仪器不准确引起的系统误差，可以通过校准仪器来减小其影响。例如砝码、移液管、滴定管、容量瓶等的校准。

5）分析结果校正

分析过程的系统误差，有时可采用适当的方法进行校正。如测定溶液中的铜，先用电重量法测定电极上析出的铜，但是因电解不完全，并非所有铜均能析出在电极上，所以可用比色法测定溶液中未被电解的残余铜量，将电解法和比色法所得铜量加在一起，即可得到溶液中含铜量的较准确结果。

# 1.5 分析结果的数据处理

## 1.5.1 有效数字及其运算规则

为了得到准确的分析结果，不仅要准确地测量各种数据，而且还要正确地记录数据和计算结果，也就是说要正确应用有效数字。

1. 有效数字

有效数字是指在实际中能测量到的数字，是由可靠数字加一位可疑数字组成。在保留的有效数字中，只有最后一位是可疑数字，其余数位都是准确数字。例如，用滴定管进行滴定操作，滴定管的最小刻度为0.1mL，假如某滴定分析用去滴定管中标准溶液的体积为18.36mL，前三位18.3是从滴定管的刻度上直接读出来的，而第四位“6”是在18.3和18.4刻度中间用眼睛估计出来的。显然前三位是准确数字，而第四位是不太准确的，是可疑数字。但这四位都是有效数字，其有效数字的位数为四位。对于可疑数字，除非特别说明，通常理解它可能有±1个单位的误差。

有效数字的位数不仅表示测量数值的大小，而且还表示测量的准确程度。例如，称取试样的重量为0.5180g，表示试样真实重量为(0.5180±0.0001)g，其相对误差为±0.02%；如果少一位有效数字，则表示试样真实重量为(0.518±0.001)g，其相对误差为±0.2%。表明后者测量的准确度比前者低10倍，所以，在测量准确度的范围内，有效数字位数越多，测量也越准确。但超过测量准确度的范围，过多的位数则毫无意义。

有效数字位数的确定：

(1) 对“0”视具体情况：从第一位不是零的数算起至最后一位数。例如，0.0340有3位有效数字，前面两个“0”只起定位作用，只和采用单位有关，与测量的精度无关，不是有效数字，而最后位“0”则表示测量精度所能达到的位数，是有效数字。

(2) 对数(pH、lga等)有效数字看小数点以后的位数，因整数部分代表该数的方次。如pH=11.36，有效数字的位数为两位，换算为$H^+$浓度时，应为$[H^+]=4.4\times10^{-11}$。

(3) 整数末尾为“0”的数字，应该在记录数据时根据测量精度写成指数形式。例如，3600应根据测量精度分别记为$3.600\times10^3$(4位)、$3.60\times10^3$(3位)、$3.6\times10^3$(2位)。

(4) 遇到倍数、分数关系和常数，由于不是测量所得的，可视为无限多位有效数字。

(5) 有效数字不因单位的改变而改变。如101kg，不应写成101000g，而应写为$101\times10^3$g或$1.01\times10^5$g。

2. 有效数字的修约规则

在分析测试的过程中，可能涉及使用多种准确度不同的仪器或量器，因而，所得数据的有效数字位数也不相同。在进行具体的计算之前，必须按照统一的规则确定一致的位数，再舍去某些数据后面多余的数字(称尾数)，这个过程称为“数字修约”。

数字修约规则是：四舍六入五成双。即：多余尾数≤4时舍去，尾数≥6时进位，尾数=5而后面数字为0或没有数字时，则“奇进偶舍”，即5前为奇数进入，5前为偶数舍去，若5后数字不为0，则一律进入。

例如，将下列测量值修约为四位有效数字：

3.1124→3.112

3.1115→3.112

3.1105→3.110

15.0250→15.02

15.0251→15.03

注意：

(1)“0”以偶数论。

(2)只允许对原测量值一次修约至所需位数，不能分次修约。例如：4.1349修约为3位数。不能先修约成4.135，再修约为4.14，只能修约成4.13。

3. 有效数字的运算规则

1）加减法

加减运算时，以小数点后位数最少的数据(该数据绝对误差最大)为准修约其他数据，然后再进行加减运算。

如0.0121、1.5078及30.64三个数相加时，应以30.64为准，各数应保留小数点后两位再进行运算：

$$0.01+1.51+30.64=32.16$$

2）乘除法

乘除运算时，以有效数字位数最少的数据(该数据相对误差最大)为准修约其他数据，然后再进行乘除运算。

如计算0.0121、1.5078及30.64三数之积时，应以0.0121为准，将各数都保留3位有效数字，然后相乘。

$$0.0121\times 1.51\times 30.6=0.559$$

有多个数参与运算时，为了防止数据运算时多次取舍引进误差，可在运算中多保留1位数字，计算结束后，再将最终结果修约到应用的位数。

例如：$1.1982+12.61+0.123456=1.198+12.61+0.123=13.931=13.93$

乘除法运算时，参加计算的测量结果首位数是8或9的数据，计算过程中其有效数字可多计一位。

例如：$8.21\times 1.67821$，由于8.21的相对误差为±0.1%，与10.00的相对误差一致，所以计算工程中其有效数字可多计一位，但最终计算结果还要保留3位有效数字，所以$8.21\times 1.67821=13.78=13.8$。

### 1.5.2 分析数据的处理

1. 可疑值的取舍

在一组平行测定得到的测定结果中，往往会有个别测量值与其他测量值偏离较大，这一测量值称为可疑值(也称离群值或极端值)。如果是由于过失造成的，则应将其删除；如果不是过失造成的，则不能随意将其删除，而应采用数理统计的方法进行检验，再决定是否删除。常用的检验方法有四倍法、$Q$检测法和$G$检测法，可根据需要进行选用。

1）四倍法

四倍法判断可疑值取舍较简单，不用查表，可直接计算。但是四倍法有时会将不该舍弃的数据舍掉，所以当四倍法与其他检验方法所得的判断结果不一致时，应以其他方法所得判断结果为准。过程如下：

(1) 将偏离其他测量值较大的数据作为可疑值去除。

(2) 计算其他数据的算术平均值($\overline{X}$)和平均偏差($\bar{d}$)。

(3) 判断$|X_{可疑}-\overline{X}|\geqslant 4\bar{d}$是否成立，若成立，则将可疑值舍弃；若不成立，则将可疑值保留。

**【例 1-2】** 测定某水样中铁的含量(mg/L)，现平行测定了 5 次，所得结果如下：1.23、1.25、1.28、1.32、1.42，问上述 5 个数据中，有无应该去掉的可疑值？

**解：** (1) 初步考虑 1.42 为可疑值。

(2) 算出其余 4 个数据的算术平均值 $\overline{X}=1.27$，平均偏差 $\bar{d}=0.03$。

(3) $|X_{可疑}-\overline{X}|=|1.42-1.27|=0.15\geqslant 4\bar{d}=0.12$ 成立，故 1.42 应舍弃。

2）$Q$ 检验法(狄克逊法)

测定次数 $n$ 为 3～10 次的测定结果中出现可疑值时，常用 $Q$ 检验法。$Q$ 检验法的检验过程如下：

(1) 将测定数据由小到大排列，计算该组数据的极差，记作 $X_{最大}-X_{最小}$。

(2) 计算可疑值与近邻值之差，记作$|X_{疑}-X_{邻}|$。

(3) 计算出$\dfrac{|X_{疑}-X_{邻}|}{X_{最大}-X_{最小}}$，记作 $Q_{计}$。

(4) 根据测定次数 $n$ 和要求的置信度，查 $Q$ 表(表 1-6)。若 $Q_{计}\geqslant Q_{表}$，则将可疑值舍弃；$Q_{计}<Q_{表}$，则将可疑值保留。

**表 1-6 不同置信度下舍弃值的 $Q$ 值**

| 测定次数 | $Q(90\%)$ | $Q(95\%)$ | $Q(99\%)$ | 测定次数 | $Q(90\%)$ | $Q(95\%)$ | $Q(99\%)$ |
|---|---|---|---|---|---|---|---|
| 3 | 0.94 | 0.98 | 0.99 | 7 | 0.51 | 0.59 | 0.68 |
| 4 | 0.76 | 0.85 | 0.93 | 8 | 0.47 | 0.54 | 0.63 |
| 5 | 0.64 | 0.73 | 0.82 | 9 | 0.44 | 0.51 | 0.60 |
| 6 | 0.56 | 0.64 | 0.74 | 10 | 0.41 | 0.48 | 0.57 |

**【例 1-3】** 例 1-2 中数据用 $Q$ 检验法判断，1.42mg/L 这个数据是否应舍弃(置信概率 90%)。

**解：** (1) $X_{最大}-X_{最小}=1.42-1.23=0.19$mg/L。

(2) $|X_{疑}-X_{邻}|=|1.42-1.32|=0.10$mg/L。

(3) $Q_{计}=\dfrac{|X_{疑}-X_{邻}|}{X_{最大}-X_{最小}}=\dfrac{0.10}{0.19}=0.53$。

(4) $P=90\%$，$n=5$ 时，$Q_{表}=0.64$。$Q_{计}<Q_{表}$，所以 1.42mg/L 不应舍弃。

3）$G$ 检验法(格鲁布斯法)

$G$ 检验法在判断可疑值取舍时，引入了平均值和标准偏差，所以该方法的准确性较好，但是检验过程稍烦琐。G 检验法的检验过程如下：

（1）计算包括可疑值在内的所有测定数据的算术平均值 $\overline{X}$。

（2）计算可疑值与平均值之差 $|X_{可疑}-\overline{X}|$。

（3）计算包括可疑值在内的该组数据的标准偏差 $S$。

（4）计算 $\frac{|X_{可疑}-\overline{X}|}{S}$，记作 $G_{计}$。

（5）根据测定次数 $n$ 和要求的置信度，查 G 值表（表 1-7）。若 $G_{计} \geqslant G_{表}$，则将可疑值舍弃；$G_{计} < G_{表}$，则将可疑值保留。

**表 1-7　不同置信度水平下的 G 值**

| 测定次数 | Q(90%) | Q(95%) | Q(99%) | 测定次数 | Q(90%) | Q(95%) | Q(99%) |
|---|---|---|---|---|---|---|---|
| 3 | 1.15 | 1.15 | 1.15 | 9 | 2.11 | 2.21 | 2.39 |
| 4 | 1.46 | 1.48 | 1.50 | 10 | 2.18 | 2.29 | 2.48 |
| 5 | 1.67 | 1.71 | 1.76 | 11 | 2.23 | 2.36 | 2.56 |
| 6 | 1.82 | 1.89 | 1.97 | 12 | 2.29 | 2.41 | 2.64 |
| 7 | 1.94 | 2.02 | 2.14 | 20 | 2.56 | 2.71 | 3.00 |
| 8 | 2.03 | 2.13 | 2.27 | 25 | 2.66 | 2.82 | 3.14 |

**【例 1-4】** 例 1-2 中数据用 G 检查法判断，1.42mg/L 这个数据是否应舍弃（置信概率 90%）。

**解：**（1）$\overline{X}=1.30$mg/L。

（2）$|X_{可疑}-\overline{X}|=|1.42-1.30|=0.12$mg/L。

（3）$S=\sqrt{\frac{\sum_{i=1}^{n}(X_i-\overline{X})^2}{n-1}}=\sqrt{\frac{\sum_{i=1}^{5}(X_i-\overline{X})^2}{4}}=0.075$mg/L。

（4）$G_{计}=\frac{|X_{可疑}-\overline{X}|}{S}=\frac{0.12}{0.075}=1.60$。

（5）$P=90\%$，$n=5$ 时，$G_{表}=1.67$。$G_{计}<G_{表}$，所以 1.42mg/L 不应舍弃。

2. 有限次试验数据的统计处理

1）$t$ 分布

无限多次的测量值的偶然误差分布服从正态分布（高斯分布），而在实际试验中，测量次数都是有限量的，其偶然误差的分布不服从正态分布，而服从 $t$ 分布。有限次数测量只能求出样本的标准偏差 $S$，因此，只好用 $S$ 代替正态分布的总体标准偏差 $\sigma$ 来估计测量数据的分散情况。用 $S$ 代替 $\sigma$ 时，测量值或其偏差不符合正态分布，这时需用 $t$ 分布来处理。统计量 $t$ 定义为

$$t=\frac{X-\mu}{S_{\overline{X}}}=\frac{X-\mu}{S}\sqrt{n} \tag{1-13}$$

式中：$S$——标准偏差。

$n$——测定次数。

$\overline{X}$——有限次数平均值。

$\mu$——总体平均值。

$t$——与置信度和自由度($f=n-1$)有关的统计量，称为置信因子，可查表1-8。

置信度 $P$ 表示在某一 $t$ 值时，测定值落在($\mu \pm tS/\sqrt{n}$)范围内的概率。显然落在此范围之外的概率为($1-P$)，称为显著性水平，用 $\alpha$ 表示。由于 $t$ 值与自由度及置信度有关，故引用时常加注脚说明，一般表示为 $t_{\alpha,f}$。例如，$t_{0.05,6}$ 表示置信度95%、自由度为6时的 $t$ 值。

表1-8 $t_{\alpha,f}$ 值(双边)

| 置信度 $P$ / 自由度 $f$ | 0.50 | 0.90 | 0.95 | 0.99 |
|---|---|---|---|---|
| 1 | 1.00 | 6.31 | 12.71 | 63.66 |
| 2 | 0.82 | 2.92 | 4.30 | 9.93 |
| 3 | 0.76 | 2.35 | 3.18 | 5.84 |
| 4 | 0.74 | 2.13 | 2.78 | 4.60 |
| 5 | 0.73 | 2.02 | 2.57 | 4.03 |
| 6 | 0.72 | 1.94 | 2.45 | 3.71 |
| 7 | 0.71 | 1.90 | 2.37 | 3.50 |
| 8 | 0.71 | 1.86 | 2.31 | 3.36 |
| 9 | 0.70 | 1.83 | 2.26 | 3.25 |
| 10 | 0.70 | 1.81 | 2.23 | 3.17 |
| 20 | 0.69 | 1.73 | 2.09 | 2.85 |
| ∞ | 0.67 | 1.65 | 1.96 | 2.58 |

以 $t$ 为横坐标，以相应的概率密度为纵坐标作图得图1.3的 $t$ 分布曲线，$t$ 分布曲线随自由度 $f$ 而改变，当 $f$ 趋近∞时，$t$ 分布就趋近于正态分布。$t$ 分布曲线与正态分布曲线相似，只是由于测量次数少，数据的集中程度较小，分散程度较大，分布曲线的形状随测量次数的减少而变得较矮、较钝。$t$ 分布曲线下面一定范围内的面积，就是该范围内的测定值出现的概率。

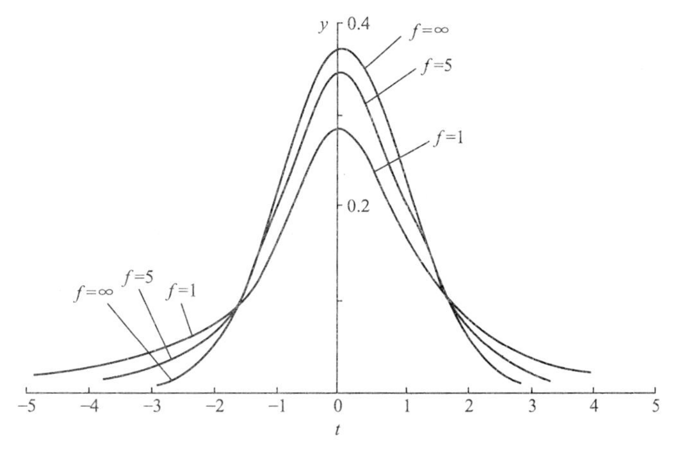


图1.3 $t$ 分布曲线

2）平均值的置信区间

将式(1－13)改写为：

$$\mu=\overline{X}\pm\frac{t\cdot S}{\sqrt{n}} \tag{1-14}$$

$\overline{X}\pm\frac{t\cdot S}{\sqrt{n}}$的范围就是平均值的置信区间，表示在某一置信度下，以测量值为中心，真值出现的范围。

置信区间分双侧置信区间与单侧置信区间两种。双侧置信区间是指同时存在于大于和小于总体平均值的置信范围，即 $\overline{X}-\frac{t\cdot S}{\sqrt{n}}<\mu<\overline{X}+\frac{t\cdot S}{\sqrt{n}}$；单侧置信区间是指 $\mu<\overline{X}+\frac{t\cdot S}{\sqrt{n}}$ 或$\mu>\overline{X}-\frac{t\cdot S}{\sqrt{n}}$的范围。除了指明求算在一定置信水平时总体均值大于或小于某值外，一般都是求算双侧置信区间。

置信度越大，置信区间越大。100％的置信度表示置信区间无限大，这当然毫无意义。通常置信度取 95％为宜。另外，从 $t$ 值表可以看出，在相同置信度下，测定次数越多，$t$ 值越小，置信区间范围越窄，即平均值越接近总体平均值，当 $f\geqslant 20$，$t$ 值已接近 $f=\infty$时的 $t$ 值了。可见，再增加测定次数对提高精密度已经没有什么意义了。

**【例 1－5】** 某试样 $Cl^-$ 质量分数分析测定结果为：30.44％，30.52％，30.60％和30.12％，试按 4 次测定数据计算平均值的置信区间(置信度为 95％)。

**解：** $\overline{X}=\frac{30.44\%+30.52\%+30.60\%+30.12\%}{4}=30.42\%$

$$S=\sqrt{\frac{\sum_{i=1}^{n}(X_i-\overline{X})^2}{n-1}}=\sqrt{\frac{(0.02\%)^2+(0.10\%)^2+(0.18\%)^2+(-0.30\%)^2}{4-1}}=0.21\%$$

查表 1－8，置信度为 95％，$n=4$ 时，$t=3.182$

所测 $Cl^-$ 质量分数的平均值的置信区间为

$$\mu=\overline{X}\pm\frac{t\cdot S}{\sqrt{n}}=30.42\%\pm\frac{3.182\times 0.21\%}{4}=30.42\%\pm 0.17\%$$

在一定的测定次数范围内，适当增加测定次数，可使置信区间显著缩小，即可使测定的平均值 $\overline{X}$ 与总体平均值 $\mu$ 接近。

3）显著性检验

在分析工作中常常遇到的一个实际问题是如何评价测定结果的可靠性。比如，建立了一个新的分析方法，为了检验这个方法的可靠性，可以用这种新方法去测定标准样品。在最理想的情况下，测定的平均值 $\overline{X}$ 应该与标准值 $\mu$ 完全一致。但实际上由于误差的存在，$\overline{X}$ 与 $\mu$ 往往并不一致。如果这种不一致是由随机误差引起的，这种差异必然较小，则可以认为测定结果及分析方法是可靠的。但如果这种不一致是由系统误差引起的，这种差异必然比较显著，则说明测定结果及分析方法不可靠。可见，问题的关键不在于 $\overline{X}$ 与 $\mu$ 之间是否存在差异，而在于这种差异是否显著。显著性检验就是运用统计的方法来判断这类数据间的差异是否属于显著性差异，其目的是检验测量中是否存在系统误差，从而正确评价测量结果的可靠性。在分析工作中常用的显著性检验方法是 $t$ 检验法和 $F$ 检验法。

(1) 平均值与标准值比较($t$ 检验)。

在分析工作中常用测定标准样品的办法来检验某一分析方法是否存在系统误差。这时可采用 $t$ 检验法来检验测定结果的平均值 $\overline{X}$ 与标准值 $\mu$ 之间是否存在显著差异。

$t$ 检验法的理论基础仍然是 $t$ 分布，它从平均值的置信区间的表达式出发，定义参数 $t_{计}$：

$$t_{计}=\frac{\overline{X}-\mu}{S}\sqrt{n} \tag{1-15}$$

进行 $t$ 检验时，可将测定平均值 $\overline{X}$、标准值 $\mu$、标准偏差 $S$ 和测定次数 $n$ 代入上式而求得 $t_{计}$。再根据自由度 $f$ 和所要求的置信度 $P$ 由 $t$ 值表查出相应的 $t_{表}$，如：

$|t_{计}|\leqslant t_{表}$，说明 $\overline{X}$ 与 $\mu$ 无显著差异；

$|t_{计}|>t_{表}$，说明 $\overline{X}$ 与 $\mu$ 有显著差异。

**【例 1-6】** 采用一种新方法测定某溶液中的铁含量，5 次测定结果分别为 4.13mg/L，4.18mg/L，4.20mg/L，4.08mg/L，4.22mg/L。已知溶液中铁含量的真值为 4.20mg/L，问这种新方法是否可靠(置信度 95%)?

**解：** 计算出 $\overline{X}=4.16\text{mg/L}$；$S=0.057\text{mg/L}$

$$t_{计}=\frac{\overline{X}-\mu}{S}\sqrt{n}=\frac{4.16-4.20}{0.057}\times\sqrt{5}=-1.57$$

根据自由度 $f=5-1=4$ 和置信度 95%，查表 1-8，得 $t_{表}=2.78$。

由于 $|t_{计}|<t_{表}$，说明 $\overline{X}$ 与 $\mu$ 不存在显著差异，测定结果可靠。

(2) 两组平均值的比较。

如果在检验一种新的方法是否可靠时找不到合适的标准样品，也可以用标准方法或已经成熟、公认可靠的方法来和新方法进行比较，即用两种方法对同一样品进行测定，然后比较它们的测定平均值：$\overline{X}_1$ 和 $\overline{X}_2$。如果 $\overline{X}_1$ 和 $\overline{X}_2$ 之间不存在显著差异，则它们之间的差异仅仅是由随机误差引起的，说明新方法可靠。反之，如果 $\overline{X}_1$ 和 $\overline{X}_2$ 之间存在显著差异，则它们之间的差异是由系统误差引起的，说明新方法不够可靠。具体做法分为两步。

① $F$ 检验法。

设两种方法的测定结果分别是 $\overline{X}_1$、$S_1$ 和 $n_1$ 以及 $\overline{X}_2$、$S_2$ 和 $n_2$。首先用 $F$ 检验法检验这两组数据的精密度有无显著差异。先按下式计算统计量 $F_{计}$：

$$F_{计}=\frac{S_1^2}{S_2^2} \tag{1-16}$$

由于总是以较大的标准偏差的平方值为分子而以较小的标准偏差的平方值为分母，所以 $F_{计}$ 总大于或等于 1。再由两组测定的自由度 $f_1$ 和 $f_2$ 查得相应的 $F_{表}$，将 $F_{计}$ 与 $F_{表}$ 比较，如果 $F_{计}>F_{表}$，表明 $S_1$ 与 $S_2$ 有显著差异；如果 $F_{计}<F_{表}$，表明 $S_1$ 与 $S_2$ 没有显著差异，需进一步做 $t$ 检验。

应该注意的是，在用 $F$ 检验法来检验两组数据的精密度是否有显著差异时，应首先确定这种检验是属于单边检验还是双边检验。如果事先并不确定这两组数据在精密度上的优劣，第一组数据的 $S_1$ 既可能大于第二组数据的 $S_2$，也可能小于 $S_2$，则为双边检验。而如

果事先已经确定 $S_1$ 和 $S_2$ 的优劣，例如已知 $S_1$ 只可能大于或等于 $S_2$，而不可能小于 $S_2$，$F$ 检验只是为了确定 $S_1$ 是否显著大于 $S_2$，则为单边检验。表 1－9 为 $P=0.95$ 时的单边检验 $F$ 值表，如果要用此表进行双边 $F$ 检验，由于此时显著性水平 $\alpha$ 为单边检验时的 2 倍，即 $\alpha=0.10$，则置信度 $P=0.90$。

**表 1－9 F 值表(单边，置信度 0.95)**

| $f_{小}$ \ $f_{大}$ | 2 | 3 | 4 | 5 | 6 | 7 | 8 | 9 | 10 | ∞ |
|---|---|---|---|---|---|---|---|---|---|---|
| 2 | 19.00 | 19.16 | 19.25 | 19.30 | 19.33 | 19.36 | 19.37 | 19.38 | 19.39 | 19.50 |
| 3 | 9.55 | 9.28 | 9.12 | 9.01 | 8.94 | 8.88 | 8.84 | 8.81 | 8.78 | 8.53 |
| 4 | 6.94 | 6.59 | 6.39 | 6.26 | 6.16 | 6.09 | 6.04 | 6.00 | 5.96 | 5.63 |
| 5 | 5.79 | 5.41 | 5.19 | 5.05 | 4.95 | 4.88 | 4.82 | 4.78 | 4.74 | 4.36 |
| 6 | 5.14 | 4.76 | 4.53 | 4.39 | 4.28 | 4.21 | 4.15 | 4.10 | 4.05 | 3.67 |
| 7 | 4.74 | 4.35 | 4.12 | 3.97 | 3.87 | 3.79 | 3.73 | 3.68 | 3.63 | 3.23 |
| 8 | 4.46 | 4.07 | 3.84 | 3.69 | 3.58 | 3.50 | 3.44 | 3.39 | 3.34 | 2.93 |
| 9 | 4.26 | 3.86 | 3.63 | 3.43 | 3.37 | 3.29 | 3.23 | 3.18 | 3.13 | 2.71 |
| 10 | 4.10 | 3.71 | 3.48 | 3.33 | 3.22 | 3.14 | 3.07 | 3.02 | 2.97 | 2.54 |
| ∞ | 3.00 | 2.60 | 2.37 | 2.21 | 2.10 | 2.01 | 1.94 | 1.88 | 1.83 | 1.00 |

注：$f_{大}$ 为大方差数据的自由度；$f_{小}$ 为小方差的自由度。

② $t$ 检验。

先按下式计算 $t_{计}$：

$$t_{计}=\frac{|\overline{X}_1-\overline{X}_2|}{S_{合}}\cdot\sqrt{\frac{n_1n_2}{n_1+n_2}} \tag{1-17}$$

这里 $S_{合}$ 是合并标准偏差。

$$S_{合}=\sqrt{\frac{(n_1-1)S_1^2+(n_2-1)S_2^2}{n_1+n_2-2}} \tag{1-18}$$

再根据总自由度 $f_{总}=n_1+n_2-2$ 和所定的置信度 $P$ 在 $t$ 值表中查得相应的 $t_{表}$。如果 $t_{计}\leqslant t_{表}$，说明 $\overline{X}_1$ 和 $\overline{X}_2$ 之间无显著差异，新方法可靠；如果 $t_{计}>t_{表}$，说明 $\overline{X}_1$ 和 $\overline{X}_2$ 之间有显著差异，新方法不可靠。

**【例 1－7】** 为检验一种方法测定水中 $ClO_2$ 含量的可靠性，与原来的碘量法进行比较，结果如下：

新方法：5.26mg/L、5.25mg/L、5.22mg/L

原方法：5.35mg/L、5.31mg/L、5.33mg/L、5.34mg/L

问新方法是否可靠($P=0.90$)。

**解：** 本例属双边检验问题。首先用 $F$ 检验法检验两个方法的精密度有无显著性差异。

由已知计算出：$n_1=3$，$\overline{X}_1=5.24$，$S_1=0.021$；$n_2=4$，$\overline{X}_2=5.33$，$S_2=0.017$

由式(1－16)计算 $F_{计}$：

$$F_{计}=\frac{(0.021)^2}{(0.017)^2}=1.53$$

查 $F$ 值表，$f_{大}=2$，$f_{小}=3$，$F_{表}=9.55$，得：$F_{计}<F_{表}$

说明两组数据的标准偏差没有显著性差异，需进一步做 $t$ 检验。

再按式(1-17)和式(1-18)分别求成合并标准偏差 $S_{合}$ 和 $t_{计}$：

$$S_{合}=0.019；t_{计}=6.21$$

查 $t$ 值表，当 $P=0.90$，$f=3+4-2=5$ 时，$t_{0.10,5}=2.02$，则

则 $t_{计}>t_{表}$，故两种方法之间存在显著性差异，必须找出原因加以解决。

## 1.6 一元线性回归分析

一元线性回归分析是研究变量之间关系的统计方法。在多种仪器分析方法中，常常将被测组分的含量对所测试样物理量的关系绘制成标准曲线，然后根据标准曲线计算被测组分的含量。实际测量中，有时两个变量并不具有十分严密的关系，可以借“相关系数”来判断两个变量之间是否呈线性关系。

### 1.6.1 相关

1. 相关系数

在研究两个变量 $x$、$y$ 之间的关系时，最常用的直观方法是把它们画在直角坐标纸上。如果各点的排布接近一条直线，则表明 $x$、$y$ 的线性关系好；如果各点的排布接近一条曲线，则表明 $x$、$y$ 的线性关系虽然不好，但可能存在某种非线性关系；如果各点排布得杂乱无章，则表明相关性极小。

相关系数能反映 $x$、$y$ 两变量间相关的密切程度，为了定量地描述两个变量间的相关性，在统计学中做如下定义：

若两个变量 $x$、$y$ 的 $n$ 次测量值为$(x_1, y_1)$，$(x_2, y_2)$，…，$(x_n, y_n)$，则相关系数 $r$ 为

$$r=\frac{\sum_{i=1}^{n}(x_i-\overline{x})(y_i-\overline{y})}{\sqrt{\sum_{i=1}^{n}(x_i-\overline{x})^2\cdot\sum_{i=1}^{n}(y_i-\overline{y})^2}} \tag{1-19}$$

或

$$r=\frac{n\sum x_iy_i-\sum x_i\cdot\sum y_i}{\sqrt{[n\sum x_i^2-(\sum x_i)^2]\times[n\sum y_i^2-(\sum y_i)^2]}} \tag{1-20}$$

相关系数 $r$ 是介于 0 到±1 之间的相对数值，即 $0\leqslant|r|\leqslant1$，当 $r=+1$ 或 $-1$ 时，表示$(x_1, y_1)$，$(x_2, y_2)$，…，$(x_n, y_n)$等所对应的点处在一条直线上；当 $r=0$ 时，表示$(x_1, y_1)$，$(x_2, y_2)$，…，$(x_n, y_n)$等所对应的点杂乱无章或处在一条曲线上。试验中绝大多数情况是 $0<|r|<1$，$r>0$ 时称正相关；$r<0$ 时称负相关。

2. 相关系数检验

判断变量 $x$、$y$ 是否存在线性关系是相对的。表 1-10 列出了不同置信度及自由度时

的相关系数，用以检验线性关系，如果计算出的相关系数大于表上的数值($|r|>r_{表}$)，就认为 $x$、$y$ 之间存在着一定的相关性，即相关显著，它们的线性关系有意义；相反，$|r|<r_{表}$，则 $x$、$y$ 之间的相关性不显著。

**表 1－10　相关系数 $r$ 的临界值表**

| $f=n-2$ | $\alpha=0.10$ | $\alpha=0.05$ | $\alpha=0.01$ | $\alpha=0.001$ |
|---|---|---|---|---|
| 1 | 0.988 | 0.997 | 0.9998 | 0.99999 |
| 2 | 0.900 | 0.950 | 0.990 | 0.999 |
| 3 | 0.805 | 0.878 | 0.959 | 0.991 |
| 4 | 0.729 | 0.811 | 0.917 | 0.974 |
| 5 | 0.669 | 0.754 | 0.874 | 0.951 |
| 6 | 0.622 | 0.707 | 0.834 | 0.925 |
| 7 | 0.582 | 0.666 | 0.798 | 0.898 |
| 8 | 0.549 | 0.632 | 0.765 | 0.872 |
| 9 | 0.521 | 0.602 | 0.735 | 0.847 |
| 10 | 0.479 | 0.576 | 0.708 | 0.823 |

**【例 1－8】** 用薄层色谱法测定大黄素的含量，测得不同点样量($\mu$g)的大黄素对照品的色谱峰面积 $A$ 如表 1－11 所示。

**表 1－11　不同点样量的大黄素对照品的色谱峰面积**

| 点样量/μg | 0.95 | 1.90 | 2.85 | 3.80 | 4.75 |
|---|---|---|---|---|---|
| 色谱峰面积 A | 19172 | 33340 | 49203 | 63506 | 77434 |

试以相关系数说明点样量与色谱峰面积之间的相关性。

**解：** 设以 $x$ 代表点样量，$y$ 代表色谱峰面积，计算相关系数，得

$$r=\frac{n\sum x_i y_i-\sum x_i\cdot\sum y_i}{\sqrt{[n\sum x_i^2-(\sum x_i)^2]\times[n\sum y_i^2-(\sum y_i)^2]}}=0.9998$$

$f=5-2=3$，取＝0.01 即置信度为 99%，从表 1－10 中查得 $r_{表}=0.959$。$0.9998>0.959$，可见，在 99%置信度下，点样量与峰面积之间相关性显著，线性关系好。

## 1.6.2　回归方程

若某一物理量 $x$ 与自变量 $y$ 有线性相关关系，即

$$y=a+bx$$

若重复测量若干次，每次都有不同的偏差 $\varepsilon_i$，即 $y_i=a+bx_i+\varepsilon_i$，$\varepsilon_i$ 为偏差，可大可小，可正可负。

$$\varepsilon_i=y_i-a-bx_i,\quad \varepsilon_i^2=(y_i-a-bx_i)^2$$

令 $Q=\sum\varepsilon_i^2=\sum(y_i-a-bx_i)^2$，为使作出的回归线的偏差 $Q$ 最小，可令 $\frac{\partial Q}{\partial a}=0$，$\frac{\partial Q}{\partial b}=0$，

解出：

$$b=\frac{\sum(x_i-\overline{x})(y_i-\overline{y})}{\sum(x_i-\overline{x})^2} \tag{1-21}$$

$$a=\frac{\sum y_i-b\sum x_i}{n}=\overline{y}-b\,\overline{x} \tag{1-22}$$

**【例 1－9】** 用分光光度法测定亚铁离子含量的工作曲线，测定亚铁不同浓度标准溶液的吸光度如表 1－12 所示。

**表 1－12 不同浓度标准溶液的吸光度**

| $c/(10^{-3}\mathrm{mol/L})$ | 1.00 | 2.00 | 3.00 | 4.00 | 6.00 | 8.00 |
|---|---|---|---|---|---|---|
| **$A$** | 0.114 | 0.212 | 0.335 | 0.434 | 0.670 | 0.868 |

**解：**将数据代入式(1－20)、式(1－21)、式(1－22)，算出 $a=0.0024$，$b=109.1$，$r=0.9996$。

得出回归方程式：$A=0.0024+109.1c$ 或 $c=-1.7\times10^{-5}+9.15\times10^{-3}A$

相关系数接近于 1，说明在该测量范围内，样品的浓度 $c$ 与吸光度 $A$ 呈很好的线性关系。

# 习 题

一、思考题

1. 简述水分析化学的分类？
2. 什么是水质指标，常用的有哪些？
3. 简述准确度、精密度及它们之间的关系？
4. 提高分析结果准确度的方法有哪些？

二、计算题

1. 滴定管的每次读数误差为±0.01mL，如果滴定时用去标准溶液 2.50mL，相对误差是多少？如果滴定时用去标准溶液 25.00mL，相对误差又是多少？二者的差别说明什么问题？

2. 分析某水样 $Cl^-$ 的含量其结果为：60.28mg/L，60.24mg/L，60.38mg/L，60.45mg/L，60.04mg/L。求结果的平均值、平均偏差、标准偏差、相对标准偏差、置信区间(置信水平为 95%)。

3. 下列数据各包括几位有效数字？

0.0809、5.026、46.930、$1.0\times10^3$、$1.000\times10^3$、pH=10.8

4. 根据有效数字运算规则，计算下列各式。

(1) $2.187\times0.854+9.6\times10^{-5}-0.0326\times0.00814$

(2) $51.38\div8.709\times0.09460$

(3) $1.20\times(112-1.240)\div5.4375$

5. 测定某溶液中铁的含量，平行测定6次，测定结果分别为：21.72%、21.73%、21.74%、21.75%、21.77%、21.88%。用$G$检验法判断当置信度为95%时，21.88%是否应该舍弃？

6. 测定某溶液中铜的含量，5次测定结果分别为2.20mg/L、2.25mg/L、2.30mg/L、2.32mg/L、2.45mg/L，计算置信概论为90%时的平均值的置信区间。

7. 用两种不同方法测定溶液中铜的含量，得到下列两组试验数据，判断两组数据精密度有无显著性差异？（置信度90%）

a. 9.62，9.51，9.56，9.49，9.58，9.63(mg/L)

b. 9.56，9.40，9.33，9.51，9.49，9.51(mg/L)

8. 某物质($x$)的含量及其荧光相对强度($y$)的关系如表1-13所示。

**表1-13　某物质的含量及其荧光相对强度的关系**

| $x$ 含量/(μg/L) | 0.0 | 0.2 | 0.4 | 0.6 | 0.8 | 1.0 |
|---|---|---|---|---|---|---|
| 荧光相对强度 $y$ | 1.0 | 2.5 | 4.6 | 6.3 | 8.7 | 10.5 |

(1)列出一元线性回归方程；(2)求出相关系数。

# 第2章 定量分析概论

## 教学目标

本章主要讲述定量分析的基本理论和方法。通过本章学习，应达到以下目标。

(1) 了解定量分析的过程。

(2) 熟悉采样点的布置和水样的采集方法，了解水样的类型。

(3) 掌握水样保存的目的、要求和水样的预处理方法，熟悉水样保存的方法。

(4) 掌握滴定分析法的要求和滴定方式。

(5) 掌握基准物质满足的要求、标准溶液的配制。

(6) 掌握浓度、活度和滴定度的有关计算。

## 教学要求

| 知识要点 | 能力要求 | 相关知识 |
| --- | --- | --- |
| 水样的采集 | (1) 熟悉采样点的布置<br>(2) 了解水样的类型<br>(3) 熟悉水样的采集方法 | (1) 采样布点<br>(2) 采样前的准备、一般的采样方法 |
| 水样的保存及预处理 | (1) 掌握水样保存的目的、要求<br>(2) 熟悉水样保存的方法<br>(3) 掌握水样的预处理方法 | (1) 水样保存的目的、要求<br>(2) 水样保存的方法<br>(3) 水样的预处理 |
| 滴定分析法概述 | 掌握滴定分析法的要求和滴定方式 | (1) 滴定分析法对化学反应的要求<br>(2) 滴定方式 |
| 标准溶液 | (1) 掌握标准溶液和基准物质<br>(2) 掌握标准溶液的配制<br>(3) 掌握标准溶液浓度的表示方法 | (1) 标准溶液和基准物质的概念<br>(2) 基准物质满足的条件<br>(3) 直接配制法和间接配制法<br>(4) 物质的量浓度、滴定度 |
| 活度与活度系数 | 掌握活度和浓度直接的换算 | 活度系数、离子强度 |

**引例**

中国的水污染非常严重，饮用水源中符合饮用水标准者约占30%，在以地下水为饮用水源的城市受到不同程度的污染。对中国532条河流的污染状况进行的调查表明，已有436条河流受到不同程度的污染，占调查总数的82%。据全国七大水系和内陆河流的110个重点河段统计，符合《地面水环境质量标准》的1、2类的占32%，3类的占29%，属于4、5类的占39%。主要污染指标为氨氮、高锰酸盐指数、挥发酚和生化需氧量。大、中城市的下游河段普遍受大肠菌群污染。中国湖泊达到富营养水平的约占63.3%，处于富营养和中营养状态的湖泊水库面积占湖泊水库总面积的99.5%。近年来，沿岸海域各海区无机氮和无机磷普遍超标，污染程度有所增加，局部海域营养盐含量已超过国家3类水水质标准。油类污染有所减轻，但珠江口、大连湾、胶州等海域污染仍较严重。

## 2.1 定量分析过程

定量分析的任务是确定组成物质的各组分含量。完成实际样品分析过程，通常需经过下述步骤：

（1）取样：要求按规定方法取样，所取样品应具有代表性。

（2）样品溶解或预处理：根据样品的性质不同采用不同的分解方法，要求缩短溶样时间，减少样品溶解损失。

（3）定性分析：主要用仪器分析法确定组成元素，有时也用化学分析法。

（4）干扰物质的分离与掩蔽：根据定性分析结果及定量分析方法的选择性，对干扰离子常用沉淀、萃取、层析分离法或掩蔽法予以消除。

（5）定量分析：根据被测物质定性分析结果、被测组分含量及对分析结果准确度要求，选择合适的分析方法进行定量分析。

定性分析通常在定量分析之前，以便了解样品的主要成分和杂质，选择合适的定量分析方法。但当样品来源、主要成分及所含杂质均为已知时可省略定性分析。

## 2.2 水样的采集

### 2.2.1 采样布点

1. 河流监测断面和采样点设置

对于江、河水系或某一个河段，要求设置3种断面，即对照断面、控制断面和削减断面。

（1）对照断面(背景断面)：具有判断水体污染程度的参比和对照作用或提供本底值的断面。它是为了解流入监测河段前的水体水质状况而设置的。这种断面应设在河流进入城市或工业区以前的地方。设置这种断面必须避开各种废水、污水流入或回流处。一般一个河段只设一个对照断面。

（2）控制断面：为及时掌握受污染水体的现状和变化动态，进而进行污染控制的断面。控制断面一般设在排污口下游 500～1000m 处。断面数目应根据城市工业布局和排污口分布情况而定。

(3) 削减断面：当工业废水或生活污水在水体内流经一定距离而达到(河段范围)最大程度混合时，其污染状况明显减缓的断面。这种断面常设在城市或工业区最后一个排污口下游 1500m 以外的河段上。

在设置监测断面后，应先根据水面宽度确定断面上的采样垂线，然后再根据采样垂线的深度确定采样点的数目和位置。一般是当河面水宽小于 50m 时，设 1 条垂线；50～100m 时，在左右近岸有明显水流处各设 1 条垂线；100～1000m 时，设左、中、右 3 条垂线；水面宽大于 1500m 时，至少设 5 条等距离垂线。每一条垂线上，当水深小于或等于 5m 时，在距离水面下 0.3～0.5m 处设一个采样点；当水深为 5～10m 时，再在 1/2 水深处增设 1 点，共设 3 点。

监测断面和采样点位置确定后，应立即设立标志物。每次采样时应以标志物为准，在同一位置上采取，以保证样品的代表性。

2. 湖泊、水库监测断面和采样点设置

根据汇入湖、库的河流数量、径流量、沿岸污染源的影响、水体的生态环境特点、湖库中污染物的扩散与水体的自净能力等情况，设置以下几种采样断面(图 2.1)：

(1) 在出入湖、库的河流汇合处，分别设置采样断面。

(2) 在湖、库区沿岸的城市、工矿区、大型排污口、饮用水源、风景游览区、游泳场、排灌站等地，应以这些功能区为中心，在其辐射线上设置近似弧形的采样断面。

(3) 在湖、库中心和沿水流流向及滞流区分别设置采样断面。

(4) 在湖中不同鱼类的回游产卵区应设采样断面。

(5) 按照湖、库的水体种类(单一水体或复杂水体)，适当增减采样断面。

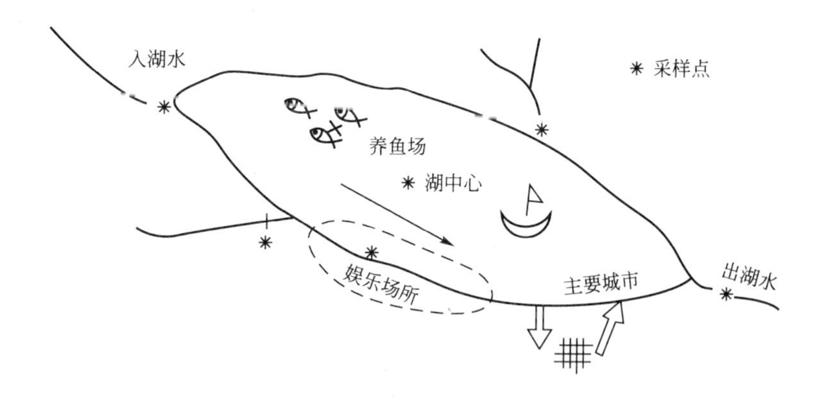


**图 2.1 湖泊、水库中采样点设置示意图**

湖、库采样点的位置与河流相同。但由于湖、库深度不同，会产生不同水温层(图 2.2)，此时应先测量不同深度的水温、溶解氧等，确定成层情况后，再确定垂线上采样点的位置。位置确定后，同样需要设立标志物，以保证每次采样在同一位置上。

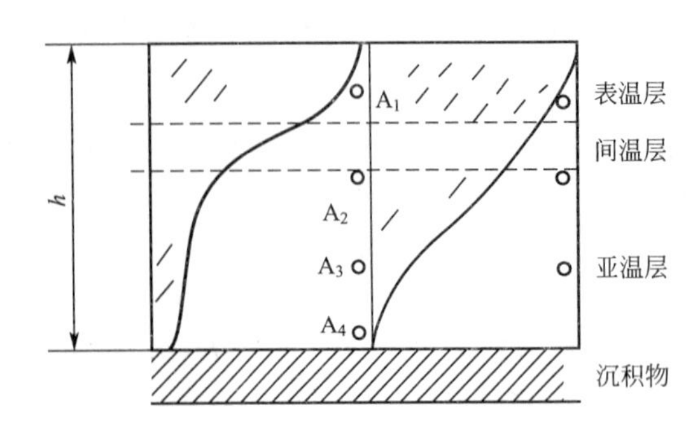


图 2.2　不同温层采样示意图

$A_1$—表温层中；$A_2$—间温层下；$A_3$—亚温层中；$A_4$——在沉积物与水介质交界面上约 1m 处；$h$—水深

3. 工业废水采样点的设置

工业废水采样点要根据分析监测的目的和要求，选择适宜的采样点。一般有以下几种布点法：

（1）要测定一类污染物，应在车间或车间设备出口处布点采样。一类污染物主要包括：汞、镉、砷、铅和它们的无机化合物，六价铅的无机化合物，有机氯和强致癌物质等。

（2）要测定二类污染物，应在工厂总排污口处布点采样。二类污染物有：悬浮物、硫化物、挥发酚、氰化物、有机磷；石油类；铜、锌、氟及它们的无机化合物；硝基苯类、苯胺类等。某些二类污染物的分析方法尚不成熟，在总排污口处布点采样分析因干扰物质多而影响分析结果。这时，应将采样点移至车间排污口，按污水排放量的比例折算成总排污口废水中的浓度。

（3）有处理设施的工厂，应在处理设施的排出口处布点。为了解对废水的处理效果，可在进水口和出水口同时布点采样。

（4）在排污渠道上，采样点应设在渠道较直、水量稳定、上游没有污水汇入处。

## 2.2.2　水样的类型

1. 瞬时水样

指在某一时间和地点从水体中随机采集的分散水样。当水体水质稳定或其组分在相当长的时间或相当大的空间范围内变化不大时，瞬时水样具有很好的代表性；当水体组分及含量随时间和空间变化时，就应隔时、多点采集瞬时样，分别进行分析，摸清水质的变化规律。

2. 等时混合水样(平均混合水样)

指某一段时间内(一般为一昼夜或一个生产周期)，在同一采样点按照相等的时间间隔采集等体积的多个水样后混合成一个水样。此法适用于废水流量较稳定(变化小于 20%)但水体中污染物浓度随时间有一定变化的水样。

3. 等时综合水样

指在不同采样点同时采集瞬时水样混合而得的水样。适用于在河流的干流、多个支流和多个排污点处同时采样，或在工业企业内各个车间排放口同时采样。

4. 等比例混合水样(平均比例混合水样)

指某一时段内，在同一采样点所采集的水样量随时间成比例变化，经混合后得到的等比例混合水样。适用于由于生产的周期性使废水组分和浓度以及排放量都随时间发生变化的水样。

5. 流量比例混合水样

在有连续自动采样器的条件下，在一段时间内按流量比例连续采集的混合水样。一般采用与流量计相连的连续自动采样器采样，可分为连续比例混合水样和间隔比例混合水样。

6. 单独水样

有些天然水体和废水中，某些成分的分布很不均匀，如油类或悬浮固体；某些成分在放置过程中很容易发生变化，如溶解氧或硫化物；某些成分的现场固定的方式相互影响，如氰化物或COD等综合指标。如果从采样大瓶中取出部分来进行监测其结果大多会失去代表性，这类样品必须单独采集和现场固定。

### 2.2.3 水样的采集

1. 采样前的准备

采样前要根据分析项目的性质和采样方法的要求，选择适宜材质的盛水容器和采样器，并清洗干净。要求采样器具的材质具有化学性能稳定、大小和形状适宜、不吸附欲测组分、容易清洗并可反复使用的特点。

2. 一般采样方法

(1) 采水样之前，用水样冲洗采样瓶2、3次，采水样时，水面距瓶塞>2cm。

(2) 采自来水或只有抽水机设备的井水时，应先放水数分钟，使保留在水管中的杂质洗出去，然后再采集。

(3) 无抽水机设备的井水，可用采水瓶直接采样，或将水桶冲洗干净后采水样再装入瓶中。

(4) 采集江河湖泊或海洋表面水样时，在距岸边1～2m处将采水瓶浸入水面下20～50cm处采样。

(5) 污染源调查水样：河流应考虑整个流域布点采样，重点考虑生活污水和工业废水的入河总排放口。如果对特定工厂或城镇生活区的工业废水或生活污水，应重点采集车间排放口和入河排放口处的水样。

3. 采样器

表层水样采集器：可用桶、瓶等容器直接采取。一般将其沉至水面下0.3～0.5m处采集。

深水水样采集器：可用如图2.3所示带重锤的采样器沉入水中采集。将采样容器沉降至所需深度(可从绳上的标度看出)，上提细绳打开瓶塞，待水样充满容器后提出。对于水流急的河段，宜采用图2.4所示急流采样器。它是将一根长钢管固定在铁框上，管内装一根橡胶管，其上部用夹子夹紧。下部与瓶塞上的短玻璃管相连，瓶塞上另有一长玻璃管通至采样瓶底部。采样前塞紧橡胶塞，然后垂直伸入要求水深处，打开上部橡胶管夹，水样即沿长玻璃管流入样品瓶中，瓶内空气由短玻璃管沿橡胶管排出。这样采集的水样也可用于测定水中溶解性气体，因为它是与空气隔绝的。

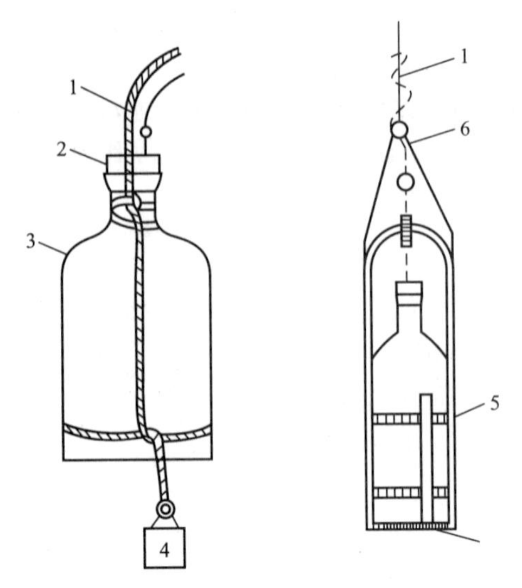


图 2.3　常用采样器

1—绳子；2—带有软绳的橡胶塞；
3—采样瓶；4—铅锤；5—铁框；6—挂钩

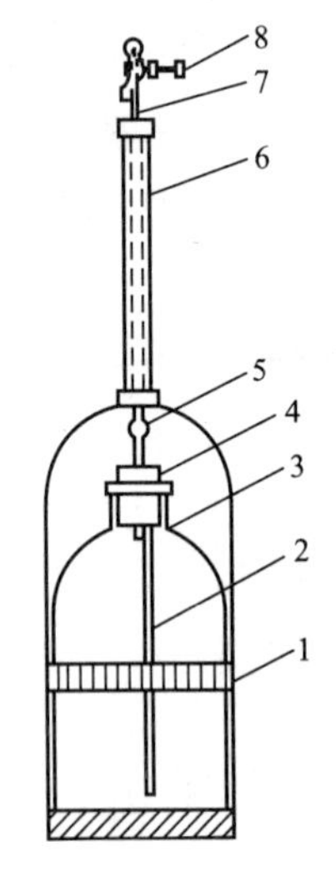


图 2.4　急流采样器

1—铁框；2—长玻璃管；3—采样器；4—橡胶塞；
5—短玻璃管；6—钢管；7—橡胶管；8—夹子

测定溶解性气体(如溶解氧)的水样，常用图 2.5 所示的双瓶采样器采集。将采样器沉入要求水深处后，打开上部的橡胶管夹，水样进入小瓶(采样瓶)并将空气驱入大瓶，从连接大瓶短玻璃管的橡胶管排出，直到大瓶中充满水样，提出水面后迅速密封。

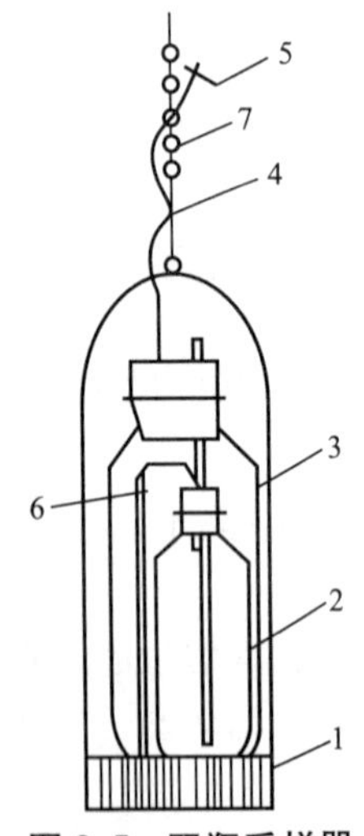


图 2.5　双瓶采样器

1—带重锤的铁框；2—小瓶；3—大瓶；
4—橡胶管；5—夹子；6—塑料管；7—绳子

此外，还有多种结构较复杂的采样器，例如，电动采水器、自动采水器、连续自动定时采水器等。

4. 采样量

监测所需水样量由监测项目决定。不同监测项目对水样的用量有不同的要求，所以采样必须按照各个监测项目的实际情况分别计算，再适当增加 20%～30%，即可作为各监测项目的实际采样量。供一般物理与化学分析用的水样约需 2～3L,如待测的项目很多，需要采集 5～10L；充分混合后分装于 1～2L 的贮样瓶中。

## 2.3 水样的保存及预处理

### 2.3.1　水样的保存

为了能够真实反映水体的质量，除了采用精密仪器和准确的分析技术之外，还应特别注意水样的采集和保存。采样后易发生变化的成分，需要在现场测定。带回实验室的样品，在测试之前要妥善保存，确保样品在保存期间不发生明显的变化。

水样从采集到分析这段时间里，废水中各组分会发生聚合、絮凝、吸附等现象，由于物理的、化学的和生物的作用会发生各种变化。如金属阳离子可能与玻璃器壁发生吸附和离子交换；温度也可能会很快变化；pH 可能会在几分钟内发生变化；可能使酚类或生化需氧量的数值降低；把硫酸盐变为硫化物；余氯因还原而变为氯化物；硫化物、亚硫酸盐、亚铁、碘化物、氰化物都可能因氧化而损失，色、臭、浊度可能增加、减少或变质；钠、硅、硼可能从玻璃器皿中溶出；六价铬可还原为三价铬等。为了使这些变化降低到最小的程度，必须在采样时根据水样的不同情况和要测定的项目，采取必要的保存措施，并尽可能快地进行分析，特别当被分析的组分浓度较低时。

1. 水样保存的目的、要求

水样保存的目的：尽量减少存放期间因水样变化而造成的损失。实际上，至今还没有任何一个保存方法能够完全抑制水样的物理、化学性质的变化。

保存水样的基本要求：减缓生物作用；减缓化合物或者络合物的水解及氧化还原作用；减少组分的挥发和吸附损失。

2. 水样保存的方法

1）冷藏或冷冻法

冷藏或冷冻的作用是抑制微生物活动，减缓物理挥发和化学反应速度。

2）加入化学试剂保存法

(1) 加入生物抑制剂。如在测定氨氮、硝酸盐氮、化学需氧量的水样中加入 $HgCl_2$，可抑制生物的氧化还原作用；对测定酚的水样，用 $H_3PO_4$ 调至 pH 为 4 时，加入适量 $CuSO_4$，即可抑制苯酚菌的分解活动。

(2) 调节 pH。测定金属离子的水样常用 $HNO_3$ 酸化至 pH 为 1～2，既可防止重金属离子水解沉淀，又可避免金属被器壁吸附；测定氰化物或挥发性酚的水样加入 NaOH 调至 pH 为 12 时，使之生成稳定的酚盐等。

(3) 加入氧化剂或还原剂。如测定汞的水样需加入 $HNO_3$（至 pH＜1）和 $K_2Cr_2O_7$（0.05%），使汞保持高价态；测定硫化物的水样，加入抗坏血酸，可以防止被氧化；测定溶解氧的水样则需加入少量硫酸锰和碘化钾固定溶解氧(还原)等。

应当注意，加入的保存剂不能干扰以后的测定。保存剂的纯度最好是优级纯的，还应做相应的空白试验，对测定结果进行校正。有关水样的具体保存方法见表 2-1。

**表 2-1 水样的保存技术**

| 测定项目 | 采水容器① | 保存方法 | 最长保存时间 | 备注 |
|---|---|---|---|---|
| 温度 | G、P | | | 现场测定 |
| pH | G、P | 2～5℃冷藏 | 6h | 最好现场测定 |
| 不可滤残渣 | G、P | 2～5℃冷藏 | | 尽快测定 |
| 色度 | G、P | 2～5℃冷藏 | 24h | 现场测定 |
| 浊度 | G、P | | | 最好现场测定 |

（续）

| 测定项目 | 采水容器[1] | 保存方法 | 最长保存时间 | 备注 |
|---|---|---|---|---|
| 嗅 | G |  | 6h | 最好现场测定 |
| 电导率、酸度、碱度 | G、P | 2～5℃冷藏 | 24h | 最好现场测定 |
| DO | G | 加 $MnSO_4$ 和 KI 试剂 | 4～8h | 现场测定 |
| $BOD_5$ | G、P | 冷冻或 2～5℃冷藏 |  |  |
| COD | G、P | 硫酸酸化至 pH<2，2～5℃冷藏 | 7d<br>24h | 最好尽早测定 |
| TOC | G | 硫酸酸化至 pH<2，冷冻 | 7d |  |
| 硬度 | G、P | 2～5℃冷藏 | 7d |  |
| 氨氮、凯氏氮、硝酸盐氮 | G、P | 硫酸酸化至 pH<2，2～5℃冷藏 | 24h |  |
| 亚硝酸盐氮 | G、P | 2～5℃冷藏 |  | 立即分析 |
| 总氮 | G、P | 硫酸酸化至 pH<2 | 24h |  |
| $O_3$ |  |  |  | 现场测定 |
| $CO_2$ | G、P |  |  | 现场测定 |
| 余氯 | G、P |  | 6h | 最好现场测定 |
| 挥发酚 | G、P | 1g $CuSO_4$/水，磷酸酸化至 pH<2 | 24h |  |
| Hg 总量 | G、P | 硝酸酸化至 pH<2，过滤 | 13d |  |
| Hg 溶解 | G | 硝酸酸化至 pH<2 | 38d |  |
| Cr 总量 | G | 硝酸酸化至 pH<2 |  | 当天测定 |
| $Cr^{6+}$ | G | 加 NaOH 至 pH=8～9 |  | 当天测定 |
| 氯化物、氟化物、硫酸盐 | G、P | 2～5℃冷藏 | 7d |  |
| 氰化物 | G、P | NaOH 至 pH 为 13，2～5℃冷藏 | 24h | 现场固定 |
| 硫化物 | G、P | 2mL 1mol/L $Pb(Ac)_2$ 和 1mL 1mol/L NaOH | 24h | 现场固定 |
| 总金属 | P | 硝酸酸化至 pH<2 | 6 个月 |  |
| $CHCl_3$ 等有机氯代物 | G、P | 抗坏血酸 5g/L、生料带密封 |  | 尽快测定 |
| 有机氯农药 | G | 2～5℃冷藏 |  | 现场萃取 |
| 可溶性磷酸盐 | G | 现场过滤 2～5℃冷藏 | 24h |  |
| 总磷 | G、P | 硫酸酸化至 pH<2，2～5℃冷藏 | 24h |  |

（续）

| 测定项目 | 采水容器[①] | 保存方法 | 最长保存时间 | 备注 |
|---|---|---|---|---|
| 油、脂 | G | 硫酸酸化至 pH＜2，2～5℃冷藏 | 24h | |
| 离子表面活性剂 | G | 加 $CHCl_3$，2～5℃冷藏 | 7d | |
| 细菌总数、大肠杆菌 | G(灭菌) | 冷藏 | | |

① G——玻璃容器，P——塑料容器。

## 2.3.2 水样的预处理

水样的组成复杂，污染组分含量低，存在形态各异，所以在分析测定之前，需要进行适当的预处理，以得到待测组分适于测定方法要求的形态、浓度和消除共存组分干扰的试样体系。下面介绍水样的主要预处理方法。

1. 过滤

如果水样浊度较高或带有明显的颜色，就会影响分析结果，可采用澄清、离心、过滤等措施来分离不可滤残渣，采用适当孔径的过滤器可有效地除去细菌和藻类。一般采用 0.45μm 滤膜过滤，通过 0.45μm 滤膜部分为可过滤态水样，截留部分为不可滤残渣。用滤膜、离心、滤纸或砂芯漏斗等方式处理样品，它们阻留不可过滤残渣的能力大小顺序是：滤膜＞离心＞滤纸＞砂芯漏斗。

2. 消解

选用适当的手段处理样品，使其中有机物、悬浮颗粒等干扰组分分解，使待测物以离子形式进入溶液中，这一过程即为消解，或称为灰化。当测定含有机物水样中的无机元素时需进行消解处理。消解处理的目的是破坏有机物，溶解悬浮性固体，将各种价态的欲测元素氧化成单一价态或转变为易于分离的无机化合物。消解后的水样应清澈、透明、无沉淀。消解的方法有湿式消解法和干式分解法(干灰化法)。

3. 富集与分离

水样中的待测组分含量低于分析方法的检测限时，需进行富集或浓缩；当有共存干扰组分时，就必须采取分离或掩蔽措施。富集和分离往往是不可分割、同时进行的。常用的方法有挥发、蒸发浓缩法、蒸馏、萃取、共沉淀、吸附等，要结合具体情况选择使用。

1）挥发分离法

利用某些污染组分挥发度大，或者将欲测组分转变成易挥发物质，然后用惰性气体带出而达到分离的目的。用分光光度法测定水中的硫化物时，先使其在磷酸介质中生成硫化氢，再用惰性气体载入乙酸锌-乙酸钠溶液吸收，从而达到与母液分离的目的。

2）蒸发浓缩法

蒸发浓缩是指加热水样使水分子逸出，从而达到浓缩水样中溶质的目的。例如，饮用水中氯仿的测定，可采用正乙烷/乙醚溶剂萃取浓缩后用气相色谱法测定。

3）蒸馏法

利用水样中各污染组分具有不同的沸点而使彼此分离的方法，主要有常压蒸馏和减压蒸馏两类。常压蒸馏适合于沸点在40～150℃之间的化合物的分离。测定水样中的挥发酚、氰化物和氨氮等项目时，采用的均是常压蒸馏方法。减压蒸馏适合沸点高于150℃（常压下）或沸点虽低于此温度但在蒸馏过程中极易分解的化合物的分离。减压蒸馏方法在分析水中痕量农药、植物生长调节剂等有机物时的分类富集过程中应用十分广泛，也是液-液萃取溶液高倍浓缩的有效手段。

4）萃取法

用于水处理的萃取法通常是指液-液萃取法，是利用基本上与水不相溶解的特定的有机萃取剂与水充分混合接触，使水样中原有物质重新分配进入萃取相（或称有机相）以达到分离的目的，或经分相后达到废水净化和污染物进一步回收转化为有价值物质的目的。

5）共沉淀分离法

共沉淀是指溶液中一种难溶化合物在形成沉淀过程中，将共存的某些痕量组分一起载带沉淀出来的现象。共沉淀现象是一种分离富集微量组分的手段。例如，测定水中含量为1μg/L的Pb时，由于含量低，直接测定有困难。可将1000mL水样调至微酸性，加入$Hg^{2+}$，通入$H_2S$气体，使$Hg^{2+}$与$S^{2-}$生成HgS沉淀，同时Pb共沉淀下来，然后用2mL酸将沉淀物溶解后测定。此时，Pb的含量提高了500倍，测定就容易实现了。

6）吸附分离法

吸附是利用多孔性的固体吸附剂将水中的一种或多种组分吸附于表面，以达到组分分离的目的。被吸附富集于吸附剂表面的组分可用有机溶剂或加热等方式解析出来，供分析测定。常用的吸附剂主要有活性炭、硅胶、氧化铝、分子筛和大孔树脂等。

# 2.4 滴定分析法概述

## 2.4.1 滴定分析法

滴定分析是化学分析的重要方法。将已知准确浓度的试剂溶液和被分析物质的组分定量反应完全，根据反应完成时所消耗的试剂溶液的浓度和用量，计算出被分析物质的含量。这样的分析方法叫滴定分析法。

已知准确浓度的试剂溶液称为标准溶液（或滴定剂）；将标准溶液从滴定管计量并滴加到被分析溶液中的过程称为滴定；当标准溶液与被测物质按照化学计量关系恰好反应完全时的那一点称为化学计量点（sp）；在滴定过程中，指示剂正好发生颜色变化的那一点称为滴定终点（ep）。一般滴定终点与化学计量点应该一致，但由于操作误差，往往滴定终点与化学计量点不一定恰好符合，由此而造成的误差称为滴定误差（终点误差）。

根据反应类型的不同，滴定分析法又可分为：

（1）酸碱滴定法（又称中和法）：利用酸碱反应进行滴定分析的方法。可用来测定酸、碱、弱酸盐或弱碱盐的含量，如水中碱度、酸度、游离$CO_2$等指标的测定。

（2）沉淀滴定法：利用生成沉淀反应进行滴定分析的方法。可用来测定$Ag^+$、$Cl^-$、

$CN^-$等离子的含量。

(3) 络合滴定法：利用形成络合物反应进行滴定分析的方法。较常用的是以EDTA(乙二胺四乙酸)标准溶液测定$Ca^{2+}$、$Mg^{2+}$、$Fe^{3+}$、$Al^{3+}$等离子的含量。

(4) 氧化还原滴定法：利用氧化还原反应进行滴定分析的方法。可用来测定DO、COD等。

滴定分析法要求化学反应必须满足：

(1) 反应必须定量完成，在sp时的完全程度在99.9%以上。

(2) 反应必须具有确定的化学计量关系，即反应按一定的反应方程式进行。

(3) 反应能迅速完成，否则加催化剂或加热来加快反应的进行。

(4) 必须有较方便、可靠的方法确定ep。

滴定分析法的特点是操作简便、快速、结果准确、费用低，一般用于高含量和中等含量组分的测定(一般在1%以上)。用于测定水中的酸碱度、化学需氧量、生化需氧量、溶解氧、高锰酸盐指数、凯氏氮、总硬度等。

### 2.4.2 滴定方式

在滴定分析操作过程中，主要有以下4种滴定方式。

1. 直接滴定法

凡标准溶液与被测物质间的化学反应能够满足上述滴定反应要求的，都可以用标准溶液直接滴定被测物质，这种滴定方式称为直接滴定法。如用为NaOH标准溶液滴定HCl溶液，用$K_2Cr_2O_7$标准溶液滴定$Fe^{2+}$等，这些都是最基本、最常用的滴定操作。若某些物质在滴定时，不完全符合上述要求，则可采用其他的滴定方式。

2. 返滴定法

当待测物质的溶液与滴定剂反应速度较慢，或被测物为固体，或滴定操作没有合适的指示剂时(此时不能直接滴定)，需加入过量的滴定剂，以使被测组分与滴定剂间的化学反应速度加快。待反应完成后，再用另一种标准溶液滴定剩余的滴定剂。然后根据滴定反应中所消耗的两种标准溶液的物质的量，计算出被测物质的含量。这种滴定方式称为返滴定法。如用HCl标准溶液滴定$CaCO_3$，因$CaCO_3$边溶解边反应，反应速度较慢，不能用HCl直接滴定，则可先将被测样品加入到过量的HCl标准溶液中，待反应完全后，再用NaOH标准溶液滴定过量(剩余)的HCl，然后根据消耗的HCl和NaOH的物质的量的差，求出固体$CaCO_3$的含量。

3. 置换滴定法

对于不按确定的反应式进行或伴有副反应发生的反应，可用置换滴定法进行测定。即先用适当的试剂与被测物质起反应，使其置换出另一种物质，再用标准溶液滴定此生成物，这种滴定方式称为置换滴定法。例如：$Na_2S_2O_3$不能直接滴定$K_2Cr_2O_7$，因为重铬酸钾能将$S_2O_3^{2-}$离子氧化成$S_4O_6^{2-}$和$SO_4^{2-}$离子，由于有副反应发生，因此无法进行定量计算。但若将重铬酸钾溶液酸化，并加入过量的碘化钾，使$I^-$与$Cr_2O_7^{2-}$离子反应生成一定量的碘，从而可用硫代硫酸钠标准液滴定所析出的碘。其反应为：

$$Cr_2O_7^{2-}+6I^-+14H^+=3I_2+2Cr^{3+}+7H_2O$$

$$I_2+2S_2O_3^{2-}=2I^-+S_4O_6^{2-}$$

4. 间接滴定法

对不能直接与滴定剂反应的被测物质，有时可以通过另外的反应间接测定。例如，$Ca^{2+}$不能直接与氧化剂作用，但是若使 $Ca^{2+}$ 先形成草酸钙沉淀，再用硫酸溶解，就可以用高锰酸钾标准溶液直接滴定 $C_2O_4^{2-}$ 离子，从而可间接算出钙的含量，这种滴定方式称为间接滴定。

# 2.5 标准溶液

## 2.5.1 标准溶液和基准物质

已知准确浓度的溶液为标准溶液。能用于直接配制或标定标准溶液的物质称为基准物质或标准物质。基准物质必须具备下列条件：

(1) 物质具有足够的纯度，其中杂质含量<0.01%～0.02%。

(2) 物质的组成与化学式完全符合，若含结晶水，如草酸 $H_2C_2O_4\cdot 2H_2O$ 等，其结晶水含量也应与化学式相符。

(3) 物质的性质稳定，加热干燥时不分解，称量时不吸湿，不吸收 $CO_2$，不被空气氧化等。

(4) 物质易溶于适当的溶剂。

(5) 物质具有较大的摩尔质量，以减少称量误差。

(6) 定量参加反应，无副反应。

表 2-2 列出了常用基准物质及其干燥条件。

表 2-2 滴定分析常用的基准物质

| 应用范围 | 基准物质 | | 干燥条件 |
| --- | --- | --- | --- |
| | 名称 | 化学式 | |
| 酸碱滴定 | 无水碳酸钠 | $Na_2CO_3$ | 180℃干燥器中冷却 |
| | 硼砂 | $Na_2B_4O_7\cdot 10H_2O$ | 在盛有 NaCl 和蔗糖饱和溶液的密闭容器中干燥 |
| | 邻苯二甲酸氢钾 | $KHC_8H_4O_4$ | 105～110℃烘 3～4h，干燥器中冷却 |
| | 氨基磺酸 | $HOSO_2NH_2$ | 真空干燥器中放 48h |
| 络合滴定 | 锌 | Zn | 用 0.1mol/L HCl 洗表面后，依次用 $H_2O_2$、$C_2H_5OH$、$(CH_3)_2CO$ 冲洗，室温干燥器中 24h |
| | 氧化锌 | ZnO | 900～1000℃灼烧至恒重，干燥器中冷却 |
| | 碳酸钙 | $CaCO_3$ | 105～110℃烘 24h，干燥器中冷却 |
| 沉淀滴定 | 氯化钠 | NaCl | 500～600℃烘 40～50min，干燥器中冷却 |
| | 氯化钾 | KCl | 500～600℃ |
| | 氟化钠 | NaF | 500～600℃烘 40～50min，干燥器中冷却 |

（续）

| 应用范围 | 基准物质 | | 干燥条件 |
|---|---|---|---|
| | 名称 | 化学式 | |
| 氧化还原滴定 | 重铬酸钾 | $K_2Cr_2O_7$ | 120℃烘干2～4h，干燥器中冷却 |
| | 草酸钠 | $Na_2C_2O_4$ | 105～110℃烘干2h，干燥器中冷却 |
| | 溴酸钾 | $KBrO_3$ | 130℃烘干1.5～2h，干燥器中冷却 |
| | 碘酸钾 | $KIO_3$ | 130℃烘干1.5～2h，干燥器中冷却 |
| | 铜 | Cu | 室温干燥器中保存 |
| | 三氧化二砷 | $As_2O_3$ | 150℃下3～4h，干燥器中冷却2h |
| | 草酸 | $H_2C_2O_4 \cdot 2H_2O$ | 室温空气干燥 |

### 2.5.2 标准溶液的配制

滴定分析中必须使用标准溶液，最后要通过标准溶液的浓度和用量，来计算被测物质的含量。因此，正确地配制标准溶液，准确地标定标准溶液的浓度以及对标准溶液的妥善保管，对提高滴定分析结果的准确度有着十分重要的意义。标准溶液一般可采用两种方法配制。

1. 直接配制法

准确称取一定量的物质(基准物质)，溶解后定量转移到容量瓶中，稀释至一定体积，根据称取物质的质量和容量瓶的体积即可计算出该标准溶液的浓度。这样配成的标准溶液称为基准溶液，可用它来标定其他标准溶液的浓度。例如，欲配制0.01000mol/L的$K_2Cr_2O_7$标准溶液1L，首先在分析天平上精确称取2.9420g优级纯的$K_2Cr_2O_7$，置于烧杯中，加适量水溶解后定量转移到1000mL容量瓶中，再用水稀释至刻度即得。

直接配制法的优点是简便，一经配好即可使用，但必须用基准物质配制。

2. 间接配制法(标定法)

许多物质由于纯度达不到基准物质的要求，或它们在空气中不稳定，如$KMnO_4$、$Na_2S_2O_3$、NaOH、HCl等，其标准溶液不能采用直接法配制。对这类物质只能采用间接法配制，即粗略地称取一定量物质或量取一定量体积溶液，配制成接近所需浓度的溶液，再用基准物质或另一种标准溶液来测定。这种利用基准物质或已知准确浓度的溶液来测定待标液浓度的操作过程称为标定。

### 2.5.3 标准溶液浓度的表示方法

1. 物质的量浓度

物质的量指溶液中所含溶质的量，用$n$表示，单位为mol。物质的量浓度指单位体积溶液中所含溶质的量，用$c$表示，单位mol/L，即：

$$c=\frac{n}{V} \tag{2-1}$$

而

$$n=\frac{m}{M}$$

则

$$c=\frac{m}{MV} \tag{2-2}$$

式中，$m$ 为物质的质量(g)；$M$ 是物质的摩尔质量(g/mol)。

由于物质的量的数值取决于基本单元的选择，因此，表示物质的量浓度时，必须指明“基本单元”。例如，某硫酸溶液的浓度，由于选择不同的基本单元，其摩尔质量就不同，浓度亦不同。如硫酸质量 $m_{H_2SO_4}=9.8g$，溶液体积为 1L，则：

$$c_{H_2SO_4}=\frac{m_{H_2SO_4}}{M_{H_2SO_4}\cdot V}=\frac{9.8}{98\times1}mol/L=0.1(mol/L)$$

$$c_{1/2H_2SO_4}=\frac{m_{H_2SO_4}}{M_{1/2H_2SO_4}\cdot V}=\frac{9.8}{49\times1}mol/L=0.2(mol/L)$$

∴

$$c_{H_2SO_4}=\frac{1}{2}c_{1/2H_2SO_4}$$

基本单元选取规则：“等物质的量反应”，即在滴定反应完全时，消耗的待测物和滴定剂的物质的量相等。

例如，在酸性溶液中用草酸作基准物质标定高锰酸钾溶液浓度时，其滴定反应为：

$$2MnO_4^-+5C_2O_4^{2-}+16H^+=2Mn^{2+}+10CO_2+8H_2O$$

由化学计量数得：

$$\frac{n_{KMnO_4}}{n_{H_2C_2O_4}}=\frac{2}{5}$$

∴

$$n\left(\frac{1}{5}KMnO_4\right)=n\left(\frac{1}{2}H_2C_2O_4\right)$$

因此，确定 $KMnO_4$ 基本单元为 $1/5KMnO_4$，而 $H_2C_2O_4$ 基本单元为 $1/2H_2C_2O_4$。

**【例 2-1】** 准确取 10mL 重铬酸钾标准溶液 $c(1/6K_2Cr_2O_7)=0.25mol/L$，用 $(NH_4)Fe(SO_4)_2$ 滴定消耗了 25mL，计算 $(NH_4)Fe(SO_4)_2$ 的物质的量浓度？

**解**：$Cr_2O_7^{2-}+6Fe^{2+}+14H^+\longrightarrow 2Cr^{3+}+6Fe^{3+}+7H_2O$

化学计量点时：$n\left(\frac{1}{6}K_2Cr_2O_7\right)=n(Fe^{2+})$

∴ $c(1/6Cr_2O_7^{2-})V_1=c(Fe^{2+})V_2$

∴ $c(Fe^{2+})=\frac{0.25\times10}{25}=0.1mol/L$

2. 滴定度

滴定度指 1mL 标准溶液相当于被测组分的质量，用 $T_{X/S}$ 表示($X$—待测溶液；$S$—标准溶液)，单位 g/mL。

只要把滴定时所用标准溶液的毫升数乘以滴定度，就可得到被测物质的含量。

**【例 2-2】** 已知 $T_{Cl^-/AgNO_3}=0.003545$g/mL，用该标准溶液滴定 100mL 水样中 $Cl^-$ 时，消耗 15.6mL，求水样中 $Cl^-$ 的含量(mg/L 表示)。

**解**：$c_{Cl^-}=\dfrac{T_{Cl^-/AgNO_3}\times 15.6\times 1000\times 1000}{100}=553.2$(mg/L)

3. 物质的量浓度与滴定度的互换

以滴定剂 A 滴定被测组分 B 时，所依据的滴定反应为

$$aA+bB=cC+dD$$

当滴定达计量点时，已知试剂物质的量 $n_A$ 与待测物的物质的量 $n_B$ 之比，应等于化学反应方程式所表示的化学计量系数比，即

$$\frac{n_A}{n_B}=\frac{a}{b} \tag{a}$$

又

$$n_A=c_A\times V_A\times 10^{-3} \tag{b}$$

$$n_B=\frac{m_B}{M_B} \tag{c}$$

式中：$V_A$——A 的体积，以 L 为单位计量，分析化学中液体体积的单位一般用毫升表示，则 $V_A$ 转化为 $V_A\times 10^{-3}$；

$m_B$——B 的质量(g)；

$M_B$——B 的摩尔质量(g/mol)。

式(b)和式(c)代入式(a)，得：

$$\frac{c_A\times V_A\times 1.0\times 10^{-3}}{m_B/M_B}=\frac{a}{b} \tag{d}$$

根据式(d)和滴定度的定义可得：

$$T_{B/A}=\frac{m_B}{V_A}=\frac{b}{a}c_A\times M_B\times 10^{-3}\text{(g/mL)} \tag{2-3}$$

**【例 2-3】** 计算 $c=0.12$mol/L 的 HCl 滴定剂对 $CaCO_3$ 的滴定度。

**解**：$2HCl+CaCO_2 \rightleftharpoons CaCl_2+H_2CO_3$

根据式(2-3)得：

$$T_{CaCO_3/HCl}=\frac{1}{2}\times 0.12\times\frac{100}{1000}=6.0\text{(g/mL)}$$

## 2.5.4 水质分析结果的表示方法

1. 待测组分的化学表示形式

分析结果通常以待测组分实际存在形式的含量表示。例如，测得试样中氮的含量以后，根据实际情况以 $NH_3$、$NO_3^-$、$NO_2^-$、$N_2O_5$ 或 $N_2O_3$ 等形式的含量表示分析结果。如果待测组分的实际存在形式不清楚，则分析结果最好以氧化物或元素形式的含量表示。

2. 待测组分含量的表示方法

根据试样重量测量、所得数据和分析过程中有关反应的计量关系，计算试样中有关组

分的含量。常用的表示方法有：

（1）mg/L：表示每升水中所含被测物质的毫克数。当浓度小于 0.1 mg/L 时，则用微克/升(μg/L)表示或更小的单位纳克/升(ng/L)表示。

$$1\text{g}=10^3\text{mg}=10^6\mu\text{g}=10^9\text{ng}$$

对浓度大于 1000mg/L 时，用百分数表示，当比重等于 1.00 时，1%等于10000mg/L。当测量高比重的水样时，如以质量百分比表示时，应做如下修正：

$$\%(\text{按比重})=\frac{\text{mg/L}}{10000\times\text{比重}}$$

（2）mmol/L：表示每升水中所含被测物质的物质的量。物质的量的数值取决于基本单元的选择。表示物质的量浓度时，必须指明基本单元。

此外，有些水质分析结果还有它自己特定的表示方法。如水的硬度用“度”表示，水的浊度用 NTU 表示等。

## 2.6 活度与活度系数

试验证明，许多化学反应以有关物质的浓度代入各种平衡常数公式进行计算，所得结果与试验结果产生一定的偏差。对强电解质的较浓溶液，这种偏差较为明显。由于在溶液中各种不同电荷的离子之间相互作用及离子与溶剂分子之间的相互作用，影响了离子在溶液中的活动性，减弱了离子在化学反应中的作用能力，使离子参加化学反应的有效浓度要比它的实际浓度低，因此，用浓度计算所得结果与试验结果产生一定偏差。

为了定量地反映溶液中离子间相互作用的强弱程度，引入活度概念。活度是离子在化学反应中起作用的有效浓度。在有关化学平衡计算中，严格地说应当用活度而不是浓度。活度与浓度的比值称为活度系数，以 $\gamma$ 表示。如果以 $\alpha$ 代表离子的活度，以 $c$ 代表离子的浓度，则

$$\gamma=\frac{\alpha}{c}\text{或者}\alpha=c\gamma \tag{2-4}$$

$\gamma$ 是衡量实际溶液与理想溶液之间有效浓度差异的尺度。一般来说，浓度越大，离子间的相互作用越强，$\alpha$ 与 $c$ 的差值越大；浓度越稀，$\alpha$ 与 $c$ 的差值越小，$\gamma$ 就越接近于 1，这时可以认为活度等于浓度。在一些准确度要求不高的计算中，强电解质在稀溶液中离子浓度往往以完全电离来计算。

由于活度系数的大小反映了溶液中离子间力影响的大小，因此它不仅与溶液中各种离子的总浓度有关，也与离子的电荷有关。考虑以上两种影响因素，引入离子强度这个概念，以 $I$ 表示。

$$I=\frac{1}{2}(c_1Z_1^2+c_2Z_2^2+\cdots+c_iZ_i^2) \tag{2-5}$$

式中，$c_1$，$c_2$，…，$c_i$ 是指溶液中各种离子的浓度；$Z_1$，$Z_2$，…，$Z_i$ 表示溶液中各种离子的电荷。

表 2-3 中列出了在不同的离子强度时，各种相同价离子的平均活度系数。可以看出来，离子强度越大，活度系数越大。

表 2-3 不同离子强度的同价离子或平均活度系数

| 价数 \ 离子强度 | 0.001 | 0.005 | 0.01 | 0.05 | 0.1 |
|---|---|---|---|---|---|
| 一价离子 | 0.96 | 0.95 | 0.93 | 0.85 | 0.80 |
| 二价离子 | 0.86 | 0.74 | 0.65 | 0.56 | 0.46 |
| 三价离子 | 0.72 | 0.62 | 0.52 | 0.28 | 0.20 |
| 四价离子 | 0.54 | 0.43 | 0.32 | 0.11 | 0.06 |

**【例 2-4】** 计算 0.01mol/L $CaCl_2$ 溶液中 $Ca^{2+}$ 和 $Cl^-$ 的活度。

**解**：溶液中 $c_{Ca^{2+}}=0.01mol/L$；$c_{Cl^-}=2\times0.01=0.02mol/L$

$$I=\frac{1}{2}(c_1Z_1^2+c_2Z_2^2+\cdots+c_iZ_i^2)$$

$$=\frac{1}{2}\times(0.01\times2^2+0.02\times1^2)$$

$$=0.03$$

查表 2-3，得到 $\gamma_{Ca^{2+}}=0.605$；$\gamma_{Cl^-}=0.89$

因此，$\alpha_{Ca^{2+}}=\gamma_{Ca^{2+}}\times c_{Ca^{2+}}=0.605\times0.01=0.00605mol/L$

$\alpha_{Cl^-}=\gamma_{Cl^-}\times c_{Cl^-}=0.89\times0.02=0.0178mol/L$

## 习　题

一、思考题

1. 水样为什么要保存，保存的要求是什么？
2. 水样的预处理方法有哪些？
3. 滴定分析法的分类和滴定方式有哪些？
4. 什么是标准溶液和基准物质？
5. 标准溶液的配制方法？

二、计算题

1. 在 1L 0.200mol/L HCl 溶液中，加入多少毫升水才能使稀释后的 HCl 溶液对 CaO 的滴定度 $T_{CaO/HCl}=0.00500g/ml$。

2. 称取 0.150g $Na_2C_2O_4$ 基准物，溶解后用 $KMnO_4$ 溶液滴定用去 20.00mL，计算 $KMnO_4$ 溶液的浓度 $c(1/5\ KMnO_4)$。

3. 计算 0.010mol/L $K_2Cr_2O_7$ 标准溶液对 $Fe^{2+}$、$Fe_2O_3$、FeO 的滴定度。

# 第3章 酸碱滴定法

## 教学目标

本章主要讲述酸碱滴定法的基本理论和方法。通过本章学习，应达到以下目标。

(1) 掌握不同类型溶液 pH 计算；指示剂的变色原理以及选择指示剂的原则；不同类型滴定中溶液 pH 计算；不同类型滴定的异同；酸碱滴定条件的判断；滴定误差。

(2) 熟悉各种类型的酸碱滴定方法和有关计算；常用酸碱标准溶液的配制与标定；溶液不同组成量度表示方法间的换算。

(3) 了解各种酸碱滴定方法的应用。

(4) 通过酸碱度测定方法的学习，为实践中水处理工程技术提供理论指导，为水处理的达标排放提供技术支持。

## 教学要求

| 知识要点 | 能力要求 | 相关知识 |
| --- | --- | --- |
| 酸碱滴定理论 | (1) 理解酸碱平衡的概念<br>(2) 掌握酸碱滴定的原理，能够正确选择指示剂<br>(3) 掌握 pH 的计算 | (1) 酸碱定义、酸碱反应原理、酸碱平衡常数<br>(2) 强酸与强酸、强碱与弱酸、强酸与弱碱的滴定曲线<br>(3) 酸碱各种型体分布及其计算 |
| 缓冲溶液 | (1) 掌握缓冲溶液的作用机理<br>(2) pH 的计算<br>(3) 熟悉缓冲溶液的缓冲范围 | (1) 缓冲溶液与缓冲作用<br>(2) 缓冲溶液 pH 的计算<br>(3) 缓冲容量与缓冲范围 |
| 酸碱指示剂 | (1) 掌握酸碱指示剂的作用机理<br>(2) 熟悉各种酸碱指示剂的 pH 变色范围 | (1) 酸碱指示剂的作用原理<br>(2) 指示剂的变色范围 |
| 酸度和碱度 | (1) 酸度和碱度的组成<br>(2) 碱度的计算 | (1) 碱度的组成；酸度的组成<br>(2) 碱度的精确计算 |

引例

天然水中含有二氧化碳，对于饮用无害。不少饮料水中还特意加入二氧化碳使之数量大大超出一般天然水中的含量而未发现有害影响。但含二氧化碳过多的水会对混凝土和金属有侵蚀破坏作用，如果水中还有强酸、强酸弱碱盐，不仅会污染河流，伤害水中生物，腐蚀管道，而且也会使水的利用价值受到限制。

## 3.1 水溶液中的酸碱平衡

### 3.1.1 酸碱的概念

根据布朗斯科德—劳拉关于酸碱质子理论，认为在化学反应时凡是能够给出质子($H^+$)的物质就是酸；凡是能够接受质子($H^+$)的物质就是碱。酸碱的关系可用下式表示：

$$HB \rightleftharpoons H^+ + B^-$$

酸 HB 给出一个质子后，形成碱($B^-$)，碱($B^-$)得到一个质子后会形成酸(HB)。

当此反应发生时，把酸(HB)称为碱($B^-$)的共轭酸；把碱($B^-$)称为酸(HB)的共轭碱。我们通常把这种因为得失质子而互相转变的一对酸碱对称为共轭酸碱对，这样的反应称为酸碱半反应。例如

| 共轭酸　质子　共轭碱 | 共轭酸碱对 |
|---|---|
| $H_3PO_4 \rightleftharpoons H^+ + H_2PO_4^-$ | $H_3PO_4/H_2PO_4^-$ |
| $H_2PO_4^- \rightleftharpoons H^+ + HPO_4^{2-}$ | $H_2PO_4^-/HPO_4^{2-}$ |
| $HPO_4^{2-} \rightleftharpoons H^+ + PO_4^{3-}$ | $HPO_4^{2-}/PO_4^{3-}$ |
| $HAc \rightleftharpoons H^+ + Ac^-$ | $HAc/Ac^-$ |
| $NH_4^+ \rightleftharpoons H^+ + NH_3$ | $NH_4^+/NH_3$ |

由此可见，酸碱可以是中性分子，也可以是阳离子或阴离子，不受是否带有电荷的限制。有些物质既可以给出质子，又可获得质子，称为酸碱两性物质，例如，$H_2PO_4^-$ 在 $H_2PO_4^-/HPO_4^{2-}$ 共轭酸碱对中是酸，在 $H_3PO_4/H_2PO_4^-$ 共轭酸碱对中是碱。

### 3.1.2 酸碱反应

酸碱反应要求给出质子的物质与接受质子的物质同时存在，其实质就是两个共轭酸碱对共同作用的结果。

$$HAc \rightleftharpoons H^+ + Ac^- \quad \text{酸碱半反应}$$

$$H_2O \rightleftharpoons H^+ + H_3O^+ \quad \text{酸碱半反应}$$

$$\underset{\text{酸}_1}{HAc} + \underset{\text{碱}_1}{H_2O} \rightleftharpoons \underset{\text{酸}_2}{H_3O^+} + \underset{\text{碱}_2}{Ac^-}$$

共轭酸碱对

上述反应中，$H_2O$ 起碱的作用。

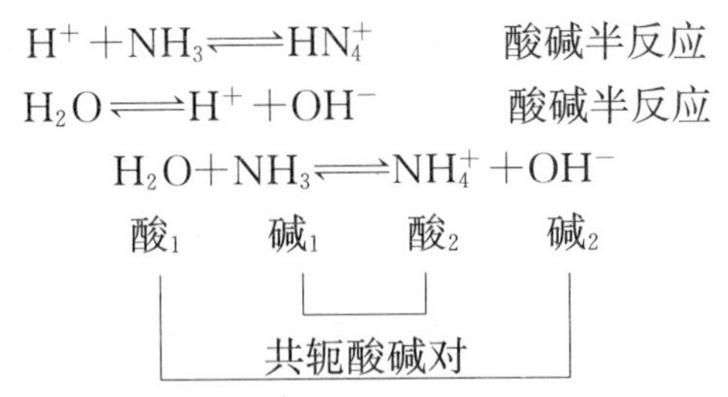


上述反应中，$H_2O$起酸的作用。

由此可见，酸碱反应的实质就是质子的转移过程。在酸和碱的解离过程中必须要有$H_2O$的参与，在这里$H_2O$既可以起到酸的作用，又可以起到碱的作用。在这些反应中，会出现$H_3O^+$，我们把$H_3O^+$称为水合质子(也可以称水合氢离子)，一般简写为$H^+$。为了方便，一般在书写酸碱反应的反应式时，都可不写出与溶剂的作用过程。如：

$$HAc \rightleftharpoons H^+ + Ac^- \quad (HAc\ 的解离)$$

$$NH_4^+ \rightleftharpoons H^+ + NH_3 \quad (NH_4^+\ 的解离)$$

$$HAc + NH_3 \rightleftharpoons Ac^- + NH_4^+ \quad (HAc\ 与\ NH_3\ 的反应)$$

### 3.1.3 溶剂的质子自递反应

既可作为酸，又可作为碱的一类溶剂称为质子溶剂。质子溶剂自身分子之间也能相互发生一定的质子转移。这类同种溶剂分子间质子的转移作用称为质子自递反应。从酸碱概念来说，它们也是酸碱两性物质。以$H_2O$为例，即一个$H_2O$分子能从另一个$H_2O$分子中获得质子形成$H_3O^+$，而失去质子的$H_2O$分子便成为$OH^-$。在质子自递反应中，也有两个共轭酸碱对，即$H_3O^+/H_2O$和$H_2O/OH^-$。可用下面的反应式说明：

$$\underset{碱_2}{H_2O} + \underset{酸_1}{H_2O} \rightleftharpoons \underset{碱_1}{H_3O^+} + \underset{酸_2}{OH^-}$$

其平衡常数$K_w = a_{H_3O^+} \cdot a_{OH^-}$称为水的质子自递常数，用$K_s$表示，$K_s = 1.0 \times 10^{-14}$(25℃)。

### 3.1.4 水溶液中酸碱的强度

1. 酸碱反应平衡常数——解离常数

水溶液中酸度的大小取决于酸将质子($H^+$)给予$H_2O$的能力，同样碱度的大小取决于碱从$H_2O$那里获取质子($H^+$)的能力。凡是把$H^+$给予溶剂能力大的，其酸的强度就强；相反，从溶剂分子中夺取$H^+$能力大的，其碱的强度就大。这种给出和获得质子能力的大小，具体表现在它们的解离常数上。酸的解离常数以$K_a$表示，碱的解离常数以$K_b$表示。

如以HB和B作为酸碱反应中的相应酸和碱的代表符号，有：

$$HB + H_2O \rightleftharpoons H_3O^+ + B^-$$

$$K_a = \frac{a_{H_3O^+} \cdot a_{B^-}}{\alpha_{HB}} \tag{3-1}$$

$$B + H_2O \rightleftharpoons HB^+ + OH^-$$

$$K_b=\frac{a_{HB^+}\cdot a_{OH^-}}{a_B} \qquad (3-2)$$

可以根据 $K_a$ 和 $K_b$ 的大小判断酸碱的强弱，凡 $K_a$ 或 $K_b$ 大的则强。例如：

$$HAc+H_2O \rightleftharpoons H_3O^+ +Ac^- \qquad K_a=1.70\times10^{-5}$$
$$NH_4^+ +H_2O \rightleftharpoons H_3O^+ +NH_3 \qquad K_a=5.60\times10^{-10}$$
$$HS^- +H_2O \rightleftharpoons H_3O^+ +S^{2-} \qquad K_a=7.10\times10^{-15}$$

随着 $K_a$ 由大变小，HAC、$NH_4{}^+$、$HS^-$ 的强度依次变小。

$$Ac^- +H_2O \rightleftharpoons HAc+OH^- \qquad K_b=5.90\times10^{-10}$$
$$NH_3+H_2O \rightleftharpoons NH_4^+ +OH^- \qquad K_b=1.80\times10^{-5}$$
$$S^{2-} +H_2O \rightleftharpoons HS^- +OH^- \qquad K_b=1.41$$

随着 $K_b$ 由小变大，$Ac^-$、$NH_3$、$S^{2-}$ 的强度依次变强。

由此可见，对于任何一种酸，如果它本身的酸性越强，其 $K_a$ 就越大；则其共轭碱的碱性就越弱，即其共轭碱的 $K_b$ 越小。

在水溶液中，$H_3O^+$ 是实际存在的最强的酸的形式，如果任何一种酸的强度大于 $H_3O^+$，而且浓度不是很大的情况下，必将定量的与 $H_2O$ 发生反应，完全转化为 $H_3O^+$。

$$HCl+H_2O \rightleftharpoons H_3O^+ +Cl^- \qquad K_a\gg1$$

其中 $Cl^-$ 是 HCl 的共轭碱，在上述反应中反应进行得很彻底，以至于 $Cl^-$ 几乎没有从 $H_3O^+$ 中夺取质子转化为 HCl 的能力，也就是说 $Cl^-$ 是一种非常弱的碱，它的 $K_b$ 几乎测不出来。

同样，$OH^-$ 是在水溶液中实际存在的最强的碱的形式，如果任何一种碱的强度大于 $OH^-$，而且浓度不是很大的情况下，必将定量的与 $H_2O$ 发生反应，完全转化为 $OH^-$。

2. $K_a$ 与 $K_b$ 的关系

以一元弱酸 HAc 在 25℃时的反应为例：

$$HAc+H_2O \rightleftharpoons H_3O^+ +Ac^- \qquad K_a=\frac{[H^+][Ac^-]}{[HAc]}$$
$$Ac^- +H_2O \rightleftharpoons OH^- +HAc \qquad K_b=\frac{[HAc][OH^-]}{[Ac^-]}$$

则 $K_a\cdot K_b=[H^+][OH^-]=K_w=1.0\times10^{-14}$

同样对于多元酸碱对进行分析

酸
$$H_2CO_3+H_2O \rightleftharpoons H_3O^+ +HCO_3^- \qquad K_{a_1}=\frac{[H_3O^+][HCO_3^-]}{[H_2CO_3]}$$
$$HCO_3^- +H_2O \rightleftharpoons H_3O^+ +CO_3^{2-} \qquad K_{a_2}=\frac{[H_3O^+][CO_3^{2-}]}{[HCO_3^-]}$$

碱
$$CO_3^{2-} +H_2O \rightleftharpoons OH^- +HCO_3^- \qquad K_{b_1}=\frac{[OH^-][HCO_3^-]}{[CO_3^{2-}]}$$
$$HCO_3^- +H_2O \rightleftharpoons OH^- +H_2CO_3 \qquad K_{b_2}=\frac{[OH^-][H_2CO_3]}{[HCO_3^-]}$$

则 $K_{a_1}\cdot K_{b_2}=K_{a_2}\cdot K_{b_1}=[H_3O^+][OH^-]=K_w$

结论：共轭酸碱对的 $K_a$ 与 $K_b$ 的乘积为一个常数，等于 $K_w$。

**【例 3-1】** 已知 $NH_3$ 的 $K_b=1.8\times10^{-5}$，求 $NH_4^+$ 的 $K_a$。

**解**：$NH_4^+$ 是 $NH_3$ 的共轭酸，所以

$$K_a=\frac{K_w}{K_b}=\frac{1.00\times10^{-14}}{1.80\times10^{-5}}=5.60\times10^{-10}$$

## 3.2 弱酸碱水溶液中的型体分布

水溶液中某种溶质的浓度称为分析浓度，它是溶液中该溶质各种型体的浓度的总和，因此也称为总浓度，以符号“$c$”表示。

当反应达到平衡时，水溶液中溶质某种型体的实际浓度称为平衡浓度，通常以“[ ]”表示。

在酸碱平衡体系中，酸和碱以各种不同的型体存在，并且随着 pH 的改变而有规律的变化。溶液中某酸碱组分的平衡浓度占其总浓度的分数称为分布分数或摩尔分数，以 $\delta$ 表示。

### 3.2.1 一元酸溶液

以 HAc 为例，它在水溶液中以 HAc 和 $Ac^-$ 两种型体存在。令 HAc 的总浓度为 $c_{HAc}$，HAc 与 $Ac^-$ 的平衡浓度为 [HAc] 和 $[Ac^-]$，则

$$c_{HAc}=[HAc]+[Ac^-]$$

$$\delta_{HAc}=\frac{[HAc]}{c_{HAc}}=\frac{[HAc]}{[HAc]+[Ac^-]}$$

$$=\frac{1}{1+\frac{[Ac^-]}{[HAc]}}=\frac{1}{1+\frac{K_a}{[H^+]}}=\frac{[H^+]}{K_a+[H^+]}$$

同理可得 $\delta_{Ac^-}=\frac{[Ac^-]}{c_{HAc}}=\frac{K_a}{[H^+]+K_a}$

$$\delta_{HAc}+\delta_{Ac^-}=1$$

可以看出，由于某种酸的 $K_a$ 是一定的，则各组分的分布分数只是 $[H^+]$ 的函数。以溶液的 pH 为横坐标，HAc、$Ac^-$ 的分布分数为纵坐标作图，得到图 3.1 所示的 HAc 分布曲线。

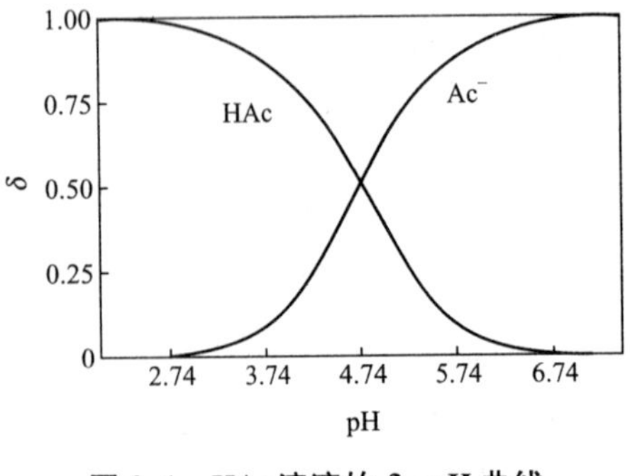

图 3.1 HAc 溶液的 $\delta$ - pH 曲线

从图 3.1 可以看出，当 pH=p$K_a$ 时，$\delta_{HAc}=\delta_{Ac^-}=0.5$，HAc 和 $Ac^-$ 各占 50%；pH<p$K_a$，主要存在形式是 HAc；pH>p$K_a$，主要存在形式是 $Ac^-$。

**【例 3-2】** 计算 pH=4.00 和 8.00 时醋酸溶液中 $\delta_{HAc}$、$\delta_{Ac^-}$。

**解：** 已知 HAc 的 $K_a=1.75\times10^{-5}$

pH=4.00 时，$\delta_{HAc}=\frac{[H^+]}{K_a+[H^+]}=\frac{1.0\times10^{-4}}{1.75\times10^{-5}+1.0\times10^{-4}}=0.85$

$$\delta_{Ac^-}=1-\delta_{HAc}=0.15$$

同理，pH＝8.00时，$\delta_{HAc}=5.7\times10^{-4}$，$\delta_{Ac^-}\approx1.0$。

一元弱碱可以看成是共轭酸失去质子后的共轭碱，其分布分数和分布曲线的变化规律与一元弱酸相同。例如，浓度为 $c$ 的氨水：

$$\delta_{NH_3}=\frac{[NH_3]}{c_{NH_3}}=\frac{[OH^-]}{K_b+[OH^-]}=\frac{K_a}{K_a+[H^+]}$$

$$\delta_{NH_4^+}=\frac{[NH_4^+]}{c_{NH_3}}=\frac{K_b}{K_b+[OH^-]}=\frac{[H^+]}{K_a+[H^+]}$$

结论：一元弱酸或弱碱的共轭酸碱对的分布分数计算通式：

$$\delta_{共轭酸}=\frac{[H^+]}{[H^+]+K_a} \tag{3-3}$$

$$\delta_{共轭碱}=\frac{K_a}{[H^+]+K_a} \tag{3-4}$$

### 3.2.2 多元酸溶液

$H_2CO_3$ 作为二元弱酸，在其水溶液中存在的型体主要是 $H_2CO_3$、$HCO_3^-$ 和 $CO_3^{2-}$，以 $c$ 代表 $H_2CO_3$ 的总浓度，则有

$$c=[H_2CO_3]+[HCO_3^-]+[CO_3^{2-}]$$

$$\delta_1=\frac{[H_2CO_3]}{c}=\frac{[H_2CO_3]}{[H_2CO_3]+[HCO_3^-]+[CO_3^{2-}]}=\frac{1}{1+\frac{[HCO_3^-]}{[H_2CO_3]}+\frac{[CO_3^{2-}]}{[H_2CO_3]}}$$

$$=\frac{1}{1+\frac{K_{a_1}}{[H^+]}+\frac{K_{a_1}K_{a_2}}{[H^+]^2}}=\frac{[H^+]^2}{[H^+]^2+K_{a_1}[H^+]+K_{a_1}K_{a_2}} \tag{3-5}$$

同样可以得出以下式子，

$$\delta_2=\frac{[HCO_3^-]}{c}=\frac{K_{a_1}[H^+]}{[H^+]^2+K_{a_1}[H^+]+K_{a_1}K_{a_2}} \tag{3-6}$$

$$\delta_3=\frac{[CO_3^{2-}]}{c}=\frac{K_{a_1}K_{a_2}}{[H^+]^2+K_{a_1}[H^+]+K_{a_1}K_{a_2}} \tag{3-7}$$

$$\delta_1+\delta_2+\delta_3=1$$

根据以上式子，分别计算出不同的pH时，$\delta_1$、$\delta_2$、$\delta_3$ 的值，列入表3-1中，并绘制 $\delta$-pH的分布曲线，见图3.2。

**表3-1 不同的pH时 $\delta_1$、$\delta_2$、$\delta_3$ 的值**

| pH | $\delta_1$ | $\delta_2$ | $\delta_3$ | pH | $\delta_1$ | $\delta_2$ | $\delta_3$ |
|---|---|---|---|---|---|---|---|
| 2.0 | 1.0 | — | — | 5.0 | 0.9575 | 0.0425 | 0.0000 |
| 2.5 | 0.9999 | 0.0001 | 0.0000 | 5.5 | 0.8770 | 0.1230 | 0.0000 |
| 3.0 | 0.9996 | 0.0004 | 0.0000 | 6.0 | 0.7020 | 0.3080 | 0.0000 |
| 3.5 | 0.9986 | 0.0014 | 0.0000 | 6.38 | 0.5000 | 0.5000 | 0.0000 |
| 4.0 | 0.9906 | 0.0044 | 0.0000 | 6.5 | 0.4162 | 0.5837 | 0.0001 |
| 4.5 | 0.9862 | 0.0138 | 0.0000 | 7.0 | 0.1864 | 0.8132 | 0.0004 |

(续)

| pH | $\delta_1$ | $\delta_2$ | $\delta_3$ | pH | $\delta_1$ | $\delta_2$ | $\delta_3$ |
|---|---|---|---|---|---|---|---|
| 7.5 | 0.0674 | 0.9312 | 0.0014 | 10.5 | 0.0000 | 0.4022 | 0.5978 |
| 8.0 | 0.0246 | 0.9708 | 0.0046 | 11.0 | 0.0000 | 0.1754 | 0.8246 |
| 8.5 | 0.0072 | 0.9783 | 0.0145 | 11.5 | 0.0000 | 0.0630 | 0.9370 |
| 9.0 | 0.0017 | 0.9536 | 0.0447 | 12.0 | 0.0000 | 0.0208 | 0.9792 |
| 9.5 | 0.0040 | 0.8703 | 0.1293 | 12.5 | 0.0000 | 0.0067 | 0.9933 |
| 10.0 | 0.0001 | 0.6802 | 0.3197 | 13.0 | 0.0000 | 0.0021 | 0.9979 |
| 10.25 | 0.0000 | 0.5000 | 0.5000 | | | | |

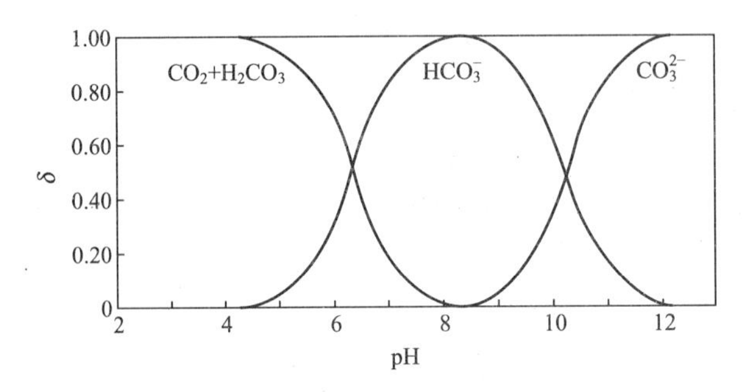


**图 3.2　水中碳酸各种型体分布图**

由图 3.2 可见，$H_2CO_3$ - $HCO_3^-$ 和 $HCO_3^-$ - $CO_3^{2-}$ 两对共轭酸碱对的交点处正是 $pH=pK_{a_1}=6.38$ 和 $pH=pK_{a_2}=10.25$ 处，这两个交点处正是 $\delta_0=\delta_1=0.5$ 和 $\delta_2=\delta_1=0.5$ 处。如果 $pH<pK_{a_1}$，以 $H_2CO_3$ 为主；$pK_{a_1}<pH<pK_{a_2}$，以 $HCO_3^-$ 为主；如果 $pH>pK_{a_2}$，则以 $CO_3^{2-}$ 为主。

其他多元酸的情况依据碳酸的情况类推，可以得出如下结论：

$$\delta_i=\frac{K_{a_0}K_{a_1}K_{a_2}\cdots K_{a_i}[H^+]^{n-i}}{\sum_{i=0}^{n}K_{a_0}K_{a_1}K_{a_2}\cdots K_{a(i-1)}[H^+]^{n-i}+K_{a_0}K_{a_1}\cdots K_{a_i}} \tag{3-8}$$

$$\sum_{i=0}^{n}\delta_i=1$$

## 3.3 酸碱溶液 pH 的计算

### 3.3.1 质子条件式

酸碱反应达到平衡时，酸给出的质子数必须等于碱得到的质子数，得失质子的物质的量相等的关系式称为质子条件式，以 PBE 表示。

质子条件是反映质子转移的数量关系。根据溶液中得质子后产物与失质子后产物的质子得失的量相等的原则，可直接列出质子条件。一般将原始的酸碱组分，即与质子转移直接相关的溶质和溶剂，作为质子参考水准又称零水准，然后与零水准相比较，少了质子的就是失质子产物，多了质子的就是得质子产物。

以 HAc 溶液为例，在溶液中有 HAc、$Ac^-$、$H_2O$、$OH^-$、$H^+$，把 HAc 和 $H_2O$ 作为参考水平，$Ac^-$ 与参考水平 HAc 比较，是 HAc 失 1 个质子产物；$OH^-$ 与参考水平 $H_2O$ 比较，是 $H_2O$ 失 1 个质子产物；$H^+$ 与参考水平 $H_2O$ 比较，是 $H_2O$ 得 1 个质子产物，可写出溶液的质子条件时为：

PBE：$[H^+]=[Ac^-]+[OH^-]$

又如 $H_3PO_4$ 溶液，其平衡反应式为

$$H_3PO_4 \rightleftharpoons H^+ + H_2PO_4^-$$
$$H_2PO_4^- \rightleftharpoons H^+ + HPO_4^{2-}$$
$$HPO_4^{2-} \rightleftharpoons H^+ + PO_4^{3-}$$
$$H_2O \rightleftharpoons H^+ + OH^-$$

零水准为 $H_3PO_4$ 和 $H_2O$。零水准转化为得质子后的产物为 $H^+$，失质子后的产物为 $OH^-$、$H_2PO_4^-$、$HPO_4^{2-}$、$PO_4^{3-}$ 可以得出：

$$[H^+]=[OH^-]+[H_2PO_4^-]+2[HPO_4^{2-}]+3[PO_4^{3-}]$$

注意：当质子转移的量大于等于 2mol 时，在他们的浓度之前需要乘上相应的系数，才能符合得失质子的量相等关系。上例中，$HPO_4^{2-}$、$PO_4^{3-}$ 与零水准物质 $H_3PO_4$ 比较失去的质子数分别为 2 和 3，因此，他们的浓度之前均要乘上系数 2 和 3。

### 3.3.2 酸碱溶液中 $[H^+]$ 的计算

酸碱溶液中的 $[H^+]$ 的计算可以通过质子条件式和有关平衡方程式求得。

1. 强酸碱溶液中 $[H^+]$ 的计算

设 HX 为强酸，浓度为 $c$mol/L，质子转移反应式为：

$$HX + H_2O \rightleftharpoons H_3O^+ + X^-$$
$$H_2O + H_2O \rightleftharpoons H_3O^+ + OH^-$$

则 PBE 为

$$[H^+]=[OH^-]+[X^-]$$

由于强酸在溶液中完全解离，$[X^-]=c_{HX}$，又 $[OH^-]=\dfrac{K_w}{[H^+]}$，所以

$$[H^+]=[OH^-]+c_{HX}=\frac{K_w}{[H^+]}+c_{HX}$$

当 $c \geqslant 10^{-6}$mol/L 时，可忽略水的解离（$K_w$ 可忽略），此时

$$[H^+]=[X^-]=c_{HX}\text{（最简式）} \tag{3-9}$$

当 $c<10^{-6}$mol/L 时，水的解离不能忽略，则

$$[H^+]=\frac{K_w}{[H^+]}+c_{HX}$$

解此二元一次方程，得

$$[H^+]=\frac{1}{2}(c_{HX}+\sqrt{(c_{HX})^2+4K_w})\text{(精确式)} \tag{3-10}$$

按照同样的方法可以导出强碱溶液中$[OH^-]$的计算式：

$$[OH^-]=\frac{1}{2}(c_{MOH}+\sqrt{(c_{MOH})^2+4K_w})\text{(精确式)} \tag{3-11}$$

$$[OH^-]=c_{MOH}\text{(最简式)} \tag{3-12}$$

**【例 3-3】** 计算 $1.0\times10^{-5}$mol/L 的 HCl 溶液的 pH。

**解：** HCl 溶液的浓度较小，采用精确式：

$$\begin{aligned}[H^+]&=\frac{1}{2}(c_{HX}+\sqrt{(c_{HX})^2+4K_w})\\&=\frac{1}{2}(1.0\times10^{-5}+\sqrt{(1.0\times10^{-5})^2+4\times1.0\times10^{-14}})\\&=10^{-5}\end{aligned}$$

$$pH=5$$

2. 一元弱酸(碱)溶液中 $[H^+]$ 的计算

在浓度为 $c$mol/L 的一元弱酸 HB 的水溶液中，存在下列离解平衡：

$$HB \rightleftharpoons H^+ + B^- \qquad K_a=\frac{[H^+][B^-]}{[HB]}$$

$$H_2O \rightleftharpoons H^+ + OH^- \qquad K_w=[H^+][OH^-]$$

PEB：$[H^+]=[OH^-]+[B^-]$

将 $K_a$ 和 $K_w$ 代入上式得到：

$$[H^+]=\sqrt{K_w+K_a[HB]}\text{(精确式)} \tag{3-13}$$

其中$[HB]=\delta_{HB}\cdot c_{HB}=\dfrac{c_{HB}\cdot[H^+]}{[H^+]+K_a}$

当 $cK_a\geqslant20K_w$ 时，水的解离可忽略，得

$$[H^+]=\sqrt{K_a[HB]}=\sqrt{K_a(c-[H^+])}\text{(近似式)} \tag{3-14}$$

若酸较弱但不是很稀，即当 $cK_a\geqslant20K_w$，且 $c/K_a\geqslant500$ 时，水和酸解离的 $[H^+]$ 对总浓度的影响可忽略，即$[HA]=c-[H^+]\approx c$，式(3-14)可简化为

$$[H^+]=\sqrt{K_a c_{HB}}\text{(最简式)} \tag{3-15}$$

对于一元弱碱，也可用同样方法推得最简式，当 $cK_b\geqslant20K_w$，且 $c/K_b\geqslant500$ 时，

$$[OH^-]=\sqrt{K_b c} \tag{3-16}$$

**【例 3-4】** 计算 $1.0\times10^{-4}$mol/L HCN 溶液的 pH。

**解：** $K_{a(HCN)}=4.9\times10^{-10}$

计算 $c_{HCN}\cdot K_a=1.0\times10^{-4}\times4.9\times10^{-10}=4.9\times10^{-14}<20K_w$

同时 $\dfrac{c}{K_a}=\dfrac{1.0\times10^{-4}}{4.9\times10^{-10}}>500$

因此，按照极弱和极稀溶液 $[H^+]$ 的近似式进行计算

$$\begin{aligned}[H^+]&=\sqrt{K_w+K_a c_{HCN}}=\sqrt{1.0\times10^{-14}+4.9\times10^{-10}\times1.0\times10^{-4}}\\&=2.43\times10^{-7}\text{mol/L}\\&\Rightarrow pH=6.61\end{aligned}$$

3. 多元弱酸碱溶液中 $[H^+]$ 的计算

设二元酸 $H_2B$ 溶液的浓度为 $c_{H_2B}$mol/L，逐级离解常数为 $K_{a_1}$、$K_{a_2}$。设 $H_2B$ 和 $H_2O$ 为零水准，质子条件式为

PEB：
$$[H^+]=[OH^-]+[HB^-]+2[B^{2-}] \tag{3-17}$$

$$[OH^-]=\frac{K_w}{[H^+]}$$

又
$$[HB^-]=\frac{K_{a_1}[H_2B]}{[H^+]}$$

$$[B^{2-}]=\frac{K_{a_1}K_{a_2}[H_2B]}{[H^+]^2}$$

代入式(3-17)，经整理后得到精确式，

$$[H^+]=\frac{K_w}{[H^+]}+\frac{K_{a_1}[H_2B]}{[H^+]}+\frac{K_{a_1}K_{a_2}[H_2B]}{[H^+]^2}$$

$$[H^+]=\sqrt{K_w+K_{a_1}[H_2B]\left(1+\frac{2K_{a_2}}{[H^+]}\right)}\text{（精确式）} \tag{3-18}$$

将 $[H_2B]=\delta_{H_2B}\cdot c_{HB}=\dfrac{c_{HB}[H^+]}{[H^+]^2+K_{a_1}[H^+]+K_{a_1}K_{a_2}}$ 代入式(3-18)

得：$[H^+]^4+K_{a_1}[H^+]^3-(cK_{a_1}-K_{a_1}K_{a_2}+K_w)[H^+]^2-(2cK_{a_1}K_{a_2}+K_{a_1}K_w)[H^+]-K_{a_1}K_{a_2}K_w=0$

上式为一个4次方的式子，求解比较复杂，因此一般只做近似处理或简化处理。

如果 $cK_{a_1}\geqslant 20K_w$（可忽略 $K_w$），且 $2K_{a_2}/[H^+]=2K_{a_2}/\sqrt{cK_{a_1}}<0.05$（可忽略第二级解离，即忽略 $K_{a_2}$）可得二元弱酸 $[H^+]$ 的近似式：

$$[H^+]=\sqrt{K_{a_1}[H_2B]}$$

又 $[H_2B]=c-[H^+]$ 代入上式得：

$$[H^+]=\sqrt{K_{a_1}(c_{H_2B}-[H^+])}\text{（近似式）} \tag{3-19}$$

若 $c/K_{a_1}>500$，即该二元酸的解离很小，此时二元酸的平衡浓度可视为等于其原始浓度，即：$[H_2B]=c-[H^+]\approx c$，可得二元弱酸 $[H^+]$ 的最简式：

$$[H^+]=\sqrt{K_{a_1}c_{H_2B}}\text{（最简式）} \tag{3-20}$$

多元碱溶液中 $[OH^-]$ 的计算与多元酸相同。一般 $cK_{b_1}\geqslant 20K_w$（可忽略 $K_w$），且 $2K_{b_2}/\sqrt{cK_{b_1}}<0.05$ 时，多元碱只需考虑第一步的解离，将它简化为一元弱碱处理。

$$[OH^-]=\sqrt{K_{b_1}[B]}=\sqrt{K_{b_1}(c-[OH^-])} \tag{3-21}$$

又当 $c/K_{b_1}>500$ 时，得最简式：
$$[OH^-]=\sqrt{K_{b_1}c} \tag{3-22}$$

4. 两性物质溶液中 $[H^+]$ 的计算

两性物质既可给出质子，又可以接受质子，如 $NaHCO_3$、$NaHC_2O_4$、$NaH_2PO_4$、$Na_2HPO_4$ 等酸式盐以及 $NH_4Ac$、$(NH_4)_2S$、$H_2NCH_2COOH$ 等弱酸弱碱盐。

以 NaHA 为酸式盐的通式，设其浓度为 $c$mol/L，则其质子条件式为

PEB：
$$[H^+]+[H_2A]=[OH^-]+[A^{2-}]$$

或 $$[H^+]=[OH^-]+[A^{2-}]-[H_2A] \tag{3-23}$$

$$[OH^-]=\frac{K_w}{[H^+]}$$

$$[A^{2-}]=\frac{K_{a_2}[HA^-]}{[H^+]}$$

同样

$$[H_2A]=\frac{[H^+][HA^-]}{[H^+]}$$

$$[HA^-]=\delta_{HA^-}\cdot c=\frac{c[H^+]^2}{[H^+]^2+K_{a_1}[H^+]+K_{a_1}K_{a_2}}$$

代入式(3-23)得到精确式：

$$[H^+]=\frac{K_w}{[H^+]}+\frac{K_{a_2}[HA^-]}{[H^+]}-\frac{[H^+][HA^-]}{K_{a_1}}$$

$$[H^+]^4+(c+K_{a_1})[H^+]^3+(K_{a_1}K_{a_2}-K_w)[H^+]^2-$$
$$(cK_{a_1}K_{a_2}+K_{a_1}K_w)[H^+]-K_{a_1}K_{a_2}K_w=0$$

解得：

$$[H^+]=\sqrt{\frac{K_{a_1}(K_{a_2}[HA^-]+K_w)}{K_{a_1}+[HA^-]}} \tag{3-24}$$

一般情况下，$HA^-$给出质子和接受质子的能力比较弱，即［$HA^-$］$\approx c$，因此可以得到计算两性物质［$HA^-$］的近似计算式。

$$[H^+]=\sqrt{\frac{K_{a_1}(cK_{a_2}+K_w)}{K_{a_1}+c}} \tag{3-25}$$

如果可以忽略 $H_2O$ 的解离($cK_{a_2}>20K_w$)时，式(3-25)又可以简化为

$$[H^+]=\sqrt{\frac{cK_{a_1}K_{a_2}}{K_{a_1}+c}} \tag{3-26}$$

当 $c>20K_{a_1}$ 时，可以认为 $c+20K_{a_1}\approx c$，且 $c\,K_{a_2}>20K_w$，这时候又可以得到最简式

$$[H^+]=\sqrt{K_{a_1}K_{a_2}}\text{(最简式)} \tag{3-27}$$

**【例 3-5】** 计算 0.10mol/L 的 $NH_4Ac$ 溶液的 pH。

**解**：$NH_4Ac$ 为两性物质，已知 $NH_4^+$ 的 $K_{a_2}=5.6\times10^{-10}$(小者)，HAc 的 $K_{a_1}=1.7\times10^{-5}$(大者)

$$cK_{a_2}=0.1000\times5.6\times10^{-10}=5.6\times10^{-11}>20K_w$$
$$c=0.1000>K_{a_{Ac^-}}=1.7\times10^{-5}$$

因此可以利用最简式(3-27)进行求解

$$[H^+]=\sqrt{K_{a_1}K_{a_2}}=\sqrt{1.7\times10^{-5}\times5.6\times10\times10^{-10}}=1.0\times10^{-7}\text{mol/L}$$

解得，pH=7.00

## 3.4 缓冲溶液

如果在 1.0L0.10mol/L NaCl 溶液中，加入 0.01mol HCl 或 0.01mol NaOH，pH 由 7.0 下降到 2.0 或升高到 12.0，pH 改变 5 个单位，即 pH 发生了显著变化。如果在 1.0L 含有 HAc 和 NaAc 且浓度均为 0.10mol/L 的混合溶液中，加入 0.01mol HCl 或 0.01mol

NaOH，pH 由 4.75 下降到 4.66 或升高到 4.84，pH 改变了 0.09 个单位，即 pH 改变的幅度很小。

这种能抵抗外来少量强酸、强碱或稍加稀释而 pH 不发生明显变化的作用称为缓冲作用，具有缓冲作用的溶液称为缓冲溶液。

### 3.4.1 缓冲溶液的组成及作用原理

缓冲溶液一般由足够浓度的共轭酸碱对组成，其中能够对抗外来强碱的称为共轭酸，能够对抗外来强酸的称为共轭碱，这对共轭酸碱通常称为缓冲对、缓冲剂或缓冲系，常见的缓冲剂一般有以下 3 种：

（1）弱酸及其对应的盐，例如，HAc - NaAc、$H_2CO_3$ - $NaHCO_3$、$H_2C_8H_4O_4$ - $KHC_8H_4O_4$（邻苯二甲酸-邻苯二甲酸氢钾）、$Na_2B_4O_7$ - $H_3BO_3$（四硼酸钠-硼酸）。

（2）多元弱酸的酸式盐及其对应的次级盐，例如，$NaHCO_3$ - $Na_2CO_3$、$NaH_2PO_4$ - $Na_2HPO_4$、$NaH_2C_5HO_7$ - $Na_2HC_6HO_7$（柠檬酸二氢钠-柠檬酸氢二钠）、$KHC_8H_4O_4$ - $K_2C_8H_4O_4$（邻苯二甲酸氢钾-邻苯二甲酸钾）。

（3）弱碱及其对应的盐，例如，$NH_3 \cdot H_2O$ - NHCl、$RNH_2$ - $RNH^{3+}A^-$（伯胺-伯胺盐）。

下面以 HAc - NaAc 组成的缓冲体系为例说明缓冲溶液的作用原理。HAc - NaAc 在溶液中按下式解离：

$$NaAc \longrightarrow Na^+ + Ac^-$$
$$HAc \rightleftharpoons H^+ + Ac^-$$

HAc 是弱酸，在溶液中的解离度很小，溶液中主要以 HAc 分子型体存在，$Ac^-$ 的浓度很低。NaAc 是强电解质，在溶液中全部解离成 $Na^+$ 和 $Ac^-$，由于同离子效应，加入 NaAc 使 HAc 解离平衡向左移动，使 HAc 的解离度减小，[HAc] 增大，所以在 HAc - NaAc 混合溶液中，存在着大量的 HAc 和 $Ac^-$。

如果向此溶液中加入少量强酸时，加入的 $H^+$ 与溶液中的 $Ac^-$ 结合成难解离的 HAc，使 HAc 解离平衡向左移动，溶液中 [$H^+$] 增加不多，pH 变化很小。如果向此溶液中加入少量强碱，则加入的 $OH^-$ 与 $H^+$ 结合成水，HAc 继续解离，平衡向右移动，溶液中 [$H^+$] 降低不多，pH 变化仍很小。当溶液被加水稀释时，HAc 和 NaAc 的浓度都相应降低，但 HAc 的解离度会相应增大，也使 [$H^+$] 变化不大。因此，缓冲溶液具有抵抗强酸、强碱和稀释的作用。几种常用的缓冲溶液见表 3 - 2。

**表 3 - 2 几种常见缓冲溶液**

| 缓冲溶液 | 共轭酸 | 共轭碱 | $pK_a$ | 缓冲范围 |
|---|---|---|---|---|
| 邻苯二甲酸钾- HCl | $C_6H_4(COOH)_2$ | $C_6H_4(COO^-)(COOH)$ | 2.95 | 1.9～3.9 |
| HAc - NaAc | HAc | $Ac^-$ | —4.74($pK_{a_2}$) | 3.7～5.7 |
| $KH_2PO_4$ - $Na_2HPO_4$ | $H_2PO_4^-$ | $HPO_4^{2-}$ | 7.20 | 6.2～8.2 |
| $Na_2B_4O_7$ - HCl | $H_3BO_3$ | $H_2BO_3^-$ | 9.24 | 8.2～10.2 |
| $NH_3 \cdot H_2O$ - $NH_4Cl$ | $NH_4^+$ | $NH_3$ | 9.26 | 8.3～10.3 |
| $NaHCO_3$ - $Na_2CO_3$ | $HCO_3^-$ | $CO_3^{2-}$ | 10.25($pK_{a_2}$) | 9.3～11.3 |

### 3.4.2 缓冲溶液的 pH 计算

以缓冲溶液 HAc－NaAc 为例，在溶液中存在以下离解平衡

$$HAc \rightleftharpoons H^+ + Ac^-$$

$$K_a = \frac{[H^+][Ac^-]}{[HAc]}$$

等式两边取负对数，化简后可得到

$$pK_a = pH - \lg\frac{[Ac^-]}{[HAc]}$$

即

$$pH = pK_a + \lg\frac{[Ac^-]}{[HAc]} \tag{3-28}$$

HAc 的解离度比较小，同时由于溶液中大量的 HAc 和 $Ac^-$ 产生的同离子效应，使得 HAc 的解离度会更小，因此式(3－28)中［HAc］可以看做是缓冲溶液中共轭酸 HAc 的总浓度。同时溶液中的 NaAc 全部解离，可以认为溶液中［$Ac^-$］等于缓冲溶液中共轭碱 NaAc 的总浓度。将［共轭酸］和［共轭碱］代入到式(3－28)，得到，

$$pH = pK_a + \lg\frac{[\text{共轭碱}]}{[\text{共轭酸}]} \tag{3-29}$$

式(3－29)中浓度项指的是混合溶液中共轭酸碱的浓度，而不是混合溶液的浓度。如果缓和前共轭酸的质量浓度是 $c_{\text{共轭酸}}$，体积是 $V_{\text{共轭酸}}$；共轭碱的质量浓度是 $c_{\text{共轭碱}}$，体积是 $V_{\text{共轭碱}}$，那么式(3－29)还可以写成

$$pH = pK_a + \lg\frac{c_{\text{共轭碱}}V_{\text{共轭碱}}}{c_{\text{共轭酸}}V_{\text{共轭酸}}} \tag{3-30}$$

如果两种溶液的质量浓度相等，则

$$pH = pK_a + \lg\frac{V_{\text{共轭碱}}}{V_{\text{共轭酸}}} \tag{3-31}$$

如果是等体积的两种溶液相混合，则

$$pH = pK_a + \lg\frac{c_{\text{共轭碱}}}{c_{\text{共轭酸}}} \tag{3-32}$$

当用弱酸及其对应的盐组成缓冲溶液时，$pK_a$ 是弱酸的离解常数的负对数，共轭碱是弱酸盐。当用于多元弱酸的酸式盐及其对应的次级盐组成的缓冲溶液时，共轭酸是酸式盐，$pK_a$ 是该酸式盐负离子的离解常数的负对数，共轭碱是该酸式盐的次级盐。

### 3.4.3 缓冲容量与缓冲范围

往缓冲溶液中加入少量强酸或强碱，或者将其稍加稀释时，溶液的 pH 基本上保持不变。但当加入的强酸或强碱的量较大时，缓冲溶液的缓冲能力就将大大减弱乃至消失。由此可见，缓冲溶液的缓冲能力是有一定限度的。缓冲容量是衡量缓冲溶液缓冲能力大小的尺度。

缓冲容量($\beta$)又称缓冲指数，其数学定义为

$$\beta=\frac{db}{dpH}=-\frac{da}{dpH} \tag{3-33}$$

其物理意义是，缓冲容量是使 1L 缓冲溶液的 pH 增加 dpH 单位所需强碱 $db$(mol)，或者是使 1L 缓冲溶液的 pH 减少 dpH 单位所需强酸 $da$(mol)。酸的增加使 pH 降低，故在 $\frac{da}{dpH}$ 前加负号，以使具有正值。很明显，$\beta$ 值越大，溶液的缓冲能力也越大。

证明得知下式存在：

$$\beta=2.3c\delta_{共轭酸}\delta_{共轭碱}=2.3c\delta_{共轭酸}(1-\delta_{共轭酸}) \tag{3-34}$$

缓冲容量的大小与共轭酸碱组分的总浓度及其比值有关。当共轭酸碱对的比例一定时，总浓度越大，缓冲容量就越大，过分稀释将导致缓冲能力显著下降；最大的缓冲容量是在 $[H^+]=K_a$ 时，此时 $c_a=c_b=0.5c$，即弱酸与其共轭碱的浓度控制在 1∶1 时缓冲容量最大。

当共轭酸碱对的浓度相差越大时，缓冲容量越小，因此，缓冲溶液的缓冲能力存在于一定 pH 范围内，这个范围称为缓冲范围，定义为

$$pH=pK_a\pm1 \tag{3-35}$$

### 3.4.4 缓冲溶液的选择与配置

在配置具有一定 pH 的缓冲溶液时，为了使所配置的缓冲溶液具有较好的缓冲效果，一般按照以下原则进行配置。

(1) 选择适当的缓冲溶液，使得配置的溶液的 pH 在选择的缓冲范围内($pK_a\pm1$)。

(2) 应当具有一定的总浓度，一般为 0.05～0.20mol/L，使所配置的缓冲溶液具有足够的缓冲容量。

(3) 缓冲溶液对测量过程应以没有干扰，并且价格低廉，容易购置得到，对环境的影响小为原则。

在实际配置时，为了方便，常采用浓度相同的共轭酸碱溶液进行配置。这时可以利用式(3-31)计算所需两种溶液的体积，然后根据体积比，将共轭酸碱两种溶液进行混合，即可得到所需的缓冲溶液。

其 pH 采用下面的式子进行计算

$$pH=pK_a+\lg\frac{V_{总}-V_{共轭酸}}{V_{共轭酸}}$$

或，$pH=pK_a+\lg\frac{V_{共轭碱}}{V_{总}-V_{共轭碱}}$

**【例 3-6】** 怎样配置 pH=4.50 的 1000mL 的缓冲溶液？

**解：**(1) 选择缓冲溶液中的弱酸的 $pK_a$ 应为 4～6，HAc 的 $pK_a=4.74$，因此选择 HAc-NaAc 作为缓冲溶液。

(2) 为了计算方便，选择 NaAc 的浓度为 0.10mol/L，体积为 $V_{NaAc}$mL；选择 HAc 的浓度为 0.10mol/L，体积为 $V_{HAc}$mL。

(3) 计算。

$$pH=pK_a+\lg\frac{c_{Ac^-}}{c_{HAc}}=pK_a+\lg\frac{V_{NaAc}}{1000-V_{NaAc}}=4.74+\lg\frac{V_{NaAc}}{1000-V_{NaAc}}$$

得到，$V_{NaAc}=360$mL

$$pH = pK_a + \lg \frac{1000 - V_{HAc}}{V_{HAc}} = 4.74 + \lg \frac{1000 - V_{HAc}}{V_{HAc}}$$

得到，$V_{HAc} = 640mL$

因此，将 640mL 0.10mol/L 的 HAc 与 360mL 0.10mol/L 的 NaAc 溶液混合后，能够配置成 1000mL pH=4.50 的缓冲溶液，最后需要用 pH 计进行校正。

## 3.5 酸碱指示剂

### 3.5.1 酸碱指示剂的作用机理

在酸碱滴定过程中，绝大多数溶液没有外观上的变化，因此常需借助酸碱指示剂的颜色变化来指示滴定的终点。酸碱指示剂一般是有机弱酸或有机弱碱，它们在溶液中部分离解成离子。因其共轭酸碱对具有不同的结构，因而呈现不同的颜色。当溶液 pH 改变时，指示剂获得质子转化为酸式或失去质子转化为碱式，同时伴随颜色的变化。

$$\text{酸式色} \xrightarrow{-H^+} \text{碱式色} \quad \text{或} \quad \text{碱式色} \xrightarrow{+H^+} \text{酸式色}$$

1. 甲基橙

甲基橙是一种弱的有机酸，是双色指示剂，通常用 NaR 表示，其显色反应原理见下面反应式。

$(H_3C)_2^+N=C_6H_4=N-NH-C_6H_4-SO_3^-$

红色(醌式)

$\underset{H^+}{\overset{OH^-}{\rightleftharpoons}} (H_3C)_2N-C_6H_4-N=N-C_6H_4-SO_3^-$

$pK_a = 3.4$　　黄色(偶氮式)

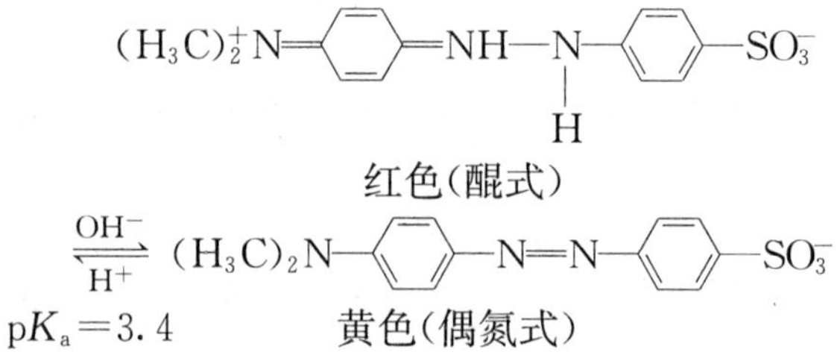

当 pH 改变时，共轭酸碱对相互之间发生改变，引起颜色的变化。在酸性溶液中得到质子($H^+$)，平衡方程向左进行，溶液从而呈红色；在碱性溶液中失去质子($H^+$)，平衡方程向右进行，溶液呈黄色。

2. 酚酞

酚酞是一种非常弱的有机酸，是一种单色指示剂，在浓度很低的水溶液中，几乎完全是以分子状态存在。其显色反应原理见下面反应式。

HO　OH　OH　$COO^-$

$\underset{H^+}{\overset{OH^-}{\rightleftharpoons}}$　$pK_a = 9.1$

O　O　$COO^-$

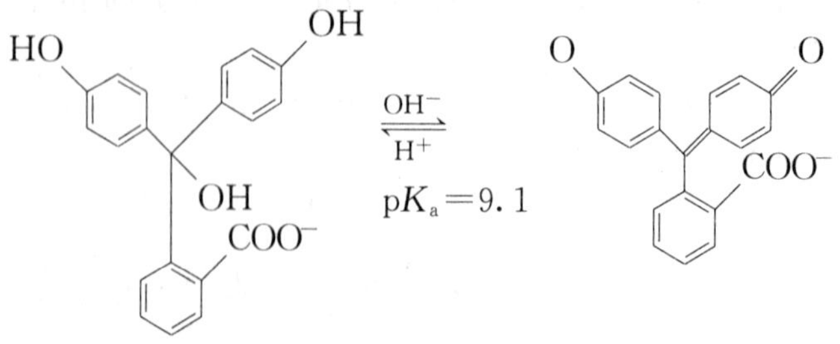

无色(羟式)　　红色(醌式)

在 pH 发生改变时，酚酞的共轭酸碱对相互之间发生转变，引起显色发生变化，在中性或酸性溶液中得到质子($H^+$)，平衡方程向左发生转移，呈无色；在碱性溶液中，失去质子($H^+$)，平衡方程向右发生转移，呈红色。

需要注意的是，酚酞的碱式色并不稳定，在浓碱溶液中，醌式盐结构变成羧酸盐式离子，颜色由红色变为无色。

酚酞溶液一般配置成 0.1%或 1%的 90%乙醇溶液。

### 3.5.2 酸碱指示剂的变色范围

酸碱指示剂的颜色变化是随着 pH 的改变而变化的，当 pH 发生改变时，平衡方程发生转移，从而导致颜色发生变化。指示剂的颜色变化和 pH 的大小有一定关系，下面来讨论 pH 的范围对颜色变化的影响。

弱酸型指示剂 HIn 在溶液中平衡关系式：

$$\text{HIn(酸式色)} \rightleftharpoons H^+ + In^- \text{(碱式色)}$$

其解离常数为：$K_{In}=\frac{[H^+][In^-]}{[HIn]}$，则

$$[H^+]=\frac{K_{In}[HIn]}{[In^-]}$$

$$pH=pK_{In}-\lg\frac{[HIn]}{[In^-]}$$

从上面式子可以看出，$\frac{[HIn]}{[In^-]}$比值是 $H^+$ 离子浓度的函数，或者说 pH 是由$\frac{[HIn]}{[In^-]}$比值确定的。

当$\frac{[HIn]}{[In^-]}\geqslant 10$，即 $pH\leqslant pK_{In}-1$ 时，只能看到酸式色。

当$\frac{[HIn]}{[In^-]}\leqslant\frac{1}{10}$，即 $pH\geqslant pK_{In}+1$ 时，只能看到碱式色。

因此，当溶液的 pH 由 $pK_{In}-1$ 变化到 $pK_{In}+1$ 时，能够明显地看到指示剂由酸式色变为碱式色，或者相反。所以

$$pH=pK_{In}\pm 1 \tag{3-36}$$

式(3-36)称为指示剂的变色范围。

当$\frac{[HIn]}{[In^-]}=1$ 时，两者浓度相等，此时，$pH=pK_{In}$，称为指示剂的理论变色点。

各种指示剂 $pK_{In}$不同，变色点的 pH 也各不相同，指示剂在变色时所显示的颜色是酸式色和碱式色的混合色，当溶液的 pH 由指示剂的变色点逐渐降低时，指示剂的颜色就逐步向酸式色为主的方向过渡；当溶液的 pH 由指示剂的变色点逐渐提高时，指示剂的颜色就逐步向碱式色为主的方向变化。因此，溶液的 pH 在指示剂变色点附近改变时，溶液的颜色随之发生变化。

根据上述理论推算，指示剂的变色范围应是 2 个 pH 单位，但实际测得的各种指示剂的变色范围并不都是 2 个 pH 单位(见表 3-3)，一般为 1.6～1.8 个 pH 单位。这主要是由于人的眼睛对混合色调中两种颜色的辨别灵敏度不同而造成的。虽然指示剂的变色范围都

是由试验测得的，但式(3－36)对粗略估计指示剂的变色范围仍有一定的指导意义。指示剂的变色范围越窄越好，这样在计量点附近，pH 稍有改变，指示剂就可立即由一种颜色转变为另一种颜色，即指示剂变色敏锐，有利于提高测定结果的准确度。常用的酸碱指示剂列于表 3－3。

表 3－3　常用的指示剂

| 指示剂 | 变色范围 | $pK_1$ | 酸色 | 碱色 | 指示剂溶液 |
|---|---|---|---|---|---|
| 百里酚蓝(第一次变色) | 1.2～2.8 | 1.65 | 红 | 黄 | 0.1%的 20%乙醇溶液 |
| 甲基黄 | 2.9～4.0 | 3.25 | 红 | 黄 | 0.1%的 90%乙醇溶液 |
| 溴酚蓝 | 3.0～4.6 | 4.10 | 黄 | 蓝紫 | 0.1%的 20%乙醇溶液 |
| 甲基橙 | 3.1～4.4 | 3.46 | 红 | 黄 | 0.05%的水溶液 |
| 溴甲酚绿 | 3.8～5.4 | 4.90 | 黄 | 黄 | 0.1%的 20%乙醇溶液 |
| 甲基红 | 4.4～6.2 | 5.00 | 红 | 黄 | 0.1%的 60%乙醇溶液 |
| 氯酚红 | 5.0～6.6 | 6.25 | 黄 | 红 | 0.1%的 20%乙醇溶液 |
| 溴百里酚蓝 | 6.0～7.6 | 7.30 | 黄 | 蓝 | 0.1%的 20%乙醇溶液 |
| 酚红 | 6.7～8.4 | 8.0 | 黄 | 红 | 0.1%的 60%乙醇溶液 |
| 中性红 | 6.8～8.6 | 7.40 | 红 | 黄橙 | 0.1%的 60%乙醇溶液 |
| 甲酚红 | 7.2～8.8 | 8.46 | 黄 | 紫红 | 0.1%的 20%乙醇溶液 |
| 酚酞 | 8.0～9.8 | 9.10 | 无 | 红 | 0.1%的 90%乙醇溶液 |
| 百里酚蓝(第一次变色) | 8.0～9.6 | 9.20 | 黄 | 蓝 | 0.1%的 20%乙醇溶液 |
| 百里酚酞 | 9.4～10.6 | 10.00 | 无 | 蓝 | 0.1%的 90%乙醇溶液 |

### 3.5.3　影响酸碱指示剂变色范围的因素

影响指示剂变色范围的因素除了人的肉眼分辨能力外，还有指示剂的浓度、指示剂的用量、滴定时的温度、溶液离子强度等。

1. 浓度

如果双色指示剂浓度过高或用量过多，终点颜色不明显；单色指示剂又会影响变色范围，明显的一个例子就是，在 50～100mL 溶液中，加入 2～3 滴 0.1%酚酞指示剂，pH＝9.0 左右时显示红色；但是当加入 10～15 滴 0.1%酚酞指示剂，pH＝8.0 左右时显示红色；当指示剂用量太少时，不容易观察到颜色的变化。

由于指示剂的浓度大小对颜色的变化范围或观察效果有很大的影响，因此一般指示剂的用量都很少，一般使用的是每 10mL 溶液加 1 滴 0.1%浓度的指示剂。

2. 温度

当温度改变时，指示剂的 $pK_{In}$ 和水的 $pK_w$ 都会发生改变，因而指示剂的变色范围也会发生改变。如果是 pH＞7 的指示剂，温度升高，变色范围向碱性大的方向发生偏移；

对于 pH<7 的指示剂，当温度升高时，其变色范围向酸性大的方向发生偏移。

例如，甲基橙指示剂，在 18℃时，其变色范围是 pH=3.1～4.2；在 100℃时，其变色范围是 pH=2.5～3.7；溴百里酚蓝，在 18℃时，其变色范围是 pH=6.0～7.6；在 100℃时，其变色范围是 pH=6.2～7.8。

3. 溶剂

指示剂在不同的溶剂中，其 $pK_{In}$是不同的，例如，甲基橙在水溶液中 $pK_{In}=3.4$，在甲醇中 $pK_{In}=3.8$。因此指示剂在不同溶剂中具有不同的变色范围。

4. 离子强度

溶液的离子强度将使指示剂的 $pK_{In}$发生变化，同时溶液中某些离子能吸收不同波长的光，也会影响指示剂颜色的深度，这都使指示剂的变色范围发生移动。但对不同类型的指示剂这些影响的趋向和程度是不同的。例如，在水溶液中，离子强度由 0 增至 0.5mol/L 时，甲基红和甲基橙的 $pK_{In}$均无明显变化，而甲基黄的 $pK_{In}$则由 3.25 增至 3.34；溴甲酚绿则由 4.90 降到 4.50。

### 3.5.4 混合指示剂

常用的单一指示剂的变色范围较宽，一般有 2 个 pH 的变色范围，其中有些指示剂由于变色过程有过渡颜色，终点容易混淆视觉，不易辨认；另外，有些弱酸或弱碱的滴定突跃范围很窄，就要求选择变色范围窄同时色调变化又要十分明显的指示剂。

混合指示剂是利用两种变色范围相互叠合、颜色之间有互补作用的指示剂进行混合，以使指示剂的变色范围变窄，到达滴定终点时变色敏锐。一般是采用两种 $pK_{HIn}$相近的指示剂进行混合配制。例如，溴甲酚绿($pK_{In}=4.9$)和甲基红($pK_{In}=5.0$)配制成混合指示剂，在 pH=5.1 时，由于溴甲酚绿的蓝绿色和甲基红的紫红色互补作用显示浅灰色，没有中间色，使得颜色达到突然变化，终点显色明显。常用酸碱混合指示剂见表 3-4。

**表 3-4 常用的混合指示剂**

| 混合指示剂组成 | 变色点 | | 酸色 | 碱色 |
|---|---|---|---|---|
| | pH | 颜色 | | |
| 1 份 0.1%的甲基黄乙醇溶液<br>1 份 0.1%的亚甲基蓝乙醇溶液 | 3.25 | pH=3.4，绿色<br>pH=3.2，蓝紫色 | 蓝紫 | 绿 |
| 1 份 0.1%的甲基橙水溶液<br>1 份 0.25%的靛蓝二磺酸钠水溶液 | 4.10 | 灰 | 紫 | 黄绿 |
| 1 份 0.2%的溴甲酚绿乙醇溶液<br>1 份 0.4%的甲基红乙醇溶液 | 4.80 | 灰紫 | 紫红 | 绿 |
| 3 份 0.1%的溴甲酚绿乙醇溶液<br>1 份 0.2%的甲基红乙醇溶液 | 5.10 | 灰 | 紫红 | 蓝绿 |
| 1 份 0.1%的溴甲酚绿钠盐水溶液<br>1 份 0.1%的氯酚红钠盐水溶液 | 6.10 | 蓝紫 | 黄绿 | 蓝紫 |
| 1 份 0.1%的中性红乙醇溶液<br>1 份 0.1%的甲基蓝乙醇溶液 | 7.00 | 紫蓝 | 蓝绿 | 绿 |

（续）

| 混合指示剂组成 | 变色点 | | 酸色 | 碱色 |
|---|---|---|---|---|
| | pH | 颜色 | | |
| 1份0.1%的甲酚红钠盐水溶液<br>3份0.1%的百里酚蓝钠盐水溶液 | 8.30 | pH=8.2，玫瑰红<br>pH=8.4，清晰紫色 | 黄 | 紫 |
| 1份0.1%的酚酞乙醇溶液<br>1份0.1%的甲基绿乙醇溶液 | 8.90 | 浅蓝 | 绿 | 紫 |
| 1份0.1%的酚酞乙醇溶液<br>1份0.1%的百里酚酞乙醇溶液 | 9.90 | pH=9.6，玫瑰红<br>pH=10.0，紫色 | 无 | 紫 |

混合指示剂的配制方法有两种：一种是由两种指示剂按一定比例混配的；另一种指示剂就是以某种惰性染料(如亚甲基蓝、靛蓝二磺酸钠等)作为指示剂的变色背衬时，也是利用两种颜色叠合及互补作用来提高颜色变化的敏锐性。

## 3.6 酸碱滴定法的基本原理

在酸碱滴定中，一般都是利用指示剂的变色指示终点。不同指示剂的变色有不同的pH，而不同类型的酸碱反应化学计量点时的pH又不相同。为了正确地确定化学计量点，就需要选择一个刚好能在化学计量点附近变色的指示剂。这就必须了解滴定过程中，尤其是化学计量点附近溶液pH的变化情况。

### 3.6.1 强碱滴定强酸的滴定曲线

以0.1000mol/L的NaOH来滴定20.00mL 0.1000mol/L的HCl溶液为例进行讨论酸碱滴定曲线以及指示剂的选择。

(1) 滴定前：溶液的$[H^+]$等于HCl溶液的原始浓度。

$$[H^+]=0.1000\text{mol/L}$$

$$pH=1.00$$

(2) 滴定开始到计量点前：溶液的$[H^+]$取决于溶液中剩余的HCl的量，即

$$V_{剩余HCl}=V_{HCl}-V_{加入NaOH}$$

$$[H^+]=\frac{c_{HCl}\times V_{剩余HCl}}{V_{HCl}+V_{加入NaOH}}$$

当滴加19.98ml NaOH时，则

$$[H^+]=\frac{0.1000\times0.02}{20.00+19.98}=5.00\times10^{-5}\text{mol/L}$$

$$pH=4.30$$

(3) 计量点时：即滴加20.00mL NaOH时，此时$c_{HCl}=c_{NaOH}$

$$[H^+]=[OH^-]=1.00\times10^{-7}\text{mol/L，即 pH}=7.00$$

(4) 计量点后：溶液的$[H^+]$取决于过量NaOH的量，即$V_{过量NaOH}=V_{加入NaOH}-V_{HCl}$

$$[OH^-]=\frac{c_{NaOH}\times V_{过量NaOH}}{V_{HCl}+V_{加入NaOH}}$$

例如，滴加20.02mL NaOH时，

$$[OH^-]=\frac{0.1000\times 0.02}{20.00+20.02}=5.00\times 10^{-5}$$

$$pOH=4.30$$

$$pH=9.70$$

按照上述方法逐一计算，计算结果列入表3-5中。以NaOH的加入量(或滴定百分数)为横坐标，以pH为纵坐标绘制的曲线称为酸碱滴定曲线(图3.3)。

**表3-5　0.1000mol/L NaOH滴定20mL 0.1000mol/L HCl时pH的变化情况**

| 加入NaOH量/mL | 滴定百分数/% | 剩余HCl量/mL | 过量NaOH量/mL | 溶液的$[H^+]$/(mol/L) | pH |
|---|---|---|---|---|---|
| 0.00 | 0.00 | 20.00 | 0.00 | $1.00\times 10^{-1}$ | 1.00 |
| 18.00 | 90.00 | 2.00 | 0.00 | $5.26\times 10^{-3}$ | 2.28 |
| 19.96 | 99.80 | 0.04 | 0.00 | $1.00\times 10^{-4}$ | 4.00 |
| 19.98 | 99.90 | 0.02 | 0.00 | $5.00\times 10^{-5}$ | 4.30 |
| 20.00 | 100.00 | 0.00 | 0.00 | $1.00\times 10^{-7}$ | 7.00 |
| 20.02 | 100.10 | 0.00 | 0.02 | $2.00\times 10^{-10}$ | 9.70 |
| 20.04 | 100.20 | 0.00 | 0.04 | $1.00\times 10^{-10}$ | 10.00 |
| 22.00 | 110.00 | 0.00 | 2.00 | $2.01\times 10^{-12}$ | 11.70 |
| 40.00 | 200.00 | 0.00 | 20.00 | $3.00\times 10^{-13}$ | 12.50 |

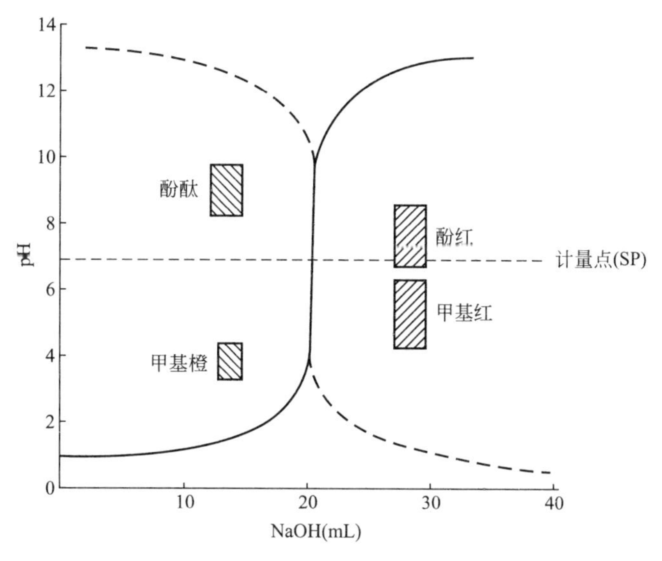


**图3.3　强碱滴定强酸的滴定曲线**

从表3-5和图3.3可以看出，随着NaOH溶液的不断加入，溶液的pH不断升高。开始变化比较缓慢，曲线上升较平缓。在化学计量点附近，NaOH溶液的加入量对pH影响非常明显。从化学计量点前剩余0.02mL HCl溶液到过量0.02mL NaOH溶液，NaOH

溶液加入量仅变化 0.04mL(1 滴)，而溶液的 pH 却从 4.30 增加到 9.70，变化了 5.4 个 pH 单位，形成了滴定曲线的突跃部分。化学计量点后，pH 变化又较缓慢。将化学计量点前后±0.1%误差范围内的 pH 的变化称为 pH 突跃范围。因此，用 0.1000mol/L NaOH 滴定 20mL 0.1000mol/L HCl 溶液的 pH 突跃范围为 4.30～9.70。

理想的指示剂应恰好在化学计量点时变色。实际上，凡是在突跃范围内变色的指示剂都在滴定所允许的误差范围之内。因此，选择指示剂的原则是指示剂的突跃范围全部或部分落在 pH 突跃范围内的指示剂都可使用。上述滴定过程可供选择的指示剂有很多，如酚酞、甲基红、甲基橙等。

另外，需要注意的是：

(1) 强酸滴定强碱的滴定曲线与强碱滴定强酸类型相同，只是位置相反(如图 3.3 中虚线部分)。

(2) 滴定突跃大小与滴定液和被滴定液的浓度有关，酸、碱浓度越大，滴定曲线的 pH 突跃范围就越大。如果是浓度相等的强酸强碱相互滴定，其滴定起始浓度减少一个数量级，则滴定突跃缩小两个 pH 单位，如用 0.1mol/L NaOH 溶液滴定 0.1mol/L HCl 溶液时，突跃范围为 pH4.3～9.7，而 0.01mol/L NaOH 溶液滴定 0.01mol/L HCl 溶液时，突跃范围为 pH5.3～8.7。

(3) 各类酸碱滴定指示剂的选择原则是一样的，所选择的指示剂的变色范围，必须处于或部分处于滴定终点附近的 pH 突跃范围内。

### 3.6.2 强酸滴定弱碱

1. 强碱滴定一元弱酸的滴定曲线

以 0.1000mol/L NaOH 滴定 20mL 0.1000mol/L HAc 为例进行讨论。

(1) 滴定前：HAc 为弱酸($K_a=1.8\times10^{-5}$)将发生微弱解离。

$$HAc \rightleftharpoons H^+ + Ac^-$$

$$[H^+]=\sqrt{K_a c}=\sqrt{1.8\times10^{-5}\times0.1000}=1.35\times10^{-3}\text{mol/L}$$

$$pH=2.87$$

(2) 滴定开始至计量点前：溶液中未反应的 HAc 和反应产物 $Ac^-$ 同时存在，并且组成一个缓冲体系，因此有

$$pH=pK+\lg\frac{[Ac^-]}{[HAc]}$$

例如，当滴加 NaOH 19.98mL 时，[HAc] 决定剩余 HAc 的体积，$V_{剩余HAc}=20.00-V_{加入NaOH}$，则

$$[HAc]=\frac{V_{剩余HAc}\times0.1000}{20.00+19.98}=\frac{0.02\times0.1000}{20.00+19.98}=5.03\times10^{-5}\text{mol/L}$$

而 $[Ac^-]$ 取决于反应平衡时转化为 $Ac^-$ 的体积，由于滴加 19.98mL NaOH，使得有等体积的 HAc 转化为 19.98mL $Ac^-$。因此，

$$[Ac^-]=\frac{0.1000\times19.98}{20.00+19.98}=5.00\times10^{-2}\text{mol/L}$$

$$pH=pK_a+\lg\frac{[Ac^-]}{[HAc]}=4.74+\lg\frac{5.00\times10^{-2}}{5.03\times10^{-5}}=7.74$$

(3) 计量点时：滴加 20.00mL NaOH，与 20.00mL HAc 完全发生反应而转化为 $Ac^-$，此时

$$Ac^- + H_2O \rightleftharpoons OH^- + HAc$$

溶液中［$OH^-$］取决于 $Ac^-$ 的浓度，

$$[Ac^-] = \frac{0.1000 \times 20.00}{20.00 + 20.00} = 5.00 \times 10^{-2} \text{mol/L}$$

$Ac^-$ 作为 HAc 的共轭碱，其

$$K_b = \frac{K_w}{K_a} = \frac{10^{-14}}{1.8 \times 10^{-5}} = 5.6 \times 10^{-10}$$

$$\text{所以}[OH^-] = \sqrt{K_b \cdot c_{Ac^-}} = \sqrt{5.6 \times 10^{-10} \times 5 \times 10^{-2}} = 5.27 \times 10^{-6} \text{mol/L}$$

$$pOH = 5.28$$

$$pH = 14 - 5.28 = 8.72$$

(4) 计量点后：由于有过量的 NaOH 存在，抑制了 $Ac^-$ 的水解，溶液的 pH 取决于过量 NaOH 的量，例如，滴加 20.02mL NaOH，过量 0.02mL。

$$[OH^-] = \frac{0.02 \times 0.1000}{20.00 + 20.02} = 5.00 \times 10^{-5} \text{mol/L}$$

$$pOH = 4.30$$

$$pH = 14 - 4.30 = 9.70$$

把上面的计算结果列入表 3-6 中，以滴加的 NaOH 的体积为横坐标，以 pH 为纵坐标绘制强碱滴定弱酸的滴定曲线图，如图 3.4 所示(图中虚线部分为强酸滴定弱碱曲线图)。

**表 3-6 0.1000mol/L NaOH 滴定 20.00mL 0.1000mol/L HAc 时溶液的 pH 变化情况**

| 加入 NaOH 量/mL | 滴定百分数/% | 剩余 HCl 量/mL | 过量 NaOH 量/mL | 溶液的［$H^+$］/mol/L | pH |
|---|---|---|---|---|---|
| 0.00 | 0.00 | 20.00 | 0.00 | $1.35 \times 10^{-3}$ | 2.87 |
| 10.00 | 50.00 | 10.00 | 0.00 | $2.00 \times 10^{-5}$ | 4.70 |
| 19.80 | 99.00 | 0.20 | 0.00 | $3.39 \times 10^{-7}$ | 6.47 |
| 19.98 | 99.90 | 0.02 | 0.00 | $1.82 \times 10^{-8}$ | 7.74 |
| 20.00 | 100.00 | 0.00 | 0.00 | $1.90 \times 10^{-9}$ | 8.72 |
| 20.02 | 100.10 | 0.00 | 0.02 | $2.00 \times 10^{-10}$ | 9.70 |
| 20.20 | 101.00 | 0.00 | 0.20 | $2.00 \times 10^{-11}$ | 10.70 |
| 22.00 | 110.00 | 0.00 | 2.00 | $2.00 \times 10^{-12}$ | 11.70 |
| 40.00 | 200.00 | 0.00 | 20.00 | $3.16 \times 10^{-13}$ | 12.50 |

从表 3-6 和图 3.4 可以看出，强碱滴定弱酸有如下特点(与强酸强碱滴定相比较)。

(1) 滴定曲线的起点高。HAc 是弱酸，部分电离。因此用 NaOH 滴定 HAc 不同于滴定 HCl，滴定曲线的起点不在 pH=1 处，而在 pH=2.88 处。

(2) 滴定曲线的形状不同。滴定过程中 pH 的变化速率小于强碱滴定强酸，开始时溶液 pH 变化较快，其后变化稍慢，接近化学计量点时又逐渐加快。这是因为滴定开始后，由于滴定产物 $Ac^-$ 的同离子效应抑制了 HAc 的离解，使得 HAc 的离解度变得更小，使得［$H^+$］迅速降低，pH 增加幅度较大；当继续滴加 NaOH 时，［$Ac^-$］不断增加，形成 HAc-$Ac^-$ 缓冲体系，使得溶液的 pH 增加缓慢，滴定曲线平坦，斜率几乎为零；接近滴

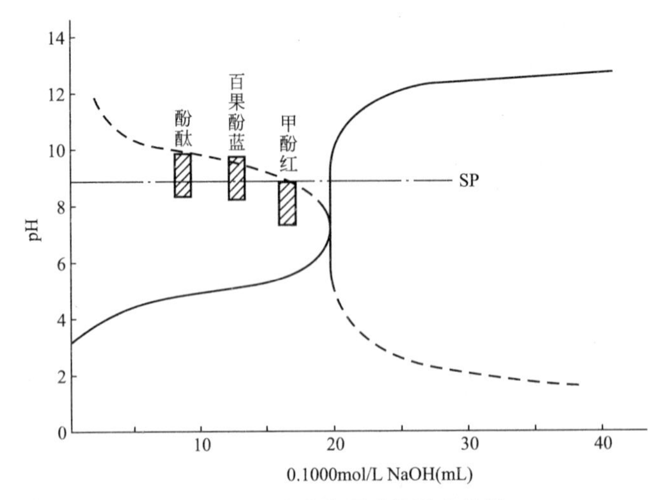


**图 3.4　强碱滴定弱酸的滴定曲线**

定计量点时，溶液中的 HAc 已经很少，溶液的缓冲作用也相应减弱，pH 上升速度加快，形成滴定突跃。

(3) 滴定突跃范围小。NaOH 滴定 HAc 的滴定突跃范围是 7.74～9.70，比 NaOH 滴定 HCl 的滴定突跃范围 4.30～9.70 小。整个滴定突跃范围随化学计量点向碱性方向偏移。显然在酸性区内变色的指示剂如甲基橙、甲基红等都不能用，所以用 NaOH 滴定 HAc 宜选用酚酞($pK_{In}$9.1)、百里酚酞($pK_{In}$10.0)作指示剂。

若用强酸滴定弱碱，滴定曲线与此类似，只是方向相反，需选择一些酸性指示剂如甲基红、甲基橙等。

2. 影响滴定突跃范围的因素

(1) 当弱酸的 $K_a$ 一定时，浓度越高时滴定突跃范围越宽(影响滴定曲线化学计量点以后的部分)。

(2) 当酸的浓度一定时，弱酸 $K_a$ 的越大，滴定突跃范围越大(影响滴定曲线化学计量点前的部分)，如图 3.5。当 $K_a \leqslant 10^{-9}$时，已无明显突跃，则无法用酸碱滴定法确定滴定终点。

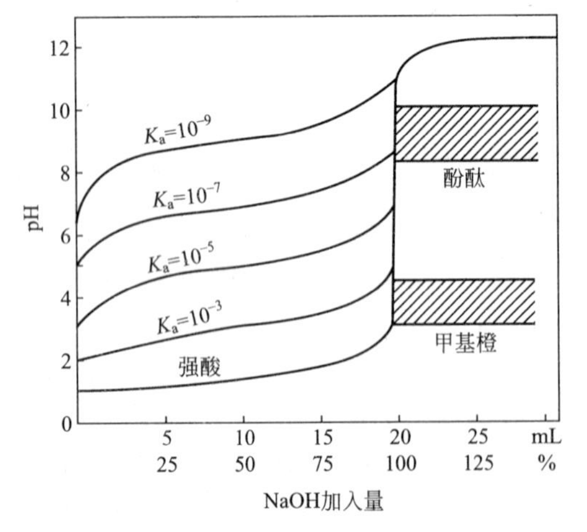


**图 3.5　NaOH 滴定不同强度弱酸的滴定曲线**

通过上面的讨论可知，滴定突跃的大小由 $K_a$ 和浓度两种因素来决定。用指示剂来检测终点，要求终点误差≤±0.1%，也就是说，滴定到理论终点前后 0.1%相对误差时，指示剂的变色要靠人眼准确地判断出来。但人的眼睛判别指示剂变色，可能有±0.2pH 单位的不确定性，所以，突跃范围必须要大于 0.4 个 pH 单位。而只有弱酸的 $c_{sp} \times K_a \geqslant 10^{-8}$突跃才大于 0.4 个 pH 单位。因此，判断能否进行强碱滴定弱酸或强酸滴定弱碱的条件是：

$$c_{sp} \times K_a \geqslant 10^{-8} \text{或} c_{sp} \times K_b \geqslant 10^{-8} \quad (3-37)$$

式中，$c_{sp}$为一元弱酸或弱碱在计量点时的总浓度。

凡是不能满足 $c_{sp}\times K_{a(b)}\geqslant 10^{-8}$条件的弱酸或弱碱，可以采用非水滴定法、电位滴定法和利用化学反应对弱酸(弱碱)进行强化。

### 3.6.3 多元酸碱和混合酸碱滴定

多元酸碱和混合酸碱的滴定虽比一元酸碱的滴定复杂，但其考虑和处理问题的基本原则是一致的。由于多元酸碱和混合酸碱有分级和分别解离的问题，所以考虑能否直接准确滴定时，有两种情况：一是能否滴定它们分级或分别给出或接受的质子；二是能否滴定它们给出或接受质子的总量，前者称为分级或分别滴定，后者叫做滴总量。

1. 实现分级滴定和滴总量的条件

1）分级滴定的条件

如果允许终点观测误差为±0.1%，终点判断的不确定性为±0.2pH，则直接分级准确滴定多元酸碱或混合酸碱的判断依据是必须满足：

$$c_{sp_i}K_{a_i}(\text{或 } c_{sp_i}K_{b_i})\geqslant 10^{-8} \quad (3-38a)$$

$$\text{和}\frac{K_{a_i}}{K_{a_{i+1}}}\left(\text{或}\frac{K_{b_i}}{K_{b_{i+1}}}\right)\geqslant 10^{6} \quad (3-38b)$$

现存的多元酸碱中很少有能满足$\frac{K_{a_i}}{K_{a_{i+1}}}\geqslant 10^{6}$这个条件的，但是实际中确实有许多多元酸碱在要求测定准确度不太高的情况下可以分级滴定。因此，我们在处理多元酸碱分级滴定时，把允许的终点观测误差放宽到±1%，这样，强酸(或强碱)直接准确分级滴定多元酸碱的判断依据必须同时满足：

$$c_{sp_i}K_{a_i}(\text{或 } c_{sp_i}K_{b_i})\geqslant 10^{-10} \quad (3-39a)$$

$$\text{和}\frac{K_{a_i}}{K_{a_{i+1}}}\left(\text{或}\frac{K_{b_i}}{K_{b_{i+1}}}\right)\geqslant 10^{4} \quad (3-39b)$$

2）滴总量的判断式

多元酸碱给出质子或接受质子的总量能否全部滴定，其判断标准类似于一元弱酸弱碱能否直接被滴定的判据。为了和分级滴定保持一致，也将允许相对误差放宽到±1%，因此滴总量的判断依据为

$$c_{sp_n}K_{a_n}(\text{或 } c_{sp_n}K_{b_n})\geqslant 10^{-10} \quad (3-40)$$

这实际上就是把多元酸碱看成为一些浓度相等而强度不同的一元酸碱的混合液，以强度最弱的酸碱来判断能否滴总量。

2. 多元酸的滴定

(1) 用 NaOH 滴定 0.1000mol/L $H_3PO_4$。

$H_3PO_4$ 为三元酸，其分级解离式为

$$H_3PO_4 \rightleftharpoons H^+ + H_2PO_4^- \qquad K_{a_1}=7.5\times 10^{-3}$$

$$H_2PO_4^- \rightleftharpoons H^+ + HPO_4^{2-} \qquad K_{a_2}=6.3\times 10^{-8}$$

$$HPO_4^{2-} \rightleftharpoons H^+ + PO_4^{3-} \qquad K_{a_3}=4.4\times 10^{-13}$$

第一个计量点时，$H_3PO_4$ 被滴定到 $H_2PO_4^-$，$c_{sp_1}K_{a_1}>10^{-10}$，$\frac{K_{a_1}}{K_{a_2}}>10^4$；第二个计量点时，$H_2PO_4^-$ 被滴定到 $HPO_4^{2-}$，$c_{sp_2}K_{a_2}>10^{-10}$，$\frac{K_{a_2}}{K_{a_3}}>10^4$；第三个计量点时，由于 $HPO_4^{2-}$ 的 $K_{a_3}=4.4\times10^{-13}$ 太小，$c_{sp_3}K_{a_3}<10^{-10}$，因此 $H_3PO_4$ 的第一级和第二级解离的 $H^+$ 能被分级滴定，即在第一和第二化学计量点形成两个突跃，第三级解离的 $H^+$ 不能直接被滴定，见图 3.6。

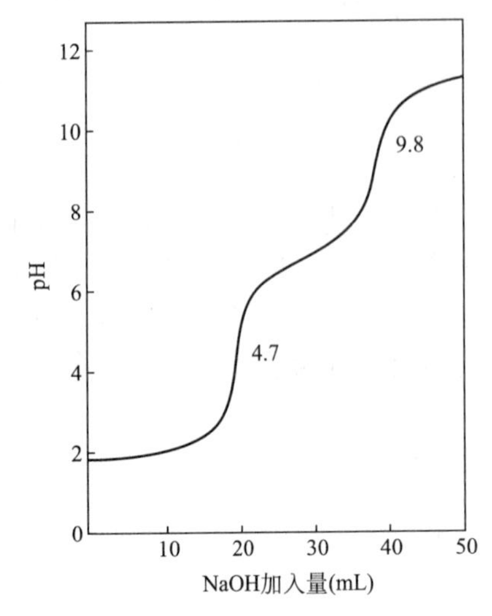

**图 3.6　NaOH 滴定 $H_3PO_4$ 的滴定曲线**

下面讨论计量点时 pH 的计算和指示剂的选择。

在第一计量点时：$H_3PO_4$ 被中和，生成 $H_2PO_4^-$，浓度为 0.050mol/L；$H_2PO_4^{2-}$ 为两性物质，并且 $c_{H_2PO_4^-}<20K_{a_1}$，$c_{H_2PO_4^-}>20\frac{K_w}{K_{a_2}}$，因此，溶液的 pH 按照式(3－26)进行近似计算。

$$[H^+]=\sqrt{\frac{K_{a_1}K_{a_2}c}{K_{a_1}+c}}=\sqrt{\frac{7.5\times10^{-3}\times6.3\times10^{-8}\times0.050}{7.5\times10^{-3}+5.0\times10^{-2}}}=2.0\times10^{-5}\text{mol/L}$$

$$pH=4.70$$

可以选用甲基橙作为指示剂，终点由红色变为黄色。也可以利用最简式进行计算：

$$[H^+]=\sqrt{K_{a_1}K_{a_2}}=\sqrt{7.5\times10^{-3}\times6.3\times10^{-8}}=2.17\times10^{-5}\text{mol/L}$$

$$pH=4.66$$

第二个计量点时：$H_3PO_4$ 作为二元酸被滴定，产物是 $H_2PO_4^-$，浓度为 $c/3=0.1000/3=0.033$mol/L。$H_2PO_4^-$ 也是两性物质，但因 $K_{a_2}$、$K_{a_3}$ 均很小，应考虑水的离解。则溶液的 pH 按式(3－25)计算：

$$[H^+]=\sqrt{\frac{K_{a_2}(K_{a_3}c+K_w)}{K_{a_2}+c}}=\sqrt{\frac{6.3\times10^{-8}\times(4.4\times10^{-13}\times0.033+1.8\times10^{-14})}{0.033}}$$

$$=2.2\times10^{-10}\text{mol/L}\quad pH=9.66$$

选用百里酚酞作为指示剂(变色点 pH＝10)，终点颜色由无色变为浅蓝色。如果用最简式计算 $[H^+]$：

$$[H^+]=\sqrt{K_{a_2}K_{a_3}}=1.66\times10^{-10}\text{mol/L}$$

$$pH=9.78$$

第三个计量点时：由于 $H_3PO_4$ 的 $K_{a_3}$ 太小，$cK_{a_3}<10^{-10}$，不能直接进行滴定，可以加入 $CaCl_2$ 溶液，使得 $HPO_4^{2-}$ 转化为强酸后用 NaOH 滴定。

(2) $H_2CO_3$ 的滴定反应。

$H_2CO_3$ 为二元弱酸，分级解离方程式为

$$H_2CO_3 \rightleftharpoons H^+ + HCO_3^- \qquad K_{a_1}=4.2\times10^{-7}$$

$$HCO_3^- \rightleftharpoons H^+ + CO_3^{2-} \qquad K_{a_2}=5.6\times10^{-11}$$

可以看出来，$\frac{K_{a_1}}{K_{a_2}}\approx 10^4$，因此可以进行分级反应；但是由于 $K_{a_2}=5.6\times10^{-11}$ 太小，当 $c_{sp_2}\cdot K_{a_2}<10^{-10}$ 时，不能直接用 NaOH 滴定 $HCO_3^-$，因此用 NaOH 滴定 $H_2CO_3$ 时，在滴定曲线上只在第一级解离的 $H^+$ 处出现一个清晰的计量点(pH=8.31)，有一个明显的突跃。

(3) 对于一些各级解离常数相差不大的多元酸，如 $H_2C_2O_4$（草酸），其 $K_{a_1}=5.9\times10^{-2}$，$K_{a_2}=6.4\times10^{-5}$，$\frac{K_{a_1}}{K_{a_2}}\approx 10^3$；HOOC(CHOH)$_2$COOH（酒石酸），其 $K_{a_1}=9.1\times10^{-4}$，$K_{a_2}=4.3\times10^{-5}$，$\frac{K_{a_1}}{K_{a_2}}\approx 20$；—COOH —COOH（邻苯二甲酸），其 $K_{a_1}=1.1\times10^{-3}$，$K_{a_2}=3.9\times10^{-6}$，$\frac{K_{a_1}}{K_{a_2}}\approx 300$ 等。它们的 $\frac{K_{a_1}}{K_{a_2}}<10^4$，因此不能分级滴定，但是它们的 $c_{sp_2}\cdot K_{a_2}>10^{-10}$，并且 $K_{a_1}$、$K_{a_2}$ 均比较大，因此只要这些多元酸的浓度不是很低，就可以按照二元酸一次被滴定，滴定到第二个计量点时会出现较大的突跃(由于 $K_{a_1}$ 与 $K_{a_2}$ 相差太小，滴定到第一个计量点时不会出现突跃。)

综上所述，可以得出在强碱滴定二元酸时：

① 当 $\frac{K_{a_1}}{K_{a_2}}\geqslant 10^4$、$c_{sp_2}\cdot K_{a_2}\geqslant 10^{-10}$ 时，能够准确进行分级滴定，并会出现两个突跃；

② 当 $\frac{K_{a_1}}{K_{a_2}}\geqslant 10^4$、$c_{sp_2}\cdot K_{a_2}<10^{-10}$ 时，能够分级滴定，只在第一个计量点时出现一个突跃；

③ 当 $\frac{K_{a_1}}{K_{a_2}}<10^4$、$c_{sp_2}\cdot K_{a_2}\geqslant 10^{-10}$ 时，不能进行分级滴定，但是可以按照二元酸滴定到第二个计量点时，在第二个计量点处有一个明显突跃；

④ 当 $\frac{K_{a_1}}{K_{a_2}}<10^4$、$c_{sp_2}\cdot K_{a_2}<10^{-10}$ 时，不能直接进行准确分级滴定。

三元酸滴定参照此方法进行类推。

3. 多元碱的滴定

以 0.1000mol/L HCl 滴定 20.00mL 0.1000mol/L $Na_2CO_3$ 为例。

$$CO_3^{2-}+H_2O \rightleftharpoons HCO_3^-+OH^- \qquad K_{b_1}=1.79\times10^{-4}$$

$$HCO_3^-+H_2O \rightleftharpoons H_2CO_3+OH^- \qquad K_{b_2}=2.38\times10^{-8}$$

由于 $c_{sp_1}\cdot K_{b_1}>10^{-10}$、$c_{sp_2}\cdot K_{b_2}>10^{-10}$，第一、第二计量点附近均有较明显的 pH 突跃，可被准确滴定。

又 $\frac{K_{b_1}}{K_{b_2}}\approx 10^4$，第一、第二计量点附近的 pH 突跃能彼此分开，可以分级滴定。滴定曲线见图 3.7。

(1) 滴定前：[$OH^-$] 主要取决于 $CO_3^{2-}$ 的一级解离。

$$[OH^-]=\sqrt{K_{b_1}\times c}=\sqrt{1.79\times10^{-4}\times0.1000}=4.23\times10^{-3}\text{mol/L}$$

$$pOH=2.38$$

$$pH=14-2.38=11.62$$

(2) 第一个计量点：即滴加 20.00mL 0.1000mol/L HCl 时，发生的反应为

$$H^+ + CO_3^{2-} \rightleftharpoons HCO_3^-$$

此时溶液的 pH 由 $HCO_3^-$ 的浓度决定，而 $HCO_3^-$ 为两性物质，按照最简式进行计算[$H^+$]：

$$[H^+]=\sqrt{K_{a_1}K_{a_2}}=\sqrt{4.2\times10^{-7}\times5.6\times10^{-11}}=4.85\times10^{-9}\text{mol/L}$$

$$pH=8.31$$

由于$\frac{K_{a_1}}{K_{a_2}}$值比较小，因此突跃不明显，选择甲酚红-百里酚蓝混合指示剂(变色点 pH=8.3，颜色由黄色变为紫色)能够使滴定准确，突跃明显。

(3) 第二个计量点：即滴加 40.00mL 0.1000mol/L HCl 时，发生的反应为

$$H^+ + HCO_3^- \rightleftharpoons H_2CO_3 \rightleftharpoons CO_2 + H_2O$$

此时溶液的 pH 由滴定产物 $H_2CO_3$ 的离解决定。$H_2CO_3$ 饱和溶液在常压下的浓度约为 0.04mol/L。由于 $K_{a_1} \gg K_{a_2}$，因此，只考虑 $H_2CO_3$ 的一级解离。

$$[H^+]=\sqrt{K_{a_1}c_{饱和}}=\sqrt{4.2\times10^{-7}\times0.04}=1.3\times10^{-4}\text{mol/L}$$

$$pH=3.89$$

选择甲基橙(pH=3.1～4.4)和溴甲酚绿-甲基红混合指示剂(变色点 pH=4.8，颜色为灰绿色)。在第二计量点附近，易形成 $CO_2$ 的过饱和溶液，且滴定过程中生成的 $H_2CO_3$ 只能缓慢地转变成 $CO_2$，使溶液的[$H^+$]稍稍增大，终点易出现过早，因此，滴定至终点附近时，应缓慢滴定。在第二级反应时，常以甲基红为指示剂，最好是计量点之前，即滴定至甲基红由黄变红色后，加热煮沸去除 $CO_2$，此时溶液又呈黄色，冷却后再滴定至橙色，变色敏锐，否则由于产生 $H_2CO_3$，使突跃不明显。

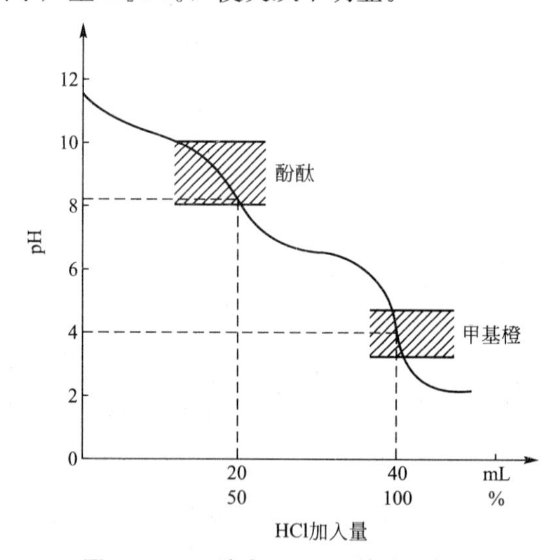


**图 3.7　HCl 滴定 $Na_2CO_3$ 的滴定曲线**

## 3.7 水中的酸度和碱度

水中的酸度是指水中所含能够给出质子的物质的总量，即水中所有能与强碱定量作用

的物质的总量；水中的碱度指水中所有能接受质子的物质的总量，即水中所有能与强酸定量作用的物质的总量。当水中酸度或碱度组成成分为已知时，可用具体物质的量来表示酸度或碱度。

### 3.7.1 酸度

1. 酸度的组成

水的酸度是指水中所含能与强碱进行中和反应的物质的总量，即能给出 $H^+$，或者经水解能产生 $H^+$ 的物质的总量。水中形成酸度的物质有3部分：

(1) 强酸，如硫酸($H_2SO_4$)、盐酸(HCl)、硝酸($HNO_3$)等。

(2) 弱酸，如游离的二氧化碳($CO_2$)、碳酸($H_2CO_3$)、硫化氢($H_2S$)、醋酸($CH_3COOH$)和各种有机酸等。

(3) 强酸弱碱盐，如铝、铁、铵等离子与强酸所组成的盐类等，例如 $FeCl_3$、$Al_2(SO_4)_3$ 等。

一般天然水、生活污水和污染不严重的各种工业废水中，只含有弱酸，主要是碳酸。这些水中产生酸度的物质主要是 $CO_2$，它是空气中的 $CO_2$ 溶解于水和水中的有机物被微生物分解产生的 $CO_2$。一般溶于水中的 $CO_2$ 与 $H_2O$ 作用形成 $H_2CO_3$。

$$CO_2 + H_2O \rightleftharpoons H_2CO_3$$

当反应达到平衡后，由于平衡常数 $K_c = \frac{[H_2CO_3]}{[CO_2]} = 1.6\times10^{-3}$，$[H_2CO_3]$仅为$[CO_2]$的0.16%，也就是说水中的 $CO_2$ 主要呈气体状态。这种呈气体状态的 $CO_2$ 与少量碳酸的总和叫游离二氧化碳又称平衡二氧化碳。地表水中游离二氧化碳的含量一般小于10mg/L，当含量超过40mg/L时，表明水体污染已影响到鱼类的生长；地下水中的含量多为15～40mg/L，某些矿泉水中含量较高。

天然水中含有的游离二氧化碳，可与岩石中的碳酸盐建立下面的平衡：

$$CaCO_3 + CO_2 + H_2O \rightleftharpoons Ca(HCO_3)_2$$

$$MgCO_3 + CO_2 + H_2O \rightleftharpoons Mg(HCO_3)_2$$

如果水中游离的 $CO_2$ 含量大于上述平衡，就能够溶解碳酸盐，产生重碳酸盐($H_2CO_3^-$)，使平衡向右移动，这部分能与碳酸盐起反应的 $CO_2$ 称为侵蚀性二氧化碳。侵蚀性二氧化碳对水工建筑物具有侵蚀破坏作用，当侵蚀性二氧化碳与氧共存时，对金属(铁)具有强烈侵蚀作用。

通常所说的总酸度，与水中氢离子浓度并不是一回事。pH表示呈离子状态的 $H^+$ 的数量，严格说来，应是 $H^+$ 的活度。总酸度则表示中和过程中，可以与强碱进行反应的全部 $H^+$ 数量，其中包括原已离解的和将会离解的两部分。在中和前，溶液中已经离解的 $H^+$ 数量称为离子酸度，它与pH的内容是一致的。强酸在溶液中全部离解，所以，它所构成的酸度都是离子酸度。弱酸只有一部分离解，大部分在中和前仍呈分子状态，在中和过程中才陆续离解，参与反应。这部分在中和前尚未离解的 $H^+$ 数量，称为分子酸度或后备酸度。因此，弱酸构成的酸度包括离子酸度和分子酸度，溶液pH只代表其离子酸度。例如：

$$H_2O + HCl \longrightarrow H_3O^+ + Cl^-$$

$$\underbrace{0 \quad 离子酸度}_{总酸度}$$

$$H_2O+CH_3COOH \rightleftharpoons H_3O^+ + CH_3COO^-$$

$$\underbrace{分子酸度 \quad 离子酸度}_{总酸度}$$

强酸弱碱盐的水解会使溶液中产生离子酸度，其未水解部分则构成分子酸度。它在中和过程中逐步水解、直到全部水解完全。例如：

$$3H_2O+FeCl_3 \rightleftharpoons 3H^+ + 3Cl^- + Fe(OH)_3$$

$$\underbrace{分子酸度 \quad 离子酸度}_{总酸度}$$

2. 酸度的测定

酸度的测定可以采用酸碱指示剂法和电位滴定法进行测定。酸碱指示剂滴定法的测定数值的大小，随所用指示剂指示终点 pH 的不同而异。根据习惯用酚酞和甲基橙作指示剂，测定时的终点 pH 一般都定为 8.3 和 3.7。以酚酞作指示剂，用 NaOH 标准溶液滴定到 pH=8.3 的酸度，称为酚酞酸度，因滴定的酸度包括强酸和弱酸，即全部的酸度，故又称总酸度。以甲基橙作指示剂，用 NaOH 标准溶液滴定到 pH=3.7 的酸度，称为甲基橙酸度，是较强类酸度的总和。

酚酞酸度主要用于未受工业废水污染或轻度污染的水中酸度的测定；甲基橙酸度主要用于废水和严重污染废水中酸度的测定。

$$甲基橙酸度(CaCO_3，mg/L)=\frac{M \times V_1 \times 50.05 \times 1000}{V}$$

$$酚酞酸度(总酸度\ CaCO_3，mg/L)=\frac{M \times V_2 \times 50.05 \times 1000}{V}$$

式中：$M$——氢氧化钠溶液浓度(mol/L)；

$V_1$——用甲基橙作指示剂时，消耗氢氧化钠溶液浓度的体积(mL)；

$V_2$——用酚酞作指示剂时，消耗氢氧化钠溶液浓度的体积(mL)；

$V$——水样体积(mL)；

50.05——碳酸钙($1/2CaCO_3$)摩尔质量(g/mol)。

3. 游离二氧化碳的测定

由于游离 $CO_2$($H_2CO_3+CO_2$)能够定量地与 NaOH 发生下列反应。

$$CO_2+NaOH \rightleftharpoons NaHCO_3$$

$$H_2CO_3+NaOH \rightleftharpoons NaHCO_3+H_2O$$

当达到计量点时，溶液的 pH 约为 8.3，因此，选用酚酞作为指示剂。根据 NaOH 标准溶液的用量求出游离 $CO_2$ 的含量。

$$游离二氧化碳(CO_2，mg/L)=\frac{V_{NaOH} \times c_{NaOH} \times 44 \times 1000}{V_{水}}$$

式中：$V_{NaOH}$——NaOH 标准溶液的消耗体积(mL)；

$c_{NaOH}$——NaOH 标准溶液的浓度(mol/L)；

44——二氧化碳的摩尔质量($CO_2$，g/mol)；

$V_{水}$——水样的体积(mL)。

4. 水中侵蚀性二氧化碳的测定

首先取水样(不加 $CaCO_3$ 粉末)，以甲基橙为指示剂，用 HCl 标准溶液滴定至终点。同时另取水样加入 $CaCO_3$ 粉末放置 5 天，待水样中侵蚀性二氧化碳与 $CaCO_3$ 反应完全之后，以甲基橙为指示剂，用 HCl 标准溶液滴定至终点，其主要反应为，

$$CaCO_3 + CO_2 + H_2O \longrightarrow Ca(HCO_3)_2$$

$$Ca(HCO_3)_2 + 2HCl \longrightarrow CaCl_2 + H_2CO_3$$

根据水样中加入 $CaCO_3$ 与未加 $CaCO_3$ 用 HCl 标准溶液滴定时消耗的量之差，求出水中侵蚀性二氧化碳的含量。

$$侵蚀性二氧化碳(CO_2，mg/L)=\frac{(V_2-V_1)\times c_{HCl}\times 22\times 1000}{V_{水}}$$

式中：$V_1$——5 天后(加 $CaCO_3$ 粉末)滴定时消耗 HCl 标准溶液的量(mL)；

$V_2$——当天(未加 $CaCO_3$ 粉末)滴定时消耗 HCl 标准溶液的量(mL)；

$c_{HCl}$——HCl 标准溶液的浓度(mol/L)；

22——侵蚀性二氧化碳的摩尔质量$\left(\frac{1}{2}CO_2，g/mol\right)$；

$V_{水}$——水样的体积(mL)。

如果测出的结果 $V_2<V_1$，则说明水中不含侵蚀性二氧化碳。

### 3.7.2 碱度

1. 碱度的组成

一般水中碱度主要有重碳酸盐($HCO_3^-$)碱度、碳酸盐($CO_3^{2-}$)碱度和氢氧化物($OH^-$)碱度。组成碱度的物质主要有强碱、弱碱、强碱弱酸盐 3 类。其中强碱 [如 $Ca(OH)_2$、NaOH 等] 在水中全部离解成 $OH^-$ 离子；弱碱(如 $NH_3$、$C_6H_5NH_2$ 等)在水中部分离解成 $OH^-$ 离子；强碱弱酸盐 [如 $Na_2CO_3$、$Ca(HCO_3)_2$ 等] 在水中部分水解产生 $OH^-$ 离子，磷酸盐、硅酸盐、硼酸盐等也会产生一定的碱度，但它们在天然水中的含量往往不多，通常可忽略不计。

在同一水源中，碳酸盐和重碳酸盐、碳酸盐和氢氧化物可以共存；而氢氧化物和重碳酸盐则不能共存，因为它们可进行如下反应：

$$OH^- + HCO_3^- \rightleftharpoons H_2O + CO_3^{2-}$$

此外，碳酸盐、重碳酸盐或氢氧化物都能在水中单独存在。根据这种情况，水中碱度只有以下 5 种可能的组合：

(1) $OH^-$ 碱度。

(2) $OH^-$ 和 $CO_3^{2-}$ 碱度。

(3) $CO_3^{2-}$ 碱度。

(4) $CO_3^{2-}$ 和 $HCO_3^-$ 碱度。

(5) $HCO_3^-$ 碱度。

碱度的测定在水处理工程实践中，如饮用水、锅炉用水、农田灌溉用水和其他用水中

应用很普遍。碱度又常作为混凝效果、水质稳定和管道腐蚀控制的依据以及废水好氧厌氧处理设备良好运行的条件等。

2. 碱度的测定

水中碱度的测定常采用酸碱指示剂滴定法，即以酚酞和甲基橙作指示剂，用 HCl 或 $H_2SO_4$ 标准溶液滴定水样中碱度至终点，根据所消耗酸标准溶液的量，计算水样中的碱度。

由于天然水中的碱度主要有氢氧化物($OH^-$)、碳酸盐($CO_3^{2-}$)和重碳酸盐($HCO_3^-$)3种，因此，用酸标准溶液滴定时的主要反应有：

$OH^-$ 碱度：　　$OH^- + H^+ \rightleftharpoons H_2O$

$CO_3^{2-}$ 碱度：　　$CO_3^{2-} + H^+ \rightleftharpoons HCO_3^-$

$$\frac{HCO_3^- + H^+ \rightleftharpoons CO_2\uparrow + H_2O}{CO_3^{2-} + 2H^+ \rightleftharpoons CO_2\uparrow + H_2O}$$

$HCO_3^-$ 碱度：　　$HCO_3^- + H^+ \rightleftharpoons CO_2\uparrow + H_2O$

可以看出，$CO_3^{2-}$ 与 $H^+$ 的反应是分两步完成的，第一步反应完成时，pH 在 8.3 附近，此 pH 恰好是酚酞的变色范围，所用酸的量又恰好是为完全滴定 $CO_3^{2-}$ 所需总量的一半。

(1) 当水样首先加酚酞为指示剂，用酸标准溶液滴定至终点时，溶液由桃红色变为无色，pH 在 8.3 附近，所消耗的酸标准溶液的量用 $P$(mL)表示。此时水样中的酸碱反应包括两部分。

$$OH^- + H^+ \rightleftharpoons H_2O \text{ 和 } CO_3^{2-} + H^+ \rightleftharpoons HCO_3^-$$

也就是说，这两部分含有 $OH^-$ 碱度和 $\frac{1}{2}CO_3^{2-}$ 碱度，即 $P = OH^- + \frac{1}{2}CO_3^{2-}$

一般来说，以酚酞为指示剂，滴定的碱度为酚酞碱度。

(2) 在水样以酚酞为指示剂滴定到终点后，再用甲基橙为指示剂用酸标准溶液滴定至终点。此时，溶液的颜色由橘黄色变为橘红色，pH 在 4.4 附近，所用酸标准溶液的量用 $M$(mL)表示。此时，水样中酸碱反应为

$$HCO_3^- + H^+ \longrightarrow CO_2\uparrow + H_2O$$

这里的 $HCO_3^-$ 包括水样中原来的 $HCO_3^-$ 和另一半 $CO_3^{2-}$ 与 $H^+$ 反应所产生的 $HCO_3^-$。

$$M = HCO_3^- + \frac{1}{2}CO_3^{2-}$$

因此，酚酞总碱度等于 $P+M$。

显然，根据上述两个终点到达时所消耗的酸的标准溶液的量，可以计算出水中 $OH^-$ 碱度、$HCO_3^-$ 碱度、$CO_3^{2-}$ 碱度和总碱度。

总碱度也可以用甲基橙为指示剂直接求得，用酸标准溶液滴定至终点时(pH=4.4)，所消耗酸标准溶液的量用 $T$ 表示，此时水中碱度为甲基橙碱度，又称甲基橙总碱度，它是水样中的 $OH^-$ 碱度、$HCO_3$ 碱度、$CO_3^{2-}$ 碱度的总和，$T$ 不同于 $M$；也就是说，先以酚酞为指示剂滴定，然后用甲基橙为指示剂连续滴定时的 $M$ 并非是甲基橙碱度。

下面介绍酸碱指示剂滴定的具体方法。

(1) 连续滴定法。

取一定体积水样，首先以酚酞为指示剂，用酸标准溶液滴定至终点后，接着以甲基橙为指示剂，再用酸标准溶液滴定至终点，根据前后两个滴定终点消耗的酸标准溶液的量来

判断水样中碱度的组成和计算含量的方法称为连续滴定法。

设以酚酞为指示剂滴定终点，消耗的酸标准溶液的量为 $P$(mL)，以甲基橙为指示剂滴定终点，消耗的酸标准溶液的量为 $M$(mL)。

① 水样中只有 $OH^-$ 碱度，一般 pH>10，则

$$P>0,\ M=0$$

$P$ 包括全部 $OH^-$ 和 $\frac{1}{2}CO_3^{2-}$，但是由于 $M=0$，说明没有 $CO_3^{2-}$ 和 $HCO_3^-$，因此，

$$P=OH^-，总碱度\ T=P$$

② 水样中有 $OH^-$ 和 $CO_3^{2-}$ 碱度，一般 pH>10，则

$$P>M$$

$P$ 包括全部 $OH^-$ 和 $\frac{1}{2}CO_3^{2-}$，$M$ 为另一半 $CO_3^{2-}$ 碱度，因此，

$$OH^-=P-M$$
$$CO_3^{2-}=2M$$
$$T=P+M$$

③ 水样中有 $CO_3^{2-}$ 和 $HCO_3^-$ 碱度，一般 pH=8.5～9.5，则

$$P<M$$

$P$ 为$\frac{1}{2}CO_3^{2-}$ 碱度，$M$ 为另一半 $CO_3^{2-}$ 碱度和原来的 $HCO_3^-$ 碱度，因此，

$$CO_3^{2-}=2P$$
$$HCO_3^-=M-P$$
$$T=P+M$$

④ 水样中只有 $CO_3^{2-}$ 碱度，一般 pH>9.5，则

$$P=M$$

$P$ 为$\frac{1}{2}CO_3^{2-}$ 碱度，$M$ 为另一半 $CO_3^{2-}$ 碱度，因此，

$$CO_3^{2-}=2P=2M$$
$$T=2P=2M$$

⑤ 水样中只有 $HCO_3^-$ 碱度，一般 pH<8.3，则

$$P=0,\ M>0$$

$P=0$ 说明水样中没有 $OH^-$ 和 $CO_3^{2-}$ 碱度，只有 $HCO_3^-$ 碱度，因此

$$HCO_3^-=M$$
$$T=M$$

(2) 分别滴定法。

分别滴定法采用的指示剂除了酚酞指示剂和甲基橙指示剂外，还常常采用两种混合指示剂(百里酚蓝和甲酚红与溴甲酚绿和甲基红)。

① 百里酚蓝(pH=8.0～9.6，颜色由黄色变为蓝色)和甲酚红(pH=7.2～8.8，颜色由黄色变为红色)的混合指示剂，变色点的 pH 为 8.3，终点为黄色。

② 溴甲酚绿(pH=3.8～5.6，颜色由黄色变为绿色)和甲基红(pH=4.4～6.2，颜色由红色变为黄色)的混合指示剂，变色点的 pH 为 4.8，终点为浅灰紫色。

分别吸取两份体积相同的水样，其中一份水样用百里酚蓝-甲酚红混合指示剂，以

HCl 标准溶液滴定至终点时，溶液由紫色变为黄色，变色点 pH＝8.3，消耗 HCl 标准溶液的量为 $V_1$，包括：$V_1=OH^- + \frac{1}{2}CO_3^{2-}$。

另一份水样用溴甲酚绿-甲基红混合指示剂，以 HCl 标准溶液滴定至终点时，溶液由绿色变为浅灰紫色，变色点 pH＝4.8，消耗 HCl 标准溶液的量为 $V_2$，包括：$V_2=OH^- + \frac{1}{2}CO_3^{2-} + \frac{1}{2}CO_3^{2-} + HCO_3^-$（原有的）。

根据两份水样的两个滴定终点所用酸标准溶液的量 $V_1$ 与 $V_2$ 来判断水中 $OH^-$、$HCO_3^-$、$CO_3^{2-}$ 碱度组成及其计算含量的方法，称为分别滴定法。

① 水样中只有 $OH^-$ 碱度时，$V_1=V_2$，那么

$$OH^- = V_1 = V_2$$

② 水样中有 $OH^-$ 和 $CO_3^{2-}$ 碱度，$V_1>V_2$，因为

$$V_1 \text{ 包括 } OH^- + \frac{1}{2}CO_3^{2-}，V_2 \text{ 包括 } OH^- + \frac{1}{2}CO_3^{2-} + \frac{1}{2}CO_3^{2-}$$

所以，

$$OH^- = 2V_1 - V_2$$

$$CO_3^{2-} = 2(V_1 - V_2)$$

③ 水样中有 $CO_3^{2-}$ 和 $HCO_3^-$ 碱度，$2V_1<V_2$，因为这里

$$V_1 \text{ 包括 } \frac{1}{2}CO_3^{2-}，V_2 \text{ 包括 } HCO_3^- + \frac{1}{2}CO_3^{2-} + \frac{1}{2}CO_3^{2-}$$

所以，　$CO_3^{2-} = 2V_1$

$HCO_3^- = V_2 - 2V_1$

④ 水样中只有 $CO_3^{2-}$ 碱度，$2V_1=V_2$，因为这里

$$CO_3^{2-} = 2V_1$$

$$V_2 = \frac{1}{2}CO_3^{2-} + \frac{1}{2}CO_3^{2-}$$

所以，　$CO_3^{2-} = 2V_1 = V_2$

⑤ 水样中只有 $HCO_3^-$ 碱度，$V_1=0$，$V_2>0$。

因为 $V_1=0$，说明水样中没有 $OH^-$ 和 $CO_3^{2-}$ 碱度，

所以　$HCO_3^- = V_2$

3. 碱度的单位及其表示方法

（1）碱度以 CaO 计(mg/L)和 $CaCO_3$ 计(mg/L)。

$$\text{总碱度(CaO 计，mg/L)} = \frac{c \times (P+M) \times 28.04}{V} \times 1000$$

$$\text{总碱度(CaCO}_3\text{ 计，mg/L)} = \frac{c \times (P+M) \times 50.05}{V} \times 1000$$

式中：$c$——HCl 标准溶液浓度(mol/L)；

28.04——CaO 的摩尔质量$\left(\frac{1}{2}CaO，g/mol\right)$；

50.05——$CaCO_3$ 的摩尔质量$\left(\frac{1}{2}CaCO_3，g/mol\right)$；

$V$——水样的体积(mL)；

$P$——酚酞为指示剂时滴定至终点时消耗的 HCl 标准溶液的量(mL)；

$M$——甲基橙为指示剂时滴定至终点时消耗的 HCl 标准溶液的量(mL)。

(2) 碱度的单位以 mol/L 或 mmol/L 表示。

(3) 碱度也可以以 mg/L 表示。

在碱度的测定中，由于以 HCl 标准溶液为滴定剂，则 $H^+$ 与 $OH^-$、$HCO_3^-$、$CO_3^{2-}$ 的质子传递反应中，根据他们的化学计量数(摩尔比)和等物质的量反应的规则，其 $OH^-$ 基本单元为 $OH^-$，$CO_3^{2-}$ 的基本单元为$\frac{1}{2}CO_3^{2-}$，$HCO_3^-$ 的基本单元为 $HCO_3^-$，因此

① 以 mol/L 表示碱度，应当注明 $OH^-$ 碱度($OH^-$，mol/L)，$CO_3^{2-}$ 碱度($1/2CO_3^{2-}$，mol/L)，$HCO_3^-$ 碱度($HCO_3^-$，mol/L)。

② 如果以 mg/L 表示碱度，在碱度计算中，由于采用 $c$mol/L 的 HCl 标准溶液滴定，所以各具体物质采用的物质摩尔质量为 $OH^-$ (17g/mol)；$\frac{1}{2}CO_3^{2-}$ (30g/mol)；$HCO_3^-$ (61g/mol)。

**【例 3-7】** 取水样 100.00mL，用 0.1000mol/L HCl 的标准溶液进行滴定至酚酞无色时，用去 15.00mL HCl 标准溶液；然后加入甲基橙指示剂，继续用 HCl 标准溶液进行滴定至橙红色出现，用去 3.00mL HCl 标准溶液。试分析水样的碱度组成成分，其含量各为多少?

**解**：已知，$P=15.00\text{mL}$，$M=3.00\text{mL}$，$P>M$

因此，水样中有 $OH^-$、$CO_3^{2-}$ 碱度，其中 $OH^-=P-M$，$CO_3^{2-}=2M$

$$OH^-\text{碱度(CaO 计，mg/L)}=\frac{c_{HCl}\times(P-M)\times28.04\times1000}{100}$$

$$=\frac{0.1000\times(15.00-3.00)\times28.04\times1000}{100}$$

$$=336.48\text{mg/L}$$

$$OH^-\text{碱度(}CaCO_3\text{ 计，mg/L)}=\frac{c_{HCl}\times(P-M)\times50.05\times1000}{100}$$

$$=\frac{0.1000\times(15.00-3.00)\times50.05\times1000}{100}$$

$$=600.60\text{mg/L}$$

$$OH^-\text{碱度(}OH^-\text{计，mg/L)}=\frac{c_{HCl}\times(P-M)\times17\times1000}{100}$$

$$=\frac{0.1000\times(15.00-3.00)\times17\times1000}{100}$$

$$=204.00\text{mg/L}$$

$$OH^-\text{碱度(}OH^-\text{计，mg/L)}=\frac{c_{HCl}\times(P-M)\times1000}{100}$$

$$=\frac{0.1000\times(15.00-3.00)\times1000}{100}$$

$$=12.00\text{mg/L}$$

$$CO_3^{2-}\text{ 碱度(CaO 计，mg/L)}=\frac{c_{HCl}\times2M\times28.04}{100}\times1000$$

$$=\frac{0.1000\times6.00\times28.04}{100}\times1000$$

$$=168.24\text{mg/L}$$

$$CO_3^{2-}\text{ 碱度(}CaCO_3\text{ 计，mg/L)}=\frac{c_{HCl}\times2M\times50.05}{100}\times1000$$

$$=\frac{0.1000\times6.00\times50.05}{100}\times1000$$

$$=300.30\text{mg/L}$$

$$CO_3^{2-}\text{ 碱度}\left(\frac{1}{2}CO_3^{2-}\text{ 计，mg/L}\right)=\frac{c_{HCl}\times2M\times30}{100}\times1000$$

$$=\frac{0.1000\times6.00\times30}{100}\times1000$$

$$=180.00\text{mg/L}$$

$$CO_3^{2-}\text{ 碱度}\left(\frac{1}{2}CO_3^{2-}\text{ 计，mg/L}\right)=\frac{c_{HCl}\times2M}{100}\times1000$$

$$=\frac{0.1000\times6.00}{100}\times1000$$

$$=6.00\text{mmol/L}$$

**【例 3-8】** 取水样 150mL，用 0.1000mol/L HCl 的标准溶液滴定至百里酚蓝-甲酚红混合指示剂(pH=8.3 指示剂)由紫红色变为黄色，用去 1.20mL HCl 的标准溶液；另取 150mL 水样，用同样浓度的 HCl 的标准溶液滴定至溴甲酚绿-甲基红混合指示剂(pH=4.8 指示剂)由绿色转变为浅灰色，用去 HCl 的标准溶液 3.00mL，试分析水样碱度的组成成分，并计算其各自含量?

**解**：已知，用百里酚蓝-甲酚红混合指示剂消耗 HCl 的标准溶液体积 $V_1=1.20\text{mL}$；溴甲酚绿-甲基红混合指示剂消耗 HCl 的标准溶液体积 $V_2=3.00\text{mL}$。

$$V_1<\frac{1}{2}V_2$$

因此，可以知道水样中含有 $CO_3^{2-}$ 碱度和 $HCO_3^-$ 碱度，其中，

$$CO_3^{2-}=2V_1$$

$$HCO_3^-=V_2-2V_1$$

$$CO_3^{2-}\text{ 碱度}=\frac{c\times2\times V_1\times30\times1000}{150}$$

$$=\frac{0.1000\times2\times1.20\times30\times1000}{150}$$

$$=48.00\text{mg/L}$$

$$HCO_3^-\text{ 碱度}=\frac{c\times(V_2-2V_1)\times61\times1000}{150}$$

$$=\frac{0.1000\times(3.00-2\times1.20)\times61\times1000}{150}$$

$$=24.40\text{mg/L}$$

因此，水样中有 $CO_3^{2-}$ 和 $HCO_3^-$ 两种碱度组成成分，其含量为：$CO_3^{2-}$ 碱度 48.00mg/L，$HCO_3^-$ 碱度 24.40mg/L。

### 3.7.3 碱度和游离二氧化碳的精确计算

在前面讨论3种$OH^-$、$HCO_3^-$、$CO_3^{2-}$碱度的测定中，曾经假设$OH^-$和$HCO_3^-$两组碱度不能在同一水样中共存。但是，实际上在一定pH下这3种碱度会同时存在。例如，$CO_3^{2-}$的水解：

$$CO_3^{2-}+H_2O \rightleftharpoons HCO_3^-+OH^-$$

有时需要计算3种碱度的精确数值，这时，可利用酸碱平衡关系进行求解。

在待测水样中，假设阴离子有$OH^-$、$HCO_3^-$、$CO_3^{2-}$等，阳离子有$H^+$和产生碱度的各盐类的金属离子，如$Na^+$、$K^+$、$Ca^{2+}$、$Mg^{2+}$等。这些金属离子的总摩尔数将等于测定总碱度时所得到的总摩尔数。总碱度以［碱］表示，根据溶液电中性原则，得出溶液中的电荷平衡式为

$$[碱]+[H^+] \rightleftharpoons [OH^-]+2[CO_3^{2-}]+[HCO_3^-] \tag{3-41}$$

由水的解离平衡式得：

$$[OH^-]=\frac{K_w}{[H^+]} \tag{3-42}$$

由$H_2CO_3$的第二级离解平衡式得：

$$[CO_3^{2-}]=\frac{K_{a_2}[HCO_3^-]}{[H^+]} \tag{3-43}$$

将式(3-42)、式(3-43)代入式(3-41)可得：

$$[HCO_3^-]=\frac{[碱]+[H^+]-K_w/[H^+]}{1+2K_{a_2}/[H^+]} \tag{3-44}$$

将式(3-44)代入式(3-43)可得：

$$[CO_3^{2-}]=\frac{K_{a_2}}{[H^+]}\cdot\left(\frac{[碱]+[H^+]-K_w/[H^+]}{1+2K_{a_2}/[H^+]}\right) \tag{3-45}$$

从式(3-42)、式(3-44)、式(3-45)中可看出，通过测定溶液的总碱度和pH，可以更准确地求得溶液中的3种碱度。

同理，为了得到游离$CO_2$的精确结果，也可以通过测定溶液的总碱度和pH，计算出游离$CO_2$的含量。

由$H_2CO_3$的第一级离解平衡式得：

$$[H_2CO_3]=\frac{[H^+][HCO_3^-]}{K_{a_1}} \tag{3-46}$$

将式(3-44)代入式(3-46)可得：

$$[H_2CO_3]=\frac{[H^+]}{K_{a_1}}\cdot\frac{[碱]+[H^+]-K_w/[H^+]}{1+2K_{a_2}/[H^+]} \tag{3-47}$$

式(3-47)为测定游离$CO_2$的精确计算式。

当溶液的$pH<8.34$时，可以认为溶液中只有$HCO_3^-$一种碱度，即$[HCO_3^-]=[碱]$，则式(3-47)可以简化为

$$[H_2CO_3]=\frac{[H^+]}{K_{a_1}}[碱] \tag{3-48}$$

**【例3-9】** 有一水样的pH=10.00，总碱度的测定值为2.00mmol/L，求水样中3种

碱度各为多少。

**解**：已知［碱］=2.00mmol/L=$2.00\times10^{-3}$mol/L

$$[OH^-]=\frac{K_w}{[H^+]}=\frac{1.0\times10^{-14}}{1.0\times10^{-10}}=1.0\times10^{-4}\text{mol/L}$$

$$[H_2CO_3^-]=\frac{[碱]+[H^+]-K_w/[H^+]}{1+2K_{a_2}/[H^+]}=\frac{2.00\times10^{-3}+1.0\times10^{-10}-1.0\times10^{-4}}{1+2\times5.6\times10^{-11}/1.0\times10^{-10}}=9\times$$

$10^{-4}$mol/L

$$[CO_3^{2-}]=\frac{K_{a_2}[HCO_3^-]}{[H^+]}=\frac{5.6\times10^{-11}\times9\times10^{-4}}{1.0\times10^{-10}}-=5.0\times10^{-4}\text{mol/L}$$

## 习　　题

一、思考题

1. HAC、$AC^-$、$NH_3$、$NH_4^+$、HCN、$CN^-$、HF、$F^-$、$HCO_3$、$CO_3^{2-}$、$H_3PO_4$、$H_2PO_4^-$ 从质子理论分析来看，它们分别代表什么？

2. HCl的酸性比HAc强得多，在0.1mol/L的HCl和0.1mol/L的HAc溶液中，哪一个的［$H_3O^+$］较高？它们和NaOH的中和能力哪一个较大？为什么？

3. 酸碱滴定中指示剂的选择原则是什么？

4. 强碱滴定弱酸的特点是什么？准确滴定的最低要求是什么？

5. 水中碱度主要有哪些？在水处理实践中，碱度测定的实际意义是什么？简述碱度测定的基本原理。

6. 为什么HCl的标准溶液可以直接滴定硼砂而不能直接滴定醋酸钠？为什么NaOH标准溶液可以直接滴定醋酸而不能直接滴定硼酸？试加以说明。

7. 何为滴定曲线和滴定突跃？各种类型酸碱滴定的突跃为什么不一样？试述影响突跃范围的因素。

8. 游离二氧化碳和侵蚀性二氧化碳有什么不同？测定它们的意义何在？

二、计算题

1. 计算下列缓冲溶液的pH。

(1) 1L溶液中 $c_{HAc}$=1.0mol/L，$c_{NaAc}$=1.0mol/L。

(2) 1L溶液中 $c_{HAc}$=1.0mol/L，$c_{NaAc}$=0.1mol/L。

(3) 1L溶液中 $c_{HAc}$=0.10mol/L，$c_{NaAc}$=1.0mol/L。

2. 计算下列缓冲溶液的pH。

(1) 1L缓冲溶液中 $c_{NH_3}$=0.10mol/L，$c_{NH_4Cl}$=0.10mol/L。

(2) 1L缓冲溶液中 $c_{NH_3}$=0.10mol/L，$c_{NH_4Cl}$=0.01mol/L。

(3) 1L缓冲溶液中 $c_{NH_3}$=0.01mol/L，$c_{NH_4Cl}$=0.10mol/L。

3. 在 $c_{NH3}$=0.10mol/L的150ml氨水中，加入 $c_{HAc}$=0.10mol/L的HCl溶液50ml，其pH改变多少？

4. 在1.0L$c_{HAc}$=0.10mol/L的HAc溶液中，当加入8.2g NaAc后(假设溶液的体积不发生变化)。试求：(1)此溶液的pH改变了多少？(2)此溶液是否是缓冲溶液？

5. 取水样100.00mL，用$c_{HCl}$=0.050mol/L HCl溶液滴定至酚酞终点时，用去30.00ml HCl溶液；然后加入甲基橙指示剂，继续进行滴加，滴定至橙色出现时，用去5.00mL HCl溶液。水样中碱度的组成成分有哪些？其各自含量是多少？

6. 有一水样体积为100.0mL，如果用pH=5的指示剂滴定至终点，用去0.050mol/L的HCl溶液40.00mL；如果用pH=8.2的指示剂滴定至终点，用去0.050mol/L的HCl溶液15.00mL。试分析水样碱度的组成成分以及其各自的含量。

7. 吸取100.0mL水样，用浓度为0.1000mol/L的HCl溶液滴定至酚酞变为无色，用去HCl溶液10.25mL；然后再用甲基橙指示剂继续滴定至橙色出现，又用去HCl溶液18.25mL。该水样中碱度的组成成分有哪些？其含量分别为多少mmol/L？

8. 称取$NH_4HCO_3$试样1.8260g溶于适量水后，以甲基橙为指示剂，用浓度为1.004mol/L的HCl标准溶液溶于进行滴定，滴定至终点时，用去HCl标准溶液20.30mL。试计算水样中含有的N量、$NH_3$量和以$NH_4HCO_3$表示的百分含量。

9. 工业用NaOH常含有$Na_2CO_3$，现取试样2.000g溶解于新煮沸去除$CO_2$的纯水中，用酚酞作为指示剂，用0.5000mol/L $H_2SO_4$标准溶液滴定到红色消失，需要$H_2SO_4$标准溶液42.50mL；在相同的溶液中，再加入甲基橙指示剂，用同浓度的$H_2SO_4$标准溶液进行滴定至橙色出现，消耗$H_2SO_4$标准溶液2.50mL。试计算此工业烧碱中NaOH和$Na_2CO_3$的百分含量。

10. 有一试样，其中含有$Na_2CO_3$和$K_2CO_3$，不含其他杂质。称取试样1.000g，溶于蒸馏水后，用浓度为0.5000mol/L HCl溶液进行滴定，并用甲基橙为指示剂，到达滴定终点时，消耗HCl溶液30.00mL。试计算试样中$Na_2CO_3$的含量。

11. 已知某试样中只含有NaOH和$Na_2CO_3$，现称取该试样0.3720g，用浓度为0.1500mol/L HCl溶液进行滴定，以酚酞为指示剂，到达滴定终点时，消耗HCl溶液40.00mL。如果以甲基橙为指示剂，试计算还需要加入多少mL同浓度的HCl溶液才能使甲基橙达到变色点。并计算该试样中NaOH和$Na_2CO_3$的百分含量。

12. 用硼砂($Na_2B_4O_7\cdot 10H_2O$)基准试剂标定HCl溶液的浓度。现称取0.6048g硼砂溶解于适量的蒸馏水中，加入甲基橙指示剂，以HCl溶液滴定至终点，消耗HCl溶液24.80mL。试计算此HCl溶液的浓度。

13. 1g以等质量混合的$Na_2CO_3$和$K_2CO_3$混合物溶解于蒸馏水中，加入浓度为1.075mol/L HCl溶液17.38mL。此时混合溶液是酸性还是碱性？需要加如浓度为1.075mol/L HCl或NaOH溶液多少毫升才能使该混合液呈现中性？

# 第4章 络合滴定法

## 教学目标

本章主要讲述沉淀滴定法的基本理论和方法。通过本章学习，应达到以下目标。

(1) 了解络合滴定法实质，滴定反应对络合反应的要求。

(2) 熟悉 EDTA 的性质及其与金属离子络合物的特点。

(3) 掌握络合物的稳定常数，络合物的条件稳定常数，酸效应系数及其他副反应系数的计算方法。

(4) 熟悉络合滴定曲线，影响滴定突跃的因素。

(5) 掌握能否准确滴定的判据，酸效应曲线，络合滴定的最高和最低允许 pH 的求法。

(6) 掌握金属指示剂的作用原理，熟悉金属指示剂应具备的条件，了解常用的金属指示剂。

(7) 熟悉提高络合滴定选择性的方法。

(8) 熟悉络合滴定的方式和应用。

(9) 掌握水中硬度的测定。

## 教学要求

| 知识要点 | 能力要求 | 相关知识 |
|---|---|---|
| EDTA 及 EDTA 络合物的特点 | (1) 熟悉 EDTA 的性质<br>(2) 熟悉 EDTA 与金属离子反应的特点 | (1) 乙二胺四乙酸(EDTA)<br>(2) EDTA 与金属离子络合物 |
| 络合平衡 | 掌握络合物的稳定常数 | 稳定常数、累积稳定常数、分布分数 |
| 络合反应的副反应及副反应系数 | (1) 掌握酸效应系数、络合物的条件稳定常数的计算方法<br>(2) 熟悉其他副反应及副反应系数的计算 | (1) 酸效应系数<br>(2) 条件稳定常数 |
| 络合滴定基本原理 | (1) 熟悉络合滴定曲线及熟悉络合滴定曲线<br>(2) 掌握用 EDTA 准确滴定金属离子的条件及络合滴定的最高和最低允许 pH 的求法 | (1) 直接准确滴定的条件<br>(2) 酸效应曲线 |
| 金属指示剂 | (1) 掌握金属指示剂的作用原理及理论变色点的计算<br>(2) 熟悉金属指示剂应具备的条件<br>(3) 了解常用的金属指示剂 | (1) 金属指示剂的理论变色点<br>(2) 指示剂的封闭<br>(3) 指示剂的僵化 |
| 提高络合滴定选择性 | (1) 掌握分步滴定的条件<br>(2) 熟悉提高络合滴定选择性的方法 | (1) 控制溶液 pH 连续滴定<br>(2) 掩蔽法<br>(3) 解蔽法 |
| 络合滴定的方式和应用 | (1) 熟悉络合滴定的方式<br>(2) 熟悉 EDTA 标准溶液的配制 | (1) 直接滴定法、返滴定法、置换滴定法、间接滴定法<br>(2) EDTA 标准溶液的配制和标定 |
| 水的硬度 | (1) 掌握水硬度的分类和测定方法<br>(2) 熟悉硬度的单位<br>(3) 了解天然水中硬度与碱度的关系 | 硬度 |

**引例**

在日常生活中，有时会发现热水壶中会生成水垢，是因为水中 $Ca^{2+}$、$Mg^{2+}$（硬度）的含量比较多的缘故。一般来说，水的硬度于卫生并无妨害。但硬度过高的水饮用不适口，会引起肠胃不适，还会有苦涩味。长期饮用硬度过低的水也不好，会使骨骼发育不健全。

络合滴定法是以络合反应为基础、络合剂为滴定剂的滴定分析方法。络合反应广泛用于分析化学的各种分离和测定中。在水质分析中，络合滴定法主要用于水中硬度以及 $Ca^{2+}$、$Mg^{2+}$、$Fe^{2+}$、$Al^{3+}$ 等几十种金属离子的测定，也间接用于水中 $SO_4^{2-}$、$PO_4^{3-}$ 等阴离子的测定。

许多金属离子与多种配位体通过配位共价键形成的化合物称为络合物或配位化合物。例如，亚铁氰化钾（$K_4[Fe(CN)_6]$）络合物中，$Fe(CN)_6^{4-}$ 称为络离子，络离子中的金属离子（$Fe^{2+}$）称为中心离子，与中心离子结合的阴离子（$CN^-$）叫做配位体，配位体还可以是中性分子，如 $Ag(NH_3)_2^+$ 络离子中的 $NH_3$，配位体中直接与中心离子络合的原子叫做配位原子（如 $NH_3$ 中的 N，$CN^-$ 中的 N），与中心离子络合的配位原子的数目叫做配位数。

能够用于络合滴定的络合反应，必须具备下列条件：

（1）形成的络合物要相当稳定，使络合反应能够进行完全。

（2）在一定的反应条件下，只形成一种配位数的络合物。

（3）络合反应的速度要快。

（4）要有适当的方法确定滴定的化学计量点。

## 4.1 EDTA 及 EDTA 络合物的特点

乙二胺四乙酸简称 EDTA 或 EDTA 酸，它是一种四元酸，用 $H_4Y$ 表示。在室温下溶解度很小（0.02g/100mL 水，22℃），难溶于酸和有机溶剂，易溶于 NaOH 或氨水，形成相应的盐溶液，通常使用 EDTA 二钠盐，用 $Na_2H_2Y \cdot 2H_2O$ 表示，习惯上也称 EDTA。EDTA 二钠盐是一种白色结晶状粉末，无臭、无味、无毒，易精制，溶解度为 11.28/100mL 水（22℃），其浓度为 0.3mol/L，0.01mol/L EDTA 溶液的 pH 为 4.8。

在络合反应中提供配位原子的物质叫做络合剂或配位体，分为无机络合剂和有机络合剂。

无机络合剂的分子或离子中大都只含有一个配位原子，它可与金属离子形成多级络合物，是逐级形成的。这类络合物多数不稳定，且络合物的逐级形成常数比较接近，所以其逐级络合反应都进行得不够完全，难以得到某一固定组成的产物，除 $Ag^+$ 与 $CN^-$ 和 $Hg^{2+}$ 与 $Cl^-$ 的络合反应外，均不宜用于络合滴定。

有机络合剂分子中常含有两个以上的配位原子，它与金属离子络合时形成具有环状结构的螯合物，不仅稳定性高，且一般只形成一种型体络合物，这类络合反应很适宜于络合滴定。目前，广泛用作络合滴定剂的是其分子中含有氨基(—$NH_2$)和羧基( $-C(=O)OH$ )配位原子的氨基多元羧酸，统称为氨羧络合剂。其中应用最普遍的是 EDTA。

### 4.1.1 EDTA 的性质及解离平衡

在水溶液中，EDTA 分子中互为对角线上的两个羧基的 $H^+$ 会转移至 N 原子上，形成双偶极离子。

$$\begin{matrix} {}^-OOCH_2C & & & & CH_2COO^- \\ & \diagdown & & \diagup & \\ & {}^+HN—CH_2—CH_2—NH^+ & & & \\ & \diagup & & \diagdown & \\ HOOCH_2C & & & & CH_2COOH \end{matrix}$$

在强酸溶液中，$H_4Y$ 的两个羧酸根可再接受质子，形成 $H_6Y^{2+}$，这样 EDTA 就相当于六元酸，有 6 级解离平衡：

$H_6Y^{2+} \rightleftharpoons H^+ + H_5Y^+$　　$K_{a_1}$(—COOH 的解离)$=1.3\times10^{-1}=10^{-0.9}$

$H_5Y^+ \rightleftharpoons H^+ + H_4Y$　　$K_{a_2}$(—COOH 的解离)$=2.5\times10^{-2}=10^{-1.6}$

$H_4Y \rightleftharpoons H^+ + H_3Y^-$　　$K_{a_3}$(—COOH 的解离)$=1.0\times10^{-2}=10^{-2.00}$

$H_3Y^- \rightleftharpoons H^+ + H_2Y^{2-}$　　$K_{a_4}$(—COOH 的解离)$=2.14\times10^{-3}=10^{-2.67}$

$H_2Y^{2-} \rightleftharpoons H^+ + HY^{3-}$　　$K_{a_5}$($NH^+$ 的解离)$=6.92\times10^{-7}=10^{-6.16}$

$HY^{3-} \rightleftharpoons H^+ + Y^{4-}$　　$K_{a_6}$($NH^+$ 的解离)$=5.5\times10^{-11}=10^{-10.26}$

在水溶液中 EDTA 以 $H_6Y^{2+}$、$H_5Y^+$、$H_4Y$、$H_3Y^-$、$H_2Y^{2-}$、$HY^{3-}$ 和 $Y^{4-}$ 7 种型体存在。EDTA 作为六元酸，各型体的分布分数求法与酸碱平衡类似。在溶液中某种型体组分的平衡浓度［Y］占 EDTA 总浓度(［Y′］)的分数，用下式表示：

$$\delta_Y=\frac{[Y]}{[Y']} \tag{4-1}$$

其各种型体的分布分数和 pH 有关，图 4.1 是 EDTA 溶液中各种型体的分布图。

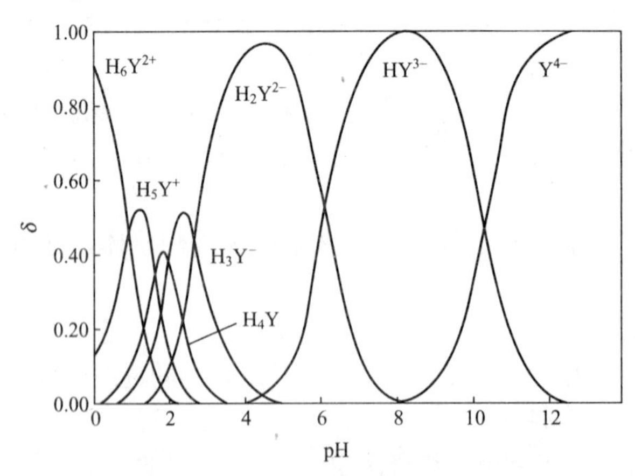


**图 4.1　EDTA 各种型体分布曲线图**

由图 4.1 可以看出：

(1) pH<1 时，EDTA 主要以 $H_6Y^{2+}$ 型体存在。

(2) pH=2.75～6.24 时，EDTA 主要以 $H_2Y^{2-}$ 型体存在。

(3) pH>10.34 时，EDTA 主要以 $Y^{4-}$ 型体存在。

(4) pH≥12 时，只有 $Y^{4-}$ 型体，此时 $Y^{4-}$ 的分布分数 $\delta_0 \approx 1$。

### 4.1.2 EDTA 与金属离子反应的特点

由 EDTA 的结构式可知，它的阴离子 $Y^{4-}$ 具有两个氨基和四个羧基，而氮、氧原子都有孤对电子，能与金属离子形成配位键。因此 EDTA 能与周期表中大部分金属离子形成稳定的络合物。其络合反应有以下特点：

(1) 生成的络合物比较稳定，络合反应比较完全。例如，EDTA 与 $Co^{3+}$ 形成一种八面体的配合物，其结构如图 4.2 所示。它具有五个五元环，具有这种环形结构的络合物称为螯合物。根据有机结构理论和络合物理论的研究，能形成五元环或六元环的螯合物，都是较稳定的。表 4-1 为常见金属离子与 EDTA 生成络合物的稳定常数。从表 4-1 可以看出，除 $Na^+$ 和 $Li^+$ 外，其他金属离子的 EDTA 络合物稳定性都比较大。

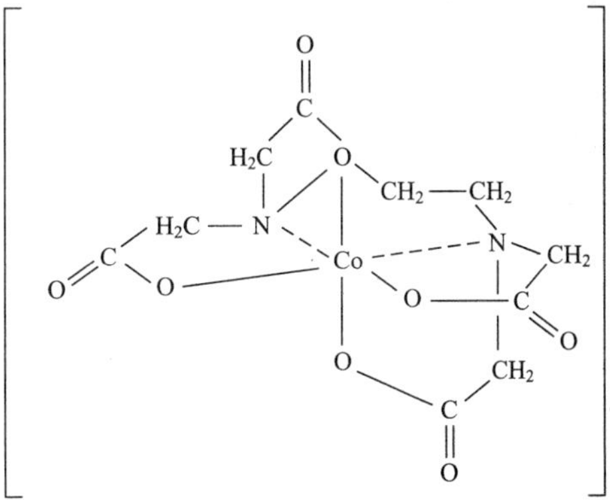

**图 4.2 $Co^{3+}$ 与 EDTA 螯合物的立体结构**

**表 4-1 EDTA 络合物的 $\lg K_{稳}$ ($I$=0.1，20～25℃)**

| | | | | | |
|---|---|---|---|---|---|
| $Li^+$ | 2.79 | $Dy^{3+}$ | 18.30 | $Co^{3+}$ | 36 |
| $Na^+$ | 1.66 | $Ho^{3+}$ | 18.74 | $Ni^{2+}$ | 18.62 |
| $Be^{2+}$ | 9.2 | $Er^{3+}$ | 18.85 | $Pd^{2+}$ | 18.5 |
| $Mg^{2+}$ | 8.69 | $Tm^{3+}$ | 19.07 | $Cu^{2+}$ | 18.80 |
| $Ca^{2+}$ | 10.69 | $Yb^{3+}$ | 19.57 | $Ag^+$ | 7.32 |
| $Sr^{2+}$ | 8.63 | $Lu^{3+}$ | 19.83 | $Zn^{2+}$ | 16.50 |
| $Ba^{2+}$ | 7.86 | $Ti^{3+}$ | 21.3 | $Cd^{2+}$ | 16.46 |
| $Sc^{3+}$ | 23.1 | $TiO^{2+}$ | 17.3 | $Hg^{2+}$ | 21.7 |
| $Y^{3+}$ | 18.09 | $ZrO^{2+}$ | 29.5 | $Al^{3+}$ | 16.13 |
| $La^{3+}$ | 15.50 | $HfO^{2+}$ | 19.1 | $Ga^{3+}$ | 20.3 |
| $Ce^{3+}$ | 15.98 | $VO^{2+}$ | 18.8 | $In^{3+}$ | 25.0 |
| $Pr^{3+}$ | 16.40 | $VO_2^+$ | 18.1 | $Tl^{3+}$ | 37.8 |
| $Nd^{3+}$ | 16.6 | $Cr^{3+}$ | 23.4 | $Sn^{2+}$ | 22.11 |
| $Pm^{3+}$ | 16.75 | $MoO_2^+$ | 28 | $Pb^{2+}$ | 18.04 |
| $Sm^{3+}$ | 17.14 | $Mn^{2+}$ | 13.87 | $Bi^{3+}$ | 27.94 |
| $Eu^{3+}$ | 17.35 | $Fe^{2+}$ | 14.32 | $Th^{4+}$ | 23.2 |
| $Gd^{3+}$ | 17.37 | $Fe^{3+}$ | 25.1 | U(IV) | 25.8 |
| $Tb^{3+}$ | 17.67 | $Co^{2+}$ | 16.31 | | |

(2) 多数情况下，EDTA 与金属离子以 1∶1 的比值形成络合物，例如：

在 pH=4～6 时，$M^{n+}+H_2Y^{2-} \rightleftharpoons MY^{n-4}+2H^+$

在 pH=7～9 时，$M^{n+}+HY^{3-} \rightleftharpoons MY^{n-4}+H^+$

在 pH>10 时，$M^{n+}+Y^{4-} \rightleftharpoons MY^{n-4}$

在不同 pH 下，EDTA 与金属离子的络合反应可用如下通式表示：

$$M^{n+}+H_jY^{j-4} \rightleftharpoons MY^{n-4}+jH^+$$

少数高价金属离子例外，例如，五价钼与 EDTA 形成 2∶1 的螯合物$(MoO_2)_2Y^{2-}$，当溶液的酸度或碱度较高时，一些金属离子与 EDTA 还形成酸式(MHY)或碱式(MOHY)络合物。但它们大多数不稳定，并不影响金属离子与 EDTA 之间 1∶1 的定量关系。

(3) EDTA 与无色的金属离子生成无色络合物，有利于指示剂确定滴定终点，与有色金属离子一般生成颜色更深的络合物，滴定这些金属离子时，应控制其浓度不宜过大，否则应用指示剂确定终点时会遇到困难。几种 EDTA 络合物颜色见表 4-2。

**表 4-2　几种 EDTA 络合物的颜色**

| **EDTA 络合物** | $FeY^-$ | $NiY^{2-}$ | $CuY^{2-}$ | $Cr(OH)Y^{2-}$ (pH>10) | $Fe(OH)Y^{2-}$ (pH≈6) | $CrY^-$ | $MnY^{2-}$ | $CoY^{2-}$ |
|---|---|---|---|---|---|---|---|---|
| **颜色** | 黄 | 蓝绿 | 深蓝 | 蓝 | 褐 | 深紫 | 紫红 | 紫红 |

(4) 生成的络合物易溶于水，大多反应迅速，所以络合滴定可以在水溶液中进行。

## 4.2 络合平衡

### 4.2.1 络合物的稳定常数

金属离子(M)与络合剂(L)的反应，如果只形成化学计量数 1∶1 型络合物时，其反应方程式为(为讨论方便，略去所带电荷)。

$$M+L \rightleftharpoons ML$$

当络合反应达到平衡时，其反应平衡常数为络合物的稳定常数，用 $K_{稳}$ 或 $K_{ML}$表示。

$$K_{稳}(K_{ML})=\frac{[ML]}{[M][L]} \tag{4-2}$$

由于络合物形成反应的逆反应是络合物的解离反应：

$$ML \rightleftharpoons M+L$$

所以络合物稳定常数的倒数就是络合物的解离常数，又称做络合物的不稳定常数，用 $K_{不稳}$表示，即

$$K_{不稳}=\frac{1}{K_{稳}} \tag{4-3}$$

$$\lg K_{稳}=pK_{不稳}$$

不同络合物具有不同的稳定常数 $K_{稳}$(见附表 2、附表 3)，络合物的 $K_{稳}$ 越大，则络合物越稳定。两种同类型络合物 $K_{稳}$ 不同，在络合反应中形成络合物的先后次序也不同，凡

是 $K_{稳}$ 大者先络合，小者后络合。例如，在溶液中同时存在 $Ca^{2+}$、$Hg^{2+}$ 和络合剂 $Y^{4-}$，则发生如下络合反应：

$$Hg^{2+}+Y^{4-} \rightleftharpoons HgY^{2-} \qquad K_{稳 \cdot HgY^{2-}}=10^{21.7}$$

$$Ca^{2+}+Y^{4-} \rightleftharpoons CaY^{2-} \qquad K_{稳 \cdot CaY^{2-}}=10^{10.69}$$

显然，首先发生络合反应的是前者，待反应平衡后才有后一个络合反应发生。

另一方面，同一种金属离子与不同络合剂形成的络合物的稳定性($K_{稳}$)不同时，则络合剂可以互相置换。例如，在 $Ag(NH_3)_2^+$ 中溶液中逐渐加入 $CN^-$，则 $Ag(NH_3)_2^+$ 中的 $NH_3$ 被 $CN^-$ 置换。

$$Ag(NH_3)_2^+ +2CN^- \rightleftharpoons Ag(CN)_2^- +2NH_3$$

这是因为 $Ag(CN)_2^-$($K_{稳}=10^{21.1}$)较 $Ag(NH_3)_2^+$($K_{稳}=10^{7.40}$)稳定。

### 4.2.2 累积稳定常数

金属离子 M 与络合剂 L 的反应形成的 $ML_n$ 型络合物，其络合反应是逐级进行的，相应的逐级稳定常数用 $K_1$、$K_2$、$K_3$、…、$K_n$ 表示。

$$M+L \rightleftharpoons ML \qquad K_1=\frac{[ML]}{[M][L]}$$

$$ML+L \rightleftharpoons ML_2 \qquad K_2=\frac{[ML_2]}{[ML][L]}$$

$$\vdots \qquad\qquad \vdots$$

$$ML_{n-1}+L \rightleftharpoons ML_n \qquad K_n=\frac{[ML_n]}{[ML_{n-1}][L]}$$

此时，同一级的 $K_{稳}$ 与 $K_{不稳}$ 不是倒数关系；其第一级稳定常数是第 $n$ 级不稳定常数的倒数，第二级稳定常数是第 $n-1$ 级不稳定常数的倒数，依此类推。

显然，上述体系中形成各级络合物的平衡浓度分别是：

$$[ML]=K_1[M][L]$$

$$[ML_2]=K_1K_2[M][L]^2$$

$$\vdots$$

$$[ML_n]=K_1K_2\cdots K_n[M][L]^n$$

将式中络合物逐级稳定常数渐次相乘，就得到各级累积稳定常数，用符号 $\beta_i$ 表示。

$$\beta_1=\frac{[ML]}{[M][L]}=K_1$$

$$\beta_2=\frac{[ML_2]}{[M][L]^2}=K_1K_2 \qquad (4-4)$$

$$\vdots$$

$$\beta_n=\frac{[ML_n]}{[M][L]^n}=K_1K_2\cdots K_n=K_{稳}$$

第 $n$ 级累积稳定常数叫做络合物的总稳定常数 $K_{稳}$。引入了累积常数这一概念，是为使络合平衡的计算和表示方式得到简化。于是络合物各种型体的平衡浓度可表示为

$$[ML]=\beta_1[M][L]$$

$$[ML_2]=\beta_2[M][L]^2$$

$$[ML_n]=\beta_n[M][L]^n \qquad (4-5)$$

显然，根据游离金属离子浓度［M］、络合剂浓度［L］和累积稳定常数 $\beta$，便可计算络合平衡中的各级络合物的平衡浓度。

### 4.2.3 溶液中各级络合物的分布分数

在络合平衡中，溶液中金属离子所存在的各种型体的平衡浓度与溶液中金属离子分析浓度的比值称为各级络合物的分布分数(或摩尔分数)，用 $\delta_i$ 表示。当溶液中金属离子的分析浓度为 $c_M$ 时，则有

$$\begin{aligned}c_M&=[M]+[ML]+\cdots+[ML_n]\\&=[M]+\beta_1[M][L]+\cdots+\beta_n[M][L]^n\\&=[M](1+\beta_1[L]+\cdots+\beta_n[L]^n)\end{aligned} \tag{4-6}$$

于是

$$\delta_0=\frac{[M]}{c_M}=\frac{1}{1+\beta_1[L]+\cdots+\beta_n[L]^n}$$

$$\delta_1=\frac{[ML]}{c_M}=\frac{\beta_1[L]}{1+\beta_1[L]+\cdots+\beta_n[L]^n}$$

$$\vdots$$

$$\delta_n=\frac{[ML_n]}{c_M}=\frac{\beta_n[L]^n}{1+\beta_1[L]+\cdots+\beta_n[L]^n} \tag{4-7}$$

可见，络合物的分布分数 $\delta_i$ 值是［L］的函数。

同样有：

$$\delta_0+\delta_1+\cdots+\delta_n=1 \tag{4-8}$$

## 4.3 络合反应的副反应及副反应系数

在络合滴定中，涉及的化学平衡是很复杂的，通常把滴定剂 Y 与金属离子 M 之间的反应称为主反应，同时，由于为提高络合滴定的准确度和选择性而加入的缓冲溶液、掩蔽剂以及其他干扰离子的存在，还可能发生下列反应方程式所表示的各种重要副反应。

M + Y ⇌ MY （主反应）

副反应：
- M：$OH^-$ → M(OH) … $M(OH)_n$；L → ML … $ML_n$
- Y：$H^+$ → HY … $H_6Y$；N → NY
- MY：$H^+$ → MHY；$OH^-$ → MOHY

上述各种副反应的发生都将影响主反应进行的完全程度。其中 M 和 Y 所发生的任何副反应均会使主反应的反应平衡向左移动，而 MY 所发生的副反应则有利于主反应的反应平衡向右移动。

### 4.3.1 络合剂的副反应

1. EDTA 的酸效应

当金属离子(M)与 EDTA(Y)进行络合反应时，体系中如有 $H^+$ 存在，则发生 Y 与

$H^+$的副反应，使［Y］降低，影响了主反应进行的程度，称为酸效应，表征这种副反应进行的程度用酸效应系数来衡量，以 $\alpha_{Y(H)}$ 表示。

由于 Y 与 $H^+$ 发生副反应可产生 HY，$H_2Y$，$H_3Y$，…，$H_6Y$ 等一系列副反应产物，于是未与金属离子发生络合反应的 EDTA 的总浓度为

$$[Y'] = [Y^{4-}] + [HY^{3-}] + [H_2Y^{2-}] + [H_3Y^-] + [H_4Y] + [H_5Y^+] + [H_6Y^{2+}] \tag{4-9}$$

式中：$[Y']$——未参加络合反应的 EDTA 总浓度；

$[Y^{4-}]$——能与金属离子络合的 $Y^{4-}$ 离子的浓度，也称为有效浓度。

$[Y']$与$[Y^{4-}]$浓度的比值定义为络合剂(EDTA)的酸效应系数，用 $\alpha_{Y(H)}$ 表示，即

$$\alpha_{Y(H)} = \frac{[Y']}{[Y^{4-}]} \tag{4-10}$$

如果将 Y 的质子化产物看做是氢络合物，并可将其质子化产物的解离常数($K_{a_1}$，$K_{a_2}$，…，$K_{a_6}$)换算成稳定常数，则有

$$Y^{4-} + H^+ \rightleftharpoons HY^{3-} \qquad K_1 = \frac{[HY^{3-}]}{[H^+][Y^{4-}]} = \frac{1}{K_{a_6}}$$

$$HY^{3-} + H^+ \rightleftharpoons H_2Y^{2-} \qquad K_2 = \frac{[H_2Y^{2-}]}{[H^+][HY^{3-}]} = \frac{1}{K_{a_5}}$$

$$\vdots \qquad\qquad \vdots$$

$$H_5Y^+ + H^+ \rightleftharpoons H_6Y^{2+} \qquad K_6 = \frac{[H_6Y^{2+}]}{[H^+][H_5Y^+]} = \frac{1}{K_{a_1}}$$

于是，累积稳定常数表示为

$$\beta_1 = K_1 = \frac{1}{K_{a_6}}$$

$$\beta_2 = K_1K_2 = \frac{1}{K_{a_6}K_{a_5}}$$

$$\vdots$$

$$\beta_6 = K_1K_2\cdots K_6 = \frac{1}{K_{a_6}K_{a_5}\cdots K_{a_1}}$$

则式(4-9)变为

$$[Y'] = [Y^{4-}] + \beta_1[Y^{4-}][H^+] + \beta_2[Y^{4-}][H^+]^2 + \cdots + \beta_6[Y^{4-}][H^+]^6$$
$$= [Y^{4-}](1 + \beta_1[H^+] + \beta_2[H^+]^2 + \cdots + \beta_6[H^+]^6)$$

故 $$\alpha_{Y(H)} = \frac{[Y']}{[Y^{4-}]} = 1 + \beta_1[H^+] + \beta_2[H^+]^2 + \cdots + \beta_6[H^+]^6 \tag{4-11}$$

由式(4-11)可见，酸效应系数 $\alpha_{Y(H)}$ 是$[H^+]$的函数，它随溶液的 pH 增大而减小，是定量表示 EDTA 酸效应进行程度的参数。它的物理意义是当络合反应达到平衡时，未参加主反应的络合剂总浓度是其游离状态存在的络合剂(Y)的平衡浓度的倍数。

当无副反应时，$[Y'] = [Y^{4-}]$，$\alpha_{Y(H)} = 1$

当有副反应时，$[Y'] > [Y^{4-}]$，$\alpha_{Y(H)} > 1$

可见总有 $\alpha_{Y(H)} \geqslant 1$。

不同 pH 时的 $\alpha_{Y(H)}$ 列于表 4-3。由于 $\alpha_{Y(H)}$ 的变化范围较大，故表中均取对数值。

表 4-3 不同 pH 时的 $\lg\alpha_{Y(H)}$

| pH | $\lg\alpha_{Y(H)}$ | pH | $\lg\alpha_{Y(H)}$ | pH | $\lg\alpha_{Y(H)}$ | pH | $\lg\alpha_{Y(H)}$ | pH | $\lg\alpha_{Y(H)}$ |
|---|---|---|---|---|---|---|---|---|---|
| 0.0 | 23.64 | 2.5 | 11.90 | 5.0 | 6.45 | 7.5 | 2.78 | 10.0 | 0.45 |
| 0.1 | 23.06 | 2.6 | 11.62 | 5.1 | 6.26 | 7.6 | 2.68 | 10.1 | 0.39 |
| 0.2 | 22.47 | 2.7 | 11.35 | 5.2 | 6.07 | 7.7 | 2.57 | 10.2 | 0.33 |
| 0.3 | 21.89 | 2.8 | 11.09 | 5.3 | 5.88 | 7.8 | 2.47 | 10.3 | 0.28 |
| 0.4 | 21.32 | 2.9 | 10.84 | 5.4 | 5.69 | 7.9 | 2.37 | 10.4 | 0.24 |
| 0.5 | 20.75 | 3.0 | 10.8 | 5.5 | 5.51 | 8.0 | 2.30 | 10.5 | 0.20 |
| 0.6 | 20.18 | 3.1 | 10.37 | 5.6 | 5.33 | 8.1 | 2.17 | 10.6 | 0.16 |
| 0.7 | 19.62 | 3.2 | 10.14 | 5.7 | 5.15 | 8.2 | 2.07 | 10.7 | 0.13 |
| 0.8 | 19.08 | 3.3 | 9.92 | 5.8 | 4.98 | 8.3 | 1.97 | 10.8 | 0.11 |
| 0.9 | 18.54 | 3.4 | 9.70 | 5.9 | 4.81 | 8.4 | 1.87 | 10.9 | 0.09 |
| 1.0 | 18.01 | 3.5 | 9.48 | 6.0 | 4.80 | 8.5 | 1.77 | 11.0 | 0.07 |
| 1.1 | 17.49 | 3.6 | 9.27 | 6.1 | 4.49 | 8.6 | 1.67 | 11.1 | 0.06 |
| 1.2 | 16.98 | 3.7 | 9.06 | 6.2 | 4.34 | 8.7 | 1.57 | 11.2 | 0.05 |
| 1.3 | 16.49 | 3.8 | 8.85 | 6.3 | 4.20 | 8.8 | 1.48 | 11.3 | 0.04 |
| 1.4 | 16.02 | 3.9 | 8.65 | 6.4 | 4.06 | 8.9 | 1.38 | 11.4 | 0.03 |
| 1.5 | 15.55 | 4.0 | 8.6 | 6.5 | 3.92 | 9.0 | 1.29 | 11.5 | 0.02 |
| 1.6 | 15.11 | 4.1 | 8.24 | 6.6 | 3.79 | 9.1 | 1.19 | 11.6 | 0.02 |
| 1.7 | 14.68 | 4.2 | 8.04 | 6.7 | 3.67 | 9.2 | 1.10 | 11.7 | 0.02 |
| 1.8 | 14.27 | 4.3 | 7.84 | 6.8 | 3.55 | 9.3 | 1.01 | 11.8 | 0.01 |
| 1.9 | 13.88 | 4.4 | 7.64 | 6.9 | 3.43 | 9.4 | 0.92 | 11.9 | 0.01 |
| 2.0 | 13.80 | 4.5 | 7.44 | 7.0 | 3.40 | 9.5 | 0.83 | 12.0 | 0.01 |
| 2.1 | 13.16 | 4.6 | 7.24 | 7.1 | 3.21 | 9.6 | 0.75 | 12.1 | 0.01 |
| 2.2 | 12.82 | 4.7 | 7.04 | 7.2 | 3.10 | 9.7 | 0.67 | 12.2 | 0.005 |
| 2.3 | 12.50 | 4.8 | 6.84 | 7.3 | 2.99 | 9.8 | 0.59 | 13.0 | 0.0008 |
| 2.4 | 12.19 | 4.9 | 6.65 | 7.4 | 2.88 | 9.9 | 0.52 | 13.9 | 0.0001 |

**【例 4-1】** 计算 pH=5 时的 EDTA 的 $\alpha_{Y(H)}$。

**解**：由 EDTA 作为多元酸的各级解离常数换算成氢络合物的各级稳定常数($K_1 \sim K_6$)分别为：$10^{10.26}$、$10^{6.16}$、$10^{2.67}$、$10^{2.00}$、$10^{1.6}$和 $10^{0.9}$。

则各级累积常数($\beta_1 \sim \beta_6$)分别为：$10^{10.26}$、$10^{16.42}$、$10^{19.09}$、$10^{21.09}$、$10^{22.69}$和 $10^{23.59}$。

则由式(4-11)得：

$$\begin{aligned}\alpha_{Y(H)} &= 1+10^{10.26}\times10^{-5}+10^{16.42}\times10^{-10}+10^{19.09}\times10^{-15}+10^{21.09}\times10^{-20}\\ &\quad +10^{22.69}\times10^{-25}+10^{23.59}\times10^{-30}\\ &\approx 10^{6.45}\end{aligned}$$

可见，pH 增加，酸效应系数 $\alpha_{Y(H)}$ 减少，$[Y^{4-}]$ 明显增大，对络合滴定越有利。

2. 共存离子的络合效应

当金属离子 M 与络合剂 Y 发生络合反应时，如有共存金属离子 N 也能与络合剂 Y 发生副反应生成 NY 络合物。这类副反应通常称做共存离子的络合效应(也称为共存离子效应)，其共存离子络合效应的副反应系数用 $\alpha_{Y(N)}$ 表示

$$\alpha_{Y(N)}=\frac{[Y']}{[Y]}==\frac{[NY]+[Y]}{[Y]}$$

$$=1+\frac{[NY]}{[Y]}=1+K_{NY}[N]=1+\beta_1[N] \tag{4-12}$$

若溶液中有多种共存离子 $N_1$，$N_2$，…，$N_n$ 时，则有

$$\alpha_{Y(N)}=\frac{[N_1Y]+[N_2Y]+\cdots+[N_nY]+[Y]}{[Y]}$$

$$=1+K_{N_1Y}[N_1]+K_{N_2Y}[N_2]+\cdots+K_{N_nY}[N_n]+n-1-(n-1)$$

$$=\alpha_{Y(N_1)}+\cdots+\alpha_{Y(N_n)}-(n-1) \tag{4-13}$$

可见，$\alpha_{Y(N)}$ 只是 [N] 的函数。

如果络合剂 Y 既有酸效应又有共存离子络合效应，则 Y 的总副反应系数是

$$\alpha_Y=\frac{[Y]+[HY]+\cdots+[H_6Y]}{[Y]}+\frac{[NY]+[Y]}{[Y]}-\frac{[Y]}{[Y]}$$

$$=\alpha_{Y(H)}+\alpha_{Y(N)}-1$$

如果 Y 同时存在Ⅰ，Ⅱ，…，$n$ 种副反应时，则总的副反应系数为

$$\alpha_Y=\alpha_{Y(I)}+\alpha_{Y(II)}+\cdots+\alpha_{Y(n)}-(n-1) \tag{4-14}$$

### 4.3.2 金属离子的副反应

金属离子与 EDTA 发生络合反应时，如有其他络合剂 L，则金属离子与络合剂 L 会发生副反应；或者在络合滴定中，pH 较高时，金属离子可能与溶液中的 $OH^-$ 发生水解的副反应。所有这些副反应都会使金属离子参加主反应的能力下降，这种金属离子的副反应均称为金属离子的络合反应。

金属离子的副反应系数又称金属离子的络合效应系数，用 $\alpha_M$ 表示。它表示没有参加主反应的金属离子总浓度([M′])与游离金属离子浓度([M])之比，即

$$\alpha_M=\frac{[M']}{[M]} \tag{4-15}$$

由其他络合剂 L 与金属离子所引起的副反应，其副反应系数用 $\alpha_{M(L)}$ 表示

$$\alpha_{M(L)}=\frac{[M]+[ML]+\cdots+[ML_n]}{[M]}=1+\beta_1[L]+\cdots+\beta_n[L]^n \tag{4-16}$$

由 $OH^-$ 与金属离子形成羟基络合物所引起的副反应，其副反应系数用 $\alpha_{M(OH)}$ 表示。

$$\alpha_{M(OH)}=\frac{[M]+[MOH]+[M(OH)_2]+\cdots+[M(OH)_n]}{[M]}$$

$$=1+\beta_1[OH^-]+\cdots+\beta_n[OH^-]^n \tag{4-17}$$

可见 $\alpha_{M(L)}$ 或 $\alpha_{M(OH)}$ 仅仅是 [L] 或 [$OH^-$] 的函数。其中一些金属离子的 $\lg\alpha_{M(OH)}$ 值见表 4-4。

表 4-4　金属离子的 $\lg\alpha_{M(OH)}$ 值

| 金属离子 | *I* | pH | | | | | | | | | | | | | |
|---|---|---|---|---|---|---|---|---|---|---|---|---|---|---|---|
| | | 1 | 2 | 3 | 4 | 5 | 6 | 7 | 8 | 9 | 10 | 11 | 12 | 13 | 14 |
| Ag(Ⅰ) | 0.1 | | | | | | | | | | | 0.1 | 0.5 | 2.3 | 5.1 |
| Al(Ⅲ) | 2 | | | | | 0.4 | 1.3 | 5.3 | 9.3 | 13.3 | 17.3 | 21.3 | 25.3 | 29.3 | 33.3 |
| Ba(Ⅱ) | 0.1 | | | | | | | | | | | | | 0.1 | 0.5 |
| Bi(Ⅲ) | 3 | 0.1 | 0.5 | 1.4 | 2.4 | 3.4 | 4.4 | 5.4 | | | | | | | |
| Ca(Ⅱ) | 0.1 | | | | | | | | | | | | | 3.1 | 1.0 |
| Cd(Ⅱ) | 3 | | | | | | | | | 0.1 | 0.5 | 2.0 | 4.5 | 8.1 | 12.0 |
| Ce(Ⅳ) | 1～2 | 1.2 | 3.1 | 5.1 | 7.1 | 9.1 | 11.1 | 13.1 | | | | | | | |
| Cu(Ⅱ) | 0.1 | | | | | | | | 0.2 | 0.8 | 1.7 | 2.7 | 3.7 | 4.7 | 5.7 |
| Fe(Ⅱ) | 1 | | | | | | | | | 0.1 | 0.6 | 1.5 | 2.5 | 3.5 | 4.5 |
| Fe(Ⅲ) | 3 | | | 0.4 | 1.8 | 3.7 | 5.7 | 7.7 | 9.7 | 11.7 | 13.7 | 15.7 | 17.7 | 19.7 | 21.7 |
| Hg(Ⅱ) | 0.1 | | | 0.5 | 1.9 | 3.9 | 5.9 | 7.9 | 9.9 | 11.9 | 13.9 | 15.9 | 17.9 | 19.9 | 21.9 |
| La(Ⅲ) | 3 | | | | | | | | | | 0.3 | 1.0 | 1.9 | 2.9 | 3.9 |
| Mg(Ⅱ) | 0.1 | | | | | | | | | | | 0.1 | 0.5 | 1.3 | 2.3 |
| Ni(Ⅱ) | 0.1 | | | | | | | | | | 0.1 | 0.7 | 1.6 | | |
| Pb(Ⅱ) | 0.1 | | | | | | | 0.1 | 0.5 | 1.4 | 2.7 | 4.7 | 7.4 | 10.4 | 13.4 |
| Th(Ⅳ) | 1 | | | | 0.2 | 0.8 | 1.7 | 2.7 | 3.7 | 4.7 | 5.7 | 6.7 | 7.7 | 8.7 | 9.7 |
| Zn(Ⅱ) | 0.1 | | | | | | | | | 0.2 | 2.4 | 5.4 | 8.5 | 11.8 | 15.5 |

如果金属离子同时存在Ⅰ，Ⅱ，…，$n$ 种副反应时，则总的副反应系数为

$$\alpha_M=\alpha_{M(Ⅰ)}+\alpha_{M(Ⅱ)}+\cdots+\alpha_{M(n)}-(n-1) \tag{4-18}$$

**【例 4-2】** 用 $NH_3-NH_4Cl$ 缓冲溶液控制 pH=10.0，以 EDTA(Y)滴定水样中 $Zn^{2+}$ 时，溶液中 $[NH_3]=0.1mol/L$，求 $\alpha_{Zn}$。

**解**：pH=10.0，查表 4-4 得：$\lg\alpha_{Zn(OH)}=2.4$。

又 $Zn(NH_3)_n$ 络合物的 $\beta_1\sim\beta_4$ 分别为 $10^{2.27}$、$10^{4.61}$、$10^{7.01}$ 和 $10^{9.06}$，$[NH_3]=0.1mol/L$，于是

$$\alpha_{Zn(NH_3)}=1+10^{2.27}\times10^{-1}+10^{4.61}\times10^{-2}+10^{7.01}\times10^{-3}+10^{9.06}\times10^{-4}=10^{5.10}$$

$$\begin{aligned}\alpha_{Zn}&=\alpha_{Zn(NH_3)}+\alpha_{Zn(OH)}-1\\&\approx10^{5.10}+10^{2.4}\\&\approx10^{5.10}\end{aligned}$$

## 4.3.3　络合物的副反应

在较低 pH 下，除了金属离子(M)与 EDTA 生成 MY 外，还有 $H^+$ 与 MY 发生副反应，生成酸式络合物 MHY，在 pH 较高时，MY 还与 $OH^-$ 生成 M(OH)Y、$M(OH)_2Y$ 等碱式络合物。这些络合物称为混合络合物，这些副反应称为混合络合效应，这种混合络合效应对主反应有利，并使络合物的稳定性略有增大。

形成酸式或碱式 EDTA 络合物的副反应系数为

$$\alpha_{MY(H)}=\frac{[MY']}{[MY]}=\frac{[MY]+[MHY]}{[MY]}=1+K_{MHY}^{H}[H^{+}] \tag{4-19}$$

式中 $K_{MHY}^{H}=\frac{[MHY]}{[MY][H^{+}]}$

同理得到：$\alpha_{MY(OH)}=1+K_{M(OH)Y}^{OH}[OH^{-}]$　　(4-20)

式中 $K_{M(OH)Y}^{OH}=\frac{[M(OH)Y]}{[MY][OH^{-}]}$

由于酸式或碱式络合物一般不太稳定，故在多数计算中忽略不计。

### 4.3.4 络合物的条件稳定常数

当 M 与 Y 形成络合物时存在副反应，则 $K_{MY}$的大小不能反映主反应进行的程度。因为这时未参与主反应的 M 和 Y 的总浓度是 [M′] 和 [Y′]，而不仅仅是各自游离存在的平衡浓度 [M] 和 [Y]。其络合物的浓度也不仅是 [MY]，还应包括 MY 发生副反应的产物在内的 [MY′]。若以 $K'_{MY}$表示有副反应存在时主反应的平衡常数(称为条件稳定常数)，则其表达式应为

$$K'_{MY}=\frac{[MY']}{[M'][Y']} \tag{4-21}$$

而$[M']=\alpha_M[M]$，$[Y']=\alpha_Y[Y]$，$[MY']=\alpha_{MY}[MY]$

于是

$$K'_{MY}=\frac{[MY]}{[M][Y]}\cdot\frac{\alpha_{MY}}{\alpha_M\alpha_Y}=K_{MY}\cdot\frac{\alpha_{MY}}{\alpha_M\alpha_Y} \tag{4-22}$$

即

$$\lg K'_{MY}=\lg K_{MY}-\lg\alpha_M-\lg\alpha_Y+\lg\alpha_{MY} \tag{4-23}$$

各种副反应系数值均大于或等于 1。由于 MY 的副反应一般可忽略不计，此时

$$\lg K'_{MY}=\lg K_{MY}-\lg\alpha_M-\lg\alpha_Y \tag{4-24}$$

## 4.4 络合滴定基本原理

### 4.4.1 络合滴定曲线

在络合滴定中，随着 EDTA 滴定剂的不断加入，被滴定金属离子 M 平衡的浓度 [M] 不断改变，在计量点附近时，溶液的 pM(即－lg [M])发生突跃。以 EDTA 的加入量为横坐标，pM 为纵坐标得到的曲线即为络合滴定曲线。

本节只考虑 EDTA 的酸效应，讨论以 0.01mol/L EDTA 标准溶液滴定 20.00mol/L 0.01mol/L $Ca^{2+}$溶液的滴定曲线。

只考虑酸效应时，$K'_{CaY}=\frac{K_{CaY}}{\alpha_{Y(H)}}=\frac{[CaY]}{[Ca][Y']}$

当 pH=12 时，查表 4-3，有 $\lg\alpha_{Y(H)}=0.01$，即 $\alpha_{Y(H)}=1$，可认为无酸效应，所以 $K'_{CaY}=K_{CaY}=4.9\times10^{10}=10^{10.69}$。

(1) 滴定前，溶液中 $Ca^{2+}$ 浓度：

$$[Ca^{2+}]=0.01\text{mol/L}$$

$$pCa=-\lg[Ca^{2+}]=2.0$$

(2) 计量点前，溶液中 $[Ca^{2+}]$ 取决于剩余 $Ca^{2+}$ 的浓度。例如滴入 EDTA 溶液 19.98mL 时，

$$[Ca^{2+}]=\frac{0.01\times(20-19.98)}{20+19.98}=5\times10^{-6}\text{mol/L}$$

$$pCa=5.3$$

(3) 计量点时，滴入 20.00mL EDTA 溶液，达到计量点，溶液中 $[Ca^{2+}]_{sp}=[Y]_{sp}$，

$$[CaY]_{sp}=c_{Ca}/2$$

则

$$K_{CaY}=\frac{[CaY]}{[Ca^{2+}]_{sp}[Y]_{sp}}=\frac{c_{Ca}/2}{[Ca^{2+}]_{sp}^2}$$

∴

$$[Ca^{2+}]_{sp}=\sqrt{\frac{c_{Ca}}{2\cdot K_{CaY}}}=10^{-6.5}\text{mol/L}$$

$$pCa=6.5$$

(4) 计量点后，溶液中 [Y] 决定于 EDTA 的过量浓度，例如滴入 EDTA 溶液 20.02mL 时，

$$[Y]=\frac{0.0100(20.02-20.00)}{20.00+20.00}=4.998\times10^{-6}\text{mol/L}$$

$$[CaY]=\frac{0.0100\times20.00)}{20.00+20.00}=5.00\times10^{-3}\text{mol/L}$$

代入 $K_{CaY}=\frac{[CaY]}{[Ca^{2+}][Y]}$ 式得：

$$[Ca^{2+}]=10^{-7.69}\text{mol/L}$$

∴

$$pCa=7.69$$

由滴定开始计算 pCa，并将数据(部分)列入表 4-5，同时绘制滴定曲线(见图 4.3)。

表 4-5 pH=12.0 时，0.0100mol/L EDTA 滴定 20.00mL 0.0100mol/L $Ca^{2+}$ 溶液中 pCa 值变化。

**表 4-5 滴定开始计算 pCa 部分结果统计表**

| 加入 EDTA /mL | 滴定百分数 /% | 剩余 $Ca^{2+}$ /mL | 过量 EDTA /mL | pCa |
|---|---|---|---|---|
| 0.00 | 0.0 | 20.00 | | 2.0 |
| 18.00 | 90.0 | 2.00 | | 3.3 |
| 19.80 | 99.00 | 0.20 | | 4.3 |
| 19.98 | 99.9 | 0.02 | | 5.3 |
| 20.00 | 100.0 | 0.00 | | 6.5 |
| 20.02 | 100.1 | | 0.02 | 7.69 |
| 20.20 | 101.0 | | 0.20 | 8.69 |
| 40.00 | 200.0 | | 20.00 | 10.69 |

如果 pH 条件变化，先查出相应的值 $\lg\alpha_{Y(H)}$，通过计算求出 $\lg K'_{CaY}$ 值。根据 $K'_{CaY}$，用相同的方法，计算各点 pCa 值。

如 pH=9 时，查表 4-3，$\lg\alpha_{Y(H)}=1.29$，有酸效应存在，此时：

$$\lg K'_{CaY}=\lg K_{CaY}-\lg\alpha_{Y(H)}=9.4$$

即 $K'_{CaY}=10^{9.4}$

计量点时： $[Ca^{2+}]_{sp}=\sqrt{\dfrac{C_{Ca}}{2\cdot K'_{CaY}}}=1.4\times10^{-6}\text{mol/L}$

∴ $pCa_{sp}=5.85$

同样，按 pH=12 时计算方法，求算计量点前后滴入 19.98mL 和 20.02mL EDTA 时，pCa 分别为 5.3 和 6.40，即突跃范围是 pCa=5.3～6.40。根据条件稳定常数 $K'_{CaY}$的数值，按 pH=12 时计算方法，求出 pH=10、9、7 和 6 时各点的 pCa 值，并绘制络合滴定曲线，一并显示于图 4.3。

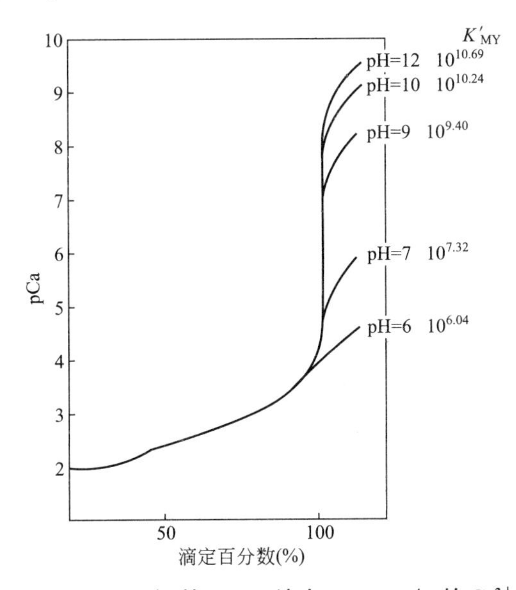


**图 4.3 不同 pH 时，0.01mol/L 的 EDTA 滴定 0.01mol/L 的 $Ca^{2+}$ 溶液的滴定曲线**

显然，有酸效应时，$K'_{CaY}<K_{CaY}$，但在整个滴定过程中，$K'_{CaY}$仍基本不变，故滴定曲线基本与 pH=12 时相同，只是突跃范围不同罢了。

## 4.4.2 影响滴定突跃大小的因素及滴定可行性判断

1. 影响滴定突跃的主要因素

1）$K'_{MY}$越大，滴定突跃越大

由图 4.3 可见，pH 不同，$K'_{MY}$不同，而导致滴定曲线的 pCa 突跃范围不同。pH 越大，$K'_{MY}$越大，络合物越稳定，滴定曲线的突跃范围越宽；反之，突跃范围越窄。当 pH=7.0 时，$\lg K'_{CaY}=7.32$，已看不出突跃了。因此，在络合滴定中，溶液的 pH 选择是非常重要的。

2）$c_M$ 越大，滴定突跃越大

由图 4.4 可见，$c_M$ 越大，滴定曲线的起点就越低，pM 突跃就越大；反之，pM 突跃

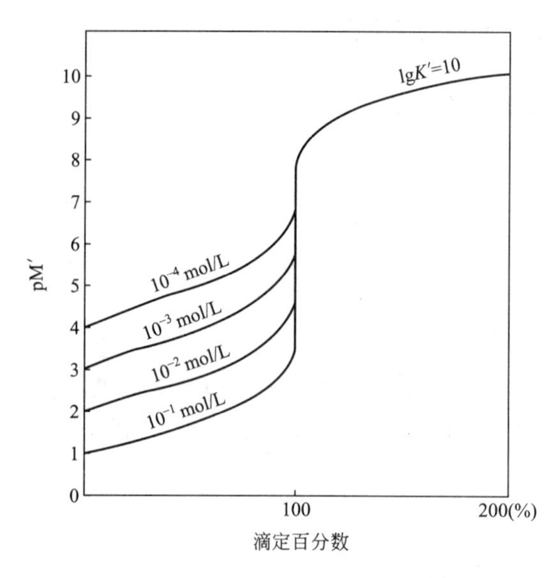


**图 4.4　不同浓度金属离子的滴定曲线**

就越小。

2. 用 EDTA 准确滴定金属离子的条件

通过上面的讨论可知，滴定突跃的大小由金属离子的浓度和络合物的条件稳定常数两种因素来决定。用指示剂来检测终点时，由于人眼判断颜色变化一般有±0.2pM 单位的不确定性，必然造成终点观测误差若要求控制滴定分析误差在±0.1%之内，并规定终点观测的不确定性为±0.2pM 单位，用 TE%表示终点误差，则 $\Delta pM=\pm 0.2$，TE%=±0.1，并根据终点滴定误差公式求得：

$$TE=\frac{10^{\Delta pM}-10^{-\Delta pM}}{\sqrt{c_{M_{sp}}K'_{MY}}}\times 100\%$$

取对数得：

$$\lg(c_{M_{sp}}K'_{MY})=2\lg(10^{\Delta pM}-10^{-\Delta pM})-2\lg TE$$

当 $\Delta pM=\pm 0.2$ 时，$\lg(10^{\Delta pM}-10^{-\Delta pM})\approx 0$

上式变为：$\lg(c_{M_{sp}}K'_{MY})\approx -2\lg TE$

当 $TE\leqslant 0.1\%$时，由此可得络合滴定能够直接准确滴定的判据为：

$$\lg(c_{M_{sp}}K'_{MY})\geqslant 6 \quad (4-25)$$

式中：$c_{M_{sp}}$——计量点时金属离子的总浓度。

### 4.4.3　络合滴定中 pH 的控制

1. 缓冲溶液的作用

在络合滴定过程中，随着络合物的生成，不断有 $H^+$ 释出。因此，溶液的酸度不断增大，不仅降低了络合物的条件稳定常数，使滴定突跃减小，而且破坏了指示剂变色的最适宜的酸度范围，导致产生很大的误差。因此，在络合滴定中，通常需要加入缓冲溶液来控制溶液的 pH。

2. 最小 pH 的确定

如前所述，金属离子能被 EDTA 准确滴定的条件是 $\lg(c_{M_{sp}}K'_{MY})\geqslant 6$。若 $c_M=0.01$mol/L 作为典型条件来讨论，并且仅考虑酸效应，则：

$$\lg K'_{MY}=\lg K_{MY}-\lg\alpha_{Y(H)}\geqslant 8 \quad (4-26)$$

显然 $\lg\alpha_{Y(H)}=\lg K_{MY}-8$ 时，即最大 $\lg\alpha_{Y(H)}$ 值对应的 pH 就是直接准确滴定的最小 pH。

**【例 4-3】** 求用 EDTA 滴定 $Fe^{3+}$ 和 $Al^{3+}$ 时的最小 pH。

**解：** 已知 $\lg K_{FeY}=25.1$，$\lg K_{AlY}=16.13$

则滴定 $Fe^{3+}$ 时，$\lg\alpha_{Y(H)}=25.1-8=17.1$

查表 4-3 得：pH=1.1～1.2

滴定 $Al^{3+}$ 时，$\lg\alpha_{Y(H)}=16.13-8=8.13$

查表 4-3 得：pH=4.1～4.2

故用 EDTA 滴定 $Fe^{3+}$ 和 $Al^{3+}$ 时的最小 pH 分别为 1.1 和 4.1。

以各种金属离子的 $\lg K_{稳}$ 或 $\lg\alpha_{Y(H)}$ 为横坐标，对应的最小 pH 为纵坐标，绘制的曲线称为酸效应曲线，又称林邦(Ringbom)曲线(见图 4.5)。

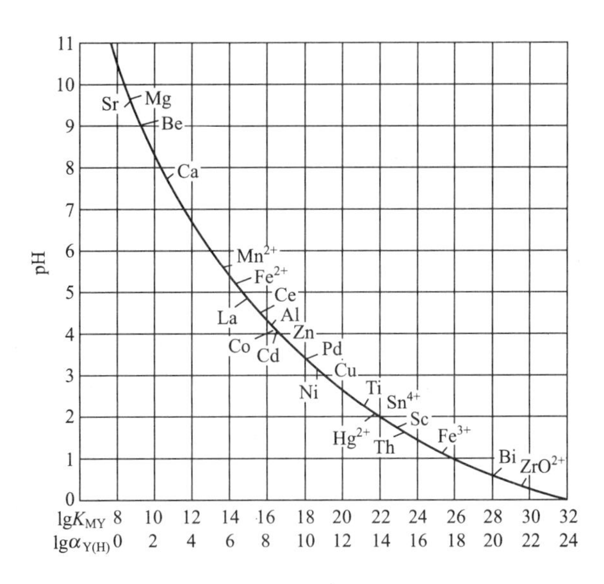


**图 4.5 EDTA 的酸效应曲线**

利用酸效应曲线：

(1) 查出某种金属离子在络合滴定中允许的最小 pH。

例如，由图 4.5 查得 $Fe^{3+}$ 的 pH=1，$Zn^{2+}$ 的 pH=4。小于这个 pH，则不能络合或络合不完全。应用酸效应曲线查出滴定某种金属离子的最小 pH，较直接，也很方便。

(2) 查出干扰离子。

例如，在 pH≥10 时，可滴定 $Mg^{2+}$，但如果 pH<10 时，则会有 $Ca^{2+}$、$Mn^{2+}$ 等离子干扰测定。

(3) 控制溶液不同 pH，实现连续滴定或分别滴定。

例如，如水样中含有 $Fe^{3+}$、$Al^{3+}$ 时，可利用酸效应曲线估算出对应的最小 pH，可进行连续滴定。首先在 pH=2～2.5 时，用 EDTA 标准溶液滴定 $Fe^{3+}$，求出 $Fe^{3+}$ 的含量。$Al^{3+}$ 不干扰滴定。然后，在 pH=4.5 时，用 EDTA 继续滴定 $Al^{3+}$，再求 $Al^{3+}$ 的含量。

3. 最大 pH 的确定

增大 pH，能增大生成的 EDTA 络合物的稳定性，当 pH 过大，金属离子将发生水解甚至形成 $M(OH)_n$ 沉淀。金属离子水解可看成形成羟基络合物的过程，粗略的计算可将开始生成 $M(OH)_n$ 沉淀的 pH 作为滴定金属离子的最大 pH。如 $M(OH)_n$ 的溶度积为 $K_{sp}$，为了防止滴定开始时形成沉淀，必须使：

$$[OH^-] \leqslant \sqrt[n]{\frac{K_{sp}}{c_M}} \tag{4-27}$$

**【例 4-4】** 用 $1.0\times10^{-2}$mol/LEDTA 滴定 $1.0\times10^{-2}$mol/L$Fe^{3+}$溶液，计算滴定允许的最大和最小 pH(已知 lgFeY=25.1，$K_{sp,Fe(OH)_3}=10^{-37.4}$)。

**解：**(1) 最小 pH。

$\lg\alpha_{Y(H)}=\lg K_{FeY}-8=25.1-8=17.1$

查表 4-3 知：当 $\lg\alpha_{Y(H)}=17.1$ 时，pH=1.2

(2) 最大 pH。

∵ $$K_{sp,Fe(OH)_3}=[Fe^{3+}][OH^-]^3$$

∴ $$[OH^-]=\sqrt[3]{\frac{K_{sp,Fe(OH)_3}}{[Fe^{3+}]}}=\sqrt[3]{\frac{10^{-37.4}}{1.0\times10^{-2}}}=10^{-11.8}$$

pOH=11.8，则 pH=2.2

### 4.4.4 计量点 $pM'_{sp}$ 的计算

在络合滴定中化学计量点 $pM'_{sp}$ 值是选择指示剂的依据。

按式(4-21)忽略络合物的副反应，则

$$K'_{MY}=\frac{[MY]}{[M'][Y']} \tag{4-28}$$

计量点时，可认为被滴定的金属离子 M 完全形成了 MY，体系中没有多余的 M′或 Y′，全部 M′和 Y′都是由 MY 解离产生的，则$[M']_{sp}=[Y']_{sp}$。若生成的络合物比较稳定，即$[M']_{sp}$和$[Y']_{sp}$都很小，故可近似认为

$$[MY]_{sp}=c_{M_{sp}}-[M']_{sp}\approx c_{M_{sp}}$$

将这些关系代入式(4-28)，并整理得：

$$[M']_{sp}=\sqrt{\frac{c_{M_{sp}}}{K'_{MY}}}$$

$$pM'_{sp}=\frac{1}{2}(pc_{M_{sp}}+\lg K'_{MY}) \tag{4-29}$$

**【例 4-5】** 用 $2.0\times10^{-2}$ mol/LEDTA 溶液滴定相同浓度的 $Cu^{2+}$，若溶液 pH 为 10.0，游离氨浓度为 0.2mol/L，计算化学计量点时的 pCu′。

**解：**计量点时，$c_{Cu(sp)}=2.0\times10^{-2}/2=1.0\times10^{-2}$mol/L

$$pc_{Cu(sp)}=2.00$$

$$[NH_3]_{sp}=\frac{1}{2}\times0.20=0.10\text{mol/L}$$

$$\alpha_{Cu(NH_3)}=1+\beta_1[NH_3]+\beta_2[NH_3]^2+\beta_3[NH_3]^3+\beta_4[NH_3]^4$$
$$=1+10^{4.13}\times0.10+10^{7.61}\times0.10^2+10^{10.48}\times0.10^3+10^{12.59}\times0.10^4\approx10^{8.62}$$

pH=10.0 时，$\alpha_{Cu(OH)}=10^{1.7}\ll10^{8.62}$

∴$\alpha_{Cu(OH)}$可以忽略，$\alpha_{Cu}\approx10^{8.62}$。又因 pH=10.0 时，$\lg\alpha_{Y(CH)}=0.45$

∴$\lg K'_{CuY}=\lg K_{CuY}-\lg\alpha_{Y(H)}-\lg\alpha_{Cu}=18.8-0.45-8.62=9.7$

$pCu'=\frac{1}{2}[pc_{Cu(sp)}+\lg K'_{CuY}]=\frac{1}{2}(2.00+9.7)=5.8$

# 4.5 金属指示剂

由络合滴定曲线可知，在络合滴定中，滴定剂(EDTA)滴定至计量点前后 pM 发生“突跃”，能够指出在这一“突跃”范围内发生颜色变化和滴定终点的试剂叫做金属指示剂。这种试剂能够与金属离子生成有色络合物，因此又叫显色剂。

## 4.5.1 金属指示剂的作用原理

金属指示剂是一些有机络合剂，可与金属离子形成有色络合物，其颜色与游离金属指示剂本身的颜色不同，因此，可以指示被滴定金属离子在计量点附近 pM 值的变化。例如，用 EDTA 溶液滴定水中金属离子 M，加入金属离子指示剂(用 In 符号表示，颜色 A)，则 M 与 In 生成显色络合物(用 MIn 符号表示，颜色 B)。同时，用 EDTA 滴定水样中的 M，生成络合物 MY(多数无色)。当达到计量点时，由于 $K_{MY}>K_{MIn}$，所以再滴入稍过量的 EDTA 便置换显色络合物 MIn 中的金属离子 M，而又释放或游离出金属指示剂 In，溶液又显现指示剂本身的颜色 A，指示终点到达。其主要反应有：

计量点之前：$M+In \rightleftharpoons MIn$

颜色 A　颜色 B

(指示剂)(显色络合物)

$$M+Y \rightleftharpoons MY$$

计量点时：M 与 EDTA 已络合完全。

$$Y+MIn \rightleftharpoons MY+In$$

颜色 B　　颜色 A

(显色络合物)　(指示剂)

## 4.5.2 金属指示剂理论变色点的计算

金属指示剂一般都是些有机弱酸，易产生酸效应；当其与金属离子形成络合物时，金属离子也可产生各种副反应；在不考虑 MIn 的副反应时，则 MIn 的条件稳定常数为

$$K'_{MIn}=\frac{[MIn]}{[M'][In']}=\frac{K_{MIn}}{\alpha_M\alpha_{In(H)}} \tag{4-30}$$

取对数，得：

$$pM'+\lg\frac{[MIn]}{[In']}=\lg K_{MIn}-\lg\alpha_{In(H)}-\lg\alpha_M$$

式中：$K'_{MIn}$——考虑了指示剂的酸效应和金属离子的络合效应时的 MIn 的条件稳定常数；

$K_{MIn}$——显色络合物 MIn 的稳定常数；

$\alpha_M$——金属离子 M 的副反应系数；

$\alpha_{In(H)}$——指示剂的酸效应系数。

当[MIn]=[In′]时，pM′值即为该溶液被滴定时金属指示剂的理论变色点，用 $pM'_t$ 表

示，则

$$pM'_t = \lg K_{MIn} - \lg\alpha_{In(H)} - \lg\alpha_M \qquad (4-31)$$

可见，金属指示剂的理论变色点是随着滴定条件变化而有所改变的。而酸碱指示剂只有一个确定的理论变色点。

### 4.5.3 金属指示剂应具备的条件

(1) 金属指示剂(In)本身的颜色与显色络合物(MIn)颜色应显著不同。

许多金属指示剂不仅具有络合剂的性质，而且本身还是多元弱酸或多元碱，能随溶液pH变化而显示出不同的颜色。以铬黑T为例，它在溶液中有以下平衡：

$$\underset{(紫红)}{H_2In^-} \xrightleftharpoons{pK_a=6.3} \underset{(蓝)}{HIn^{2-}} \xrightleftharpoons{pK_a=11.6} \underset{(橙)}{In^{3-}}$$

当溶液 $pH<6.3$ 时，为紫红色；$pH>11.6$ 时，为橙色；$6.3<pH<11.6$ 时，为蓝色。而铬黑T指示剂与许多金属离子 $Ca^{2+}$、$Mg^{2+}$、$Zn^{2+}$、$Cd^{2+}$ 等形成红色络合物。显然，只有在 $pH=6.3\sim11.6$，进行滴定时，滴定终点才有敏锐的颜色变化，即由显色络合物的红色变成游离指示剂本身的蓝色。

(2) 金属指示剂(In)与金属离子(M)形成的显色络合物(MIn)的稳定性要适当。

指示剂与金属离子络合物(MIn)的稳定性必须小于EDTA与金属离子络合物(MY)的稳定性，只有如此，指示剂才能在计量点时被EDTA置换出来，而显示终点的颜色变化。要求：$K_{MIn}<K_{MY}$ 至少相差两个数量级，但必须适当。否则，如显色络合物稳定性太低，则在计量点之前指示剂就开始游离出来，提前出现终点，使变色不敏锐，而引入误差；如稳定性太高，则会使滴定终点拖后或得不到终点。

例如，用EDTA标准溶液测定水中 $Ca^{2+}$、$Mg^{2+}$ 时，以铬黑T为指示剂，如水中含有 $Fe^{3+}$、$Al^{3+}$、$Ti^{4+}$、$Cu^{2+}$、$Ni^{2+}$、$Co^{2+}$ 等离子时，则与铬黑T指示剂形成的络合物，其 $K_{MIn}>K_{MY}$，则显色络合物MIn不能被EDTA置换，得不到终点，而影响滴定。当金属指示剂与金属离子形成的络合物不能被EDTA置换，则加入大量EDTA也得不到终点，这种现象叫做指示剂的封闭现象。

为了防止指示剂的封闭现象，可以加入适当的络合剂来掩蔽封闭指示剂的离子。例如：

① 加三乙醇胺，掩蔽 $Fe^{3+}$、$Al^{3+}$ 和 $Ti^{4+}$。

② 加氰化钾(KCN)或硫化钠 $Na_2S$，掩蔽 $Cu^{2+}$、$Ni^{2+}$ 和 $Co^{2+}$ 等离子；还有在络合滴定时，蒸馏水中不得含有引起指示剂封闭的微量重金属离子。

(3) 指示剂与金属离子形成的络合物应易溶于水，否则，如果金属指示剂与金属离子生成的显色络合物为胶体或沉淀，使滴定时与EDTA的置换作用缓慢，而使终点延长，这种现象叫做指示剂的僵化现象。例如，用PAN指示剂与 $Cu^{2+}$、$Bi^{3+}$、$Cd^{2+}$、$Hg^{2+}$、$Pb^{2+}$、$Zn^{2+}$、$In^{3+}$、$Ni^{2+}$、$Mn^{2+}$、$Th^{4+}$ 等金属离子形成紫红色的螯合物，但它们往往是胶体或沉淀，使滴定时变色缓慢或终点延长。

为了防止金属指示剂的僵化现象，可采取如下方法：

① 可加入有机溶剂如乙醇或加热活化，来增大显色络合物的溶解度或加快置换速度。

② 在接近滴定终点时要缓慢滴定，并剧烈振摇。

(4) 金属指示剂与金属离子的显色反应必须灵敏迅速，并有良好的可逆性。

(5) 金属指示剂要有一定的选择性。在一定条件下，只与被测金属离子有显色反应。

### 4.5.4 常用的金属指示剂

(1) 铬黑 T(Eriochrome Black T，EBT)。

化学名称为 1-(1-羟基-2 萘偶氮基)-6-硝基-2-萘酚-4 磺酸钠，是一偶氮染料。其 $pK_{a_1}=3.9$，$pK_{a_2}=6.3$，$pK_{a_3}=11.55$。其结构是：

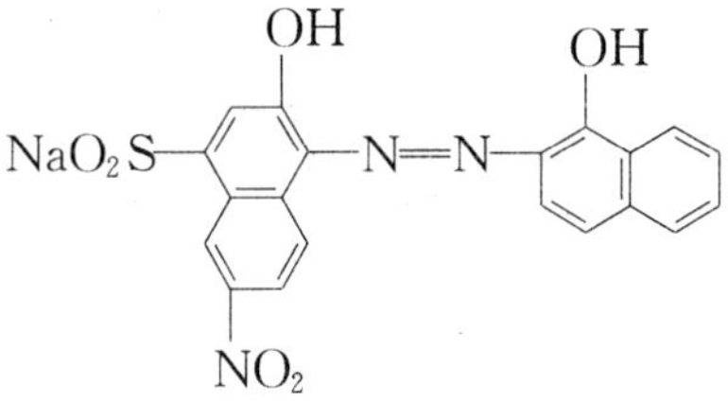

固体铬黑 T 性质稳定，易溶于水，磺酸基上的 $Na^+$ 全部解离，形成 $H_2In^-$。

由于许多金属离子与 EBT 形成红色络合物 MEBT，故在 pH＝8～10 时使用，常用 $NH_3-NH_3Cl$ 缓冲溶液控制 pH＝10 左右，当用 EDTA 滴定金属离子 M 至终点时，溶液由红色变为蓝色。

$$\underset{\text{红色}}{Y+MEBT} \rightleftharpoons \underset{\text{蓝色}}{EBT+MY}$$

主要用于测定水中的 $Ca^{2+}$、$Mg^{2+}$、$Zn^{2+}$、$Cd^{2+}$、$Pb^{2+}$、$Hg^{2+}$ 等离子含量，当测定水中总硬度 $Ca^{2+}$、$Mg^{2+}$ 时，由于 EBT 与 $Mg^{2+}$ 络合物稳定，显色的灵敏度高，$Ca^{2+}$ 与 EBT 的络合物不够稳定，显色的灵敏度低，所以当水中 $Mg^{2+}$ 的含量较低时，用 EBT 作指示剂往往得不到敏锐的终点。这是可在溶液中加入一定量的 $Mg^{2+}$-EDTA 或 $Zn^{2+}$-EDTA 溶液，改善滴定终点。

如前所述，$Fe^{3+}$、$Al^{3+}$、$Ti^{4+}$、$Cu^{2+}$、$Co^{2+}$、$Ni^{2+}$ 等离子对铬黑 T 指示剂有封闭作用。

铬黑 T 在水溶液中，易发生聚合反应，$nH_2In \rightleftharpoons [H_2In^-]_n$，尤其在 pH＜6.3 时，更为严重，加入三乙醇胺可防止聚合。

铬黑 T 在碱性溶液中易被空气中的氧及 $Mn^{4+}$、$Ce^{4+}$ 等氧化性离子氧化而褪色，加入盐酸羟胺或抗坏血酸等可防止氧化。因此，在实际应用中常用固体。铬黑 T 与 NaCl 按 1∶100 质量比混合，研匀后密封保存 1 年内有效。使用时取约 0.1g，相当于铬黑 T 约 1mg。

(2) 酸性铬蓝 K(Acid Chrome Blue K)。

化学名称为 1，8-二羟基-1-(3-羟基-5-磺酸基-1-偶氮苯)-3，6-二磺酸萘钠盐，其 $pK_{a_1}=6.1$，$pK_{a_2}=10.2$，$pK_{a_3}=14.6$。其结构是：

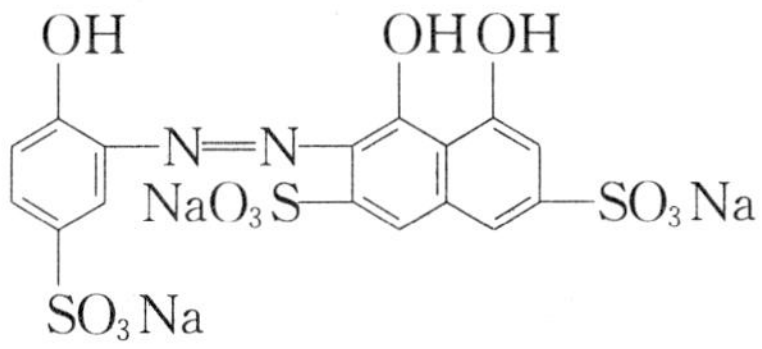

酸性铬蓝 K 在 pH＜7 时呈玫瑰红色，在 pH＝8～13 时呈蓝灰色。由于酸性铬蓝 K 与

金属离子 M 形成螯合物 MK 是红色，所以使用时控制 pH 在 8～13。

当以酸性铬蓝 K 为指示剂，用 EDTA 滴定金属离子至终点时，由红色变为蓝色。反应如下：

$$Y + MK \rightleftharpoons MY + K$$

红色　　　　　蓝色

（显色络合物）（酸性铬蓝 K）

酸性铬蓝 K 指示剂对 $Ca^{2+}$ 灵敏度较 EBT 高，在 pH＝10 时，主要用于测定水中的总硬度（$Ca^{2+}$、$Mg^{2+}$ 总量）；在 pH＝12.5 时，测定水中的 $Ca^{2+}$ 量。但应指出，在碱性溶液中，易形成 $Mg(OH)_2$ 沉淀，对 $Ca^{2+}$ 有吸附，所以在实际应用中，加少量蔗糖，可减少 $Mg(OH)_2$ 沉淀，甚至高于 6 倍量 $Mg^{2+}$，也可滴定 $Ca^{2+}$。

为了提高终点的敏锐性，通常将固体酸性铬蓝 K 与萘酚绿 B 按质量比 1∶(2～2.5) 混合后使用，这种混合指示剂简称 KB，混合指示剂中的萘酚绿 B 在滴定过程中没有颜色变化，只起衬托终点的作用。由于酸性铬蓝 K 的水溶液不稳定，所以常用固体，KB∶NaCl（或 $KNO_3$）＝1∶50，混匀使用，1 年内有效。滴定终点时出现清晰的蓝绿色。

(3) 钙指示剂 NN(Calconcarboxylic Acid)。

化学名称为 2-羟基-1-(2-羟基-4-磺酸基-1-萘偶氮)-3-萘甲酸，其 $pK_{a_1}=1\sim2$，$pK_{a_2}=3.8$，$pK_{a_3}=9.4$，$pK_{a_4}=13\sim14$。化学结构式为

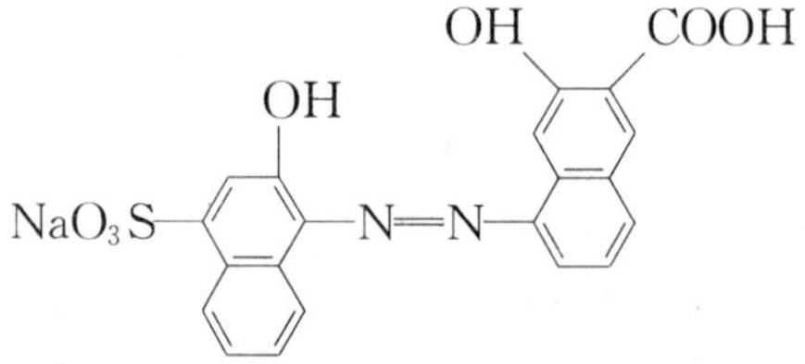

OH　COOH

OH

$NaO_3S$—N＝N—

钙指示剂在 pH＝7 左右时呈紫红色，pH＝12～13 时呈蓝色。在 pH＝12～14 时，与 $Ca^{2+}$ 络合呈酒红色。用 EDTA 滴定金属离子至终点时，溶液颜色由红色变为蓝色。

$$Y + CaNN \rightleftharpoons CaY + NN$$

红色　　　　　蓝色

（显色络合物）（钙指示剂）

钙指示剂主要在 pH＞12.5 时，用于水中 $Ca^{2+}$、$Mg^{2+}$ 共存时，且其中 $Mg^{2+}$ 含量不大的情况下，测定水中 $Ca^{2+}$ 的量。应指出，水中 $Mg^{2+}$ 含量如较大，应使 $Mg(OH)_2$ 沉淀后，再加指示剂，以减少沉淀对指示剂的吸附。

钙指示剂的水溶液、乙醇溶液均不稳定，常配成钙指示剂∶NaCl＝1∶100（质量比）的固体指示剂，称为钙红。混合指示剂也会逐渐氧化，但分解产物不影响指示剂的变色。

钙指示剂对金属离子的封闭作用与铬黑 T 相同。

(4) PAN [1-(2-pyridylazo)-2-naphthol]。

化学名称为 1-(2-吡啶偶氮)-2-萘酚。其中 $pK_{a_1}=2.9$，$pK_{a_2}=11.2$，其化学结构式为

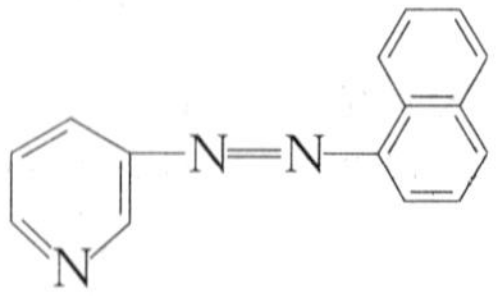

—N＝N—

N

PAN 分子的杂环上的 N 原子，接受质子后形成 $H_2In^+$，在水溶液中有如下平衡：

$$H_2In^+ \xrightleftharpoons{pK_{a_1}=1.9} HIn \xrightleftharpoons{pK_{a_2}=12.2} In^-$$

黄绿　　　　黄　　　　淡红

可见，PAN 在 pH<1.9 时呈黄绿色，pH=1.9～12.2 时呈黄色，pH>12.2 时呈淡红色。在 pH=1.9～12.2，用 EDTA 滴定金属离子 M 至终点时，溶液颜色由红色变为黄色。

$$Y + MPAN \rightleftharpoons PAN + MY$$

红色　　　黄色

通常在 pH=2～3 的硝酸溶液中测定 $Bi^{3+}$、$In^{3+}$ 和 $Th^{4+}$，在 pH=5～6 醋酸缓冲溶液中测定 $Cu^{2+}$、$Cd^{2+}$、$Pb^{2+}$、$Zn^{2+}$ 等。实际应用中，常用 Cu－PAN 指示剂进行滴定，当 EDTA 与被测金属离子完全络合后，则过量一滴便使溶液由红色变为绿色。

如前所述，PAN 与 $Cu^{2+}$、$Bi^{3+}$、$Cd^{2+}$、$Mg^{2+}$、$Pb^{2+}$、$Zn^{2+}$、$Fe^{2+}$、$In^{3+}$、$Ni^{2+}$、$Mn^{2+}$、$Th^{4+}$ 等离子有僵化作用，一般加入有机溶剂或加热可使变色敏锐。

(5) 二甲酚橙(Xylenol Orange，XO)。

化学名称为 3－3′-双(二羧甲基氨基甲基)-邻甲酚磺酞。其 $pK_{a_1}=1.2$，$pK_{a_2}=2.6$，$pK_{a_3}=3.2$，$pK_{a_4}=6.4$，$pK_{a_5}=10.4$，$pK_{a_6}=12.3$，一般用二甲酚橙的四钠盐，为紫色结晶，易溶于水。化学结构式为

HOOCH₂C, HOOCH₂C, NH₂C, HO, CH₃, CH₃, OH, CH₂N, CH₂COOH, CH₂COOH, C⁺, SO₃⁻

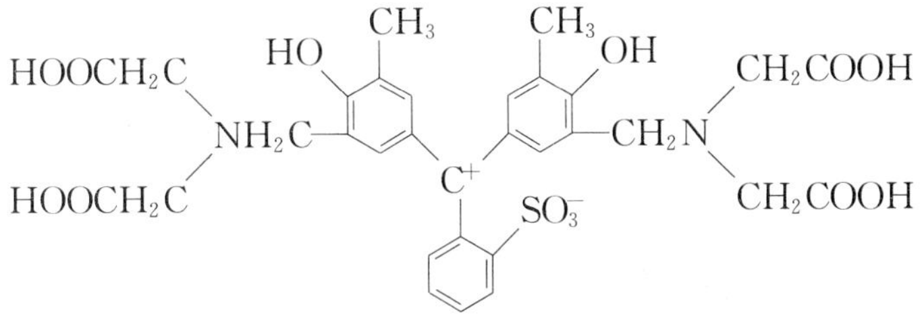

二甲酚橙在 pH<6.4 时呈黄色，pH>6.4 时呈红色。实际应用时，选 pH<6.4，EDTA 滴定金属离子 M 时，至终点溶液颜色由红色变成敏锐的黄色。

$$Y + MXO \rightleftharpoons MY + XO$$

红色　　　　黄色

(显色络合物)(二甲酚橙)

二甲酚橙与 $Fe^{3+}$、$Al^{3+}$、$Ti^{4+}$、$Ni^{2+}$ 等金属离子有封闭作用，可加入抗坏血酸将 $Fe^{3+}$、$Ti^{4+}$ 还原为低价离了，加入氟化物(如 $NH_4F$)掩蔽 $Al^{3+}$，加入邻菲啰啉掩蔽 $Ni^{2+}$ 等，而消除干扰。

实际应用中，可在不同 pH 下直接测定许多金属离子，例如，$Zr^{4+}$(pH<1)、$Bi^{3+}$(pH=1～2)、$Ti^{4+}$(pH=2.5～3.5)、$Sc^{3+}$(pH=3～5)、$Pb^{2+}$、$Zn^{2+}$、$Cd^{2+}$、$Hg^{2+}$ 和 $Tl^{3+}$ 及稀土元素的离子(pH=5～6)。也可加入过量 EDTA 与水中 $Fe^{3+}$、$Al^{3+}$、$Ni^{2+}$、$Cu^{2+}$ 等金属离子络合完全后，再用 $Zn^{2+}$ 标准溶液间接滴定。

(6) 磺基水杨酸(Sulfo－Salicylic Acid，SSal)。

磺基水杨酸为无色结晶，易溶于水。化学结构式为

OH, COOH, HO₃S

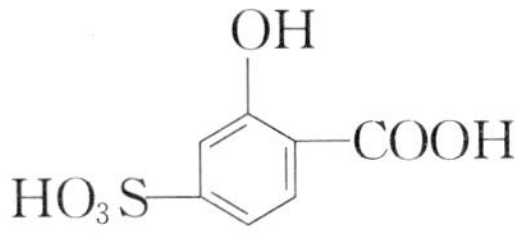

在不同 pH 时，$Fe^{3+}$ 与磺基水杨酸形成化学计量数为 1∶1、1∶2 和 1∶3 三种不同颜

色的络合物。

| pH：1.8～2.5 | $[Fe(SSal)]^{+}$ | 红褐色 |
| --- | --- | --- |
| 4～8 | $[Fe(SSal)_2]^{-}$ | 橙红色 |
| 8～11.5 | $[Fe(SSal)_3]^{3-}$ | 黄色 |
| pH>12 | $Fe(OH)_3$ 沉淀 | |

式中：SSal 代表磺基水杨酸的阴离子——$(SSal)^{2-}$。

用 EDTA 为滴定剂滴定 $Fe^{3+}$ 至终点时，溶液由红色变为亮黄色。

$$[Fe(SSal)]^{+}+Y \rightleftharpoons FeY^{-}+(SSal)^{2-}$$

红色　　　　　　亮黄色　　无色

因此，常在 pH 为 1.8～2.5 时，测定水中的 $Fe^{3+}$ 含量。

除了上述金属指示剂外，还有紫脲酸铵(MX)、4-(2-吡啶偶氮)间苯二酚(PAR)、茜素红 S、邻苯二甲酚紫(PV)、甲基百里酚蓝(MTB)和钙黄绿素等，此处不再介绍。

## 4.6 提高络合滴定选择性

EDTA 可与许多金属离子形成络合物。如果水样中同时有几种离子，它们之间会相互干扰；欲测定其中某一种金属离子，那么必须判断哪些离子会发生干扰以及采用什么方法消除或减少共存离子的干扰，这就是络合滴定的选择性问题。

### 4.6.1 消除干扰离子影响的条件

如用 EDTA 滴定水中单独一种金属离子 M 时，只要满足式(4-25)$\lg(c_{M_{sp}}K'_{MY})\geqslant 6$ 的条件，就可以直接准确滴定 M 离子，误差约在 0.1%以内。但水中还存在另一种金属离子 N 时，分步滴定的条件为

$$\Delta\lg K+\lg\frac{c_M}{c_N}\geqslant 6 \tag{4-32}$$

其中　$\Delta\lg K=\lg K'_{MY}-\lg K'_{NY}=\lg\dfrac{K'_{MY}}{K'_{NY}}$

若 $c_M=c_N$，则：

$$\Delta\lg K\geqslant 6 \tag{4-33}$$

故一般常以 $\Delta\lg K\geqslant 6$ 作为判断能否准确分步滴定的条件。若要求准确度低一些，误差为 0.3%，则 M 能准确滴定的条件为 $\lg(c_{M_{sp}}K'_{MY})\geqslant 5$，相应有 $\Delta\lg K\geqslant 5$。

上面讨论的是干扰离子 N 与 EDTA 的副反应不影响 EDTA 对 M 离子滴定的条件，若用指示剂确定终点，干扰离子也可能与指示剂作用形成足够稳定的有色络合物 NIn，从而干扰滴定 M 离子时终点的确定。所以，用指示剂法确定终点时，仅有前面讨论的条件还不能完全排除 N 离子对滴定 M 离子的干扰，尚必须满足第三个条件，即指示剂条件。

指示剂与干扰离子 N 存在如下平衡：

$$N+In \rightleftharpoons NIn \qquad K_{NIn}=\frac{[NIn]}{[N][In]}$$

在化学计量点附近，N 与 In 络合形成的 NIn 应很少，故 $[N]\approx c_N$，则：$c_N K_{NIn}=\frac{[NIn]}{[In]}$，当$\frac{[NIn]}{[In]}\leqslant\frac{1}{10}$时，才可以明显看到游离指示剂的颜色。即使形成微量的 NIn，因为$\frac{[NIn]}{[In]}\leqslant\frac{1}{10}$，也不会显现 NIn 的颜色，所以不干扰终点的检测。这时，必须满足的条件是：$c_N K_{NIn}\leqslant 10^{-1}$，即 $\lg c_N K_{NIn}\leqslant -1$。

考虑指示剂的副反应对其络合物稳定性的影响，则有

$$\lg c_N K'_{NIn}\leqslant -1 \tag{4-34}$$

综上所述，若用指示剂检测终点，在 M 与 N 共存的试液中准确滴定 M 而使 N 不干扰，必须同时满足 3 个条件：

(1) $\lg(c_{M_{sp}} K'_{MY})\geqslant 6$(M 离子准确滴定的条件 $TE=0.1\%$)。

(2) $\Delta\lg K\geqslant 6$(N 离子不干扰滴定反应的条件 $TE=0.1\%$，$c_M=c_N$)。

(3) $\lg c_N K'_{NIn}\leqslant -1$(N 与 In 不产生干扰色的条件)。

### 4.6.2　提高络合滴定选择性的方法

1. 控制溶液 pH 的方法进行连续滴定

当共存离子 M 和 N 与 EDTA 形成的络合物的稳定常数相差很大时，即满足式(4-32)或式(4-33)时，则可通过控制 pH 的方法，首先在较小 pH 下滴定稳定性较大的 M 离子，再在较大 pH 下滴定稳定常数小的 N 离子。因此，只要适当控制 pH 便可消除干扰，实现分别滴定或连续滴定。

**【例 4-6】**　水样中含有 $Ca^{2+}$、$Mg^{2+}$、$Al^{3+}$、$Fe^{3+}$ 4 种离子，如何有选择地用 EDTA 滴定其中 $Fe^{3+}$ 的含量？

**解：** $\lg K_{FeY}=25.1$，$\lg K_{CaY}=10.70$，$\lg K_{MgY}=8.69$，$\lg K_{AlY}=16.13$，可见，$\lg K_{FeY}$最大。满足 $\lg(c_{Fe} K'_{FeY})\geqslant 6$ 的判断条件，且 $\lg K_{FeY}$与其余三者之差均大于 6，故可选择滴定 $Fe^{3+}$。根据酸效应曲线(图 4.5)，滴定 $Fe^{3+}$ 的最小 pH 为 1。只要满足 $Fe^{3+}$ 所允许的最小 pH，其他 3 种离子就达不到允许的最小 pH，不能形成络合物，即消除了干扰。

2. 用掩蔽方法进行分别滴定

如果水中被测定金属离子 M 和共存离子 N 与 EDTA 形成的络合物稳定常数无明显差别，甚至共存离子 N 所形成的络合物更稳定，即满足不了式(4-32)的条件，则难以用 pH 方法实现被测金属离子 M 的选择性滴定。此时，可加入一种试剂，只与共存干扰离子作用，从而降低干扰离子的平衡浓度以消除干扰，这种作用称为掩蔽作用。产生掩蔽作用的试剂叫做掩蔽剂。常用的掩蔽方法主要有络合掩蔽法、沉淀掩蔽法和氧化还原掩蔽法。

1) 络合掩蔽法

利用掩蔽剂与干扰离子形成稳定络合物来消除干扰的方法。例如，用 EDTA 为滴定剂测水中 $Ca^{2+}$、$Mg^{2+}$ 总量时，如有 $Fe^{3+}$ 和 $Al^{3+}$ 存在，则对铬黑 T 指示剂有封闭作用，会干扰测定。所以，在水样中加入三乙醇胺使 $Al^{3+}$、$Fe^{3+}$ 生成更稳定的络合物。

又如，当用 EDTA 为滴定剂测定水中 $Zn^{2+}$ 时，如有 $Al^{3+}$ 干扰测定，则可加入氟化铵

$NH_4F$，与 $Al^{3+}$ 生成更稳定的 $AlF_6^{3-}$ 络合物。

应用络合掩蔽法必须应具备以下条件：

（1）干扰离子(N)与掩蔽剂(L)形成络合物的稳定性应大于与 EDTA 形成络合物的稳定性，即 $K_{NL}>K_{NY}$，且 NL 络合物无色或淡色，不影响终点判断。

（2）被测定金属离子 M 与掩蔽剂 L 应不形成络合物或不发生反应，即使形成络合物 ML，其稳定性也小于与 EDTA 形成络合物 MY 的稳定性，即 $K_{ML}<K_{MY}$，这样，在滴定中，ML 中的被测金属离子 M 可被 EDTA 置换出来。

2）沉淀掩蔽法

利用掩蔽剂与干扰离子形成沉淀来消除干扰的方法。例如，水样中含有 $Ca^{2+}$ 和 $Mg^{2+}$，欲测定其中 $Ca^{2+}$ 的含量，则可加入 NaOH，使 pH>12，产生 $Mg(OH)_2$ 沉淀。此时，用钙指示剂，以 EDTA 溶液滴定 $Ca^{2+}$，则 $Mg^{2+}$ 不干扰测定。

沉淀掩蔽法应具备以下条件：

（1）沉淀的溶解度要小。

（2）沉淀的颜色为无色或浅色，最好是晶形沉淀，吸附作用小。

3）氧化还原掩蔽法

利用氧化还原反应变更干扰离子的价态，来消除干扰的方法。例如，测定水中的 $Bi^{3+}$、$ZrO^{2+}$、$Th^{4+}$ 离子时，有 $Fe^{3+}$ 干扰测定，则可加入抗坏血酸或盐酸羟胺($NH_2OH \cdot HCl$)，将 $Fe^{3+}$ 还原为 $Fe^{2+}$，由于 $\lg K_{Fe^{2+}Y}=14.3<\lg K_{Fe^{3+}Y}=25.1$，则 $Fe^{2+}$ 不干扰测定。

常用的掩蔽剂列于表 4-6 和表 4-7 中。

**表 4-6 常用的掩蔽剂**

| 名称 | pH 范围 | 被掩蔽的离子 | 备注 |
|---|---|---|---|
| KCN | pH>8 | $Co^{2+}$、$Ni^{2+}$、$Cu^{2+}$、$Zn^{2+}$、$Hg^{2+}$、$Cd^{2+}$、$Ag^{+}$、$Tl^{+}$ 及铂族元素 | |
| $NH_4F$ | pH=4～6 | $Al^{3+}$、TiⅣ、$Sn^{4+}$、$Zr^{4+}$、WⅥ等 | 用 $NH_4F$ 比 NaF 好，优点是加入后溶液 pH 变化不大 |
| | pH=10 | $Al^{3+}$、$Mg^{2+}$、$Ca^{2+}$、$Si^{2+}$、$Ba^{2+}$ 及稀土元素 | |
| 三乙醇胺(TEA) | pH=10 | $Al^{3+}$、$Sn^{4+}$、TiⅣ、$Fe^{3+}$ | 与 KCN 并用，可提高掩蔽效果 |
| | pH=11～12 | $Fe^{3+}$、$Al^{3+}$ 及少量 $Mn^{2+}$ | |
| 二巯基丙醇 | pH=10 | $Hg^{2+}$、$Cd^{2+}$、$Zn^{2+}$、$Bi^{3+}$、$Pb^{2+}$、$Ag^{+}$、$As^{3+}$、$Sn^{4+}$ 及少量 $Cu^{2+}$、$Co^{2+}$、$Ni^{2+}$、$Fe^{3+}$ | |
| 铜试剂(DDTC) | pH=10 | 能与 $Cu^{2+}$、$Hg^{2+}$、$Pb^{2+}$、$Cd^{2+}$、$Bi^{3+}$ 生成沉淀，其中 Cu-DDTC 为褐色、Bi-DDTC 为黄色，故其存在量应分别小于 2mg 和 10mg | |
| 酒石酸 | pH=1.2 | $Sb^{3+}$、$Sn^{4+}$、$Fe^{3+}$ 及 5mg 以下的 $Cu^{3+}$ | 在抗坏血酸存在下 |
| | pH=2 | $Fe^{3+}$、$Sn^{4+}$、$Mn^{2+}$ | |
| | pH=5.5 | $Fe^{3+}$、$Al^{3+}$、$Sn^{4+}$、$Ca^{2+}$ | |
| | pH=6～7.5 | $Mg^{2+}$、$Cu^{2+}$、$Fe^{3+}$、$Al^{3+}$、$Mo^{4+}$、$Sb^{3+}$、WⅥ | |
| | pH=10 | $Al^{3+}$、$Sn^{4+}$ | |

表 4-7 络合滴定中应用的沉淀掩蔽剂

| 名称 | 被掩蔽的离子 | 待测定的离子 | pH 范围 | 指示剂 |
|---|---|---|---|---|
| $NH_4F$ | $Ca^{2+}$、$Sr^{2+}$、$Ba^{2+}$、$Mg^{2+}$、$Ti^{4+}$、$Al^{3+}$及稀土 | $Zn^{2+}$、$Cd^{2+}$、$Mn^{2+}$（有还原剂存在下） | 10 | 铬黑 T |
| | | $Cu^{2+}$、$Co^{2+}$、$Ni^{2+}$ | 10 | 紫脲酸铵 |
| $K_2CrO_4$ | $Ba^{2+}$ | $Sr^{2+}$ | 10 | MgY，铬黑 T |
| $Na_2S$或铜试剂 | 微量重金属 | $Ca^{2+}$、$Mg^{2+}$ | 10 | 铬黑 T |
| $H_2SO_4$ | $Pb^{2+}$ | $Bi^{3+}$ | 1 | 二甲酚橙 |
| $K_4[Fe(CN)_6]$ | 微量 $Zn^{2+}$ | $Pb^{2+}$ | 5～6 | 二甲酚橙 |

3. 利用解蔽作用提高选择性

将一些离子掩蔽，对某种离子进行滴定以后，再使用一种试剂以破坏这些被掩蔽的离子与掩蔽剂所生成的络合物，使该种离子从络合物中释放出来，这种作用称为解蔽，所用试剂称为解蔽剂。利用某些选择性的解蔽剂，也可以提高络合滴定的选择性。

例如，当 $Zn^{2+}$、$Pb^{2+}$ 两种离子共存，测定 $Zn^{2+}$ 和 $Pb^{2+}$ 时，用氨水中和试液，加 KCN 以掩蔽 $Zn^{2+}$，可在 pH=10 时，用铬黑 T 作指示剂，用 EDTA 滴定 $Pb^{2+}$。滴定后的溶液加入甲醛或三氯乙醛作解蔽剂，以破坏 $[Zn(CN)_4]^{2-}$ 配离子。

$$[Zn(CN)_4]^{2-}+4HCHO+4H_2O \rightleftharpoons Zn^{2+}+4H_2\underset{\text{羟基乙腈}}{\overset{\overset{\displaystyle OH}{|}}{C}}\text{—}CN+4OH^-$$

释放出的 $Zn^{2+}$，再用 EDTA 继续滴定。

## 4.7 络合滴定的方式和应用

### 4.7.1 络合滴定的方式

1. 直接滴定法

用 EDTA 标准溶液直接滴定水中被测金属离子的方法。例如，在强酸性溶液中滴定 $ZrO^{2+}$ 离子，酸性溶液中滴定 $Fe^{3+}$、$Al^{3+}$，弱酸性溶液中滴定 $Cu^{2+}$、$Pb^{2+}$、$Zn^{2+}$，碱性溶液中滴定 $Ca^{2+}$、$Mg^{2+}$ 等。

直接滴定法必须满足：

（1）直接准确滴定的要求，即 $\lg(c_M K'_{MY}) \geqslant 6$。

（2）络合反应速度快。

（3）有变色敏锐的指示剂，且无封闭现象。

（4）在选定的滴定条件下，被测定金属离子不发生水解或沉淀现象。

2. 返滴定法

在络合滴定中，有些待测离子虽然能与 EDTA 形成稳定的络合物，但缺少合适的指示剂，而有些待测离子与 EDTA 络合的速度很慢，本身又易水解。在上述情况下，一般采用返滴定。即先加入过量的 EDTA 标准溶液，使待测离子完全反应后，再用其他金属离子标准溶液返滴定过量的 EDTA。

例如，欲测定水样中的 $Al^{3+}$ 时，$Al^{3+}$ 与 EDTA 络合速度缓慢，与铬黑 T、二甲酚橙(XO)等指示剂有封闭现象，当 pH 较大时，$Al^{3+}$ 水解生成一系列多羟基络合物，因此不能用 EDTA 直接滴定，可采用返滴定法。即：在水样中加入准确体积的过量 EDTA 标准溶液，在 pH=3.5 下，加热煮沸，此时不仅 $Al^{3+}$ 与 EDTA 络合完全，而且可避免 $Al^{3+}$ 形成多核羟基络合物，并加快了反应速度。冷却后调节 pH=5～6，此时，AlY 络合稳定，不再重新水解析出多核羟基络合物。以 PAN(或 XO)为指示剂，$Cu^{2+}$(或 $Zn^{2+}$)标准溶液返滴定过量的 EDTA 至终点，由黄色变为红色。根据两种标准溶液的浓度和用量，即可求得水中 $Al^{3+}$ 的含量。

$$Al^{3+}(\text{mg/L})=\frac{(c_{\text{EDTA}}V_{\text{EDTA}}-c_{Zn^{2+}}V_{Zn^{2+}})\times M_{\text{Al}}}{V_{水}}$$

式中：$c_{\text{EDTA}}$、$c_{Zn^{2+}}$——分别为 EDTA 和 $Zn^{2+}$ 标准溶液的浓度(mmol/L)；

$V_{\text{EDTA}}$、$V_{Zn^{2+}}$——分别为加入 EDTA 和消耗 $Zn^{2+}$ 标准溶液的体积(mL)；

$M_{\text{Al}}$——铝的摩尔质量(Al，26.98g/mol)。

3. 置换滴定法

利用置换反应，置换出等化学计量的另一种金属离子或置换出 EDTA，然后用 EDTA 或另一种金属离子测定，求算被测金属离子 M 的方法。

1) 置换出金属离子

当被测金属离子 M 与 EDTA 反应不完全或形成的络合物不够稳定，又缺乏变色敏锐指示时，也可采用置换滴定法。

例如，$Ag^{+}$ 与 EDTA 的络合物不稳定，不能用 EDTA 直接滴定。若将 $Ag^{+}$ 试液加到过量的 $[Ni(CN)_4]^{2-}$ 溶液中，发生反应为

$$2Ag^{+}+[Ni(CN)_4]^{2-}\rightleftharpoons 2[Ag(CN)_2]^{-}+Ni^{2+}$$

在 pH=10 的氨性溶液中，以紫脲酸胺为指示剂，用 EDTA 标准溶液滴定置换出来的 $Ni^{2+}$，可求出 $Ag^{+}$ 的含量。

2) 置换出络合剂 EDTA

用一种选择性高的络合剂 L 将被测金属离子 M 与 EDTA 络合物(MY)中的 EDTA 置换出来，然后用另一种金属离子 N 标准溶液滴定释放出的 EDTA。

例如，测定水样中的 $Al^{3+}$，其中还有 $Cu^{2+}$ 和 $Zn^{2+}$ 共存，首先加入过量 EDTA，加热使这 3 种离子都与 EDTA 络合完全，然后在 pH=5～6 时，以二甲酚橙(XO)作为指示剂，用 $Zn^{2+}$ 标准溶液返滴定过量的 EDTA 至终点；再加入 $NH_4F$，由于 $F^{-}$ 与 $Al^{3+}$ 生成更稳定的络合物 $AlF_6^{3-}$，并置换出 EDTA，再用 $Zn^{2+}$ 标准溶液滴定至终点，求得 $Al^{3+}$ 的含量。

3) 置换滴定法改善指示剂滴定终点的敏锐性

如前所述，铬黑 T 与 $Mg^{2+}$ 显色灵敏，而与 $Ca^{2+}$ 不灵敏。因此，在测定水中 $Ca^{2+}$ 离子时(水样中无 $Mg^{2+}$ 或含量太微)，可先加入少量 MgY，发生如下置换反应：

$$Ca^{2+} + MgY \rightleftharpoons CaY + Mg^{2+}$$

置换出的 $Mg^{2+}$ 与 EBT 的显色络合物(MgEBT)呈明显的红色，然后用 EDTA 滴定 $Ca^{2+}$ 至终点时，溶液颜色敏锐地由红色变为蓝色。此时

$$\underset{(红色)}{Y + MgEBT} \rightleftharpoons \underset{(蓝色)}{MgY + EBT}$$

显然，滴定前后 MgY 的物质的量是相等的，即加入的 MgY 对滴定结果无影响。

4. 间接滴定法

有些金属离子如 $Na^{+}$、$K^{+}$ 等，与 EDTA 不能形成稳定的络合物，或阴离子如 $SO_4^{2-}$、$PO_4^{3-}$ 等根本不能与 EDTA 形成络合物，这些离子的测定可采用间接滴定法。

例如，$Na^{+}$ 的测定，可加醋酸铀酰锌作为沉淀剂使 $Na^{+}$ 生成醋酸铀酰锌钠，将沉淀分离、洗净、溶解后，用 EDTA 滴定 $Zn^{2+}$，从而可求出试样中的 $Na^{+}$ 的含量。

又如，$SO_4^{2-}$ 的测定，先在试液中加入已知量的 $BaCl_2$ 标准溶液，使其生成 $BaSO_4$ 沉淀，过量的 $Ba^{2+}$ 再用 EDTA 滴定。加入 $BaCl_2$ 物质的量减去滴定所用 EDTA 物质的量，就等于试液中 $SO_4^{2-}$ 的量。

### 4.7.2 EDTA 标准溶液配制与标定

EDTA 在水中溶解度小，所以常用 EDTA 的二钠盐($Na_2H_2Y \cdot H_2O$)配制标准溶液，其摩尔质量为 372.24g/mol。

例如，配制 0.05mol/LEDTA 标准溶液：取 EDTA 二钠盐 19g，溶于约 300mL 温蒸馏水中，冷却后稀释至 1L，摇匀贮存于硬质玻璃瓶中，然后用基准物质标定。

标定 EDTA 的基准物质可用 Zn(锌粒纯度 99.9%)、$ZnSO_4$、$CaCO_3$ 等，指示剂可用铬黑 T(EBT)，pH=10.0，终点时溶液由红色变为蓝色，以 $NH_3-NH_4Cl$ 为缓冲溶液；或用二甲酚橙(XO)，pH=5~6，终点时溶液由紫色变为亮黄色，以六次甲基四胺为缓冲溶液。

EDTA 标准溶液若储存时间长，最好储存在聚乙烯或硬质玻璃瓶中。若在软质玻璃瓶中存放，玻璃瓶中的 $Ca^{2+}$ 会被 EDTA 溶解(形成 CaY)，从而使 EDTA 的浓度不断降低。通常较长时间保存的 EDTA 标准溶液，在使用前应重新标定。

## 4.8 水的硬度

水的硬度是指水中 $Ca^{2+}$、$Mg^{2+}$ 浓度的总量，是水质的重要指标之一。如果水中 $Fe^{2+}$、$Fe^{3+}$、$Sr^{2+}$、$Mn^{2+}$、$Al^{3+}$ 等离子含量较高时，也应记入硬度含量中，但它们在天然水中一般含量较低，可以忽略。

对饮用水和生活用水而言，硬度过高的水虽然对健康并无害处，但口感不好，且会消耗大量洗涤剂。因此，我国生活饮用水卫生标准将总硬度限定为不超过 450mg/L(以 $CaCO_3$ 计)。工业用水对硬度的限定往往更为严格，这是因为硬度高的水会在锅炉内生成水垢，从而降低锅炉的传热能力，浪费能源。水垢还会堵塞冷却水管路系统。另外，水的硬度还影响到纺织、印染、造纸、食品加工等行业的产品质量。

### 4.8.1 水的硬度分类

水的总硬度一般指钙硬度($Ca^{2+}$)和镁硬度($Mg^{2+}$)浓度的总和。按阴离子组成分为碳酸盐硬度和非碳酸盐硬度。

1. 碳酸盐硬度

碳酸盐硬度包括重碳酸盐［如 $Ca(HCO_3)_2$、$Mg(HCO_3)_2$］和碳酸盐(如 $MgCO_3$)的总量，一般加热煮沸可以除去，因此称为暂时硬度。

$$Ca(HCO_3)_2 \xlongequal{\Delta} CaCO_3\downarrow + CO_2\uparrow + H_2O$$

$$2Mg(HCO_3)_2 \xlongequal{\Delta} Mg_2(OH)_2CO_3\downarrow + 3CO_2\uparrow + H_2O$$

$$MgCO_3 + H_2O \xlongequal{\Delta} Mg(OH)_2 + CO_2\uparrow$$

当然，由于生成的 $CaCO_3$ 等沉淀在水中还有一定的溶解度(100℃时为 13mg/L)，则碳酸盐硬度并不能由加热煮沸完全除尽。

2. 非碳酸盐硬度

非碳酸盐硬度主要包括 $CaSO_4$、$MgSO_4$、$CaCl_2$、$MgCl_2$ 等的总量，经加热煮沸除不去，故称为永久硬度。永久硬度只能用蒸馏或化学净化等方法处理，才能使其软化。

总硬度是碳酸盐硬度和非碳酸盐硬度的总和。

### 4.8.2 硬度的单位

(1) mmol/L：现在硬度的通用单位。

(2) mg/L(以 $CaCO_3$ 计)：因为 1mol $CaCO_3$ 的量为 100.1g，所以 1mmol/L＝100.1g/L(以 $CaCO_3$ 计)。

(3) 德国度(简称度)：1 德国度相当于水中 10mgCaO/L 所引起的硬度，即 1 度。

1 度＝10mg/L(以 CaO 计)

1mmol/L(CaO)＝56.1÷10＝5.61 度

1 度＝100.1%÷5.61＝17.8mg/L(以 $CaCO_3$ 计)

此外，还有法国度、英国度和美国度(均以 $CaCO_3$ 计)。这些单位与德国度、mmol/L 等硬度单位的关系见表 4－8。

**表 4－8 几种硬度单位及其换算**

| 硬度单位 | mmol/L | 德国度(10mg/L CaO) | 法国度(10mg/L $CaCO_3$) | 美国度(1mg/L $CaCO_3$) | 英国度(14.26mg/L $CaCO_3$) |
|---|---|---|---|---|---|
| 1mmol/L | 1 | 5.61 | 10 | 100 | 7.02 |
| 1 德国度(10mg/L CaO) | 0.178 | 1 | 1.78 | 17.8 | 1.25 |
| 1 法国度(10mg/L $CaCO_3$) | 0.1 | 0.56 | 1 | 10 | 0.70 |

（续）

| 硬度单位 | mmol/L | 德国度 (10mg/L CaO) | 法国度 (10mg/L $CaCO_3$) | 美国度 (1mg/L $CaCO_3$) | 英国度 (14.26mg/Lal $CaCO_3$) |
| --- | --- | --- | --- | --- | --- |
| 1美国度 (1mg/L $CaCO_3$) | 0.01 | 0.056 | 0.1 | 1 | 0.070 |
| 1英国度 (14.26mg/L $CaCO_3$) | 0.143 | 0.08 | 1.43 | 14.3 | 1 |

### 4.8.3 天然水中硬度与碱度的关系

天然水中的主要离子共有以下7种：阳离子$Ca^{2+}$、$Mg^{2+}$、$Na^+$、$K^+$和阴离子$HCO_3^-$、$SO_4^{2-}$、$Cl^-$。溶解在水中的盐类实际上都是以离子状态存在，但出于判断水质及选择水处理工艺的需要，有时将它们组成假想的化合物。假想化合物的组成次序原则是根据水体在蒸发浓缩时，阴、阳离子形成化合物的溶解度是由小到大先后结合的。其相互结合的次序为

阳离子 $Ca^{2+}$、$Mg^{2+}$、$Na^+$、$K^+$
阴离子 $\xrightarrow{\hspace{3cm}}$ $HCO_3^-$、$SO_4^{2-}$、$Cl^-$

即$Ca^{2+}$首先与$HCO_3^-$按化学计量关系组成$Ca(HCO_3)_2$，若水中$Ca^{2+}$含量比$HCO_3^-$大，则当全部化合完成后，剩余的$Ca^{2+}$依次与$SO_4^{2-}$、$Cl^-$化合。反之，若$HCO_3^-$的含量比$Ca^{2+}$大，则当$Ca^{2+}$全部被化合完后，剩余的$HCO_3^-$再依次与$Mg^{2+}$、$Na^+$、$K^+$化合，其余依此类推。

1. 总硬度＞总碱度

天然水中的总碱度主要是$HCO_3^-$，而$CO_3^{2-}$含量极小。当水中$Ca^{2+}$、$Mg^{2+}$含量较多时，则与$CO_3^{2-}$、$HCO_3^-$作用完之后，其余的$Ca^{2+}$、$Mg^{2+}$便首先与$SO_4^{2-}$、$Cl^-$化合成$CaSO_4$、$MgSO_4$、$CaCl_2$、$MgCl_2$等非碳酸盐硬度，故水中无碱金属碳酸盐(如$Na_2CO_3$、$K_2CO_3$)等存在，此时碳酸盐硬度＝总碱度，非碳酸盐硬度＝总硬度－总碱度。

2. 总硬度＜总碱度

当水中$CO_3^{2-}$、$HCO_3^-$含量较大时，首先与$Ca^{2+}$、$Mg^{2+}$作用完全之后，剩余的$CO_3^{2-}$、$HCO_3^-$便与$Na^+$、$K^+$等离子形成碱金属碳酸盐(如$Na_2CO_3$、$KHCO_3$等)，而出现了负硬度。此时碳酸盐硬度＝总硬度，无非碳酸盐硬度，而有负硬度，负硬度＝总碱度－总硬度。

其中$NaHCO_3$、$KHCO_3$、$Na_2CO_3$、$K_2CO_3$等称为负硬度。在石灰软化处理中必须充分考虑这部分负硬度的去除，以便投加足量的药剂来达到软化目的。

3. 总硬度＝总碱度

当水中$Ca^{2+}$、$Mg^{2+}$与$CO_3^{2-}$、$HCO_3^-$作用完全之后，均无剩余，故总硬度的量就是总碱度的量。此时只有碳酸盐硬度，且碳酸盐硬度＝总硬度＝总碱度。

### 4.8.4 水中硬度的测定

1. 总硬度的测定

水样首先加入 $NH_3-NH_4Cl$ 缓冲剂溶液控制水样 pH=10.0，加入铬黑 T(EBT)作指示剂，此时

$$\underset{\text{蓝色}}{EBT}+Mg^{2+}\rightleftharpoons\underset{\text{紫红色}}{MgEBT}\quad \lg K_{MgEBT}=7.0$$

接着用 EDTA 标准溶液滴定水中的 $Ca^{2+}$、$Mg^{2+}$，则

$$Ca^{2+}+Y^{4-}\rightleftharpoons CaY^{2-}\qquad \lg K_{CaY}=10.7$$

$$Mg^{2+}+Y^{4-}\rightleftharpoons MgY^{2-}\qquad \lg K_{MgY}=8.7$$

可见，由于 $\lg K_{CaY}>\lg K_{MgY}$，EDTA 优先于 $Ca^{2+}$ 络合完全之后，再与 $Mg^{2+}$ 络合。继续滴加 EDTA 标准溶液至 $Ca^{2+}$、$Mg^{2+}$ 完全被络合时，即达计量点时，由于 $\lg K_{MgY}>\lg K_{MgEBT}$，则滴入 EDTA 便置换显色络合剂(MgEBT)中的 $Mg^{2+}$，而释放出指示剂 EBT，溶液立即由紫红色变为蓝色，指示剂滴定终点的到达。

$$Y+\underset{\text{紫红色}}{MgEBT}\rightleftharpoons MgY+\underset{\text{蓝色}}{EBT}$$

根据 EDTA 标准溶液的浓度和用量便可求出水中的总硬度。

$$\text{总硬度(mmol/L)}=\frac{c_{EDTA}V_{EDTA}}{V_{水}}$$

式中：$c_{EDTA}$——为 EDTA 标准溶液的浓度(mmol/L)；

$V_{EDTA}$——消耗 EDTA 标准溶液的体积(mL)；

$V_{水}$——水样体积(mL)。

2. $Ca^{2+}$、$Mg^{2+}$ 的含量

将水样用 NaOH 溶液调节至 pH>12，此时 $Mg^{2+}$ 以 $Mg(OH)_2$ 沉淀形式被掩蔽，加入钙指示剂，用 EDTA 标准溶液滴定 $Ca^{2+}$，终点时溶液由红色变为蓝色，根据 EDTA 标准溶液浓度和用量求出 $Ca^{2+}$ 的含量。

根据总硬度($Ca^{2+}$、$Mg^{2+}$ 总量)与 $Ca^{2+}$ 的含量之差求出 $Mg^{2+}$ 的含量。

## 习　　题

一、思考题

1. 什么是络合滴定法？用于络合滴定的反应必须符合哪些条件？

2. 络合物的稳定常数与条件稳定常数有什么不同？两者之间有何关系？络合反应有哪些因素影响条件稳定常数的大小？

3. 说明金属指示剂的变色原理及必备条件？

4. 什么是金属指示剂的封闭现象和僵化现象？如何防止？

5. 简要说明测定水中总硬度的原理。

6. 常用的掩蔽干扰离子的方法有哪些？如何选择合适的掩蔽剂？

二、计算题

1. 计算 pH＝5.0 时 EDTA 的酸效应系数 $\alpha_{Y(H)}$。若此时 EDTA 各种存在型体的总浓度为 0.0200mol/L，则 $[Y^{4-}]$ 为多少？

2. 计算 pH＝11 时，$[NH_3]$ ＝0.1mol/L 时的 $\alpha_{Zn}$ 值。

3. 假设 $Mg^{2+}$ 和 EDTA 的浓度皆为 $10^{-2}$mol/L，在 pH＝6 时，$Mg^{2+}$ 与 EDTA 络合物的条件稳定常数是多少？并说明在此 pH 条件下能否用 EDTA 标准溶液滴定 $Mg^{2+}$。如不能滴定，求其允许的最小 pH。

4. 在 0.10mol/L 的 $Al^{3+}$ 溶液中，加入 $F^-$ 形成 $AlF_6^{3-}$，如反应达平衡后，溶液中的 $F^-$ 浓度为 0.01mol/L，求游离 $Al^{3+}$ 的浓度。

5. 在 $NH_3$ - $NH_4Cl$ 缓冲溶液中(pH＝9)，用 EDTA 滴定 $Zn^{2+}$，若 $[NH_3]$ ＝0.10mol/L，并避免生成 $Zn(OH)_2$ 沉淀，计算此条件下的 $\lg K'_{ZnY}$。

6. 某试液含 $Fe^{3+}$ 和 $Co^{2+}$，浓度均为 $2\times10^{-2}$mol/L，今欲用同浓度的 EDTA 分别滴定。问：

(1) 有无可能分别滴定？

(2) 滴定 $Fe^{3+}$ 的合适酸度范围。

(3) 滴定 $Fe^{3+}$ 后，是否有可能滴定 $Co^{2+}$，求滴定 $Co^{2+}$ 的合适酸度范围。($pK_{spCo(OH)_2}$＝14.7)

7. 称取 0.200 克铝盐混凝剂试样，用酸溶解后，移入 100mL 容量瓶中，稀释至刻度。吸取 10.0mL，加入 10.00mL $T_{Al_2O_3/EDTA}=1.012\times10^{-3}$ g/mL，以 XO 为指示剂，用 $Zn(Ac)_2$ 标准溶液进行返滴定至红紫色终点，消耗 $Zn(Ac)_2$ 标准溶液 11.80mL，已知 1mL $Zn(Ac)_2$ 溶液相当于 0.5925mL EDTA 溶液。求该试样中 $Al_2O_3$ 的百分含量。

8. 测定某水样中 $SO_4^{2-}$ 的含量。吸取水样 50.00mL，加 0.01000mol/L $BaCl_2$ 标准溶液 30.00mL，加热使 $SO_4^{2-}$ 定量沉淀为 $BaSO_4$。过量的 $Ba^{2+}$ 用 0.01025mol/L EDTA 标准溶液滴定，消耗 11.50mL。计算水样中 $SO_4^{2-}$ 的含量(以 mg/L 表示)。

9. 取一份水样 100mL，调节 pH＝10，以 EBT 为指示剂，用 10.0mmol/L EDTA 溶液滴定至终点，消耗 24.20mL；另取一份水样 100mL，调节 pH＝12，加钙指示剂(NN)，然后以 10.0mmol/L EDTA 溶液滴定至终点，消耗 13.15mL。求该水样中总硬度(以 mmol/L 表示)和 $Ca^{2+}$、$Mg^{2+}$ 的含量(以 mg/L 表示)。

# 第5章 沉淀滴定法

## 教学目标

本章主要讲述沉淀滴定法的基本理论和方法。通过本章学习，应达到以下目标。

(1) 掌握沉淀溶解平衡的概念及影响沉淀溶解度的因素。

(2) 理解分步沉淀和沉淀转化等基本概念。

(3) 掌握莫尔法和佛尔哈德法的原理和滴定条件。

(4) 熟悉 $AgNO_3$ 和 $NH_4SCN$ 标准滴定溶液的制备方法。

## 教学要求

| 知识要点 | 能力要求 | 相关知识 |
| --- | --- | --- |
| 沉淀的平衡 | (1) 掌握溶度积的概念<br>(2) 掌握影响沉淀溶解度的因素 | (1) 溶度积和溶解度<br>(2) 同离子效应、盐效应、酸效应、络合效应 |
| 分步沉淀和沉淀转化 | 熟悉分步沉淀和沉淀转化等基本概念 | 分步沉淀和沉淀转化 |
| 沉淀滴定法 | (1) 熟悉沉淀滴定曲线<br>(2) 掌握莫尔法的应用<br>(3) 掌握佛尔哈德法的应用<br>(4) 理解法扬司法的应用 | (1) 滴定曲线的绘制和滴定突跃大小<br>(2) 莫尔法的原理、条件和应用范围<br>(3) 佛尔哈德法原理、条件和应用范围<br>(4) 法扬司法原理、条件和应用范围 |
| 标准滴定溶液的制备 | (1) 掌握 $AgNO_3$ 标准溶液的制备<br>(2) 掌握 $NH_4SCN$ 标准溶液的制备 | (1) 标准滴定溶液的配制<br>(2) 标准滴定溶液的标定 |

## 引例

氯离子几乎存在于所有的水中，如海水、苦咸水、生活污水和工业废水中，往往都含有大量氯离子，甚至天然淡水水源中也含有一定量的氯离子，其来源可能是：

(1) 水源流经含有氯化物的地层。

(2) 水源受到生活污水和工业废水的污染。

(3) 接近海边的水源受潮水的影响而被污染(海水中氯离子约为 18500mg/L)。

生活饮用水中氯离子的含量不能超过 250mg/L。

工业用水中，氯离子含量高时对设备、金属管道和构筑物有腐蚀作用。如作为锅炉用水，氯离子含量高，对锅炉有腐蚀作用。

所以生活用水和工业用水，对氯离子的含量都有一定的限制。若氯离子含量过高，说明水源可能受到污染。因此，测定水中氯离子的含量，是用以评价水质的标准之一。

如何测定氯离子的含量呢？可以利用沉淀滴定法。

沉淀滴定法是以沉淀反应为基础的一种滴定分析方法。虽然沉淀反应很多，但是能用于滴定分析的沉淀反应必须符合以下几个条件：

(1) 沉淀反应必须迅速，并按一定的化学计量关系进行。

(2) 生成的沉淀应具有恒定的组成，而且溶解度必须很小。

(3) 有确定化学计量点的简单方法。

(4) 沉淀的吸附现象不影响滴定终点的确定。

由于上述条件的限制，能用于沉淀滴定法的反应就不是很多。目前，应用较广的是生成难溶性银盐的反应，例如：

$$Ag^+ + Cl^- \rightleftharpoons AgCl\downarrow \text{(白色)}$$

$$Ag^+ + SCN^- \rightleftharpoons AgSCN\downarrow \text{(白色)}$$

这种利用生成难溶银盐反应进行沉淀滴定的方法称为银量法。银量法主要用于测定 $Cl^-$、$Br^-$、$I^-$、$SCN^-$、$Ag^+$ 等离子以及一些含卤素的有机化合物。

## 5.1 沉淀溶解平衡及影响沉淀溶解度的因素

### 5.1.1 沉淀溶解平衡

1. 溶解度与溶度积

当溶液中存在微溶化合物 MA 时，MA 将会溶解并达到饱和状态，此时溶液中存在以下平衡：

$$MA(\text{固}) \rightleftharpoons MA(\text{水}) \rightleftharpoons M^+ + A^-$$

在一定温度下，当微溶化合物 MA 沉淀溶解平衡时，其活度积为一常数

$$K_{sp}^0 = a_{M^+} \cdot a_{A^-} \quad (5-1)$$

式中：$a_{M^+}$、$a_{A^-}$——$M^+$ 和 $A^-$ 两种离子的活度；

$K_{sp}^0$——MA 的活度积。

又因为活度与浓度的关系为

$$a_{M^+} = \gamma_{M^+}[M^+]$$
$$a_{A^-} = \gamma_{A^-}[A^-] \quad (5-2)$$

式中：$\gamma_{M^+}$、$\gamma_{A^-}$——两种离子的平均活度系数，与溶液中离子强度有关。

将式(5-2)代入式(5-1)得

$$K_{sp}^0=\gamma_{M^+}[M^+]\cdot\gamma_{A^-}[A^-]$$

则
$$K_{sp}=[M^+][A^-]=\frac{K_{sp}^0}{\gamma_{M^+}\cdot\gamma_{A^-}} \quad (5-3)$$

式中：$K_{sp}$——水中微溶化合物 MA 的溶度积常数，称为溶度积。其大小与溶液中离子强度有关。

在纯水中，微溶化合物 MA 的溶解度很小，令 $S$ 为 MA 的溶解度，则

$$S=[M^+]=[A^-]$$

由于 MA 溶解甚少，又无其他电解质存在，溶液中的离子强度不大，离子的活度系数可视为 1，所以式(5-3)可写成

$$K_{sp}=K_{sp}^0=[M^+]\cdot[A^-]=S^2 \quad (5-4)$$

可见，溶解度 $S$ 是在很稀的溶液中又没有其他离子存在时的数值，由 $S$ 所得的溶度积 $K_{sp}$ 非常接近活度积 $K_{sp}^0$。

对于 $M_mA_n$ 型沉淀有下列平衡：

$$M_mA_n \rightleftharpoons mM+nA$$

$$K_{sp}=[M^{n+}]^m[A^{m-}]^n \quad (5-5)$$

设该微溶化合物的溶解度为 $S$，即平衡时每升溶液中有 $S$(mol)的 $M_mA_n$ 溶解，此时必同时产生 $m\,S$ mol/L 的 $M^{n+}$ 和 $n\,S$mol/L 的 $A^{m-}$，即

$$[M^{n+}]=mS,\ [A^{m-}]=nS$$

于是，
$$K_{sp}=(mS)^m(nS)^n=m^mn^n(S)^{m+n}$$

$$S=\sqrt[m+n]{\frac{K_{sp}}{m^mn^n}} \quad (5-6)$$

例如：
$$Fe(OH)_3=Fe^{3+}+3OH^-$$

$$K_{sp}=[Fe^{3+}][OH^-]^3=S\cdot(3S)^3=27S^4$$

$$S=\sqrt[4]{\frac{K_{sp}}{27}}$$

2. 条件溶度积

在沉淀溶解平衡中，除了主反应外，还可能存在多种副反应。例如对于 1∶1 型沉淀 MA，除了溶解为 $M^+$ 和 $A^-$ 这个主反应外，阳离子 $M^+$ 还可能与溶液中的络合剂 L 形成络合物 ML、$ML_2$、…(略去电荷，下同)，也可能与 $OH^-$ 生成各级羟基络合物；阴离子 $A^-$ 还可能与 $H^+$ 形成 HA、$H_2A$、…，可表示为

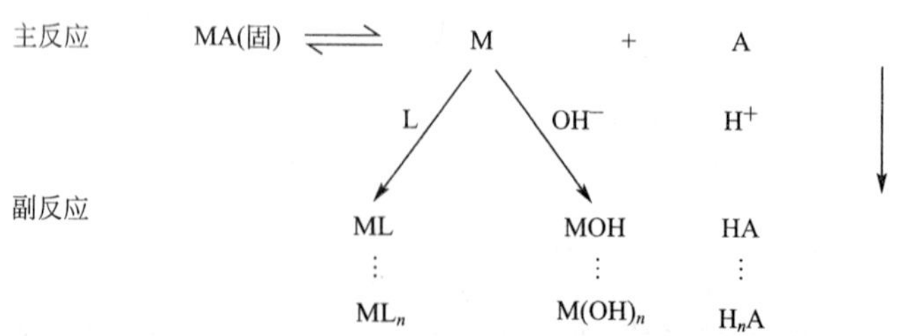


此时，溶液中金属离子总浓度[M′]和沉淀剂总浓度[A′]分别为

$$[M']=[M]+[ML]+[ML_2]+\cdots+[M(OH)]+[M(OH)_2]+\cdots$$

$$[A']=[A]+[HA]+[H_2A]+\cdots$$

同络合平衡的副反应计算相似，引入相应的副反应系数 $\alpha_M$、$\alpha_A$，则

$$K_{sp}=[M][A]=\frac{[M'][A']}{\alpha_M\alpha_A}=\frac{K'_{sp}}{\alpha_M\alpha_A}$$

即

$$K'_{sp}=[M'][A']=K_{sp}\alpha_M\alpha_A \tag{5-7}$$

$K'_{sp}$只有在温度、离子强度、酸度、络合剂浓度等一定时才是常数，即 $K'_{sp}$只有在反应条件一定时才是常数，故称为条件溶度积常数，简称条件溶度积。因为 $\alpha_M>1$、$\alpha_A>1$，所以 $K'_{sp}>K_{sp}$，即副反应的发生使溶度积常数增大。

对于 $m:n$ 型的沉淀 $M_mA_n$，则

$$K'_{sp}=K_{sp}\alpha_M^m\alpha_A^n \tag{5-8}$$

由于条件溶度积 $K'_{sp}$的引入，使得在有副反应发生时的溶解度计算大为简化。对微溶化合物的溶解度 $S$ 的计算与无副反应时的公式完全相同，只是 $K'_{sp}$代替 $K_{sp}$。

**【例 5-1】** 比较 $CaC_2O_4$ 在 pH=8.0 和 pH=2.0 时的溶解度。已知 $CaC_2O_4$ 的 $pK_{sp}=8.64$，$H_2C_2O_4$ 的 $pK_{a_1}=1.25$，$pK_{a_2}=4.29$。

**解：**

$$CaC_2O_4 \rightleftharpoons Ca^{2+}+C_2O_4^{2-}$$

$$\Updownarrow H^+$$

$$HC_2O_4^-$$

$$H_2C_2O_4$$

只存在 $C_2O_4^{2-}$ 与 $H^+$的副反应。pH=8.0 时：

$$\alpha_{C_2O_4^{2-}(H)}=1+\beta_1[H^+]+\beta_2[H^+]^2=1+10^{4.19}\times10^{-8}+10^{4.19}\times10^{1.23}\times(10^{-8})^2\approx1$$

即 pH=8.0 时无副反应，则

$$S=\sqrt{K_{sp}}=4.8\times10^{-5}\text{mol/L}$$

当 pH=2.0 时：

$$\alpha_{C_2O_4^{2-}(H)}=1+\beta_1[H^+]+\beta_2[H^+]^2=1+10^{4.19}\times10^{-2}+10^{4.19}\times10^{1.23}\times(10^{-2})^2=10^{2.36}$$

$$K'_{sp}=K_{sp}\cdot\alpha_{C_2O_4^{2-}(H)}=10^{-6.28}$$

$$S=\sqrt{K'_{sp}}=10^{-3.74}=7.2\times10^{-4}\text{mol/L}$$

可见，在酸性条件下 $CaC_2O_4$ 溶解度增加了 10 倍以上。

### 5.1.2 影响沉淀溶解度的因素

1. 同离子效应

组成沉淀的离子称为构晶离子，当沉淀反应达到平衡后，如果向溶液中加入含构晶离子的溶液，则沉淀的溶解度减小，这种现象称为同离子效应。

**【例 5-2】** 已知 $BaSO_4$ 的 $K_{sp}=1.1\times10^{-10}$，分别计算 $BaSO_4$：

(1) 在纯水中的溶解度。

（2）在0.10mol/L $BaCl_2$ 溶液中的溶解度。

（3）在0.10mol/L $Na_2SO_4$ 溶液中的溶解度。

**解**：（1）在纯水中 $BaSO_4$ 的溶解度为 $S_1$，则

$$S_1=[Ba^{2+}]=[SO_4^{2-}]=\sqrt{K_{sp}}=\sqrt{1.1\times10^{-10}}=1.05\times10^{-5}\text{mol/L}$$

（2）在0.10mol/L $BaCl_2$ 溶液中 $BaSO_4$ 的溶解度为 $S_2$，则

$$S_2=[SO_4^{2-}]=\frac{K_{sp}}{[Ba^{2+}]}=\frac{1.1\times10^{-10}}{0.10}=1.1\times10^{-9}\text{mol/L}$$

（3）在0.10mol/L $Na_2SO_4$ 溶液中 $BaSO_4$ 的溶解度为 $S_3$，则

$$S_3=[Ba^{2+}]=\frac{K_{sp}}{[SO_4^{2-}]}=\frac{1.1\times10^{-10}}{0.10}=1.1\times10^{-9}\text{mol/L}$$

可见，利用同离子效应可以显著降低沉淀的溶解度，这是保证沉淀完全的主要措施。

应该注意的是，沉淀剂过量的程度应根据沉淀剂的性质来确定，若加入太多，有时可能引起盐效应、酸效应及络合效应等副反应，反而使沉淀的溶解度增大。若沉淀剂不易挥发，应适当过量少些，一般以过量20%～30%为宜；若沉淀剂易挥发除去，则可过量50%～100%。

2. 盐效应

在微溶电解质溶液中，加入其他强电解质，会使难溶电解质的溶解度比同温度时在纯水中的溶解度大，而且溶解度随这些强电解质浓度的增大而增大，这种现象称为盐效应。表5-1为AgCl和 $BaSO_4$ 在 $KNO_3$ 溶液中的溶解度。

**表5-1 AgCl和 $BaSO_4$ 在 $KNO_3$ 溶液中的溶解度(25℃)**

**($S_0$ 为在纯水中的溶解度，$S$ 为在 $KNO_3$ 溶液中的溶解度)**

| $KNO_3$ /(mol/L) | AgCl溶解度 /($10^{-5}$mol/L) | $S/S_0$ | $KNO_3$ /(mol/L) | $BaSO_4$ 溶解度 /($10^{-5}$mol/L) | $S/S_0$ |
|---|---|---|---|---|---|
| 0.000 | 1.278($S_0$) | 1.00 | 0.000 | 0.96($S_0$) | 1.00 |
| 0.001 | 1.325 | 1.04 | 0.001 | 1.16 | 1.21 |
| 0.005 | 1.385 | 1.08 | 0.005 | 1.42 | 1.48 |
| 0.010 | 1.427 | 1.12 | 0.010 | 1.63 | 1.70 |
| | | | 0.036 | 2.35 | 2.45 |

从表5-1可以看出，在 $KNO_3$ 存在的情况下，AgCl、$BaSO_4$ 的溶解度都比在纯水中的溶解度大，并且随着 $KNO_3$ 浓度的增大，溶解度也增大。构晶离子的电荷越高，对溶解度的影响也越严重。当溶液中 $KNO_3$ 的浓度由0增加至0.01mol/L时，AgCl的溶解度只增大12%，而 $BaSO_4$ 的溶解度却增大70%。

产生盐效应的原因是由于离子的活度系数 $\gamma$ 与溶液中加入的强电解质的浓度有关，当强电解质的浓度增大到一定程度时，离子强度增大，因而使离子活度系数明显减小。从式(5-3)中可以看出，在一定温度下，$K_{sp}^0$ 为一常数，活度系数减小，则 $K_{sp}$ 增大，致使沉淀的溶解度增大。

由于盐效应的存在，在利用同离子效应降低沉淀的溶解度时应考虑盐效应的影响，即

沉淀剂不能过量太多。表 5-2 是 $PbSO_4$ 在 $Na_2SO_4$ 溶液中溶解度的变化情况。

**表 5-2 $PbSO_4$ 在 $Na_2SO_4$ 溶液中的溶解度**

| $Na_2SO_4$/(mol/L) | 0 | 0.001 | 0.01 | 0.02 | 0.04 | 0.10 | 0.20 |
|---|---|---|---|---|---|---|---|
| $PbSO_4$/(mmol/L) | 0.15 | 0.024 | 0.016 | 0.014 | 0.013 | 0.016 | 0.023 |

由表 5-2 可看出，当 $Na_2SO_4$ 浓度小于 0.04mol/L 以前，同离子效应占优势，当 $Na_2SO_4$ 浓度大于 0.04mol/L 以后，随着 $Na_2SO_4$ 浓度增大，$PbSO_4$ 溶解度反而增大，说明此时盐效应起了主导作用。所以当溶液中离子强度很大且沉淀的溶解度本来就较大时，就要考虑盐效应，而一般情况下，则无需考虑盐效应。

3. 酸效应

溶液的 pH 对沉淀溶解度的影响称为酸效应。酸效应产生的原因是由于溶液中的 $H^+$ 或 $OH^-$ 组成沉淀的构晶离子发生反应，使构晶离子的浓度降低，沉淀的溶解度增大。

以 $CaC_2O_4$ 为例，在溶液中有下列平衡：

$$CaC_2O_4 \rightleftharpoons Ca^{2+} + C_2O_4^{2-}$$

$$C_2O_4^{2-} \xrightleftharpoons{+H^+} HC_2O_4^- \xrightleftharpoons{+H^+} H_2C_2O_4$$

当溶液中 $H^+$ 浓度增大时，平衡向右移动，生成 $H_2C_2O_4$，破坏了 $CaC_2O_4$ 的沉淀平衡，沉淀的溶解度增大，$CaC_2O_4$ 会部分溶解甚至全部溶解。

**【例 5-3】** 计算 $CaC_2O_4$ 在 pH=5 和 pH=2 的溶液中的溶解度(已知 $H_2C_2O_4$ 的 $K_{a_1}=5.9\times10^{-2}$，$K_{a_2}=6.4\times10^{-5}$，$K_{sp,CaC_2O_4}=2.3\times10^{-9}$)。

**解：** pH=5 时，$H_2C_2O_4$ 的酸效应系数为

$$\alpha_{C_2O_4(H)}=1+\frac{[H]}{K_{a_2}}+\frac{[H]^2}{K_{a_1}K_{a_2}}$$

$$=1+\frac{1.0\times10^{-5}}{6.4\times10^{-5}}+\frac{(1.0\times10^{-5})^2}{5.9\times10^{-2}\times6.4\times10^{-5}}=1.17$$

$$K'_{sp,CaC_2O_4}=K_{sp,CaC_2O_4}\alpha_{C_2O_4(H)}=2.3\times10^{-9}\times1.17=2.69\times10^{-9}$$

$$S=\sqrt{K'_{sp}}=\sqrt{2.69\times10^{-9}}=5.2\times10^{-5}\text{mol/L}$$

同理可求出 pH=2 时 $CaC_2O_4$ 的溶解度为 $6.5\times10^{-4}$mol/L。

由上述计算可知 $CaC_2O_4$ 在 pH=2 的溶液中的溶解度比在 pH=5 的溶液中的溶解度约大 13 倍。

为了防止沉淀溶解损失，对于弱酸盐沉淀，如碳酸盐、草酸盐、磷酸盐等，通常应在较低的酸度下进行沉淀。如果沉淀本身是弱酸，如硅酸($SiO_2 \cdot nH_2O$)、钨酸($WO_3 \cdot nH_2O$)等，易溶于碱，则应在强酸性介质中进行沉淀。如果沉淀是强酸盐，如 AgCl 等，在酸性溶液中进行沉淀时，溶液的酸度对沉淀的溶解度影响不大。对于硫酸盐沉淀，例如 $BaSO_4$、$SrSO_4$ 等，由于 $H_2SO_4$ 的 $K_{a_2}$ 不大，当溶液的酸度太高时，沉淀的溶解度也随之增大。

4. 络合效应

在沉淀溶解平衡中，如果溶液中存在能与组成沉淀的离子生成可溶性络合物的络合剂，则会使沉淀的溶解度增大，这种现象称为络合效应。

例如，在 AgCl 的沉淀溶液中，加入氨水，由于 $NH_3$ 与 Ag 形成$[Ag(NH_3)_2]^+$，而使 AgCl 的溶解度增大，甚至全部溶解。

$$AgCl \rightleftharpoons Cl^- + Ag^+$$
$$\Updownarrow 2NH_3 \cdot H_2O$$
$$Ag(NH_3)_2^+$$

络合效应对沉淀溶解度的影响，主要取决于络合剂与构晶阳离子生成的络合物的稳定性和络合剂的浓度。络合物越稳定、络合剂的浓度越高，则络合效应越显著。

**【例 5-4】** 计算 AgI 在 0.010mol/L 的 $NH_3$ 水溶液中的溶解度。已知 AgI 的 $K_{sp}=8.3\times10^{-17}$，$Ag(NH_3)_2^+$的 $\beta_1=10^{3.40}$，$\beta_2=10^{7.40}$。

**解**：$NH_3$ 浓度为 0.010mol/L 时，有

$$\alpha_{Ag(NH_3)}=1+\beta_1[NH_3]+\beta_2[NH_3]^2$$
$$=1+10^{3.40}\times0.010+10^{7.40}\times(0.010)^2=1.0\times10^3$$
$$S=\sqrt{K_{sp}\alpha_{Ag(NH_3)}}=\sqrt{8.3\times10^{-17}\times1.0\times10^3}=2.9\times10^{-7}mol/L$$

在某些沉淀反应中，沉淀剂中的构晶离子本身又是络合剂。沉淀剂过量时，既有同离子效应，又有络合效应。例如，AgCl 沉淀可因与过量 $Cl^-$ 离子发生以下络合反应而溶解：

$$Cl^- + Ag^+ \rightleftharpoons AgCl$$
$$\Updownarrow Cl^-$$
$$AgCl_2^-,\ AgCl_3^{2-},\ AgCl_4^{3-}$$

对于这类沉淀反应，沉淀剂的加入量一定要适量。一般情况下，当溶液中沉淀剂浓度较低时，沉淀剂的同离子效应起主要作用。如果沉淀剂过量太多，则络合效应起主要作用，反而会使溶解度增大。

5. 其他影响因素

除上述因素外，温度和其他溶剂的存在，沉淀颗粒大小和结构等，都对沉淀的溶解度有影响。

1）温度的影响

沉淀的溶解一般是吸热过程，其溶解度随温度升高而增大。因此，对于一些在热溶液中溶解度较大的沉淀，在过滤洗涤时必须在室温下进行，如 $MgNH_4PO_4$、$CaC_2O_4$ 等。对于一些溶解度小，冷却时又较难过滤和洗涤的沉淀，则采用趁热过滤，并用热的洗涤液进行洗涤，如 $Fe(OH)_3$、$Al(OH)_3$ 等。

2）溶剂的影响

无机物沉淀大部分是离子型晶体，它们在有机溶剂中的溶解度一般比在纯水中要小，利用这个原理，在沉淀时加入一些有机溶剂，如乙醇或丙酮等，可降低沉淀的溶解度。

3）沉淀颗粒大小和结构的影响

同一种沉淀，在质量相同时，颗粒越小，其总表面积越大，溶解度越大。由于小晶体比大晶体有更多的边、角和表面，处于这些位置的离子受晶体内离子的吸引力小，又受到

溶剂分子的作用，容易进入溶液中。因此，小颗粒沉淀的溶解度比大颗粒沉淀的溶解度大。所以，在实际分析中，要尽量创造条件以利于形成大颗粒晶体。

# 5.2 分步沉淀和沉淀转化

前面已经介绍了有关微溶化合物的溶解度及其溶度积原理，应用溶度积原理可解决多种被沉淀离子共存下，当加入沉淀剂(沉淀滴定中称为滴定剂)时沉淀反应进行的次序问题，同时可解决一种沉淀物质是否能转化为另一种沉淀物质的问题。下面仅就溶度积原理的应用——分步沉淀和沉淀转化加以介绍。

## 5.2.1 分步沉淀

例如，溶液中同时含有 0.1000mol/L $Cl^-$ 和 0.1000mol/L$CrO_4^{2-}$ 离子，逐滴加入 $AgNO_3$ 溶液，则有

$$Ag^+ + Cl^- \rightleftharpoons AgCl\downarrow \text{(白色)} \qquad K_{sp,AgCl} = 1.8\times10^{-10}$$

$$2Ag^+ + CrO_4^{2-} \rightleftharpoons Ag_2CrO_4\downarrow \text{(砖红色)} \qquad K_{sp,Ag_2CrO_4} = 1.2\times10^{-12}$$

可由溶度积 $K_{sp}$分别求出 AgCl 和 $Ag_2CrO_4$ 开始沉淀时，需要的$[Ag^+]$。

$Cl^-$开始形成 AgCl 沉淀需$[Ag^+]$为

$$[Ag^+] = \frac{K_{sp,AgCl}}{[Cl^-]} = \frac{1.8\times10^{-10}}{0.10} = 1.8\times10^{-9}\text{mol/L}$$

$CrO_4^{2-}$ 开始形成 $Ag_2CrO_4$沉淀需$[Ag^+]$为

$$[Ag^+] = \sqrt{\frac{K_{sp,Ag_2CrO_4}}{[CrO_4^{2-}]}} = \sqrt{\frac{1.2\times10^{-12}}{0.10}} = 3.5\times10^{-6}\text{mol/L}$$

可见，开始形成沉淀，$Cl^-$ 离子需要的$[Ag^+]$远远小于 $CrO_4^{2-}$ 所需要的$[Ag^+]$。所以 AgCl 首先达到溶度积 $K_{sp}$，首先沉淀出来。

当加入 $AgNO_3$ 溶液至$[Ag^+]$达到 $3.5\times10^{-6}$mol/L 时，$Ag_2CrO_4$ 开始沉淀。而此时，溶液中的 $Cl^-$浓度为

$$[Cl^-] = \frac{K_{sp,AgCl}}{[Ag^+]} = \frac{1.8\times10^{-10}}{3.5\times10^{-6}} = 5.1\times10^{-5}\text{mol/L}$$

溶液中 $Cl^-$ 浓度还有 $5.1\times10^{-5}$mol/L，远远小于 $Cl^-$ 离子的原有浓度 0.1000mol/L，可以认为 $Cl^-$ 已沉淀完全。在定性分析中，通常认为离子浓度小于 $1.0\times10^{-5}$mol/L 时，沉淀已完全；定量分析中，要求离子浓度小于 $1.0\times10^{-6}$mol/L。

像这种加入一种沉淀剂使溶液中几种离子先后沉淀的现象，称为分步沉淀。凡是先达到溶度积的，先沉淀；后达到溶度积的，后沉淀。

## 5.2.2 沉淀转化

将微溶化合物转化为更难溶的化合物叫做沉淀的转化。

例如，当微溶化合物 AgCl 的溶液中，达到沉淀溶解平衡后，加入硫氰酸铵 $NH_4SCN$

溶液，生成更难溶化合物硫氰酸银 AgSCN。即

$$\begin{array}{ll} AgCl \rightleftharpoons Ag^{+} + Cl^{-} & K_{sp,AgCl}=1.8\times10^{-10} \\ \quad\quad\quad\quad \Updownarrow SCN^{-} & K_{sp,AgSCN}=1.07\times10^{-12} \\ \quad\quad\quad AgSCN\downarrow(白色) & \end{array}$$

由于 $K_{sp,AgCl}>K_{sp,AgSCN}$，所以加入 $NH_4SCN$ 后，AgCl 沉淀的溶解平衡向右移动，使 AgCl 不断溶解，AgSCN 沉淀继续生成，直到 AgCl 沉淀全部转化为 AgSCN 沉淀为止。测定水样 $Cl^-$ 的佛尔哈德法就是利用沉淀转化原理的。

## 5.3 沉淀滴定法

### 5.3.1 沉淀滴定曲线

以 0.1000mol/L $AgNO_3$ 滴定 20.00mL0.1000mol/L NaCl 为例讨论和计算沉淀滴定曲线。

1. 化学计量点前

滴定之前，为 NaCl 溶液，$[Ag^+]=0$。

滴定开始至化学计量点之前，由于同离子效应，AgCl 沉淀所溶解出的 $Cl^-$ 极少，一般可忽略。因此，可根据溶液中某一时刻的 $[Cl^-]$ 和 $K_{sp,AgCl}$ 来计算此时的 $[Ag^+]$ 和 pAg（$Ag^+$ 浓度的负对数）。

例如，滴入 $AgNO_3$ 标准溶液 19.98mL 时，则

$$[Cl^-]=\frac{0.1000\times(20.00-19.98)}{19.98+20.00}=5.0\times10^{-5}\text{mol/L}$$

$$[Ag^+]=\frac{K_{sp,AgCl}}{[Cl^-]}=\frac{1.8\times10^{-10}}{5.0\times10^{-5}}=3.6\times10^{-6}\text{mol/L}$$

$$pAg=5.44$$

同样的方法，计算出计量点之前滴入 0.1000 mol/L $AgNO_3$ 时的 pAg 值。

2. 化学计量点时

此时已滴入 20.00mL0.1000mol/L $AgNO_3$ 溶液，可以认为 $Ag^+$ 与 $Cl^-$ 的量完全由 AgCl 溶解所产生的，且 $[Ag^+]=[Cl^-]$。所以

$$[Ag^+]=[Cl^-]=\sqrt{K_{sp,AgCl}}=1.3\times10^{-5}\text{mol/L}$$

$$pAg=4.87$$

3. 化学计量点后

化学计量点之后，溶液中有 AgCl 沉淀和过量的 $AgNO_3$，同样由于同离子效应，使 AgCl 沉淀所溶解出的 $Ag^+$ 极少，可忽略不计。因此，只按过量 $AgNO_3$ 的量近似求 $[Ag^+]$。

例如，滴入 20.02mL $AgNO_3$，则

$$[Ag^+]=\frac{0.1000\times(20.02-20.00)}{20.02+20.00}=5.0\times10^{-5}\text{mol/L}$$

$$pAg=4.3$$

同样按类似方法可求得计量点之后的 pAg 值。

以 0.1000 mol/L $AgNO_3$ 标准溶液的滴入量(mL)为横坐标，以对应的 pAg 为纵坐标，绘制的曲线为沉淀滴定曲线(图 5.1)。可见 $AgNO_3$ 标准溶液滴定水中 $Cl^-$ 的计量点时 pAg=4.87，其突跃范围与滴定剂和被沉淀物的浓度有关，滴定剂的浓度越大，滴定突跃就越大；除此之外，还与沉淀的 $K_{sp}$ 大小有关，沉淀的 $K_{sp}$ 越大，即沉淀的溶解度越大，滴定突跃就越小。

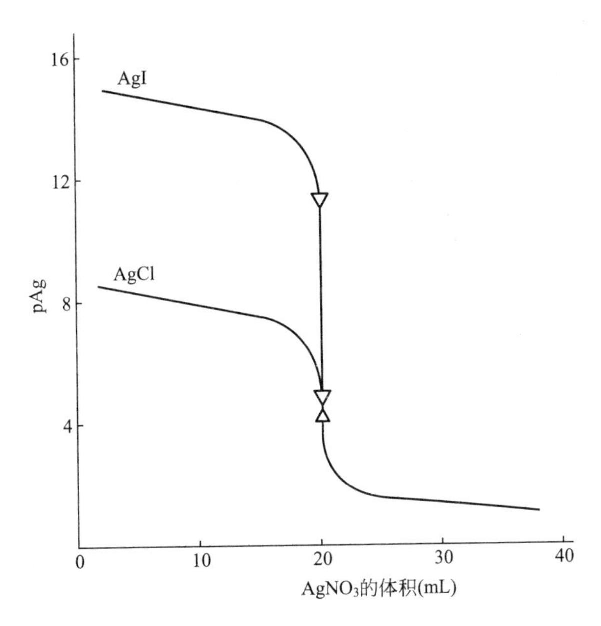


**图 5.1　0.1000 mol/L $AgNO_3$ 滴定同浓度 NaCl 或 NaI 的滴定曲线**

例如：AgCl 的 $K_{sp}=1.8\times10^{-10}$，而 AgI 的 $K_{sp}=8.3\times10^{-17}$，因此，用 $AgNO_3$ 滴定 $Cl^-$ 的突跃就比滴定同浓度的 $I^-$ 时的突跃小。

## 5.3.2　莫尔法——铬酸钾作指示剂法

莫尔法是以 $K_2CrO_4$ 为指示剂，在中性或弱碱性介质中 $AgNO_3$ 标准滴定溶液测定卤素混合物含量的方法。

1. 滴定原理

以测定 $Cl^-$ 为例，$K_2CrO_4$ 作指示剂，用 $AgNO_3$ 标准滴定溶液滴定，根据分步沉淀原理，首先生成的沉淀为 AgCl 沉淀，即

$$Ag^+ + Cl^- \rightleftharpoons AgCl\downarrow(白色)$$

当滴定剂 $Ag^+$ 与 $Cl^-$ 达到化学计量点时，微过量的 $Ag^+$ 与 $CrO_4^{2-}$ 反应，析出砖红色的 $Ag_2CrO_4$ 沉淀，指示滴定终点的到达，即

$$2Ag^{+}+CrO_4^{2-} \rightleftharpoons Ag_2CrO_4\downarrow(\text{砖红色})$$

根据 $AgNO_3$ 标准溶液的消耗量，便可求得水中 $Cl^-$ 离子的含量。

2. 滴定条件

1）指示剂的用量要合适

用 $AgNO_3$ 标准滴定溶液滴定 $Cl^-$，指示剂 $K_2CrO_4$ 的用量对于终点指示有较大影响，$CrO_4^{2-}$ 浓度过高，$Ag_2CrO_4$ 沉淀的析出偏早，使 $Cl^-$ 的测得结果偏低；相反，$CrO_4^{2-}$ 浓度过低，$Ag_2CrO_4$ 沉淀的析出偏迟，使 $Cl^-$ 的测得结果偏低。因此要求 $Ag_2CrO_4$ 沉淀应该恰好在滴定反应的化学计量点时出现，化学计量点时$[Ag^+]$为

$$[Ag^+]=[Cl^-]=\sqrt{K_{sp,AgCl}}=\sqrt{1.8\times10^{-10}}=1.3\times10^{-5}\text{mol/L}$$

若此时恰有 $Ag_2CrO_4$ 沉淀，则

$$[CrO_4^{2-}]=\frac{K_{sp,Ag_2CrO_4}}{[Ag^+]^2}=\frac{1.2\times10^{-12}}{(1.3\times10^{-5})^2}=7.1\times10^{-3}\text{mol/L}$$

在滴定时，由于 $K_2CrO_4$ 显黄色，当其浓度较高时颜色较深，不易判断砖红色的出现。为了能观察到明显的终点，指示剂的浓度以略低一些为好。试验证明，滴定溶液中$[CrO_4^{2-}]$为 $5\times10^{-3}$mol/L 是确定滴定终点的适宜浓度。

显然，$K_2CrO_4$ 浓度降低后，要使 $Ag_2CrO_4$ 析出沉淀，必须多加一些 $AgNO_3$ 标准滴定溶液，这时滴定剂就过量消耗一些，影响不大，还可用蒸馏水空白试验扣除。

2）溶液的酸度要适宜

在酸性溶液中，有如下反应：

$$2CrO_4^{2-}+2H^+ \rightleftharpoons 2HCrO_4^- \rightleftharpoons Cr_2O_7^{2-}+H_2O$$

当 pH 降低，平衡向右移动，$[CrO_4^{2-}]$减少，为了达到 $K_{sp,Ag_2CrO_4}$，就必须加入过量 $Ag^+$，才会有 $Ag_2CrO_4$ 沉淀，可导致终点拖后。

在强碱性溶液中，会有棕黑色 $Ag_2O$ 沉淀析出：

$$2Ag^+ +2OH^- \rightleftharpoons 2AgOH\downarrow \rightarrow Ag_2O+H_2O$$

$$\begin{array}{c} 2Ag^+ +2OH^- \rightleftharpoons 2AgOH\downarrow \\ \quad\quad\quad\quad\quad\quad \upharpoonleft\downharpoonright \\ \quad\quad\quad\quad\quad\quad Ag_2O+H_2O \end{array}$$

因此，莫尔法只能在中性或弱碱性(pH＝6.5～10.5)溶液中进行。

如果试液为酸性或强碱性，可用酚酞作指示剂，以稀 NaOH 溶液或稀 $H_2SO_4$ 溶液调节至酚酞的红色刚好褪去，也可用 $NaHCO_3$、$CaCO_3$ 或 $Na_2B_4O_7$ 等预先中和，然后再滴定。

还应注意的是，当溶液中有 $NH_4^+$ 存在，如果 pH 增高时，$NH_4^+$ 将有一部分转化为 $NH_3$，$NH_3$ 可与 $Ag^+$ 形成银氨络合物$[Ag(NH_3)_2]^+$，而使 AgCl 和 $Ag_2CrO_4$ 沉淀溶解，影响滴定的准确度。此时，必须控制溶液的 pH 在 6.5～7.2 为宜。

3）滴定时必须剧烈摇动

在用 $AgNO_3$ 标准滴定溶液滴定 $Cl^-$ 时，在计量点之前，析出的 AgCl 沉淀会吸附溶液中过量的 $Cl^-$，使溶液中 $Cl^-$ 浓度降低，导致终点提前。所以滴定时必须剧烈摇动滴定瓶，防止 $Cl^-$ 被 AgCl 沉淀吸附。

在测定 $Br^-$ 时，AgBr 沉淀对 $Br^-$ 的吸附更严重，滴定时更要注意剧烈摇动，否则将

造成较大误差。

3. 应用

莫尔法主要用于$Cl^-$、$Br^-$，不宜测定$I^-$和$SCN^-$，因为滴定生成的AgI和AgSCN沉淀会强烈吸附$I^-$和$SCN^-$，使终点变色不明显，造成较大误差。也不能用$Cl^-$直接滴定$Ag^+$，因为试液中加入$K_2CrO_4$指示剂，立即生成大量的$Ag_2CrO_4$沉淀，在用$Cl^-$标准溶液滴定时，$Ag_2CrO_4$沉淀十分缓慢地转变为AgCl沉淀，使测定无法进行。

莫尔法的选择性较差，凡是能与$Ag^+$生成沉淀的阴离子，如$PO_4^{3-}$、$AsO_4^{3-}$、$SO_3^{2-}$、$S^{2-}$、$CO_3^{2-}$、$C_2O_4^{2-}$等都干扰测定；大量$Ca^{2+}$、$Co^{2+}$、$Ni^{2+}$等有色离子影响终点的观察；$Al^{3+}$、$Fe^{3+}$、$Bi^{3+}$、$Sn^{4+}$等高价金属离子在中性或弱碱性溶液中发生水解；$Ba^{2+}$、$Pb^{2+}$能与$CrO_4^{2-}$生成$BaCrO_4$和$PbCrO_4$沉淀，也干扰测定。所有这些干扰离子都必须预先分离除去。

### 5.3.3 佛尔哈德法——铁铵矾作指示剂法

佛尔哈德法是在酸性介质中以铁铵矾[$NH_4Fe(SO_4)_2 \cdot 2H_2O$]作指示剂确定滴定终点的一种银量法。根据滴定方式的不同，佛尔哈德法分为直接滴定法和返滴定法两种。

1. 滴定原理

1）直接滴定法测定$Ag^+$

在酸性溶液（$HNO_3$介质）中，以$NH_4SCN$（或KSCN、NaSCN）为标准溶液，用$NH_4Fe(SO_4)_2$作指示剂直接滴定$Ag^+$，其反应为

$$Ag^+ + SCN^- \rightleftharpoons AgSCN\downarrow\text{（白色）} \qquad K_{sp}=1.0\times10^{-12}$$

当滴定到达化学计量点时，稍过量的$SCN^-$与$Fe^{3+}$结合，生成红色的$[FeSCN]^{2+}$络合物，指示终点的到达。其反应为

$$Fe^{3+} + SCN^- \rightleftharpoons FeSCN^{2+}\text{（红色）} \qquad K_1=200$$

根据$NH_4SCN$（或KSCN、NaSCN）标准溶液的消耗量，便可求得水中$Ag^+$离子的含量。

2）返滴定法测定卤素离子

以测定$Cl^-$含量为例加以说明。在含有$Cl^-$的酸性（$HNO_3$介质）溶液中，先加入准确过量的$AgNO_3$标准滴定溶液，使$Ag^+$与溶液中的$Cl^-$反应生成AgCl沉淀，然后再加入铁铵矾指示剂，以$NH_4SCN$（或KSCN、NaSCN）标准溶液返滴定剩余的$Ag^+$。其反应为

$$\underset{\text{（过量）}}{Ag^+} + Cl^- \rightleftharpoons AgCl\downarrow\text{（白色）} \qquad K_{sp}=1.8\times10^{-10}$$

$$SCN^- + \underset{\text{（剩余）}}{Ag^+} \rightleftharpoons AgSCN\downarrow\text{（白色）}$$

当滴定到达化学计量点时，稍过量的$SCN^-$与$Fe^{3+}$结合，生成红色的$[FeSCN]^{2+}$络合物，指示终点的到达。其反应为

$$SCN^- + Fe^{3+} \rightleftharpoons [FeSCN]^{2+}$$

根据加入$AgNO_3$标准滴定溶液的量和$NH_4SCN$（或KSCN、NaSCN）标准溶液的消耗

量，便可求得水中 $Cl^-$ 的含量。

2. 滴定条件

1）溶液的酸度要适宜

一般溶液的酸度控制在 $[H^+]=0.1\sim1mol/L$ 之间。这时，指示剂铁铵矾中的 $Fe^{3+}$ 主要以 $Fe(H_2O)_6^{3+}$ 形式存在，颜色较浅。如果 $[H^+]$ 较低，$Fe^{3+}$ 将水解成棕黄色的羟基络合物 $Fe(H_2O)_5(OH)^{2+}$ 或 $Fe_2(H_2O)_4(OH)_2^{4+}$ 等，使终点颜色变化不明显；如果 $[H^+]$ 更低，则可能产生 $Fe(OH)_3$ 沉淀，以致无法指示终点。因此，佛尔哈德法应在酸性溶液中进行。

在强酸性条件下滴定是佛尔哈德法的最大优点，许多银量法的干扰离子，如 $PO_4^{3-}$、$CO_3^{2-}$、$CrO_4^{2-}$ 和 $AsO_4^{3-}$ 等弱酸根离子不会与 $Ag^+$ 反应。因此，不干扰测定，这就扩大了佛尔哈德法的应用范围。

2）指示剂的用量要合适

指示剂 $NH_4Fe(SO_4)_2$ 的用量不能过高，也不能过低。用量过高将使终点提前到达，用量过低则将使终点延后。

在含有在 $Ag^+$ 酸性溶液中，以铁铵矾为指示剂，用 $NH_4SCN$ 标准溶液滴定至化学计量点时，$SCN^-$ 的浓度为

$$[SCN^-]=[Ag^+]=\sqrt{K_{sp,AgSCN}}=\sqrt{1.0\times10^{-12}}=1.0\times10^{-6}mol/L$$

若要此时恰好能观察到 $[FeSCN]^{2+}$ 的明显红色，要求 $[FeSCN]^{2+}$ 的最低浓度应为 $6\times10^{-6}$ mol/L，则 $Fe^{3+}$ 的浓度为

$$[Fe^{3+}]=\frac{[FeSCN]^{2+}}{K_1\times[SCN]^-}=\frac{6\times10^{-6}}{200\times1.0\times10^{-6}}=0.03mol/L$$

由于 $Fe^{3+}$ 的浓度较高会使溶液呈较深的橙黄色，影响终点的观察，在实际工作中一般将 $Fe^{3+}$ 的浓度控制在 0.015mol/L，虽然这样将使终点稍后于化学计量点，但由此产生的误差很小，可忽略不计。

3）滴定时应剧烈摇动

在化学计量点前，AgSCN 沉淀会吸附溶液中过量的构晶离子 $Ag^+$，结果使溶液中的 $Ag^+$ 浓度降低，导致 $[FeSCN]^{2+}$ 提前产生，从而使终点提前。因此，滴定时必须剧烈摇动，使被吸附的 $Ag^+$ 及时释放出来。

3. 应用

应用佛尔哈德法可直接测定 $Ag^+$ 含量，但在实际工作中，佛尔哈德法的主要应用并不是用其通过直接滴定法测定 $Ag^+$，而是用返滴定法间接测定水中卤素离子和类卤素离子。

当用返滴定法测定 $Cl^-$ 时，由于 $K_{sp,AgCl}>K_{sp,AgSCN}$，因此，当滴定到达化学计量点时，稍过量的 $SCN^-$ 就会置换 AgCl 中的 $Cl^-$，发生沉淀的转化，即

$$AgCl\downarrow+SCN^-\rightleftharpoons AgSCN\downarrow+Cl^-$$

这种沉淀转化反应在剧烈摇动溶液的情况下将不断地向右进行，直到达到平衡。这样就使红色 $[FeSCN]^{2+}$ 不能及时产生，或已与 $Fe^{3+}$ 络合的 $SCN^-$ 又重新解离出来而发生上述转化反应，使本已出现的 $[FeSCN]^{2+}$ 的红色随着摇动而又消失。这都会导致终点延迟出现，甚至得不到稳定的终点。

为了避免上述现象的发生，通常可采用下列两种措施：

(1) 在加入 $AgNO_3$ 标准溶液，形成 AgCl 沉淀之后，加入有机溶剂硝基苯或邻苯二甲酸二丁酯或 1，2-二氯乙烷。用力摇动后，有机溶剂将 AgCl 沉淀包住，使 AgCl 沉淀与外部溶液隔离，阻止 AgCl 沉淀与 $NH_4SCN$ 发生转化反应。此法很方便，但硝基苯有毒。

(2) 在加入过量的 $AgNO_3$ 标准溶液之后，将溶液煮沸，使 AgCl 沉淀凝聚，以减少 AgCl 沉淀对 $Ag^+$ 的吸附。滤去沉淀，并用稀 $HNO_3$ 充分洗涤沉淀，然后用 $NH_4SCN$ 标准滴定溶液回滴滤液中的过量 $Ag^+$。

当用返滴定法测定 $Br^-$ 或 $I^-$ 时，由于 $K_{sp,AgBr}$（或 $K_{sp,AgI}$）$<K_{sp,AgSCN}$，故不会发生沉淀的转化，因此不必采取上述措施。但是测 $I^-$ 时，必须先加入过量 $AgNO_3$，再加铁铵矾指示剂，否则 $I^-$ 会被 $Fe^{3+}$ 氧化成 $I_2$，而使测定结果偏低。

$$2I^- + 2Fe^{3+} \rightleftharpoons 2Fe^{2+} + I_2$$

佛尔哈德法的突出优点是在酸性条件下测定水中卤素离子或类卤素离子有很高的选择性，但也有缺点，如水样中有强氧化剂、氮的低价氧化物及铜盐、汞盐等均能与 $SCN^-$ 作用，产生干扰，因此要先除去。

### 5.3.4 法扬司法——吸附指示剂法

法扬司法是以吸附指示剂确定滴定终点的一种银量法。

1. 滴定原理

吸附指示剂是一类有机染料，它的阴离子在溶液中易被带正电荷的胶状沉淀吸附，吸附后结构改变，从而引起颜色的变化，指示滴定终点的到达。

用 $AgNO_3$ 标准滴定溶液滴定 $Cl^-$，以荧光黄为指示剂，来说明法扬司法的滴定原理。

荧光黄是一种有机弱酸，可用 HFI 符号表示，在溶液中它可解离为荧光黄阴离子 $FI^-$，呈黄绿色：

$$\underset{}{HFI} \rightleftharpoons H^+ + \underset{\text{(黄绿色)}}{FI^-} \qquad pK_a \approx 7$$

在化学计量点之前，溶液中存在着过量的 $Cl^-$，AgCl 沉淀胶体微粒吸附 $Cl^-$ 而带负电荷，不吸附指示剂 $FI^-$，溶液呈黄绿色。而在化学计量点时，微过量的 $AgNO_3$ 标准溶液即可使 AgCl 沉淀胶体微粒吸附 $Ag^+$ 而带正电荷。这时，带正电荷的胶体微粒吸附 $FI^-$，便在 AgCl 表面形成了荧光黄银化合物而呈淡红色，使整个溶液由黄绿色变成淡红色，指示终点的到达。

$$\underset{\text{(黄绿色)}}{(AgCl)\cdot Ag^+ + FI^-} \xrightarrow{\text{吸附}} \underset{\text{(淡红色)}}{(AgCl)\cdot AgFI}$$

如果用 NaCl 标准溶液滴定水中 $Ag^+$，则颜色变化正好相反，是由淡红色变为黄绿色。

2. 滴定条件

1) 保持沉淀呈胶体状态

由于吸附指示剂的颜色变化发生在沉淀胶体微粒的表面上，为使终点变色敏锐，应尽量使卤化银呈胶体状态，以具有较大的比表面积。为此，在滴定前将溶液稀释，并加入糊精或淀粉等高分子化合物作为保护剂，以防止卤化银沉淀凝聚。

2）控制溶液酸度

常用的吸附指示剂大多是有机弱酸，其指示剂作用的是它们的阴离子。酸度大时，$H^+$ 与指示剂阴离子结合成不被吸附的指示剂分子，无法指示终点。酸度的大小与指示剂的解离常数有关，解离常数大，酸度可以大一些。例如荧光黄的 $pK_a \approx 7$，适用于 pH＝7～10 的条件下进行滴定。若 pH＜7，荧光黄主要以 HFI 形式存在，不被吸附。

3）避免强光照射

卤化银沉淀对光敏感，易分解出银，使沉淀变为灰黑色，影响滴定终点的观察，因此在滴定过程中应避免强光照射。

4）吸附指示剂的吸附能力

沉淀胶体微粒对指示剂离子的吸附能力应略小于对待测离子的吸附能力，否则指示剂将在化学计量点前变色。但不能太小，否则会使终点出现过迟。卤化银对卤化物和一些吸附指示剂的吸附能力强弱次序是：

$$I^- > \text{二甲基二碘荧光黄} > Br^- > \text{曙红} > Cl^- > \text{荧光黄}$$

因此，测定 $Cl^-$ 不能选曙红，而应选荧光黄；若测定 $Br^-$，则应选曙红，而不能选荧光黄。表 5－3 列出了几种常用的吸附指示剂及其应用。

**表 5－3　常用吸附指示剂及其应用**

| 指示剂 | 被测离子 | 滴定剂 | 滴定条件 | 终点颜色变化 |
|---|---|---|---|---|
| 荧光黄 | $Cl^-$，$Br^-$，$I^-$ | $AgNO_3$ | pH 7～10 | 黄绿→淡红 |
| 二氯荧光黄 | $Cl^-$，$Br^-$，$I^-$ | $AgNO_3$ | pH 4～10 | 黄绿→红 |
| 曙红 | $Br^-$，$SCN^-$，$I^-$ | $AgNO_3$ | pH 2～10 | 橙黄→红紫 |
| 溴酚蓝 | 生物碱盐类 | $AgNO_3$ | 弱酸性 | 黄绿→灰紫 |
| 甲基紫 | $Ag^+$ | NaCl | 酸性溶液 | 黄红→红紫 |

3. 应用

法扬司法可用于测定 $Cl^-$、$Br^-$、$I^-$ 和 $SCN^-$ 及生物碱盐类（如盐酸麻黄碱）等。测定 $Cl^-$ 常用荧光黄或二氯荧光黄作指示剂，而测定 $Br^-$、$I^-$ 和 $SCN^-$ 常用曙红作指示剂。此法终点明显，方法简便，但反应条件要求较严，应注意溶液的酸度、浓度及胶体的保护等。

## 5.3 沉淀滴定法标准溶液的制备

沉淀滴定法中常用的标准溶液是 $AgNO_3$ 和 $NH_4SCN$ 溶液。

### 5.4.1 硝酸银标准溶液的配制与标定

$AgNO_3$ 标准滴定溶液可以用符合基准试剂要求的 $AgNO_3$ 直接配制。但市售的 $AgNO_3$ 常含有杂质，如 Ag、$Ag_2O$、游离硝酸和亚硝酸等。因此，一般情况下都是间接配制，然后用基准 NaCl 来标定。所用的 NaCl 必须在坩埚中加热至 500～600℃，直至不再有爆裂声为止，然后放入干燥器内保存备用。

配制 $AgNO_3$ 溶液所用的蒸馏水应不含 $Cl^-$ 离子，配好的 $AgNO_3$ 溶液应存放在棕色试剂瓶中，置于暗处，避免日光照射。

$AgNO_3$ 标准滴定溶液可用莫尔法标定，基准物质为 NaCl，以 $K_2CrO_4$ 为指示剂，溶液呈现砖红色即为终点。

### 5.4.2 $NH_4SCN$ 溶液的配制与标定

市售 $NH_4SCN$ 常含有硫酸盐、硫化物等杂质，而且容易潮解。因此，只能用间接法配制，然后用基准试剂 $AgNO_3$ 标定其准确浓度。也可取一定量已标定好的 $AgNO_3$ 标准滴定溶液，用 $NH_4SCN$ 溶液直接滴定。

$NH_4SCN$ 标准溶液可用佛尔哈德法标定，其基准物质为 $AgNO_3$，以铁铵矾为指示剂用配好的 $NH_4SCN$ 滴定至浅红色为终点。但须注意，AgSCN 沉淀易吸附溶液中的 $Ag^+$，使滴定终点提前到达，因此，为减少吸附，在计量点前必须用力摇动。

## 习　　题

一、思考题

1. 什么叫沉淀滴定法？用于沉淀滴定的反应必须符合哪些条件？

2. 什么叫分步沉淀？试用分步沉淀的现象说明莫尔法的依据。

3. 莫尔法中 $K_2CrO_4$ 指示剂用量对分析结果有何影响？

4. 为什么莫尔法只能在中性或弱碱性溶液中进行，而佛尔哈德法只能在酸性溶液中进行？用佛尔哈特法测定 $Cl^-$ 离子的条件是什么？是否可以碱性溶液中进行？为什么？

5. 吸附指示剂的作用原理是什么？使用吸附指示剂时，应注意哪些问题？

6. 用银量法测定下列试样中 $Cl^-$ 含量时，应选用何种方法确定终点较为合适？

(1) KCl；　(2) $NH_4Cl$；　(3) $Na_3PO_4+NaCl$。

7. 在下列情况下，分析结果是偏低还是偏高，还是没影响？为什么？

(1) pH=4 时，用莫尔法测定 $Cl^-$。

(2) 莫尔法测定 $Cl^-$ 时，指示剂 $K_2CrO_4$ 溶液浓度过稀。

(3) 佛尔哈德法测定 $Cl^-$ 时，未加硝基苯。

(4) 佛尔哈德法测定 $I^-$ 时，先加入铁铵矾指示剂，再加入过量 $AgNO_3$ 标准溶液。

(5) 法扬司法测定 $Cl^-$ 时，用曙红作指示剂。

8. 用银量法测定下列试样中的 $Cl^-$ 时，选用什么指示剂指示滴定终点比较合适？

(1) $CaCl_2$；　(2) $BaCl_2$；

(3) $FeCl_3$；　(4) $NaCl+Na_3PO_4$；

(5) $NH_4Cl$；　(6) $NaCl+Na_2SO_4$；

(7) $Pb(NO_3)_2+NaCl$。

二、计算题

1. 下列情况，有无沉淀生成？

(1) 0.001mol/L $Ca(NO_3)_2$ 溶液与 0.01mol/L $NH_4HF_2$ 溶液以等体积相混合。

(2) 0.01mol/L $MgCl_2$ 溶液与 0.1mol/L $NH_3$ - 1mol/L $NH_4Cl$ 溶液等体积相混合。

2. 求氟化钙的溶解度：

(1) 在纯水中(忽略水解)。

(2) 在 0.01mol/L $CaCl_2$ 溶液中。

(3) 在 0.01mol/L HCl 溶液中。

3. 计算 pH=5.0，草酸总浓度为 0.05mol/L 时，草酸钙的溶解度。如果溶液的体积为 300mL，将溶解多少克 $CaC_2O_4$？

4. 25℃时，铬酸银的溶解度为 0.0279g/L，计算铬酸银的溶度积。

5. 将 KI 溶液加到含有 0.20mol/L $Pb^{2+}$ 和 0.01mol/L $Ag^+$ 的溶液中，哪种离子先沉淀？第二种离子沉淀时第一种离子的浓度是多少？

6. 称取氯化物试样 0.2266g，加入 30.00mL 0.1121mol/L $AgNO_3$ 溶液。过量的 $AgNO_3$ 消耗了 0.1158mol/L $NH_4SCN$ 6.50mL。计算试样中氯的质量分数。

7. 取基准物质 NaCl 0.2000g，溶于水后加过量的 $AgNO_3$ 溶液 50.00mL，以铁铵矾为指示剂，用 $NH_4SCN$ 标准溶液滴定至微红色，用去 25.00mL。已知 25.00mL $NH_4SCN$ 溶液刚好和 30.00mL $AgNO_3$ 溶液完全反应，计算 $c(NH_4SCN)$ 和 $c(AgNO_3)$ 是多少？[M(NaCl)=58.44g/mol]

8. 用移液管吸取 NaCl 溶液 25.00mL，加入 $K_2CrO_4$ 指示剂液，用 $c(AgNO_3)$ = 0.07488mol/L 的 $AgNO_3$ 溶液滴定，用去 37.42mL，计算每升溶液中含 NaCl 多少克？

9. 某碱厂用莫尔法测定原盐中氯的含量，以 $c(AgNO_3)$=0.1000mol/L 的 $AgNO_3$ 溶液滴定，欲使滴定时用去的标准溶液的毫升数恰好等于氯的百分含量，应称取试样多少克？

10. 称取银合金试样 0.3000g，溶解后制成溶液，加入铁铵矾指示液，用 $c(NH_4SCN)$ = 0.1000mol/L 的 $NH_4SCN$ 标准溶液滴定，用去 23.80mL，计算试样中的银含量。

11. 称取可溶性氯化物样品 0.2266g，加入 30.00mL $c(AgNO_3)$ = 0.1121mol/L 的 $AgNO_3$ 标准溶液，过量的 $AgNO_3$ 用 $c(NH_4SCN)$=0.1185mol/L 的 $NH_4SCN$ 标准溶液滴定，用去 6.50mL，计算试样中氯的质量分数。

12. 将 40.00mL 0.1020mol/L $AgNO_3$ 溶液加到 25.00mL $BaCl_2$ 溶液中，剩余的溶液 $AgNO_3$ 溶液，需用 15.00mL 0.09800mol/L $NH_4SCN$ 溶液返滴定，问 25.00mL $BaCl_2$ 溶液中含 $BaCl_2$ 质量为多少？

13. 含 $NH_4Cl$、$NaIO_3$ 和惰性杂质的试样 1.878g，溶于水后稀释至 250.00mL。吸取 50.00mL 两份，一份加入过量的 $AgNO_3$，产生 AgCl、$AgIO_3$ 沉淀 0.6020g；另一份加入过量的 $Ba(NO_3)_2$，产生 $Ba(IO_3)_2$ 沉淀 0.1974g。试计算试样中 $NH_4Cl$、$NaIO_3$ 的含量。

14. 将 8.670g 杀虫剂样品中的砷转化为砷酸盐，加入 50.00mL 0.02504mol/L $AgNO_3$，使其沉淀为 $Ag_3AsO_4$，然后用 0.05441mol/L KSCN 溶液滴定过量的 $Ag^+$，消耗 3.64mL，计算样品中 $As_2O_3$ 的含量。

15. 称取含有 NaCl 和 NaBr 的试样 0.6280g，溶解后用 $AgNO_3$ 溶液处理，得到干燥的 AgCl 和 AgBr 沉淀 0.5064g。另称取相同质量的试样 1 份，用 0.1050mol/L $AgNO_3$ 溶液滴定至终点，消耗 28.34mL。计算试样中 NaCl 和 NaBr 的质量分数。

16. 称取一纯盐 $KIO_x$ 0.5000g，经还原为碘化物后用 0.1000mol/L $AgNO_3$ 溶液滴定，

用去 23.36mL。求该盐的化学式。

17. 称取烧碱样品 5.0380g 溶于水中，用硝酸调节 pH 后，定容于 250mL 容量瓶中，摇匀后，吸取 25.00mL 置于锥形瓶中，加入 25.00mL $c(AgNO_3)=0.1043$mol/L $AgNO_3$ 溶液，沉淀完全后加入 5mL 邻苯二甲酸二丁酯，用 $c(NH_4SCN)=0.1015$mol/L 标准溶液返滴，用去 21.45mL，计算烧碱中 NaCl 的百分含量。

18. 称取某含砷农药 0.2000g，溶于 $HNO_3$ 后转化为 $H_3AsO_4$，调至中性，加 $AgNO_3$ 使其沉淀为 $Ag_3AsO_4$。沉淀经过滤、洗涤后，再溶解于稀 $HNO_3$ 中，以铁铵矾为指示剂，滴定时消耗了 0.1180mol/L $NH_4SCN$ 标准溶液 33.85mL。计算该农药中的 $As_2O_3$ 的质量分数。

# 第6章
# 氧化还原滴定法

## 教学目标

本章主要讲述沉淀滴定法的基本理论和方法。通过本章学习，应达到以下目标。

(1) 熟悉氧化还原有关电极电位的基本知识和应用。

(2) 理解氧化还原各类指示剂的作用原理。

(3) 掌握能斯特方程的意义和计算。

(4) 掌握高锰酸钾法的原理、特点及其应用。

(5) 掌握重铬酸钾法的原理、特点及其应用。

(6) 掌握碘量法的原理、测定条件及其应用。

(7) 了解溴酸钾法的原理和应用。

(8) 熟悉一些重要的水中有机污染综合指标的含义。

## 教学要求

| 知识要点 | 能力要求 | 相关知识 |
|---|---|---|
| 氧化还原理论、电极电位、能斯特方程、电极电位 | (1) 熟悉电极电位等概念<br>(2) 掌握能斯特方程的应用<br>(3) 掌握氧化还原指示剂 | (1) 氧化剂和还原剂<br>(2) 标准电极电位和条件电极电位<br>(3) 能斯特方程及电极电位计算<br>(4) 氧化还原指示剂 |
| 高锰酸钾法的原理、方法 | (1) 掌握高锰酸钾标准滴定溶液的制备<br>(2) 掌握高锰酸盐指数的测定 | (1) 高锰酸钾的性质<br>(2) 高锰酸钾法的原理 |
| 重铬酸钾法的原理、方法 | (1) 掌握重铬酸钾标准滴定溶液的制备<br>(2) 掌握重铬酸钾法测定COD的方法 | (1) 重铬酸钾的性质<br>(2) 重铬酸钾法的原理 |
| 碘量法的原理、方法和应用 | (1) 熟悉碘标准滴定溶液的制备<br>(2) 掌握硫代硫酸钠标准滴定溶液的制备<br>(3) 掌握溶解氧的测定<br>(4) 掌握生化需氧量的测定<br>(5) 了解饮用水中余氯的测定 | (1) 碘的性质<br>(2) 碘量法的原理<br>(3) 淀粉指示剂<br>(4) 溶解氧(DO)<br>(5) 生化需氧量($BOD_5$) |
| 水中有机污染综合指标 | 熟悉高锰酸盐指数、COD、$BOD_5$、总有机碳(TOC)、总需氧量(TOD)、活性炭氯仿萃取物(CCE)和紫外吸光值(UVA)、污水的相对稳定度等 | 高锰酸盐指数、COD、$BOD_5$、总有机碳(TOC)、总需氧量(TOD)、活性炭氯仿萃取物(CCE)和紫外吸光值(UVA)、污水的相对稳定度 |

引例

武汉南湖属长江中游典型浅水湖泊，是该市仅次于东湖的第二大湖。近几年来，随着工农业的不断发展和人口剧增，南湖水质逐步恶化，富营养化程度加剧；生物多样性减少，鱼类养殖面临危机。在日常监测工作中对南湖水质的进行监测，反映水质的现状和变化趋势，对南湖的治理具有重要的意义。

目前，在水污染监测与控制系统中，国内外都广泛采用生化需氧量($BOD_5$)作为表征有机物污染的重要水质指标。$BOD_5$能反映出可被微生物氧化分解的有机物量，对于研究某些特定水域的水质成分，研究水体的自然变化过程以及水体自净过程中有机物的耗氧情况，$BOD_5$的测定是十分必要和必不可少的。

如何测定$BOD_5$的含量呢？国家标准中规定的方法有五日培养法，即根据水样在培养前后溶解氧的含量进行计算，测定溶解氧的含量可利用氧化还原滴定法。

氧化还原滴定法是以氧化还原反应为基础的一种滴定分析方法，它以氧化剂或还原剂为滴定剂，直接滴定具有还原性或氧化性的物质，或者间接滴定一些本身没有氧化还原性，但能与氧化剂或还原剂起反应的物质。氧化还原滴定法在水质分析中应用广泛。例如，水中溶解氧(DO)、高锰酸盐指数($COD_{Mn}$)、化学需氧量($COD_{Cr}$)、生化需氧量($BOD_5$)及饮用水中余氯、二氧化氯($ClO_2$)、臭氧($O_3$)等水质指标的分析。

氧化还原反应机理比较复杂，常伴有副反应发生，反应速率一般较小，介质或反应条件不同，反应结果可能大不相同。因此，在氧化还原滴定中，必须控制适宜的条件，以保证反应定量、快速地进行。

氧化还原滴定法往往根据滴定剂种类的不同分为高锰酸钾法、重铬酸钾法、碘量法、溴酸钾法等。

## 6.1 氧化还原平衡

### 6.1.1 电极电位和条件电极电位

1. 电极电位

对于任意一个可逆氧化还原电对

$$Ox + ne^- \rightleftharpoons Red$$

其电极电位的大小可用能斯特方程求得，即

$$\varphi = \varphi^{\theta}_{Ox/Red} + \frac{RT}{nF}\ln\frac{a_{Ox}}{a_{Red}} \tag{6-1}$$

式中：$\varphi_{Ox/Red}$——Ox/Red电对的电极电位(V)；

$\varphi^{\theta}_{Ox/Red}$——Ox/Red电对的标准电极电位(V)；

$a_{Ox}$，$a_{Red}$——分别为氧化态($O_x$)和还原态(Red)的活度(mol/L)；

$R$——气体常数，8.314J/(mol·K)；

$T$——绝对温度(K)；

$F$——法拉第常数，96485C/mol；

$n$——半反应中的电子转移数。

使用能斯特方程时应注意：

(1) 氧化态(还原态)一项中应包括电极反应中氧化态(还原态)所在一边的参与反应的

全部物质。

(2) 反应物(生成物)为固态活度视为1。

将气体常数R和法拉第常数F代入式(6-1)，并取常用对数，于25℃时得：

$$\varphi_{Ox/Red}=\varphi_{Ox/Red}^{\theta}+\frac{0.059}{n}\lg\frac{a_{Ox}}{a_{Red}} \tag{6-2}$$

当$a_{Ox}=a_{Red}=1$或$a_{Ox}/a_{Red}=1$时

$$\varphi_{Ox/Red}=\varphi_{Ox/Red}^{\theta}$$

因此，标准电极电位是指在一定温度(通常为25℃)下，氧化还原半反应中各组分都处于标准状态，即离子或分子的活度等于1mol/L或$a_{Ox}/a_{Red}=1$时(若反应中有气体参加，则其分压等于101.325kPa)的电极电位。常见电对的标准电极电位见附表5中。

氧化还原电对可粗略地分为可逆电对和不可逆电对两大类。可逆电对(如$Fe^{3+}/Fe^{2+}$、$I_2/I^-$、$Ce^{4+}/Ce^{3+}$等)能迅速地建立起氧化还原平衡，其电极电位基本符合能斯特方程计算的理论电极电位。不可逆电对(如$Cr_2O_7^{2-}/Cr^{3+}$、$SO_4^{2-}/SO_3^{2-}$、$MnO_4^-/Mn^{2+}$等)不能在氧化还原反应的任意瞬间建立起氧化还原平衡，实际电极电位与理论电极电位相差较大。对于不可逆电对，一方面没有其他比较简便的理论公式计算其电极电位，另一方面按能斯特方程计算的电极电位虽与实际测得的电位有差距，但仍有相当的参考价值。

各种不同的氧化剂的氧化能力和还原剂的还原能力是不相同的，其氧化还原能力的大小可以用电对的电极电位来衡量。电对的电极电位越高，其氧化态的氧化能力越强，还原态的还原能力越弱；电对的电极电位越低，其还原态的还原能力越强，氧化态的氧化能力越弱。所以电对的电极电位大的氧化态物质可以氧化电极电位小的还原态物质。例如：

$$2ClO_2+5Mn^{2+}+6H_2O=5MnO_2+12H^++2Cl^-$$

已知　$\varphi_{ClO_2/Cl^-}^{\theta}=1.95V$，$\varphi_{MnO_2/Mn^{2+}}^{\theta}=1.23V$

可见，$ClO_2/Cl^-$电对的电极电位大，则$ClO_2$的氧化能力强，作为氧化剂，$MnO_2/Mn^{2+}$电对的电极电位小，则$Mn^{2+}$的还原能力强，作还原剂，上式反应向右进行。

2. 条件电极电位

我们通常知道的是溶液中离子的浓度而不是活度，为简化起见，往往忽略溶液中离子强度的影响，以浓度([Ox]和[Red]) 代替活度来进行计算，则能斯特方程变为

$$\varphi_{Ox/Red}=\varphi_{Ox/Red}^{\theta}+\frac{0.059}{n}\lg\frac{[Ox]}{[Red]}$$

但在实际工作中，溶液的离子强度常常是很大的，这种影响往往不能忽略。此外，当溶液组成改变时，电对的氧化态和还原态的存在形式也往往随之改变，从而引起电极电位的变化。因此，用能斯特方程计算有关电对的电极电位时，如果采用该电对的标准电极电位，不考虑上述的两个因素，则计算的结果与实际情况就会相差较大。

例如，计算HCl溶液中Fe(Ⅲ)/Fe(Ⅱ)体系的电极电位时，由能斯特方程得到

$$\begin{aligned}\varphi_{Fe(\text{Ⅲ})/Fe(\text{Ⅱ})}&=\varphi_{Fe(\text{Ⅲ})/Fe(\text{Ⅱ})}^{\theta}+\frac{0.059}{n}\lg\frac{a_{Fe^{3+}}}{a_{Fe^{2+}}}\\&=\varphi_{Fe(\text{Ⅲ})/Fe(\text{Ⅱ})}^{\theta}+\frac{0.059}{n}\lg\frac{\gamma_{Fe^{3+}}[Fe^{3+}]}{\gamma_{Fe^{2+}}[Fe^{2+}]}\end{aligned} \tag{6-3}$$

但实际上在HCl溶液中由于铁离子与溶剂和易于络合的阴离子$Cl^-$发生如下反应：

$$Fe^{3+} + H_2O \rightleftharpoons FeOH^{2+} + H^+$$
$$Fe^{3+} + Cl^- \rightleftharpoons FeCl^{2+}$$
$$\vdots$$

因此，除 $Fe^{3+}$ 和 $Fe^{2+}$ 外还存在 $FeOH^{2+}$、$FeCl^{2+}$、$FeCl_2^+$、$FeCl^+$、$FeCl_2$ 等，若用 $c_{Fe(Ⅲ)}$、$c_{Fe(Ⅱ)}$ 分别表示溶液中三价态铁和二价态铁的总浓度，则

$$c_{Fe(Ⅲ)} = [Fe^{3+}] + [FeOH^{2+}] + [FeCl^{2+}] + \cdots$$
$$c_{Fe(Ⅱ)} = [Fe^{2+}] + [FeCl^+] + [FeCl_2] + \cdots$$

此时

$$\frac{c_{Fe(Ⅲ)}}{[Fe^{3+}]} = \alpha_{Fe(Ⅲ)} \tag{6-4}$$

$\alpha_{Fe(Ⅱ)}$ 为 $Fe^{3+}$ 的副反应系数。同样 $Fe^{2+}$ 的副反应系数为

$$\frac{c_{Fe(Ⅱ)}}{[Fe^{2+}]} = \alpha_{Fe(Ⅱ)} \tag{6-5}$$

将式(6－4)、式(6－5)代入式(6－3)得

$$\varphi_{Fe(Ⅲ)/Fe(Ⅱ)} = \varphi^{\theta}_{Fe(Ⅲ)/Fe(Ⅱ)} + 0.059\lg\frac{\gamma_{Fe^{3+}}\alpha_{Fe(Ⅱ)}c_{Fe(Ⅲ)}}{\gamma_{Fe^{2+}}\alpha_{Fe(Ⅲ)}c_{Fe(Ⅱ)}} \tag{6-6}$$

式(6－6)是考虑上述两个因素后的能斯特方程式。但当溶液的离子强度较大，副反应较多时，活度系数 $\gamma$ 和副反应系数 $\alpha$ 都不易求得。可将式(6－6)写成下列形式：

$$\varphi_{Fe(Ⅲ)/Fe(Ⅱ)} = \varphi^{\theta}_{Fe(Ⅲ)/Fe(Ⅱ)} + 0.059\lg\frac{\gamma_{Fe^{3+}}\alpha_{Fe(Ⅱ)}}{\gamma_{Fe^{2+}}\alpha_{Fe(Ⅲ)}} + 0.059\lg\frac{c_{Fe(Ⅲ)}}{c_{Fe(Ⅱ)}} \tag{6-7}$$

考虑到 $\gamma$ 和 $\alpha$ 在条件一定时是固定值，式(6－7)的前两项合并应为一常数，以 $\varphi^{\theta'}_{Fe(Ⅲ)/Fe(Ⅱ)}$ 表示，即

$$\varphi^{\theta'}_{Fe(Ⅲ)/Fe(Ⅱ)} = \varphi^{\theta}_{Fe(Ⅲ)/Fe(Ⅱ)} + 0.059\lg\frac{\gamma_{Fe^{3+}}\alpha_{Fe(Ⅱ)}}{\gamma_{Fe^{2+}}\alpha_{Fe(Ⅲ)}} \tag{6-8}$$

$\varphi^{\theta'}_{Fe(Ⅲ)/Fe(Ⅱ)}$ 称为条件电极电位。它是在一定介质条件下，氧化态和还原态的总浓度均为1mol/L或氧化态和还原态的比值为1的实际电极电位。引入条件电极电位后，式(6－7)可写为

$$\varphi^{\theta}_{Fe(Ⅲ)/Fe(Ⅱ)} = \varphi^{\theta'}_{Fe(Ⅲ)/Fe(Ⅱ)} + 0.059\lg\frac{c_{Fe(Ⅲ)}}{c_{Fe(Ⅱ)}} \tag{6-9}$$

一般通式为

$$\varphi_{Ox/Red} = \varphi^{\theta'}_{Ox/Red} + \frac{0.059}{n}\lg\frac{c_{Ox}}{c_{Red}}(25℃) \tag{6-10}$$

$$\varphi^{\theta'}_{Ox/Red} = \varphi_{Ox/Red} + \frac{0.059}{n}\lg\frac{\gamma_{Ox}\alpha_{Red}}{\gamma_{Red}\alpha_{Ox}} \tag{6-11}$$

条件电极电位反映了离子强度和各种副反应影响的总结果，是氧化还原电对在客观条件下的实际氧化还原能力，它在一定条件下为一常数。应用条件电极电位比用标准电极电位能更正确地判断氧化还原反应的方向、次序和反应完成的程度。条件电极电位概念的提出，将不易计算的 $\lg\frac{\gamma_{Ox}\alpha_{Red}}{\gamma_{Red}\alpha_{Ox}}$ 值放到 $\varphi^{\theta'}_{Ox/Red}$ 中用试验来确定。一般分析化学手册中都列有许多经过试验测得的条件电极电位，可通过查附表5并利用式(6－10)求出某电对的电极电位。

在进行氧化还原平衡计算时，应采用与给定介质条件相同的条件电极电位。若缺乏相同条件的$\varphi^{\theta'}_{Ox/Red}$数值，可采用介质条件相近的条件电极电位数据。例如，查不到1.5mol/L $H_2SO_4$溶液中$Fe^{3+}/Fe^{2+}$电对的条件电极电位，可用1.0mol/L $H_2SO_4$溶液中条件电极电位(0.68V)代替，若采用标准电极电位(0.77V)，则误差更大。对于没有相应条件电极电位的氧化还原电对，则采用标准电极电位。

**【例6-1】** 计算2.5mol/L HCl溶液中用固体亚铁盐将0.1000mol/L $K_2Cr_2O_7$溶液还原至一半时溶液的电极电位。

**解：**

$$Cr_2O_7^{2-}+14H^++6e^-=2Cr^{3+}+7H_2O$$

溶液的电极电位就是$Cr_2O_7^{2-}/Cr^{3+}$电对的电极电位。因附表5中无2.5mol/L HCl溶液中该电对的$\varphi^{\theta'}$，可采用条件相近的3mol/L HCl溶液中的$\varphi^{\theta'}=1.08V$。根据题意，0.1000mol/L $K_2Cr_2O_7$还原至一半时：

$$c_{Cr_2O_7^{2-}}=0.0500mol/L$$

$$c_{Cr^{3+}}=2\times(0.1000-c_{Cr_2O_7^{2-}})=0.1000mol/L$$

所以

$$\varphi=\varphi^{\theta'}_{Cr_2O_7^{2-}/Cr^{3+}}+\frac{0.059}{6}\lg\frac{c_{Cr_2O_7^{2-}}}{(c_{Cr^{3+}})^2}$$

$$=1.08+\frac{0.059}{6}\lg\frac{0.050}{(0.1000)^2}$$

$$=1.09V$$

3. 影响条件电极电位的因素

1）离子强度的影响

电解质浓度的变化可使溶液中离子强度发生变化，从而改变氧化态和还原态的活度系数。在通常的氧化还原体系中，往往电解质浓度较大，因而离子强度也较大，活度系数远远小于1，活度与浓度的差别较大，若用浓度代替活度，用能斯特方程计算的结果与实际情况有差异。但由于各种副反应对电极电位的影响远比离子强度的影响大，同时，离子强度的影响又难以校正。因此，一般都忽略离子强度的影响。

2）生成沉淀的影响

如果溶液中有能与氧化态或还原态物质生成沉淀的沉淀剂存在时，或者溶液中某种氧化态或还原态物质水解而生成沉淀时，则由于氧化态或还原态浓度的改变，而使氧化还原电对的电极电位发生改变，氧化态生成沉淀时使电对的电极电位降低，而还原态生成沉淀时使电对的电极电位升高。

**【例6-2】** 已知$\varphi^{\theta}_{Fe^{3+}/Fe^{2+}}=0.77V$，$\varphi^{\theta}_{O_2/OH^-}=0.40V$，为什么能采用曝气法除去地下水中的铁？

**解：** 地下水除铁，采用曝气法，水中的溶解氧将水中$Fe^{2+}$氧化成$Fe^{3+}$，并水解生成$Fe(OH)_3$沉淀，其反应为

$$4Fe^{2+}+8HCO_3^-+O_2+2H_2O\rightleftharpoons4Fe(OH)_3\downarrow+8CO_2\uparrow$$

由于氧化态$Fe^{3+}$水解生成$Fe(OH)_3$沉淀，则$Fe^{3+}$的浓度是微溶化合物$Fe(OH)_3$的溶解平衡时的浓度。

$$Fe(OH)_3\rightleftharpoons Fe^{3+}+3OH^-$$

$$K_{sp,Fe(OH)_3}=3\times10^{-39}$$

$$[Fe^{3+}]=\frac{K_{sp,Fe(OH)_3}}{[OH^-]^3}$$

则

$$\varphi_{Fe^{3+}/Fe^{2+}}=\varphi^{\theta}_{Fe^{3+}/Fe^{2+}}+0.059\lg\frac{[Fe^{3+}]}{[Fe^{2+}]}$$

$$\varphi_{Fe^{3+}/Fe^{2+}}=\varphi^{\theta}_{Fe^{3+}/Fe^{2+}}+0.059\lg\frac{\frac{K_{sp,Fe(OH)_3}}{[OH^-]^3}}{[Fe^{2+}]}$$

$$=\varphi^{\theta}_{Fe^{3+}/Fe^{2+}}+0.059\lg K_{sp,Fe(OH)_3}+0.059\lg\frac{1}{[OH^-]^3[Fe^{2+}]}$$

当 $c_{OH^-}=c_{Fe(Ⅱ)}=1mol/L$ 时，体系的实际电位就是 $Fe(OH)_3/Fe^{2+}$ 电对的条件电极电位。

$$\varphi^{\theta'}_{Fe(OH)_3/Fe^{2+}}=\varphi^{\theta}_{Fe^{3+}/Fe^{2+}}+0.059\lg K_{sp,Fe(OH)_3}$$

$$=0.77+0.059\lg(3\times10^{-39})=-1.50V$$

可见，由于 $Fe^{3+}$ 水解生成沉淀，使电极电位由原来的 0.77V 下降至－1.50V。此时：

$$\varphi^{\theta}_{O_2/OH^-}>\varphi^{\theta'}_{Fe(OH)_3/Fe^{2+}}$$

因此，$O_2$ 能够与 $Fe^{2+}$ 发生反应，表明地下水除铁采用曝气法是可行的。

**【例 6－3】** 已知 $\varphi^{\theta}_{Cu^{2+}/Cu^+}=0.159V$，$\varphi^{\theta}_{I_2/I^-}=0.536V$，用碘量法测定 $Cu^{2+}$ 时，为什么下列反应能够发生？

$$2Cu^{2+}+2I^-\rightleftharpoons2Cu^++I_2$$

**解**：从标准电极电位来看，$\varphi^{\theta}_{I_2/I^-}>\varphi^{\theta}_{Cu^{2+}/Cu^+}$，$Cu^{2+}$ 不能氧化 $I^-$，但实际上是完全可以的，因为 $Cu^{2+}$ 与 $I^-$ 生成溶解度较小的 CuI 沉淀，改变了 $Cu^{2+}/Cu^+$ 电对的电极电位。

碘量法中测定 $Cu^{2+}$ 含量时，用碘化物还原 $Cu^{2+}$ 的反应为

$$\begin{array}{rl} & 2Cu^{2+}+2I^-\rightleftharpoons2Cu^++I_2 \\ + & 2I^-+2Cu^+\rightleftharpoons2CuI\downarrow \\ \hline & 2Cu^{2+}+4I^-\rightleftharpoons2CuI\downarrow+I_2 \end{array}$$

上述氧化还原反应中，$I^-$ 既是还原剂又是沉淀剂，由于 $I^-$ 与 $Cu^+$ 生成 CuI 沉淀，此时 $Cu^+$ 的浓度，由微溶化合物 CuI 的溶解平衡时的浓度决定，即

$$CuI\rightleftharpoons Cu^++I^- \qquad K_{sp,CuI}=1.1\times10^{-12}$$

$$[Cu^+]=\frac{K_{sp,CuI}}{[I^-]}$$

则

$$\varphi_{Cu^{2+}/Cu^+}=\varphi^{\theta}_{Cu^{2+}/Cu^+}+0.059\lg\frac{[Cu^{2+}]}{[Cu^+]}$$

$$=\varphi^{\theta}_{Cu^{2+}/Cu^+}+0.059\lg\frac{[Cu^{2+}]}{K_{sp,CuI}/[I^-]}$$

$$=\varphi^{\theta}_{Cu^{2+}/Cu^+}+0.059\lg\frac{1}{K_{sp,CuI}}+0.059\lg[Cu^{2+}][I^-]$$

令$[I^-]=[Cu^+]=1mol/L$ 时，体系的实际电位就是 $Cu^{2+}$/ CuI 电对的条件电极电位，即

$$\varphi^{\theta'}_{Cu^{2+}/CuI}=\varphi^{\theta}_{Cu^{2+}/Cu^+}+0.059\lg\frac{1}{K_{sp,CuI}}$$

$$=0.159+0.059\lg\frac{1}{1.1\times10^{-12}}$$
$$=0.865V$$

显然，碘量法测定水中 $Cu^{2+}$ 时，在 $Cu^{2+}$ 被 $I^-$ 还原成 $Cu^+$ 后，又与 $I^-$ 生成了沉淀，使电极电位由原来的 0.159V 上升到 0.865V，此时：

$$\varphi^{\theta'}_{Cu^{2+}/CuI}>\varphi^{\theta}_{I_2/I^-}$$

因此，$Cu^{2+}$ 能够与 $I^-$ 发生反应，表明可用碘量法测定水中的 $Cu^{2+}$。

3）生成络合物的影响

对于一个氧化还原电对，如果有能与氧化态或还原态生成络合物的络合剂存在，从式(6－11)可见，氧化态和还原态的副反应系数必然会改变，从而影响条件电极电位。与氧化态生成络合物电极电位减小，与还原态生成络合物电极电位升高。有时由于络合物的形成甚至可以改变氧化还原反应的方向。

在例 6－3 中用碘量法测定水中 $Cu^{2+}$ 含量时，如果有 $Fe^{3+}$ 存在，由于 $\varphi^{\theta}_{Fe^{3+}/Fe^{2+}}$ (0.77V)$>\varphi^{\theta}_{I_2/I^-}$(0.536V)，可发生如下反应：

$$2Fe^{3+}+2I^-\rightleftharpoons 2Fe^{2+}+I_2$$

如果溶液中加入 $NH_4F$，则 $Fe^{3+}$ 与络合剂 $F^-$ 生成 $FeF_6^{3-}$ 稳定络合物，使氧化态 $Fe^{3+}$ 浓度发生改变，即

$$Fe^{3+}+6F^-\rightleftharpoons FeF_6^{3-}$$

$Fe^{3+}$ 与 $F^-$ 的络合物的 $\beta_1=10^{5.2}$，$\beta_2=10^{9.2}$，$\beta_3=10^{11.9}$，$\beta_5=10^{15.77}$，$\varphi^{\theta}_{Fe^{3+}/Fe^{2+}}=$ 0.77V，如在 pH=3.0 时，体系中[$F^-$] =0.04mol/L，则络合效应系数 $\alpha_{Fe^{3+}(F^-)}$ 近似为

$$\alpha_{Fe^{3+}(F^-)}=1+\beta_1[F^-]+\beta_2[F^-]^2+\beta_3[F^-]^3+\beta_5[F]$$
$$=1+10^{3.80}+10^{6.40}+10^{7.71}+10^{8.78}$$
$$=10^{8.81}$$

$$\alpha_{Fe^{2+}}=1$$

按条件电极电位的定义则有

$$\varphi^{\theta'}_{FeF_6^{3-}/Fe^{2+}}=\varphi^{\theta}_{Fe^{3+}/Fe^{2+}}+0.059\lg\frac{\alpha_{Fe^{2+}}}{\alpha_{Fe^{3+}}}=0.77+0.059\lg\frac{1}{10^{8.81}}=0.25V$$

显然，此时 $\varphi^{\theta'}_{FeF_6^{3-}/Fe^{2+}}<\varphi^{\theta}_{I_2/I^-}$，$Fe^{3+}$ 不再氧化 $I^-$，表明由于加入了 $NH_4F$，使 $Fe^{3+}$ 生成稳定络合物后，不再干扰 $I^-$ 滴定 $Cu^{2+}$。

4）溶液酸度的影响

若有 $H^+$ 或 $OH^-$ 参加氧化还原半反应，则酸度的变化将直接影响电对的电极电位；若电对的氧化态或还原态是弱酸或弱碱，酸度的变化还将直接影响其存在形式，从而引起电对电极电位的变化。

**【例 6－4】** 已知 $\varphi^{\theta}_{AsO_4^{3-}/AsO_3^{3-}}=0.559V$，$\varphi^{\theta}_{I_2/I^-}=0.536V$，试说明当溶液的[$H^+$]=1×$10^{-8}$mol/L 时，亚砷酸能被碘氧化的原因，即

$$AsO_3^{3-}+I_2+H_2O\rightleftharpoons AsO_4^{3-}+2I^-+2H^+$$

**解：** 从标准电极电位看，$\varphi^{\theta}_{I_2/I^-}<\varphi^{\theta}_{AsO_4^{3-}/AsO_3^{3-}}$，不能氧化，但在电对的半反应中有 $H^+$ 参加，即

$$AsO_4^{3-}+2H^++2e^-\rightleftharpoons AsO_3^{3-}+2H_2O$$

故溶液的酸度对电极电位的影响很大，如果在溶液中加入 $NaHCO_3$，使 pH=8，即$[H^+]$由标准状态时的 1mol/L 降至 $10^{-8}$mol/L，忽略离子强度的影响，则

$$\varphi^{\theta'}_{AsO_4^{3-}/AsO_3^{3-}}=\varphi^{\theta}_{AsO_4^{3-}/AsO_3^{3-}}+\frac{0.059}{2}\lg[H^+]^2$$

$$=0.559+\frac{0.059}{2}\lg(10^{-8})^2=0.087$$

而 $\varphi^{\theta}_{I_2/I^-}$ 不受$[H^+]$的影响，这时 $\varphi^{\theta}_{I_2/I^-}>\varphi^{\theta'}_{AsO_4^{3-}/AsO_3^{3-}}$，所以 $I_2$ 能氧化 $AsO_3^{3-}$。

### 6.1.2 氧化还原反应进行的程度

在水分析化学中，尤其水处理实践中，通常要求氧化还原反应进行得越完全越好，而反应的完全程度，由氧化还原反应的平衡常数的大小来判断。如氧化还原反应

$$n_2Ox_1+n_1Red_2 \rightleftharpoons n_2Red_1+n_1Ox_2$$

与该反应有关的氧化还原半反应和电极电位分别为

$$Ox_1+n_1e^- \rightleftharpoons Red_1 \qquad \varphi_1=\varphi_1^{\theta}+\frac{0.059}{n_1}\lg\frac{a_{Ox_1}}{a_{Red_1}}$$

$$Ox_2+n_2e^- \rightleftharpoons Red_2 \qquad \varphi_2=\varphi_2^{\theta}+\frac{0.059}{n_2}\lg\frac{a_{Ox_2}}{a_{Red_2}}$$

当反应到达平衡时，$\varphi_1=\varphi_2$，故

$$\varphi_1^{\theta}+\frac{0.059}{n_1}\lg\frac{a_{Ox_1}}{a_{Red_1}}=\varphi_2^{\theta}+\frac{0.059}{n_2}\lg\frac{a_{Ox_2}}{a_{Red_2}}$$

两边同时乘以 $n_1$ 和 $n_2$ 的最小公倍数 $n$，整理后得

$$\lg K=\lg\frac{a_{Red_1}^{n_2}a_{Ox_2}^{n_1}}{a_{Ox_1}^{n_2}a_{Red_2}^{n_1}}=\frac{n(\varphi_1^{\theta}-\varphi_2^{\theta})}{0.059} \qquad (6-12)$$

式中：$K$——氧化还原反应的平衡常数；

$\varphi_1^{\theta}$，$\varphi_2^{\theta}$——两电对的标准电极电位；

$n_1$，$n_2$——两电对的电子转移数；

$n$——$n_1$ 和 $n_2$ 的最小公倍数。

若考虑溶液中各种副反应的影响，以相应的条件电极电位代替标准电极电位，相应的活度也应以总浓度代替，即可得到相应的条件电极电位 $K'$，它能更好地反映实际情况下反应进行的程度，即

$$\lg K'=\frac{n(\varphi_1^{\theta'}-\varphi_2^{\theta'})}{0.059} \qquad (6-13)$$

可见，两电对的条件电极电位相差越大，氧化还原反应的平衡常数 $K'$就越大，反应进行越完全。对于氧化还原滴定反应，平衡常数 $K'$多大或两电对的条件电极电位相差多大反应才算定量进行呢？只有在反应完成 99.9%以上，才满足定量分析的要求。因此在化学计量点时，要求：

$$\frac{c_{Ox_1}}{c_{Red_1}}\leqslant 0.1\%, \quad \frac{c_{Red_2}}{c_{Ox_2}}\leqslant 0.1\%$$

对于 $n_1=n_2=n$ 的反应则有

$$\lg K'=\lg\frac{c_{\text{Red}_1}c_{\text{Ox}_2}}{c_{\text{Ox}_1}c_{\text{Red}_2}}\geqslant\lg\left(\frac{1}{0.1\%}\times\frac{1}{0.1\%}\right)=\lg10^6=6$$

即
$$\lg K'\geqslant6 \tag{6-14}$$

将式(6-13)代入式(6-14)得

$$\Delta\varphi=\varphi_1^{\theta'}-\varphi_2^{\theta'}=\frac{0.059}{n}\lg K'\geqslant\frac{0.059}{n}\times6\approx\frac{0.35\text{V}}{n}$$

即
$$\Delta\varphi\geqslant0.4\text{V}/n \tag{6-15}$$

对于 $n_1\neq n_2$ 的反应，则有

$$\lg K'=\lg\frac{(c_{\text{Red}_1})^{n_2}(c_{\text{Ox}_2})^{n_1}}{(c_{\text{Ox}_1})^{n_2}(c_{\text{Red}_2})^{n_1}}\geqslant\lg\left[\left(\frac{1}{0.1\%}\right)^{n_1}\times\left(\frac{1}{0.1\%}\right)^{n_2}\right]=\lg10^{3(n_1+n_2)}=3(n_1+n_2)$$

则
$$\lg K'\geqslant3(n_1+n_2) \tag{6-16}$$

将式(6-13)代入式(6-16)得

$$\Delta\varphi=\varphi_1^{\theta'}-\varphi_2^{\theta'}=\frac{0.059}{n_1n_2}\lg K'\geqslant3(n_1+n_2)\times\frac{0.059}{n_1n_2} \tag{6-17}$$

**【例 6-5】** 请判断在 pH＝12～13 条件下，采用局部氧化法，用次氯酸盐($ClO^-$)处理含氰($CN^-$)废水的效果如何？

**解：**用次氯酸盐($ClO^-$)处理 $CN^-$ 的主要反应如下：

$$ClO^-+CN^-+H_2O\rightleftharpoons CNCl+2OH^- \tag{6-18}$$

$$CNCl+2OH^-\rightleftharpoons CNO^-+Cl^-+H_2O$$

总反应
$$ClO^-+CN^-\rightleftharpoons CNO^-+Cl^-$$

其中两个半反应

$$ClO^-+H_2O+2e^-\rightleftharpoons Cl^-+2OH^- \quad \varphi^{\theta}_{ClO^-/Cl^-}=0.89\text{V}$$

$$CNO^-+H_2O+2e^-\rightleftharpoons CN^-+2OH^- \quad \varphi^{\theta}_{CNO^-/CN^-}=-0.97\text{V}$$

则
$$\lg K'=\frac{2\times[0.89-(-0.97)]}{0.059}\approx63>6$$

$$K'=10^{63}$$

说明 $CNO^-$ 是 $CN^-$ 的 $10^{63}$ 倍，水中剧毒的 $CN^-$ 几乎全部转换为微毒的氰酸根 $CNO^-$。

应该说明，式(6-18)反应在任何 pH 条件下均能迅速完成。在酸性条件下，pH＜8.5，就有释放出剧毒氯化氰 CNCl 的危险；在碱性条件下，只要有足够的氧化剂，则氯化氰 CNCl 会很快地水解转化成微毒的氰酸根($CNO^-$)，这种处理方法称为局部氧化法(或一级处理)。

局部氧化法生成的氰酸盐虽然毒性低，仅为氰($CN^-$)的 0.001，但 $CNO^-$ 易水解成 $NH_3$。在实际含氰电镀废水处理中，常采用完全氧化法，这种方法是继局部氧化法后，再将生成的氰酸根 $CNO^-$ 进一步氧化成 $N_2$ 和 $CO_2$(也称二级处理)，消除氰酸盐对环境的污染。

$$2NaCNO+3HOCl=2CO_2+N_2+2NaCl+HCl+H_2O$$

如果一级处理中含残存的氯化氰 CNCl，则也被进一步氧化破坏：

$$2CNCl+3HOCl+H_2O=2CO_2+N_2+5HCl$$

完全氧化法的 pH 应控制在 6.0～7.0 之间，如果考虑电镀废水中重金属氢氧化物的沉淀去除，一般控制在 pH＝7.5～8.0 为宜。

【例 6-6】 判断在 0.5mol/L $H_2SO_4$ 溶液中 $Fe^{3+}$ 能否定量氧化 $I^-$？已知 $\varphi^{\theta'}_{Fe^{3+}/Fe^{2+}}=0.68V$，$\varphi^{\theta'}_{I_2/I^-}=0.5446V=0.5446V$。

**解：**

$$2Fe^{3+}+2I^- \rightleftharpoons 2Fe^{2+}+I_2$$

$$\lg K'=\frac{(0.68-0.5446)\times1\times2}{0.059}=4.6<3(1+2)=9$$

$$K'=10^{4.6}$$

计算结果说明，该溶液中 $Fe^{3+}$ 不能定量地完全氧化 $I^-$。

## 6.2 氧化还原反应速度及其影响因素

在氧化还原反应中，根据氧化还原电对的标准电极电位或条件电极电位，可以判断反应进行的方向和程度，但这只能指出反应进行的可能性，并不能指出反应进行的速度。实际上，不同的氧化还原反应，其反应速度的差别是非常大的，有的反应速度较快，有的反应速度较慢，有的反应虽然理论上看是可以进行的，但实际上由于反应速度太慢而可以认为它们之间并没有发生反应。例如水溶液中的溶解氧：

$$O_2+4H^++4e^- \rightleftharpoons 2H_2O \quad \varphi^{\theta}_{O_2/H_2O}=1.23V$$

其标准电极电位较高，应该很容易氧化一些较强的还原态物质，如：

$$Sn^{4+}+2e^- \rightleftharpoons Sn^{2+} \quad \varphi^{\theta}_{Sn^{4+}/Sn^{2+}}=0.15V$$

$$TiO^{2+}+2H^++e^- \rightleftharpoons Ti^{3+}+H_2O \quad \varphi^{\theta}_{TiO^{2+}/Ti^{3+}}=0.10V$$

但实践证明，这些强还原态物质在水溶液中却有一定的稳定性，说明它们与水中的溶解氧之间的氧化还原反应进行得很慢。

又如强氧化态物质：

$$Ce^{4+}+e^- \rightleftharpoons Ce^{3+} \quad \varphi^{\theta}_{Ce^{4+}/Ce^{3+}}=1.61V$$

$$2ClO_4^-+16H^++14e^- \rightleftharpoons Cl_2+8H_2O \quad \varphi^{\theta}_{ClO_4^-/Cl_2}=1.34V$$

从标准电极电位来看，它们应该与水起反应，使 $H_2O$ 中的氧氧化成 $O_2$。实际上这些强氧化态物质在水溶液中相当稳定，说明它们与水分子之间并没有发生氧化还原反应。

氧化还原反应进行得较慢的主要原因是其反应机理比较复杂，使许多氧化还原反应中电子转移往往遇到很多阻力，如溶液中的溶剂分了和各种配位体、物质之间的静电斥力以及反应后因价态变化而引起的化学键和物质组成的变化等都会给电子转移造成阻力。另外，氧化还原反应往往不是一步完成的，而是经历着一系列的中间步骤，即反应是分步进行的。在分步反应中，只要有一步反应遇到的阻力大，就会影响总的反应速度。

氧化还原反应速度除了取决于氧化剂和还原剂的性质，而且还取决于反应物的浓度、反应温度和催化剂等条件。这就要求我们必须创造适宜条件，尽可能增加反应速度，以使一个氧化还原反应能用于滴定分析和水处理实践中。

### 6.2.1 反应物浓度

在氧化还原反应中，由于反应机理比较复杂，所以不能简单地从总的氧化还原反应方程式来判断反应物浓度对反应速度的影响程度。但一般来说，反应物浓度越大，反应速度越快。

例如，用亚硫酸盐还原法处理电镀含铬漂洗废水时，主要反应：

$$CrO_4^{2-}+3SO_3^{2-}+2H^+ \rightleftharpoons Cr^{3+}+3SO_4^{2-}+H_2O$$

电镀含铬漂洗水中的Cr(Ⅵ)的浓度一般在20～100mg/L范围内，而且废水的pH一般都在5以上，多数以$CrO_4^{2-}$型体存在。由上述反应可知，一方面增加$Na_2SO_3$的浓度，可加快反应速度，平衡向生成$Cr^{3+}$方向移动，还原剂$Na_2SO_3$的理论用量为$Na_2SO_3$：Cr(Ⅵ)＝4：1(质量比)，但用量不宜过大，否则既浪费药剂，也可能因生成$[Cr_2(OH)_2SO_3]^{2-}$的副反应而沉淀不出来。另一方面，增加$H^+$的浓度，在酸性条件下Cr(Ⅵ)的还原反应速度较快，一般要求控制溶液pH在2.5～3.0范围内。

当Cr(Ⅵ)被$SO_3^{2-}$还原为$Cr^{3+}$之后(一般要求还原反应时间约为30min)，用NaOH中和至pH＝7～8，使$Cr^{3+}$生成氢氧化铬$Cr(OH)_3$沉淀，然后过滤回收铬污泥。

$$Cr^{3+}+3OH^- \rightleftharpoons Cr(OH)_3\downarrow$$

采用NaOH中和生成的$Cr(OH)_3$纯度较高，可以综合利用。

### 6.2.2 温度

温度对反应速度的影响是很复杂的。对于大多数反应来说，升高溶液温度，可提高反应速度。这是由于温度升高时，不仅增加了反应物之间的碰撞几率，更重要的是增加了活化分子或活化离子的数目，所以提高了反应速度。通常溶液的温度每升高10℃，反应速率约增大2～3倍。例如，在酸性溶液中，$MnO_4^-$与$C_2O_4^{2-}$的反应：

$$2MnO_4^-+5C_2O_4^{2-}+16H^+ \rightleftharpoons 2Mn^{2+}+10CO_2\uparrow+8H_2O$$

常温下该反应速率较小，不适用于滴定分析，若将温度升高至70～85℃反应速率可显著增大，能顺利地进行滴定。

应该注意，不是所有情况下提高溶液的温度，都可以加快反应速度，有些物质(如$I_2$等)具有较大的挥发性，如将溶液加热则会引起挥发损失；有些物质(如$Fe^{2+}$、$Sn^{2+}$等)很容易被空气中的氧所氧化，如将溶液加热，就会促进它们的氧化，从而引起误差。在这种情况下，就不能采用升高温度的方法来提高反应速度。

### 6.2.3 催化剂

加入催化剂可以改变反应速度，但不移动化学平衡。催化剂可分为正催化剂和负催化剂。正催化剂使反应速率增大，负催化剂使反应速率减小，负催化剂又称为阻化剂。

催化反应的机理非常复杂。在催化反应中，由于催化剂的存在，可能产生了一系列不稳定的中间价态离子、游离基或活泼的中间配合物，从而改变了原来的氧化还原反应历程，或降低了反应所需的活化能，使反应速度发生变化。表面上看来，催化剂似乎没有参加反应其实在反应过程中，催化剂反复地参加反应，并循环地起作用，但最终并不改变其本身的状态和数量。

例如，$Ce^{4+}$氧化As(Ⅲ)的反应很慢，但若加入少量KI作催化剂，反应速度可迅速增大，其反应机理可能如下：

$$Ce^{4+}+I^- \longrightarrow I_2+Ce^{3+}$$

$$2I^- \longrightarrow I_2$$

$$I_2 + H_2O \longrightarrow HIO + H^+ + I^-$$

$$AsO_3^{3-} + HIO \longrightarrow AsO_4^{3-} + H^+ + I^-$$

总反应：　$2Ce^{4+} + AsO_3^{3-} + H_2O \longrightarrow AsO_4^{3-} + 2Ce^{3+} + 2H^+$

利用这一反应，可以 $As_2O_3$ 为基准物质标定 $Ce^{4+}$ 溶液的浓度。

再如，$MnO_4^-$ 与 $C_2O_4^{2-}$ 在酸性溶液中即使加热，在开始时反应速度仍较小，但随着反应的进行其速度越来越大，这是由于反应产物 $Mn^{2+}$ 起催化作用。这种由反应产物本身起催化作用的现象称为自动催化作用。$Mn^{2+}$ 的自动催化作用机理可能是：

$$Mn(\text{Ⅶ}) + Mn(\text{Ⅱ}) \longrightarrow Mn(\text{Ⅵ}) + Mn(\text{Ⅲ})$$

$$Mn(\text{Ⅵ}) + Mn(\text{Ⅱ}) \longrightarrow 2Mn(\text{Ⅳ})$$

$$Mn(\text{Ⅳ}) + Mn(\text{Ⅱ}) \longrightarrow 3Mn(\text{Ⅲ})$$

Mn(Ⅲ)能与 $C_2O_4^{2-}$ 生成一系列配合物，如 $Mn(C_2O_4)^+$、$Mn(C_2O_4)_2^-$、$Mn(C_2O_4)_3^{3-}$ 等，它们再分解为 Mn(Ⅱ)和 $CO_2$。

利用催化反应加快反应速度在水质分析和水处理中有着广泛的用途。

例如，给水处理中，用锰砂除铁，就是利用锰砂中的 $MnO_2$ 能对水中 $Fe^{2+}$ 的氧化反应起催化作用，从而大大加速了水中 $Fe^{2+}$ 的氧化反应。新锰砂刚投入运行时，锰砂中的 $MnO_2$ 首先被水中的溶解氧氧化成 7 价锰，7 价锰再将水中的 $Fe^{2+}$ 氧化为 $Fe^{3+}$：

$$MnO_2 + O_2 \longrightarrow MnO \cdot Mn_2O_7$$

$$MnO \cdot Mn_2O_7 + 4Fe^{2+} + 2H_2O \longrightarrow 3MnO_2 + 4Fe^{3+} + 4OH^-$$

这两个反应进行得都很快，所以大大加速了 $Fe^{2+}$ 的氧化。

在水质分析中，利用催化剂的反应很多，例如，用重铬酸钾法测定水中化学需氧量时，常用 $Ag_2SO_4$ 作催化剂，加快反应速度；还有用分光光度法测定水中的 $Mn^{2+}$ 时，常以过硫酸铵 $(NH_4)_2S_2O_8$ 作氧化剂，以银盐为催化剂氧化水中的 $Mn^{2+}$。

以上讲的都是正催化剂的情况。在分析化学中，还经常应用到负催化剂。例如加入多元醇可以减慢 $SnCl_2$ 与空气中的氧的作用；加入 $AsO_3^{3-}$ 可以防止 $SO_3^{2-}$ 与空气中的氧的作用。负催化剂也具有一定的氧化还原性，它们的存在，能减慢其他氧化还原反应的反应速度。

### 6.2.4 诱导作用

某些氧化还原反应在一般情况下不发生或反应速率很小，但当有另一反应共存时则会诱发这一反应的进行。例如，在酸性溶液中，$MnO_4^-$ 与 $Cl^-$ 的反应在通常情况下几乎不进行，但当溶液中有 $Fe^{2+}$ 存在时，则因 $MnO_4^-$ 与 $Fe^{2+}$ 的反应而诱发了 $MnO_4^-$ 与 $Cl^-$ 反应的进行。这种由于一种氧化还原反应诱发和促进了另一氧化还原反应的现象称为诱导作用。上述反应的反应式为

$$MnO_4^- + 5Fe^{2+} + 8H^+ \rightleftharpoons Mn^{2+} + 5Fe^{3+} + 4H_2O \quad \text{（诱导反应）}$$

$$MnO_4^- + 10Cl^- + 16H^+ \rightleftharpoons 2Mn^{2+} + 5Cl_2 + 8H_2O \quad \text{（受诱反应）}$$

其中，$MnO_4^-$ 称为作用体，$Fe^{2+}$ 称为诱导体，$Cl^-$ 称为受诱体。

诱导作用的产生机理比较复杂，可能与诱导反应的中间步骤中所产生的不稳定中间体

有关。正是这些不稳定中间体与受诱体的相互作用，大大加快了受诱反应的速率。在此例中，当 $KMnO_4$ 被 $Fe^{2+}$ 还原时，要经过一系列单电子转移的中间还原过程，产生 Mn(Ⅵ)、Mn(Ⅴ)、Mn(Ⅳ)和 Mn(Ⅲ)等不稳定的中间价态离子。这些不稳定中间体再与 $Cl^-$ 反应，加速了 $Cl^-$ 的氧化。

诱导作用与催化作用不同，诱导体参与反应后变成了其他形态，而催化剂在反应前后，其形态和数量都不改变。

## 6.3 氧化还原滴定曲线

在氧化还原滴定中，随着滴定剂的加入，被滴定物质的氧化态和还原态浓度逐渐改变，电对的电极电位也随之不断改变。以滴定剂的体积为横坐标，以电对的电极电位为纵坐标绘制的曲线即为氧化还原滴定曲线。

### 6.3.1 滴定曲线

现以在 1mol/L $H_2SO_4$ 溶液中用 0.1000mol/L $Ce^{4+}$ 溶液滴定 20.00mL 浓度为 0.1000mol/L 的 $Fe^{2+}$ 为例，讨论氧化还原滴定曲线的基本原理。滴定反应为：

$$Ce^{4+}+Fe^{2+} \rightleftharpoons Ce^{3+}+Fe^{3+}$$

$$\varphi^{\theta'}_{Fe^{3+}/Fe^{2+}}=0.68V \quad \varphi^{\theta'}_{Ce^{4+}/Ce^{3+}}=1.44V$$

1. 滴定前

溶液是 0.1000mol/L 的 $Fe^{2+}$ 溶液，由于空气中氧的氧化作用，其中必有极少量 $Fe^{3+}$ 存在，组成 $Fe^{3+}/Fe^{2+}$ 电对，但由于 $Fe^{3+}$ 浓度不知道，故此反应的电极电位无法计算。

2. 滴定开始至化学计量点前

滴定一开始，体现中同时存在 $Fe^{3+}/Fe^{2+}$、$Ce^{4+}/Ce^{3+}$ 两个电对，两个电对的电极电位分别为

$$\varphi_{Ce^{4+}/Ce^{3+}}=\varphi^{\theta'}_{Ce^{4+}/Ce^{3+}}+0.059\lg\frac{c_{Ce^{4+}}}{c_{Ce^{3+}}}$$

$$\varphi_{Fe^{3+}/Fe^{2+}}=\varphi^{\theta'}_{Fe^{3+}/Fe^{2+}}+0.059\lg\frac{c_{Fe^{3+}}}{c_{Fe^{2+}}}$$

在滴定过程中，体系达到平衡时，两个电对的电极电位相等，因此，可选用两电对中任一便于计算的电对来计算体系的电极电位。

在达到平衡时，$Ce^{4+}$ 浓度很小，不易直接求得，故此时可利用 $Fe^{3+}/Fe^{2+}$ 电对计算 $\varphi$ 值。

滴入 $Ce^{4+}$ 溶液 19.98mL 时：

形成 $Fe^{3+}$ 的物质的量$=19.98\times0.1000=1.998$mmol

剩余 $Fe^{2+}$ 的物质的量$=(20-19.98)\times0.1000=0.002$mmol

此时 $\varphi_{Fe^{3+}/Fe^{2+}}=0.68+0.059\lg\frac{1.998}{0.002}=0.86V$。同样可以计算出滴入任一体积的 $Ce^{4+}$ 时的电极电位，见表6-1。

**表6-1 用0.1mol/L $Ce(SO_4)_2$ 滴定0.1mol/L $Fe^{2+}$ 溶液**

| 加入 $Ce^{4+}$ 溶液的体积 /mL | 滴定百分数 /% | 电极电位 $\varphi$ /V |
|---|---|---|
| 1.00 | 5.0 | 0.60 |
| 2.00 | 10.0 | 0.62 |
| 4.00 | 20.0 | 0.64 |
| 8.00 | 40.0 | 0.67 |
| 10.00 | 50.0 | 0.68 |
| 12.00 | 60.0 | 0.69 |
| 18.00 | 90.0 | 0.74 |
| 19.80 | 99.0 | 0.80 |
| 19.98 | 99.9 | 0.86 } 突跃范围 |
| 20.00 | 100.0 | 1.06 } 突跃范围 |
| 20.02 | 100.1 | 1.26 } 突跃范围 |
| 22.00 | 110.0 | 1.38 |
| 30.00 | 150.0 | 1.42 |
| 40.00 | 200.0 | 1.44 |

3. 化学计量点时

滴入 $Ce^{4+}$ 溶液20.00mL时，此时 $Ce^{4+}$、$Fe^{2+}$ 浓度都很小，不便计算，但由于两电对的电极电位相等，可将两电对的方程式相加求得。

$$2\varphi_{sp}=(\varphi^{\theta'}_{Ce^{4+}/Ce^{3+}}+\varphi^{\theta'}_{Fe^{3+}/Fe^{2+}})+0.059\lg\frac{c_{Ce^{4+},sp}\cdot c_{Fe^{3+},sp}}{c_{Ce^{3+},sp}\cdot c_{Fe^{2+},sp}}$$

计量点时，滴入的 $Ce^{4+}$ 的物质的量与 $Fe^{2+}$ 的物质的量相等，则有

$$c_{Ce^{3+},sp}=c_{Fe^{3+},sp},\qquad c_{Ce^{4+},sp}=c_{Fe^{2+},sp}$$

于是

$$\frac{c_{Ce^{4+},sp}\cdot c_{Fe^{3+},sp}}{c_{Ce^{3+},sp}\cdot c_{Fe^{2+},sp}}=1$$

所以 $\varphi_{sp}=\frac{1}{2}(\varphi^{\theta'}_{Ce^{4+}/Ce^{3+}}+\varphi^{\theta'}_{Fe^{3+}/Fe^{2+}})=\frac{1}{2}\times(1.44+0.68)=1.06V$

4. 化学计量点后

溶液中 $Fe^{2+}$ 在计量点时就几乎全部被氧化成 $Fe^{3+}$，$c_{Fe^{2+}}$ 不易求得，但此时 $c_{Ce^{4+}}$、$c_{Ce^{3+}}$ 都容易求得，因此可利用 $Ce^{4+}/Ce^{3+}$ 电对来计算 $\varphi$ 值。

当滴入 $Ce^{4+}$ 溶液20.02mL时，

过量 $Ce^{4+}$ 的物质的量 $=(20.02-20.00)\times0.1000=0.002$mmol

生成 $Ce^{3+}$ 的物质的量 $=20.00\times0.1000=2.00$mmol

此时 $\varphi_{Ce^{4+}/Ce^{3+}}=1.44+0.059\lg\frac{0.002}{2}=1.263V$

同样可计算出滴入 $Ce^{4+}$ 溶液22.00mL、30.00mL、40.00mL时的电极电位分别是1.38V、

1.42V、1.44V。将计算结果列入表 6-1 中。

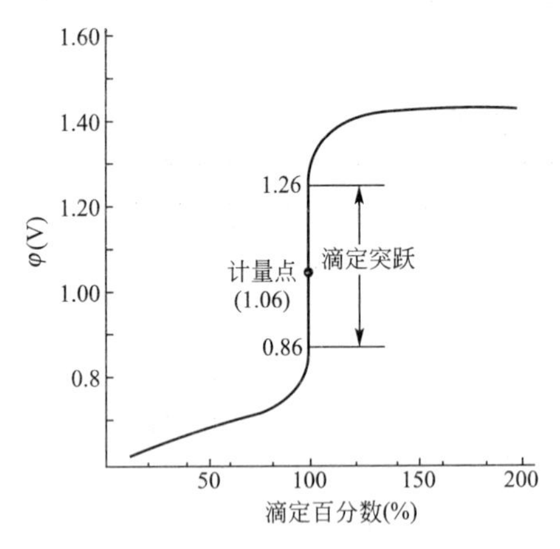


**图 6.1　0.1000mol/L $Ce^{4+}$ 滴定 20.00mL 0.1000mol/L $Fe^{2+}$ 的滴定曲线**

以滴定剂加入的百分数为横坐标，电对的电位为纵坐标作图，可得到如图 6.1 滴定曲线。

从表 6-1 和图 6.1 可以看出，用氧化剂滴定还原剂时，滴定百分数为 50%时，溶液的电位就是被滴物电对的条件电极电位；滴定百分数为 200%时，溶液的电位就是滴定剂电对的条件电极电位。

化学计量点附近电极电位突跃的大小与两个电对的条件电极电位的差值大小有关，差值越大，突跃越大；反之则越小。例如，用 $KMnO_4$ 滴定 $Fe^{2+}$ 时，电位突跃为(0.86～1.46)V，比用 $Ce(SO_4)_2$ 溶液滴定 $Fe^{2+}$ 时的电位突跃(0.86～1.26)V 大些。

### 6.3.2　计量点时的电极电位 $\varphi_{sp}$

1. 可逆氧化还原滴定反应的 $\varphi_{sp}$ 计算

可逆氧化还原反应指参加反应的两个电对都是对称电对。对称电对指该电对的半反应中，氧化态与还原态的系数相等，如 $Ce^{4+}/Ce^{3+}$，$Fe^{3+}/Fe^{2+}$ 等。

$$n_2 Ox_1 + n_1 Red_2 \rightleftharpoons n_2 Red_1 + n_1 Ox_2$$

$$\varphi_{sp} = \varphi_1^{\theta'} + \frac{0.059}{n_1} \lg \frac{c_{Ox_1,sp}}{c_{Red_1,sp}} \cdots \quad (1)$$

$$\varphi_{sp} = \varphi_2^{\theta'} + \frac{0.059}{n_2} \lg \frac{c_{Ox_2,sp}}{c_{Re_d,sp}} \cdots \quad (2)$$

(1)×$n_1$+(2)×$n_2$，得：

$$(n_1 + n_2)\varphi_{sp} = (n_1 \varphi_1^{\theta'} + n_2 \varphi_2^{\theta'}) + 0.059 \lg \frac{c_{Ox_1,sp} \cdot c_{Ox_2,sp}}{c_{Red_1,sp} \cdot c_{Red_2,sp}}$$

在计量点时有：$\frac{c_{Ox_1,sp}}{c_{Red_2,sp}} = \frac{n_2}{n_1}$，$\frac{c_{Ox_2,sp}}{c_{Red_1,sp}} = \frac{n_1}{n_2}$

则 $\lg \frac{c_{Ox_1,sp} \cdot c_{Ox_2,sp}}{c_{Red_1,sp} \cdot c_{Red_2,sp}} = 0$

所以

$$\varphi_{sp} = \frac{n_1 \varphi_1^{\theta'} + n_2 \varphi_2^{\theta'}}{n_1 + n_2} \quad (6-19)$$

从式(6-19)可知，只有当 $n_1 = n_2$ 时，才有

$$\varphi_{sp} = \frac{\varphi_1^{\theta'} + \varphi_2^{\theta'}}{2}$$

此时化学计量点刚好处于滴定突跃的中央，例如 $Ce(SO_4)_2$ 滴定 $Fe^{2+}$ 的溶液中，由于 $n_1 = n_2 = 1$，故 $\varphi_{sp} = 1.06V$ 恰好在(0.86～1.26)V 的正中间，此时滴定终点与计量点一

致。当 $n_1 \neq n_2$ 时，计量点电极电位偏向 $n$ 值较大的电对一方。

例如，在 1mol/L$H_2SO_4$ 用 $MnO_4^-$ 滴定 $Fe^{2+}$，已知

$\varphi^{\theta'}_{Fe^{3+}/Fe^{2+}}=0.68V(n_1=1)$，$\varphi^{\theta'}_{MnO_4^-/Mn^{2+}}=1.45V(n_2=5)$。

$$\varphi_{sp}=\frac{n_1\varphi_1^{\theta'}+n_2\varphi_2^{\theta'}}{n_1+n_2}=\frac{1\times 0.68+5\times 1.45}{1+5}=1.32V$$

可见，$\varphi_{sp}$靠近 $MnO_4^-/Mn^{2+}$ 电对一侧。

2. 不可逆氧化还原滴定反应的 $\varphi_{sp}$ 计算

不可逆的氧化还原滴定反应有两种情况：一种是只有一个是半反应不对称的；另一种是两个半反应都是不对称的。这里面举例第一种介绍。

半反应$Ox_1+n_1e \rightleftharpoons aRed_1$(不对称电位)

$Ox_2+n_2e \rightleftharpoons Red_2$(对称电位)

总反应 $n_2Ox_1+n_1Red_2 \rightleftharpoons an_2Red_1+n_1Ox_2$

将两个电对的能斯特方程式分别乘以 $n_1$ 和 $n_2$ 并相加，得：

$$(n_1+n_2)\varphi_{sp}=(n_1\varphi_1^{\theta'}+n_2\varphi_2^{\theta'})+0.059\lg\frac{c_{Ox_1,sp}\cdot c_{Ox_2,sp}}{(c_{Red_1,sp})^a\cdot c_{Red_2,sp}}$$

达到化学计量点时，各组分的平衡关系为：

$$\frac{c_{Ox_1,sp}}{c_{Red_2,sp}}=\frac{n_2}{n_1},\quad \frac{c_{Ox_2,sp}}{c_{Red_1,sp}}=\frac{n_1}{an_2}$$

则 $\lg\frac{c_{Ox_1,sp}\cdot c_{Ox_2,sp}}{(c_{Red_1,sp})^a\cdot c_{Red_2,sp}}=\lg\frac{1}{a(c_{Red_1,sp})^{a-1}}$

$$\varphi_{sp}=\frac{n_1\varphi_1^{\theta'}+n_2\varphi_2^{\theta'}}{n_1+n_2}+\frac{0.059}{n_1+n_2}\lg\frac{1}{a(c_{Red_1,sp})^{a-1}}$$

可见，有不对称电对参加的氧化还原反应的 $\varphi_{sp}$ 与体系中不对称半反应的生成物浓度有关。

## 6.4 氧化还原指示剂

在氧化还原滴定中，可以根据滴定体系的不同而采用不同类型的指示剂来确定滴定终点。氧化还原滴定中常用的指示剂有以下几种类型。

1. 自身指示剂

在氧化还原滴定中，利用滴定剂或被滴定液本身的颜色变化来指示滴定终点，称为自身指示剂。

例如，在高锰酸钾法中，$MnO_4^-$ 本身呈紫红色，其还原产物 $Mn^{2+}$ 几乎是无色的，当用 $KMnO_4$ 作滴定剂在酸性溶液中滴定浅色或无色的还原性物质时，在滴定达化学计量点后，稍过量的 $KMnO_4$($c_{KMnO_4}=2\times 10^{-6}$mol/L)就可使溶液显粉红色，指示终点的到达。

2. 专属指示剂

这种指示剂本身并不具有氧化还原性，但能与滴定剂或被测定物质发生显色反应，而

且显色反应是可逆的，因而可以指示滴定终点。这类指示剂最常用的是淀粉，如可溶性淀粉与碘溶液反应生成深蓝色的化合物，当 $I_2$ 被还原为 $I^-$ 时，蓝色就突然退去。因此，在碘量法中，通常用淀粉溶液作指示剂。用淀粉指示剂可以检出约 $5\times10^{-6}$ mol/L 的碘溶液，但淀粉指示剂与 $I_2$ 的显色灵敏度与淀粉的性质和加入时间、温度及反应介质等条件有关，如温度升高，显色灵敏度下降。

除外，$Fe^{3+}$ 溶液滴定 $Sn^{2+}$ 时，可用 KSCN 为指示剂，当溶液出现红色($Fe^{3+}$ 与 $SCN^-$ 形成的硫氰络合物的颜色)即为终点。

3. 氧化还原指示剂

氧化还原指示剂是其本身具有氧化还原性质的有机化合物，它的氧化态和还原态具有不同颜色，在滴定过程中，指示剂因被氧化或还原而发生颜色变化，从而可以用来指示终点。例如用 $K_2Cr_2O_7$ 滴定 $Fe^{2+}$ 时，常用二苯胺磺酸钠为指示剂。二苯胺磺酸钠的还原态无色，当滴定至化学计量点时，稍过量的 $K_2Cr_2O_7$ 使二苯胺磺酸钠由还原态转变为氧化态，溶液显紫红色，因而指示滴定终点的到达。

若以 $In_{Ox}$ 和 $In_{Red}$ 分别表示指示剂的氧化态和还原态，则氧化还原指示剂的半反应可用下式表示：

$$In_{Ox}+ne^-\rightleftharpoons In_{Red}$$

该电对的电极电位：

$$\varphi_{In_{Ox}/In_{Red}}=\varphi^{\theta'}_{In_{Ox}/In_{Red}}+\frac{0.059}{n}\lg\frac{c_{In_{Ox}}}{c_{In_{Red}}}$$

随着滴定的进行，溶液的电极电位值不断发生变化，指示剂的电极电位也随之发生相应的变化，从而使 $\frac{c_{In_{Ox}}}{c_{In_{Red}}}$ 的值随着滴定的进行而发生变化。

当 $\frac{c_{In_{Ox}}}{c_{In_{Red}}}\geqslant10$ 时，溶液显示出指示剂氧化态的颜色，此时：

$$\varphi_{In_{Ox}/In_{Red}}\geqslant\varphi^{\theta'}_{In_{Ox}/In_{Red}}+\frac{0.059}{n}$$

当 $\frac{c_{In_{Ox}}}{c_{In_{Red}}}\leqslant\frac{1}{10}$ 时，溶液显示出指示剂还原态的颜色，此时：

$$\varphi_{In_{Ox}/In_{Red}}\leqslant\varphi^{\theta'}_{In_{Ox}/In_{Red}}-\frac{0.059}{n}$$

当 $\frac{1}{10}\leqslant\frac{c_{In_{Ox}}}{c_{In_{Red}}}\leqslant10$ 时，能观察到明显的颜色变化，因此，氧化还原指示剂的理论变色范围为

$$\varphi^{\theta'}_{In_{Ox}/In_{Red}}\pm\frac{0.059}{n}\qquad(6-20)$$

当 $\frac{c_{In_{Ox}}}{c_{In_{Red}}}=1$ 时，$\varphi_{In_{Ox}/In_{Red}}=\varphi^{\theta'}_{In_{Ox}/In_{Red}}$，这一点称为氧化还原指示剂的变色点，$\varphi^{\theta'}_{In_{Ox}/In_{Red}}$ 称为指示剂的变色电极电位。

常用的氧化还原指示剂的条件电极电位及其颜色变化列于表 6-2 中。

表 6-2 几种常用氧化还原指示剂

| 指示剂 | $\varphi_{In}^{\theta'}$/V ([H⁺]=1mol/L) | 颜色 |  | 指示剂溶液 |
|---|---|---|---|---|
|  |  | 氧化态 | 还原态 |  |
| 亚甲基蓝 | 0.53 | 蓝绿 | 无色 | 0.05%水溶液 |
| 二苯胺 | 0.76 | 紫 | 无色 | 0.1%浓 $H_2SO_4$ 溶液 |
| 二苯胺磺酸钠 | 0.84 | 紫红 | 无色 | 0.05%水溶液 |
| 羊毛罂红 A | 1.00 | 橙红 | 黄绿 | 0.1%水溶液 |
| 邻二氮菲亚铁 | 1.06 | 浅蓝 | 红 | 0.025mol/L 水溶液 |
| 邻苯胺基苯甲酸 | 1.08 | 紫红 | 无色 | 0.1%$Na_2CO_3$ 溶液 |
| 硝基邻二氮菲亚铁 | 1.25 | 浅蓝 | 紫红 | 0.025mol/L 水溶液 |

选择氧化还原指示剂时应使指示剂的变色电位应在滴定突跃范围之内，且尽量使指示剂的变色电位($\varphi_{In}^{\theta'}$)与化学计量点电位($\varphi_{sp}$)一致或接近。

例如，在酸性介质中，用 $Ce^{4+}$ 滴定 $Fe^{2+}$ 时，滴定突跃范围是(0.86～1.26)V，化学计量点电位 $\varphi_{eg}$=1.06V。邻二氮菲亚铁($\varphi_{In}^{\theta'}$=1.06V)和邻苯胺基苯甲酸($\varphi_{In}^{\theta'}$=1.08V)均为合适的指示剂。但若选用二苯胺磺酸钠($\varphi_{In}^{\theta'}$=0.84V)作指示剂，终点将提前到达。在实际应用时，通常向溶液中加入 $H_3PO_4$，$H_3PO_4$ 与 $Fe^{3+}$ 易形成稳定的络合物而降低 $Fe^{3+}$ 的浓度，可使 $Fe^{3+}$/ $Fe^{2+}$ 电对的电极电位降低($\varphi_{Fe^{3+}/Fe^{2+}}^{\theta'}$ =0.61V)，突跃范围也变为(0.78～1.26)V，此时二苯胺磺酸钠的条件电极电位也处于突跃范围之内。

# 6.5 高锰酸钾法

氧化还原滴定法，根据滴定剂种类的不同可分为高锰酸钾法、重铬酸钾法、碘量法、溴酸钾法、硫酸铈法和亚硝酸钠法等。在水质分析中，经常采用的是高锰酸钾法、重铬酸钾法、碘量法和溴酸钾法。

## 6.5.1 方法概述

利用高锰酸钾作为氧化剂的滴定方法称为高锰酸钾法。高锰酸钾是强氧化剂，它的氧化能力和还原产物与溶液的酸度有关。

(1) 在强酸性溶液中，$MnO_4^-$ 被还原为 $Mn^{2+}$。

$$MnO_4^- + 8H^+ + 5e^- \rightleftharpoons Mn^{2+} + 4H_2O \quad \varphi_{MnO_4^-/Mn^{2+}}^{\theta} = 1.51V$$

由于在强酸性溶液中 $KMnO_4$ 有更强的氧化性，因而高锰酸钾法一般多在 0.5～1.0mol/L$H_2SO_4$ 强酸性介质中使用。例如，$MnO_4^-$ 在酸性溶液中将 $H_2C_2O_4$ 氧化成 $CO_2$，常用 $H_2C_2O_4$ 或 $Na_2C_2O_4$ 标定 $KMnO_4$ 标准溶液的浓度。

(2) 在弱酸性、中性或弱碱性溶液中，$MnO_4^-$ 被还原为 $MnO_2$。

$$MnO_4^- + 2H_2O + 3e^- \rightleftharpoons MnO_2\downarrow + 4OH^- \quad \varphi_{MnO_4^-/MnO_2}^{\theta} = 0.588V$$

由于反应产物为棕色的 $MnO_2$ 沉淀，妨碍终点观察，所以很少使用。

$KMnO_4$ 氧化能力在酸性溶液中比在碱性溶液中大，但反应速度在碱性中快。

(3) 在 pH>12 的强碱性溶液中，$MnO_4^-$ 被还原为 $MnO_4^{2-}$。

$$MnO_4^- + e^- \rightleftharpoons MnO_4^{2-} \quad \varphi^{\theta}_{MnO_4^-/MnO_4^{2-}} = 0.564V$$

由于在强碱性条件下的反应速度比在酸性条件下更快，所以常用来在此条件下测定有机物的含量。

## 6.5.2 高锰酸钾法的滴定方式

### 1. 直接滴定法

许多还原性物质，如 Fe(Ⅱ)、As(Ⅲ)、Sb(Ⅲ)、$H_2O_2$、$C_2O_4^{2-}$、$NO_2^-$ 等离子，可用 $KMnO_4$ 标准溶液直接滴定，利用计量点时 $KMnO_4$ 本身红色不消失指示滴定终点。

### 2. 返滴定法

有些氧化性物质，如不能用 $KMnO_4$ 溶液直接滴定，则可用返滴定法进行测定。例如，测定 $MnO_2$ 含量时，可在 $H_2SO_4$ 溶液中加入一定量过量的 $Na_2C_2O_4$ 标准溶液，待 $MnO_2$ 与 $C_2O_4^{2-}$ 作用完全后，用 $KMnO_4$ 标准溶液滴定过量的 $C_2O_4^{2-}$。根据 $KMnO_4$ 和 $Na_2C_2O_4$ 标准溶液的浓度和用量，求出 $MnO_2$ 的含量。其主要反应：

$$MnO_2 + C_2O_4^{2-}(\text{过量}) + 4H^+ = Mn^{2+} + 2CO_2\uparrow + 2H_2O$$

$$2MnO_4^- + 5C_2O_4^{2-}(\text{剩余}) + 16H^+ = 2Mn^{2+} + 10CO_2\uparrow + 8H_2O$$

### 3. 间接滴定法

某些非氧化还原性物质，不能用 $KMnO_4$ 溶液直接滴定或返滴定法，但可以用间接滴定法进行测定。例如，测定 $Ca^{2+}$ 时，可将 $Ca^{2+}$ 沉淀为 $Ca_2C_2O_4$，再用稀 $H_2SO_4$ 将所得沉淀溶解，用 $KMnO_4$ 标准溶液滴定其中的 $C_2O_4^{2-}$，从而间接求得 $Ca^{2+}$ 的含量。

高锰酸钾法有以下特点：

(1) $KMnO_4$ 氧化能力强，应用广泛，可直接或间接地测定多种无机物和有机物。

(2) $KMnO_4$ 溶液本身呈紫红色，滴定时一般不需要另加指示剂。

(3) 由于 $KMnO_4$ 氧化能力强，因此方法的选择性较差；而且 $KMnO_4$ 与还原性物质的反应历程比较复杂，易发生副反应。

(4) $KMnO_4$ 标准滴定溶液不能直接配制，且标准滴定溶液不够稳定，不能久置，需经常标定。

## 6.5.3 高锰酸钾标准溶液的配制与标定

### 1. $KMnO_4$ 标准溶液的配制

市售 $KMnO_4$ 试剂常含有少量的 $MnO_2$ 及其他杂质。同时，蒸馏水中也常含有还原性物质如尘埃、有机物等，这些物质都能使 $KMnO_4$ 还原，因此 $KMnO_4$ 标准滴定溶液不能直接配制，必须先配成近似浓度的溶液，然后再进行标定。配制方法如下：

称取稍多于计算用量的 $KMnO_4$，溶于一定量的蒸馏水中，将溶液加热煮沸，保持微沸 15min，冷却，于暗处放置两周，以使溶液中可能存在的还原性物质完全被氧化。然后用已处理过的玻璃滤埚(玻璃滤埚的处理是指玻璃滤埚在同样浓度的高锰酸钾溶液中缓缓煮沸 5min)过滤，除去 $MnO_2$ 沉淀，将过滤后的 $KMnO_4$ 溶液贮存于棕色试剂瓶中，并存放在暗处(避免光对 $KMnO_4$ 的催化分解)，以待标定。

2. $KMnO_4$ 标准溶液的标定

可用于标定 $KMnO_4$ 溶液的基准物很多，如 $Na_2C_2O_4$、$H_2C_2O_4 \cdot 2H_2O$、$(NH_4)_2Fe(SO_4)_2 \cdot 6H_2O$ 和纯铁丝等。其中常用的是 $Na_2C_2O_4$，这是因为其易提纯、稳定，不含结晶水。在 105～110℃烘至恒重，即可使用。

在 $H_2SO_4$ 介质中，$MnO_4^-$ 与 $C_2O_4^{2-}$ 的反应如下：

$$2MnO_4^- + 5C_2O_4^{2-} + 16H^+ \rightleftharpoons 2Mn^{2+} + 10CO_2\uparrow + 8H_2O$$

标定时，必须严格控制以下反应条件。

1) 温度

在室温下 $MnO_4^-$ 与 $C_2O_4^{2-}$ 反应速度缓慢，因此常将溶液加热至 70～85℃时进行滴定。滴定完毕后，溶液的温度也不应低于 60℃。但温度不宜过高，若高于 90℃，部分 $H_2C_2O_4$ 分解会发生分解。

$$H_2C_2O_4 \xrightarrow{>90℃} CO_2\uparrow + CO\uparrow + H_2O$$

导致标定结果偏高。通常用水浴加热控制反应温度。

2) 酸度

为了使滴定反应能正常进行，溶液中应保持足够的酸度，一般控制酸度为 0.5～1mol/L。酸度不够时，容易生成 $MnO_2 \cdot H_2O$ 沉淀，酸度过高又会促使 $H_2C_2O_4$ 分解。控制$[H^+]$采用 $H_2SO_4$，不能用 HCl 或 $HNO_3$，$Cl^-$有一定的还原性，$NO_3^-$ 有一定的氧化性。

3) 滴定速度

$MnO_4^-$ 与 $C_2O_4^{2-}$ 的反应开始时速度很慢，当有 $Mn^{2+}$ 生成之后，反应速度逐渐加快。因此，开始滴定时，应该等第一滴 $KMnO_4$ 溶液退色后，再加第二滴。此后，因反应生成的 $Mn^{2+}$ 有自动催化作用而加快了反应速度，随之可加快滴定速度，但不能过快，否则加入的 $KMnO_4$ 溶液会因来不及与 $C_2O_4^{2-}$ 反应，就在热的酸性溶液中分解，导致结果偏低。

$$4MnO_4^- + 12H^+ \rightleftharpoons 4Mn^{2+} + 6H_2O + 5O_2\uparrow$$

若滴定前加入少量的 $MnSO_4$ 为催化剂，则在滴定的最初阶段就可以较快的滴定速度进行。

4) 指示剂

因为 $MnO_4^-$ 本身具有颜色，溶液中有稍过量的 $MnO_4^-$ ($c_{KMnO_4} = 2\times10^{-6}$ mol/L)就可使溶液显粉红色，所以一般不必加指示剂。

5) 滴定终点

$KMnO_4$ 法滴定终点不太稳定，这是由于空气中的还原性气体和尘埃等杂质落入溶液中能使 $KMnO_4$ 缓慢分解，而使粉红色消失。所以，滴定时溶液中出现的粉红色如在 0.5～1min 内不退，就可以认为已经到达滴定终点。

### 6.5.4 高锰酸钾法应用示例——高锰酸盐指数的测定

高锰酸盐指数是在一定条件下，以高锰酸钾为氧化剂氧化水样中还原性物质所消耗的高锰酸钾的量，以氧的浓度(mg/L)表示。水中的亚硝酸盐、亚铁盐、硫化物等还原性无机物和在此条件下可被氧化的有机物，均可消耗高锰酸钾。因此，该指数常被作为地表水受有机物和还原性无机物污染程度的综合指标。

按测定溶液的介质不同，高锰酸盐指数的测定可分为酸性高锰酸钾法和碱性高锰酸钾法。

1. 酸性高锰酸钾法

水样在酸性条件下，加入过量标准溶液 $KMnO_4$($V_1$，mL)，并在沸水浴中加热反应一定的时间，然后加入过量的 $Na_2C_2O_4$($V_2$，mL)标准溶液还原剩余的 $KMnO_4$，最后再用 $KMnO_4$($V_1'$，mL)标准溶液返滴剩余的 $Na_2C_2O_4$，滴定至粉红色在 0.5～1min 内不消失为止。主要反应式如下，令 C 代表有机物：

$$\underset{(过量)}{4MnO_4^-} + 5C(有机物) + 12H^+ \longrightarrow 5CO_2\uparrow + 4Mn^{2+} + 6H_2O$$

$$\underset{(过量)}{5C_2O_4^{2-}} + \underset{剩余}{2MnO_4^-} + 16H^+ \longrightarrow 10CO_2\uparrow + 2Mn^{2+} + 8H_2O$$

$$\underset{(剩余)}{2MnO_4^-} + 5C_2O_4^{2-} + 16H^+ \longrightarrow 10CO_2\uparrow + 2Mn^{2+} + 8H_2O$$

$$高锰酸盐指数(mgO_2/L) = \frac{[V_1c_1 - (V_2c_2 - V_1'c_1)]}{V_水} = \frac{[c_1(V_1+V_1') - c_2V_2]\times 8\times 1000}{V_水}$$

式中：$c_1$——$KMnO_4$ 标准溶液浓度$\left(\frac{1}{5}KMnO_4，mol/L\right)$；

$c_2$——$Na_2C_2O_4$ 标准溶液浓度$\left(\frac{1}{2}Na_2C_2O_4，mol/L\right)$；

8——氧的摩尔质量$\left(\frac{1}{2}O，g/mol\right)$；

$V_水$——水样的量(mL)。

在高锰酸钾指数的实际测定中，往往引入 $KMnO_4$ 标准溶液的校正系数，它的测定方法如下。

(1) 首先加入过量标准溶液 $KMnO_4$(10mL)。

(2) 然后加入过量的 $Na_2C_2O_4$(10mL)标准溶液还原剩余的 $KMnO_4$，再用 $KMnO_4$ 标准溶液返滴剩余的 $Na_2C_2O_4$，消耗 $KMnO_4$ 体积 $V_1$。

(3) 将上述水样接着加入 $Na_2C_2O_4$(10mL)，再用 $KMnO_4$ 滴定消耗的体积为 $V_2$，则 $KMnO_4$的校正系数 $K$ 为

$$10c_2 = V_2c_1$$

$$K = \frac{10}{V_2} = \frac{c_1}{c_2}$$

$$高锰酸盐指数(O_2，mg/L) == \frac{[(10+V_1)K - 10]\times c\times 8\times 1000}{V_水}$$

式中：$V_1$——滴定水样消耗高锰酸钾标准溶液量(mL)；

$K$——校正系数(每毫升高锰酸钾标准溶液相当于草酸钠标准溶液的毫升数)；

$c$——$Na_2C_2O_4$ 标准溶液$\left(\frac{1}{2}Na_2C_2O_4\right)$浓度(mol/L)；

8——氧$\left(\frac{1}{2}O\right)$的摩尔质量(g/mol)；

$V_{水}$——水样体积(mL)。

当高锰酸盐指数超过5mg/L时，应少取水样并经稀释后再测定。此时：

$$高锰酸盐指数(O_2，mg/L)=\frac{[[(10+V_1)\cdot K-10]-[(10+V_0)\cdot K-10]f]\cdot M\times 8\times 1000}{V_2}$$

式中：$V_0$——空白试验中高锰酸钾标准溶液消耗量(mL)；

$V_1$——滴定水样消耗高锰酸钾标准溶液量(mL)；

$V_2$——取原水样体积(mL)；

$f$——稀释水样中含稀释水的比值(如10.0mL水样稀释至100mL，则$f=0.90$)；

其他项同水样不经稀释计算式。

酸性高锰酸钾法适用于氯离子含量不超过300mg/L的水样。当水中$Cl^-$的浓度>300mg/L发生诱导反应，使测定结果偏高。

$$2MnO_4^- + 10Cl^- + 16H^+ \longrightarrow 2Mn^{2+} + 5Cl_2 + 8H_2O$$

2. 碱性高锰酸钾法

碱性高锰酸钾法适用于氯离子含量超过300mg/L的水样。因为在碱性条件下$\varphi^\theta_{MnO_4^-/MnO_2}(0.588V)<\varphi^\theta_{Cl_2/Cl^-}(1.395V)$，此时不能氧化水中的氯离子。

水样在碱性条件下，加入一定量的高锰酸钾溶液，并在沸水浴中加热反应一定的时间，高锰酸钾将水样中的某些有机物和无机还原性物质氧化，反应后加酸酸化，然后再加入过量的草酸钠还原剩余的高锰酸钾，再用高锰酸钾标准溶液回滴过量的草酸钠，通过计算得到水样的高锰酸盐指数值。计算同酸性高锰酸钾法。

高锰酸盐指数的测定方法只适用于较清洁的水样。常用于表达净水中有机污染物的含量。

## 6.6 重铬酸钾法

### 6.6.1 方法概述

重铬酸钾是一种强氧化剂，在酸性介质中$Cr_2O_7^{2-}$被还原为$Cr^{3+}$，其电极反应如下：

$$Cr_2O_7^{2-} + 14H^+ + 6e^- \rightleftharpoons 2Cr^{3+} + 7H_2O \quad \varphi^\theta_{Cr_2O_7^{2-}/Cr^{3+}}=1.33V$$

重铬酸钾$K_2Cr_2O_7$，橙红色晶体，溶于水，氧化能力小于高锰酸钾，主要特点如下。

(1) $K_2Cr_2O_7$固体试剂易提纯且很稳定，故纯的$K_2Cr_2O_7$固体试剂可以作为基准物质直接配制标准溶液，而不需要进行标定。

(2) $K_2Cr_2O_7$标准溶液非常稳定，可以长期保存和使用而不需要重新标定。

(3) 滴定反应速度较快，通常可在常温下滴定，一般不需要加入催化剂。

(4) 虽然$Cr_2O_7^{2-}$本身呈橙色，但一方面此颜色不鲜明，指示的灵敏度差，另一方面其还原产物$Cr^{3+}$常呈绿色，对橙色有掩盖作用，所以不能采用自身指示剂的方法来指示终点，而需外加指示剂。如用 $K_2Cr_2O_7$ 法测定水中化学需氧量时，用试亚铁灵作指示剂；用 $K_2Cr_2O_7$ 法测定水中 $Fe^{2+}$ 时，用二苯胺磺酸钠或试亚铁灵作指示剂。

在水质分析中，重铬酸钾法常用于测定水中的化学需氧量。

### 6.6.2 化学需氧量的测定原理

化学需氧量(COD)是指在强酸并加热条件下，用重铬酸钾作为氧化剂处理水样时所消耗氧化剂的量，以氧的浓度(mg/L)表示。化学需氧量反映了水中受还原性物质污染的程度，水中还原性物质包括有机物和亚硝酸盐、硫化物、亚铁盐等无机物。

在强酸性条件下，水样中加入过量重铬酸钾 $K_2Cr_2O_7$ 标准溶液，使重铬酸钾与水样中还原性物质反应后，以试亚铁灵为指示剂，用硫酸亚铁铵 $(NH_4)_2Fe(SO_4)_2$ 标准溶液返滴剩余的 $K_2Cr_2O_7$，计量点时，溶液由浅蓝色变为红色指示滴定终点，同时取蒸馏水按同样操作步骤做空白试验。

$$Cr_2O_7^{2-}(\text{过量})+3C(\text{有机物})+16H^+ \longrightarrow 4Cr^{3+}+3CO_2\uparrow+7H_2O$$

$$6Fe^{2+}+Cr_2O_7^{2-}(\text{剩})+14H^+ \longrightarrow 6Fe^{3+}+2Cr^{3+}+7H_2O$$

$$COD_{Cr}(O_2, mg/L)=\frac{c(V_0-V_1)\times 8\times 1000}{V}$$

式中：$c$——硫酸亚铁铵标准溶液的浓度(mol/L)；

$V_0$——滴定空白时消耗硫酸亚铁铵标准溶液的体积(mL)；

$V_1$——滴定水样时消耗硫酸亚铁铵标准溶液的体积(mL)；

$V$——水样体积(mL)；

8——氧$\left(\frac{1}{2}O\right)$的摩尔质量(g/mol)。

### 6.6.3 化学需氧量的测定方法

COD 测定采用回流装置，如图 6.2 所示。回流装置包括具有 24/40 磨口的 250mL 锥形玻璃瓶、300mm 直形套管冷凝器(接口是 24/40 磨口玻璃)和一个高功率的电热板($1cm^2$ 受热面积至少有 1.4W 的功率，或能保证回流瓶内液体适当沸腾的热源)。

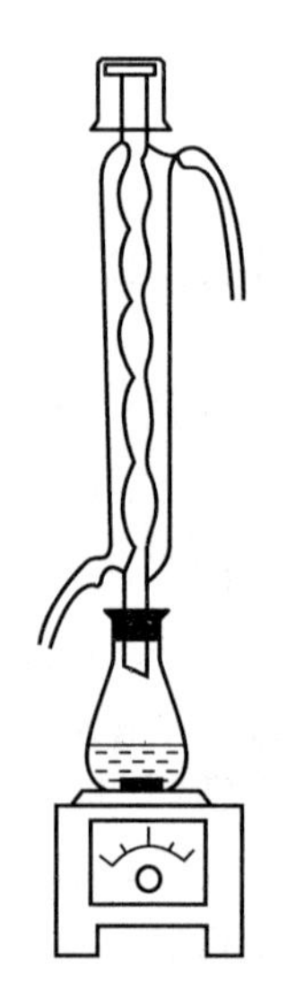

图 6.2 测定 COD 的回流装置

测定步骤：

(1) 吸取 20.00mL 混合均匀的水样(适量水样稀释至 20.00mL)置于 250mL 磨口的回流锥形瓶中，准确加入 10.00mL 重铬酸钾标准溶液及数粒洗净的玻璃珠或沸石，连接磨口回流冷凝管，从冷凝管上口慢慢地加入 30mL 硫酸-硫酸银溶液，轻轻摇动锥形瓶使溶液混匀，加热回流 2h(自开始沸腾时计时)。

注意：

① 对于化学需氧量高的废水样，可先取上述操作所

需体积1/10的水样和试剂，加入15～20mL硬质玻璃试管中，摇匀，加热后观察是否变成绿色。如溶液显绿色，再适当减少废水取样量，直到溶液不变绿色为止，从而确定水样分析时应取用的体积。稀释时，所取水样量不得少于5mL，如果化学需氧量很高，则水样应多次逐级稀释。

② 废水中氯离子含量超过30mg/L时，应先把0.4g硫酸汞加入回流锥形瓶中，再加20.00mL水样(或适量废水稀释至20.00mL)摇匀，以下操作同上。

(2) 回流结束后水样静置冷却，用90mL水从冷凝管上口慢慢冲洗冷凝管壁，取下锥形瓶。溶液总体积不得少于140mL，否则酸度太大，滴定终点不明显。

(3) 溶液再度冷却后，加3滴试亚铁灵指示剂，用硫酸亚铁铵标准溶液滴定，溶液的颜色由橙黄色经蓝绿色、蓝色变成棕红色后即为终点，记录硫酸亚铁铵标准溶液的用量$V_1$。

(4) 测定水样的同时，以20.00mL重蒸馏水，按同样操作步骤做空白试验。记录滴定空白时硫酸亚铁铵标准溶液的用量$V_0$。

## 6.7 碘 量 法

### 6.7.1 概述

碘量法是利用$I_2$的氧化性和$I^-$的还原性来进行滴定的方法，其基本反应是：

$$I_2 + 2e^- \rightleftharpoons 2I^-$$

固体$I_2$在水中溶解度很小(298K时为$1.18\times10^{-3}$mol/L)，且易于挥发。通常将$I_2$溶解于KI溶液中，此时它以$I_3^-$配离子形式存在，其半反应为

$$I_3^- + 2e^- \rightleftharpoons 3I^- \quad \varphi^\theta_{I_3^-/I^-} = 0.536V$$

由$\varphi^\theta_{I_3^-/I^-}$值可以看出，$I_2$是一个较弱的氧化剂，能氧化具有较强还原性的物质；而$I^-$是中等强度的还原剂，能还原许多具有氧化性的物质。碘量法分为直接碘量法和间接碘量法。

1. 直接碘量法

用$I_2$标准滴定溶液直接滴定还原性物质，如$S^{2-}$、$SO_3^{2-}$、$Sn^{2+}$、$S_2O_3^{2-}$、As(Ⅲ)等，这种碘量法称为直接碘量法，又叫碘滴定法。直接碘量法必须在中性或酸性溶液中进行，否则在碱性溶液中，$I_2$发生歧化反应。

$$3I_2 + 6OH^- \rightleftharpoons IO_3^- + 5I^- + 3H_2O$$

2. 间接碘量法

在一定的条件下，水中氧化性物质用$I^-$还原，然后用$Na_2S_2O_3$标准溶液滴定释放出的$I_2$，根据消耗的$Na_2S_2O_3$标准溶液的用量求出水中氧化性物质的含量，这种方法称为间接碘量法，又称滴定碘法。间接碘量法的基本反应为

$$2I^- - 2e^- \rightleftharpoons I_2$$

$$I_2 + 2S_2O_3^{2-} \rightleftharpoons S_4O_6^{2-} + 2I^-$$

（连四硫酸盐）

利用这一方法可以测定很多氧化性物质，如氯($Cl_2$)、次氯酸盐($ClO^-$)、二氧化氯($ClO_2$)、亚氯酸盐($ClO_2^-$)、氯酸盐($ClO_3^-$)、臭氧($O_3$)、$H_2O_2$、$Fe^{3+}$、$Cu^{2+}$、$AsO_4^{3-}$、$IO_3^-$、$Cr_2O_7^{2-}$、$NO_2^-$等。也可用 $Na_2S_2O_3$ 标准溶液间接滴定过量碘标准溶液与有机化合物反应完全后剩余的 $I_2$，求出有机化合物等还原性物质的含量。

间接碘量法多在中性或弱酸性溶液中进行，因为在碱性溶液中 $I_2$ 与 $S_2O_3^{2-}$ 将发生如下反应：

$$S_2O_3^{2-} + 4I_2 + 10OH^- \rightleftharpoons 2SO_4^{2-} + 8I^- + 5H_2O$$

同时，$I_2$ 在碱性溶液中还会发生歧化反应：

$$3I_2 + 6OH^- \rightleftharpoons IO_3^- + 5I^- + 3H_2O$$

在强酸性溶液中，$Na_2S_2O_3$ 溶液会发生分解反应：

$$S_2O_3^{2-} + 2H^+ \rightleftharpoons SO_2\uparrow + S\downarrow + H_2O$$

同时，$I^-$ 在酸性溶液中易被空气中的 $O_2$ 氧化。

$$4I^- + 4H^+ + O_2 \longrightarrow 2I_2 + 2H_2O$$

3. 碘量法的终点指示——专属指示剂法

$I_2$ 与淀粉呈现蓝色，其显色灵敏度除与 $I_2$ 的浓度有关以外，还与淀粉的性质、加入时间、温度及反应介质等条件有关。因此在使用淀粉指示液指示终点时要注意以下几点。

(1) 所用的淀粉必须是可溶性淀粉。

(2) $I_3^-$ 与淀粉的蓝色在热溶液中会消失，因此，不能在热溶液中进行滴定。

(3) 要注意反应介质的条件，淀粉在弱酸性溶液中灵敏度很高，显蓝色；当 $pH<2$ 时，淀粉会水解成糊精，与 $I_2$ 作用显红色；若 $pH>9$ 时，$I_2$ 转变为 $IO^-$ 离子与淀粉不显色。

(4) 直接碘量法用淀粉指示液指示终点时，应在滴定开始时加入，终点时溶液由无色突变为蓝色。间接碘量法用淀粉指示液指示终点时，应等滴至 $I_2$ 的黄色很浅时再加入淀粉指示液(若过早加入淀粉，它与 $I_2$ 形成的蓝色络合物会吸附部分 $I_2$，往往易使终点提前且不明显)。终点时，溶液由蓝色转无色。

(5) 淀粉指示液的用量一般为 2～5mL(5g/L 淀粉指示液)。

## 6.7.2 碘量法的误差来源和防止措施

碘量法的误差来源主要有两个方面：一是 $I_2$ 易挥发；二是在酸性溶液中 $I^-$ 易被空气中的 $O_2$ 氧化。

1. 防止碘挥发的措施

(1) 加入过量的 KI(一般比理论值大 2～3 倍)，使 $I_2$ 以 $I_3^-$ 形式存在，这样可减少 $I_2$ 的挥发(对于间接碘量法来说，加入过量 KI 还可以提高 $I^-$ 与氧化剂的反应速度和反应完全的程度)。

(2) 反应须在室温条件下进行。若温度升高，不仅会增大 $I_2$ 的挥发损失，也会降低淀粉指示剂的灵敏度，并能加速 $Na_2S_2O_3$ 的分解。

(3) 反应容器用碘量瓶，且在加水封的情况下使 $I^-$ 与氧化剂反应。

(4) 滴定时不必剧烈振摇。

2. 防止 $I^-$ 被空气中 $O_2$ 氧化的措施

(1) 溶液酸度不宜过高。溶液酸度越高，空气中 $O_2$ 氧化 $I^-$ 的速度越快。

(2) $I^-$ 与氧化性物质反应时间不宜太长。

(3) 用 $Na_2S_2O_3$ 滴定 $I_2$ 的速度可适当快些。

(4) $Cu^{2+}$、$NO_2^-$ 等对空气中 $O_2$ 氧化 $I^-$ 起催化作用，应设法予以避免。

(5) 光线的影响。光对空气中 $O_2$ 氧化 $I^-$ 有催化作用，并能增加 $Na_2S_2O_3$ 溶液中细菌的活性，应予注意。

### 6.7.3 碘量法标准滴定溶液的制备

1. $Na_2S_2O_3$ 标准滴定溶液的制备

市售硫代硫酸钠($Na_2S_2O_3 \cdot 5H_2O$)易风化，且含有少量 S、$S^{2-}$、$SO_3^{2-}$、$CO_3^{2-}$、$Cl^-$ 等杂质，因此配制 $Na_2S_2O_3$ 标准滴定溶液不能用直接法，只能用间接法。$Na_2S_2O_3$ 溶液不稳定，其原因是：

(1) 被酸分解，即使水中溶解的 $CO_2$ 也能使它发生分解：

$$Na_2S_2O_3 + CO_2 + H_2O \rightleftharpoons NaHSO_3 + NaHCO_3 + S\downarrow$$

(2) 微生物作用：水中存在的微生物会消耗 $Na_2S_2O_3$ 中的 S，使它变成 $Na_2SO_3$，这是 $Na_2S_2O_3$ 浓度变化的主要原因：

$$Na_2S_2O_3 \xrightarrow{\text{微生物}} Na_2SO_3 + S\downarrow$$

(3) 空气中氧化作用：

$$2Na_2S_2O_3 + O_2 \rightleftharpoons 2Na_2SO_4 + 2S\downarrow$$

此外，蒸馏水中若含微量的 $Cu^{2+}$ 或 $Fe^{3+}$，也会促使 $Na_2S_2O_3$ 分解。

因此，配制 $Na_2S_2O_3$ 溶液时，应当用新煮沸并冷却的蒸馏水，其目的在于除去水中溶解的 $CO_2$ 和 $O_2$ 并杀死细菌；加入少量的 $Na_2CO_3$ 并使溶液呈弱碱性(pH 为 9～10)或加入少量 $HgI_2$ 防腐剂以防止微生物繁殖；将溶液贮存在棕色瓶中并置于暗处放置 1～2 周后，过滤掉沉淀，然后再标定。标定后的 $Na_2S_2O_3$ 溶液在贮存过程中如发现溶液变混浊，应重新标定或弃去重配。

标定 $Na_2S_2O_3$ 溶液的基准物质有 $K_2Cr_2O_7$、$KIO_3$、$KBrO_3$ 等。这些物质都需在酸性溶液中与 KI 作用析出 $I_2$ 后，再用配制的 $Na_2S_2O_3$ 溶液滴定。以 $K_2Cr_2O_7$ 作基准物为例，$K_2Cr_2O_7$ 在酸性溶液中与 $I^-$ 发生如下反应：

$$Cr_2O_7^{2-} + 6I^- + 14H^+ \rightleftharpoons 2Cr^{3+} + 3I_2 + 7H_2O$$

反应析出的 $I_2$ 以淀粉为指示剂，用待标定的 $Na_2S_2O_3$ 溶液滴定至蓝色消失。

$$I_2 + 2SO_3^{2-} \rightleftharpoons 2I^- + S_4O_6^{2-}$$

计算：$c_{Na_2S_2O_3}(mol/L) = \dfrac{c_{K_2Cr_2O_7} \times V_{K_2Cr_2O_7}}{V_{Na_2S_2O_3}}$

式中：$c_{Na_2S_2O_3}$——$Na_2S_2O_3$ 标准溶液浓度（$Na_2S_2O_3$，mol/L）；

$c_{K_2Cr_2O_7}$——$K_2Cr_2O_7$ 标准溶液浓度（$1/6K_2Cr_2O_7$，mol/L）；

$V_{K_2Cr_2O_7}$——$K_2Cr_2O_7$ 标准溶液的量（mL）；

$V_{Na_2S_2O_3}$——消耗 $Na_2S_2O_3$ 标准溶液的量（mL）。

用 $K_2Cr_2O_7$ 标定 $Na_2S_2O_3$ 溶液时应注意：

（1）$Cr_2O_7^{2-}$ 与 $I^-$ 反应较慢，从反应式可以看出，$H^+$ 浓度增大，能促进反应进行。但酸度又不宜太大，否则 $I^-$ 容易被空气中的 $O_2$ 氧化，所以酸度一般以 0.2～0.4mol/L 为宜，并于暗处放置 5min，反应即可定量地完成。

（2）以淀粉为指示剂，应先以 $Na_2S_2O_3$ 溶液滴定呈浅黄色后（大部分 $I_2$ 已作用），然后加入淀粉，用 $Na_2S_2O_3$ 继续滴定至蓝色消失即为滴定终点。如淀粉加入过早，大量 $I_2$ 与淀粉结合成蓝色物质，这部分 $I_2$ 不易与 $Na_2S_2O_3$ 反应，引起滴定误差。

（3）KI 试剂不应含有 $KIO_3$（或 $I_2$）。一般 KI 溶液无色，如显黄色，应将 KI 溶液酸化后加入淀粉指示剂显蓝色，用 $Na_2S_2O_3$ 溶液滴定至无色后再使用。

滴定至终点后，经过 5min 以上，溶液又出现蓝色，这是由于空气氧化 $I^-$ 所引起的，不影响分析结果。若滴定至终点后，很快又转变为蓝色，表示 $K_2Cr_2O_7$ 与 $Na_2S_2O_3$ 反应未完全，应另取溶液重新标定。

2. $I_2$ 标准滴定溶液的制备

用升华法制得的纯碘可直接配制成标准溶液。但通常是用市售的碘先配成近似浓度的碘溶液，然后用基准试剂或已知准确浓度的 $Na_2S_2O_3$ 标准滴定溶液来标定碘溶液的准确浓度。由于 $I_2$ 难溶于水，易溶于 KI 溶液，故配制时应将 $I_2$、KI 与少量水一起研磨后再用水稀释，并保存在棕色试剂瓶中待标定。

$I_2$ 溶液可用 $As_2O_3$ 基准物标定。$As_2O_3$ 难溶于水，多用 NaOH 溶解，使之生成亚砷酸钠，再用 $I_2$ 溶液滴定 $AsO_3^{3-}$。

$$As_2O_3 + 6NaOH \rightleftharpoons 2Na_3AsO_3 + 3H_2O$$

$$AsO_3^{3-} + I_2 + H_2O \rightleftharpoons AsO_4^{3-} + 2I^- + 2H^+$$

此反应为可逆反应，为使反应快速定量地向右进行，可加 $NaHCO_3$，以保持溶液 pH≈8。

### 6.7.4 碘量法应用示例

1. 溶解氧的测定

溶解于水中的分子态氧称为溶解氧（DO），单位为 $mgO_2/L$。水中溶解氧的含量与大气压力、水温及含盐量等因素有关。大气压下降、水温升高、含盐量增加，都会导致溶解氧含量降低。表 6－3 中列出了在在标准大气压（101.3kPa），空气中含氧量为 20.9%时，不同温度、不同 $Cl^-$ 浓度时，水中氧的溶解度。

表 6-3 氧在水中的溶解度

| 温度/℃ | $Cl^-$ 浓度/(mg/L) | | | | |
|---|---|---|---|---|---|
| | 0 | 5000 | 10000 | 15000 | 20000 |
| 0 | 14.6 | 13.8 | 13.0 | 12.1 | 11.3 |
| 1 | 14.2 | 13.4 | 12.6 | 11.8 | 11.0 |
| 2 | 13.8 | 13.1 | 12.3 | 11.5 | 10.8 |
| 3 | 13.5 | 12.7 | 12.0 | 11.2 | 10.5 |
| 4 | 13.1 | 12.4 | 11.7 | 11.0 | 10.3 |
| 5 | 12.8 | 12.1 | 11.4 | 10.7 | 10.0 |
| 6 | 12.5 | 11.8 | 11.1 | 10.5 | 9.8 |
| 7 | 12.2 | 11.5 | 10.9 | 10.2 | 9.6 |
| 8 | 11.9 | 11.2 | 10.6 | 10.0 | 9.4 |
| 9 | 11.6 | 11.0 | 10.4 | 9.8 | 9.2 |
| 10 | 11.3 | 10.7 | 10.1 | 9.6 | 9.0 |
| 11 | 11.1 | 10.5 | 9.9 | 9.4 | 8.8 |
| 12 | 10.8 | 10.3 | 9.7 | 9.2 | 8.6 |
| 13 | 10.6 | 10.1 | 9.5 | 9.0 | 8.5 |
| 14 | 10.4 | 9.9 | 9.3 | 8.8 | 8.3 |
| 15 | 10.2 | 9.7 | 9.1 | 8.6 | 8.1 |
| 16 | 10.0 | 9.5 | 9.0 | 8.5 | 8.0 |
| 17 | 9.7 | 9.3 | 8.8 | 8.3 | 7.8 |
| 18 | 9.5 | 9.1 | 8.6 | 8.2 | 7.7 |
| 19 | 9.4 | 8.9 | 8.5 | 8.0 | 7.6 |
| 20 | 9.2 | 8.7 | 8.3 | 7.9 | 7.4 |
| 21 | 9.0 | 8.6 | 8.1 | 7.7 | 7.3 |
| 22 | 8.8 | 8.4 | 8.0 | 7.6 | 7.1 |
| 23 | 8.7 | 8.3 | 7.9 | 7.4 | 7.0 |
| 24 | 8.5 | 8.1 | 7.7 | 7.3 | 6.9 |
| 25 | 8.4 | 8.0 | 7.6 | 7.2 | 6.7 |
| 26 | 8.2 | 7.8 | 7.4 | 7.0 | 6.6 |
| 27 | 8.1 | 7.7 | 7.3 | 6.9 | 6.5 |
| 28 | 7.9 | 7.5 | 7.1 | 6.8 | 6.4 |
| 29 | 7.8 | 7.4 | 7.0 | 6.6 | 6.3 |
| 30 | 7.6 | 7.3 | 6.9 | 6.5 | 6.1 |

如果气压改变，可按下式计算水中氧的溶解度。

$$S'=S\times\frac{P-p}{101.3-p}$$

式中：$S'$——大气压力为 $p$ 千帕(kPa)时氧的溶解度；

$S$——大气压力为 101.3kPa 时氧的溶解度；

$P$——测定时的大气压力(kPa)；

$p$——水温为 $T$ ℃时的饱和蒸气压(kPa)。

对于低于海拔 1000m 和温度小于 25℃时，$p$ 可忽略不计，即：

$$S'=S\times\frac{P}{101.3}$$

$$\text{溶解氧饱和度}(\%)=\frac{\text{水中溶解氧含量}}{\text{采样水温和气压下饱和溶解氧含量}}\times 100$$

水体中溶解氧含量的多少，反映出水体受污染的程度。清洁地表水溶解氧接近饱和。当有大量藻类繁殖时，溶解氧可能过饱和；当水体受到有机物质、无机还原物质污染时，会使溶解氧含量降低，甚至趋于零，此时厌氧细菌繁殖活跃，水质恶化。因此溶解氧的测定是衡量水体污染的一个重要指标。

溶解氧对于水生生物，如鱼类的生存有密切关系，许多鱼类在水中溶解氧低于 3～4mg/L 时，就呼吸困难；如果溶解氧继续减少，则会窒息死亡。一般规定水体中的溶解氧至少在 4mg/L 以上。

溶解氧的测定，对了解水源自净作用的研究有重要意义。在废水生化处理过程中，溶解氧也是一项重要控制指标。

水中溶解氧的测定可采用碘量法。

在水样中加入硫酸锰和碱性碘化钾，水中的溶解氧将二价锰氧化成四价锰，并生成氢氧化物沉淀。加酸后，沉淀溶解，四价锰又可氧化碘离子而释放出与溶解氧量相当的游离碘。以淀粉为指示剂，用硫代硫酸钠标准溶液滴定时放出的碘，可计算溶解氧含量。反应式如下：

$$MnSO_4+2NaOH = Na_2SO_4+Mn(OH)_2\downarrow \quad (\text{白色})$$

$$2Mn(OH)_2+O_2 = 2MnO(OH)_2\downarrow \quad (\text{棕色})$$

$$MnO(OH)_2+2H_2SO_4 = Mn(SO_4)_2+3H_2O$$

$$Mn(SO_4)_2+2KI = MnSO_4+K_2SO_4+I_2$$

$$I_2+2Na_2S_2O_3 = Na_2S_4O_6+2NaI$$

测定结果按下式计算：

$$DO(O_2,\ mg/L)=\frac{c\times V\times 8\times 1000}{V_{\text{水}}}$$

式中：$c$——硫代硫酸钠标准溶液浓度(mol/L)；

$V$——滴定消耗硫代硫酸钠标准溶液体积(mL)；

$V_{\text{水}}$——水样体积(mL)；

8——氧$\left(\frac{1}{2}O\right)$的摩尔质量(g/mol)。

但应注意：

(1) 碘量法测定溶解氧，适用于清洁的地表水和地下水；受污染的地表水和工业废水必须用修正的碘量法或氧电极法测定。

(2) 水样中如有 $Fe^{2+}$、$Fe^{3+}$、$S^{2-}$、$NO_2^-$、$SO_3^{2-}$、$Cl_2$ 及各种有机物等氧化还原性物质时将影响测定结果。其中氧化性物质可使碘化物游离出 $I_2$，产生正干扰；某些还原性物质把 $I_2$ 还原成 $I^-$，产生负干扰。

(3) 当水样中 $NO_2^- > 0.05mg/L$，$Fe^{2+} < 1mg/L$ 时，$NO_2^-$ 干扰测定。$NO_2^-$ 在酸性溶液中，与 $I^-$ 作用放出 $I_2$ 和 $N_2O_2$，而引入一定误差。如果 $N_2O_2$ 与新溶入的 $O_2$ 继续作用，又形成 $NO_2^-$，并又将释放出更多的 $I_2$，如此循环，将引起更大的误差。

$$2NO_2^- + 2I^- + 4H^+ \longrightarrow I_2 + N_2O_2 + 2H_2O$$
$$2N_2O_2 + 2H_2O + O_2 \longrightarrow 4NO_2^- + 4H^+$$

如水样中加入叠氮化钠 $NaN_3$，可消除 $NO_2^-$ 的干扰，这种方法称为叠氮化钠修正法。具体做法是：将水中溶解氧固定之后，在水样瓶中加入数滴 5% $NaN_3$ 溶液；或者在配制碱性 KI 溶液时，把 1% $NaN_3$ 和碱性 KI 同时加入，然后加 $H_2SO_4$（使棕色沉淀物全部溶解），其他同普通碘量法。其反应为：

$$2NaN_3 + H_2SO_4 \longrightarrow 2NH_3 + Na_2SO_4$$
$$NH_3 + HNO_2 \longrightarrow N_2\uparrow + N_2O + H_2O$$

(4) 水样中同时有 $Fe^{2+}$、$S^{2-}$、$NO_2^-$、$SO_3^{2-}$ 等还原性物质，且 $Fe^{2+}$ 的浓度 > 1mg/L 时，采用 $KMnO_4$ 修正法。即水样预先在酸性条件下，用 $KMnO_4$ 处理，剩余的 $KMnO_4$ 再用 $H_2C_2O_4$ 除去。

(5) 水样中干扰物质较多，色度又高时，采用碘量法有困难，可用氧电极法测定。

广泛应用的溶解氧电极是聚四氟乙烯薄膜电极。根据其工作原理，分为极谱型和原电池型两种。极谱型氧电极由黄金阴极、银—氯化银阳极、聚四氟乙烯薄膜、壳体等部分组成，如图 6.3 所示。电极腔内充有氯化银溶液，聚四氟乙烯薄膜将内电解液和被测水样隔开，只允许溶解氧透过，水和可溶性物质不能透过。当两电极间加上(0.5～0.8)V 固定极化电压时，则水样中的溶解氧透过薄膜在阴极上还原，产生了该温度下与氧浓度成正比的还原电流。故在一定条件下只要测得还原电流就可以求出水样中溶解氧的浓度。

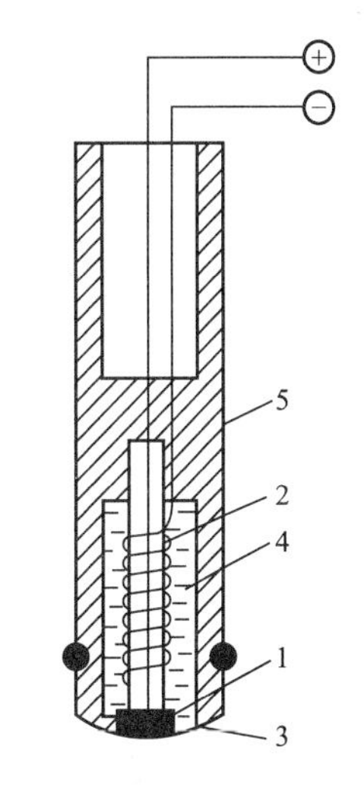

**图 6.3 溶解氧电极结构**

1—黄金阴极；2—银丝阳极；3—薄膜；4—KCl 溶液；5—壳体

该方法操作简便快速，可以进行连续检测，适合于现场测定。

2. 生化需氧量的测定

生化需氧量(BOD)是指在有溶解氧的条件下，好氧微生物在分解水中有机物的生物化学氧化过程中所消耗的溶解氧量，单位为 $mgO_2/L$。同时也包括如硫化物、亚铁等还原性无机物质氧化所消耗的氧量，但这部分通常占很小比例。

有机物在微生物作用下，好氧分解大体分成两个阶段：第一阶段为含碳物质氧化阶段，主要是含碳有机物氧化为二氧化碳和水；第二阶段为硝化阶段，主要是含氮有机化合物在硝化菌的作用下分解为亚硝酸盐和硝酸盐。然而这两个阶段并非截然分开，而是各有主次。对生活污水及性质与其接近的工业废水，硝化阶段大约为 5～7 天，甚至 10 日以后才显著进行，故目前国内外广泛采用的 20℃ 五天培养法($BOD_5$ 法)测定的 BOD 值一般不包括硝化阶段。测定 BOD 的方法还有微生物电极法、库仑法、测压法等。

BOD 是反映水体被有机物污染程度的综合指标，也是研究废水的可生化降解性和生化处理效果，以及生化处理废水工艺设计和动力学研究的重要参数。

1) 五天培养法

五天培养法也称标准稀释法或稀释接种法。其测定原理是：水样经稀释后，在 20℃±

1℃条件下培养五天，求出培养前后水样中溶解氧的含量，二者的差值为$BOD_5$。如果水样五日生化需氧量未超过7mg/L，则不必进行稀释，可直接测定。很多较清洁的河水就属于这一类水。溶解氧测定方法一般用叠氮化钠修正法。

对于不含或少含微生物的工业废水，如酸性废水、碱性废水、高温废水或经过氯化处理的废水，在测定$BOD_5$时应进行接种，以引入能降解废水中有机物的微生物。当废水中存在很难被一般生活污水中的微生物以正常速度降解的有机物或剧毒物质时，应将驯化后的微生物引入水样中。

对于污染的地表水和大多数工业废水，因含有较多有机物，需要稀释后再培养测定，以保证在培养过程中有充足的溶解氧。其稀释程度应使培养中所消耗的溶解氧大于2mg/L，而剩余溶解氧在1mg/L以上。

稀释水一般用蒸馏水配制，先通入经活性炭吸附及水洗处理的空气，曝气2～8h，使水中溶解氧接近饱和，然后再在20℃下放置数小时。临用前加入少量氯化钙、氯化铁、硫酸镁等营养盐溶液及磷酸盐缓冲溶液，混匀备用。稀释水的pH应为7.2，$BOD_5$应小于0.2mg/L。

如水样中无微生物，则应于稀释水中接种微生物，即在每升稀释水中加入生活污水上层清液1～10mL，或表层土壤浸出液20～30mL，或河水、湖水10～100mL。这种水称为接种稀释水。为检查接种稀释水的质量及分析人员的操作水平，可将每升含葡萄糖和谷氨酸各150mg的标准溶液，用接种稀释水按1∶50稀释比稀释，与水样同步测定$BOD_5$，测定值应为180～230mg/L；否则，应检查原因，予以纠正。

水样稀释倍数可根据实践经验估算。对地表水，由高锰酸钾指数与一定系数乘积求得（见表6-4）。工业废水的稀释倍数由$COD_{Cr}$值分别乘以系数0.075、0.15、0.25获得。通常同时作3个稀释比的水样。

**表6-4　由高锰酸盐指数估算稀释倍数乘以的系数**

| 高锰酸盐指数/(mg/L) | 系数 |
|---|---|
| <5 | — |
| 5~10 | 0.2，0.3 |
| 10～20 | 0.4，0.6 |
| >20 | 0.5，0.7，1.0 |

测定结果分别按以下两式计算：

对不经稀释直接培养的水样：

$$BOD_5(mg/L)=c_1-c_2$$

式中：$c_1$——水样在培养前溶解氧的浓度(mg/L)；

$c_2$——水样经5天培养后，剩余溶解氧的浓度(mg/L)。

对稀释后培养的水样：

$$BOD_5(mg/L)=\frac{(c_1-c_2)-(b_1-b_2)\cdot f_1}{f_2}$$

式中：$b_1$——稀释水(或接种稀释水)在培养前的溶解氧的浓度(mg/L)；

$b_2$——稀释水(或接种稀释水)在培养后的溶解氧的浓度(mg/L)；

$f_1$——稀释水(或接种稀释水)在培养液中所占的比例；

$f_2$——水样在培养液中所占的比例。

水样含有铜、铅、镉、铬、砷、氰等有毒物质时，对微生物活性有抑制，可使用经驯化微生物接种的稀释水，或提高稀释倍数，以减小毒物的影响。如含有少量氯，一般在放置1～2h后可自行消散；对游离氯短时间不能消散的水样，可加入亚硫酸钠除去之，加入量由试验确定。

本方法适用于测定 $BOD_5$ 大于或等于 2mg/L，最大不超过 6000mg/L 的水样；大于 6000mg/L 的水样，会因稀释带来更大误差。

2) 微生物电极法

微生物电极是一种将微生物技术与电化学检测技术相结合的传感器，其结构如图6.4所示。主要由溶解氧电极和紧贴其透气膜表面的固定化微生物膜组成。响应BOD物质的原理是：当将其插入恒温、溶解氧浓度一定的不含BOD物质的底液时，由于微生物的呼吸活性一定，底液中的溶解氧分子通过微生物膜扩散进入氧电极的速率一定，微生物电极输出一稳态电流；如果将BOD物质加入底液中，则该物质的分子与氧分子一起扩散进入微生物膜，因为膜中的微生物对BOD物质发生同化作用而耗氧，导致进入氧电极的氧分子减少，即扩散进入的速率降低，使电极输出电流减少，并在几分钟内降至新的稳态值。在适宜的BOD物质浓度范围内，电极输出电流降低值与BOD物质浓度之间呈线性关系，而BOD物质浓度又和BOD值之间有定量关系。

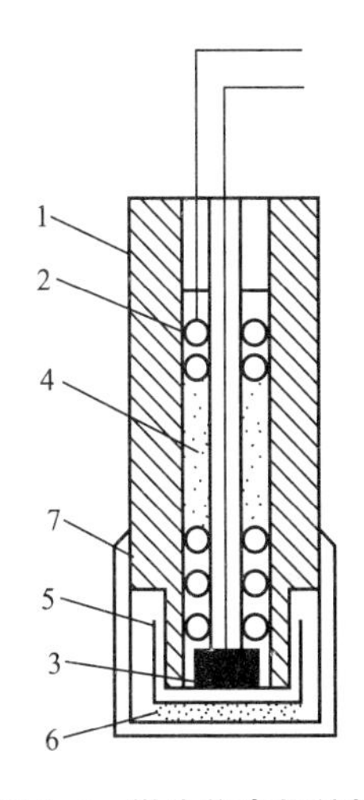


**图6.4 微生物电极结构**

1—塑料管；2—Ag-AgCl电极；3—黄金片电极；4—KCl内充液；5—聚四氟乙烯薄膜；6—微生物膜；7—压帽

微生物膜电极BOD测定仪的工作原理示如图6.5所示。该测定仪由测量池(装有微生物膜电极、鼓气管及被测水样)、恒温水浴、恒电压源、控温器、鼓气泵及信号转换和测量系统组成。恒电压源输出0.72V电压，加于Ag-AgCl电极(正极)和黄金电极(负极)上。黄金电极因被测溶液BOD物质浓度不同产生的极化电流变化送至阻抗转换和微电流放大电路，经放大的微电流再送至A/D转换电路，或A/V转换电路，转换后的信号进行数字显示或记录仪记录。仪器经用标准BOD物质溶液校准后，可直接显示被测溶液的BOD值，并在20min内完成一个水样的测定。该仪器适用于多种易降解废水的BOD监测。

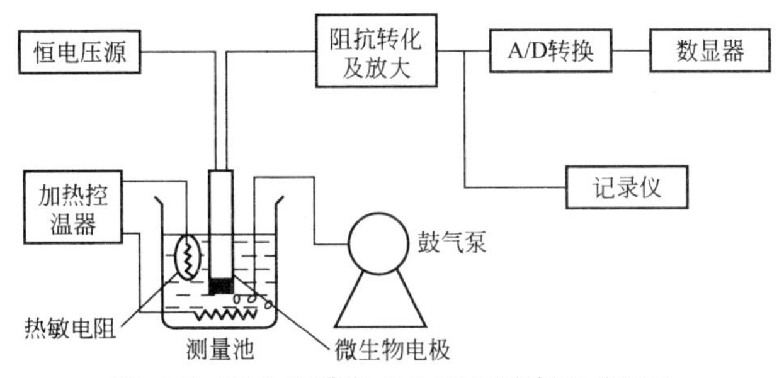


**图6.5 微生物膜电极BOD测定仪工作原理**

3）其他方法

测定BOD的方法还有库仑法、测压法、活性污泥曝气降解法等。

库仑法测定原理示如图6.6所示。密闭培养瓶内的水样在恒温条件下用电磁搅拌器搅拌。当水样中的溶解氧因微生物降解有机物被消耗时，则培养瓶内空间的氧溶解进入水样，生成的二氧化碳从水中逸出被置于瓶内上部的吸附剂吸收，使瓶内的氧分压和总气压下降。用电极式压力计检出下降量，并转换成电信号，经放大送入继电器电路接通恒流电源及同步电机，电解瓶内(装有中性硫酸铜溶液和电解电极)便自动电解产生氧气供给培养瓶，待瓶内气压回升至原压力时，继电器断开，电解电极和同步电机停止工作。此过程反复进行，使培养瓶内空间始终保持恒压状态。根据法拉第定律，由恒电流电解所消耗的电量便可计算耗氧量。仪器能自动显示测定结果，记录生化需氧量曲线。

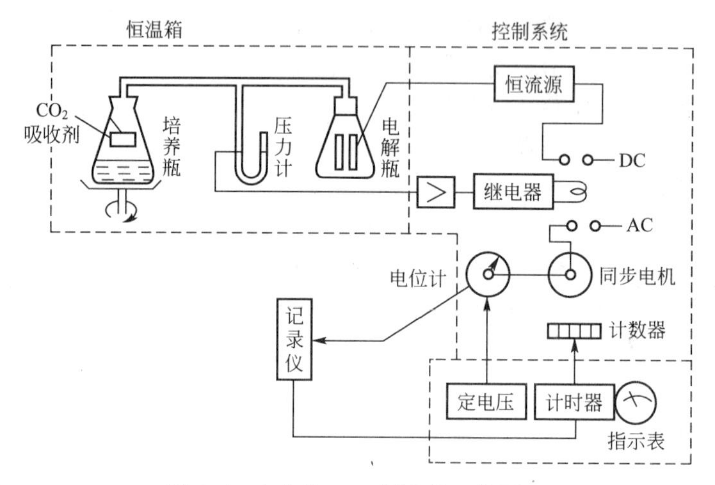


**图6.6　库仑法BOD测定仪工作原理**

测压法的原理是：在密闭培养瓶中，水样中溶解氧由于微生物降解有机物而被消耗，产生与耗氧量相当的$CO_2$被吸收后，使密闭系统的压力降低，用压力计测出此压降，即可求出水样的BOD值。在实际测定中，先以标准葡萄糖-谷氨酸溶液的BOD值和相应的压差作关系曲线，然后以此曲线校准仪器刻度，便可直接读出水样的BOD值。

3. 饮用水中余氯的测定

在饮用水氯消毒中，以液氯为消毒剂时，液氯($Cl_2$)与水中还原性物质或细菌等微生物作用之后，剩余在水中的氯量称为余氯，它包括游离性余氯(或游离性有效氯)和化合性余氯(或化合性有效氯)。

游离性有效氯：包括次氯酸HOCl和次氯酸盐($OCl^-$)。在饮用水氯消毒过程中，氯溶解于水中后，迅速水解成HOCl和$OCl^-$，其反应为

$$Cl_2 + H_2O \rightleftharpoons HOCl + H^+ + Cl^- \quad K_h = 3.94\times10^{-2}(mol/L)^2$$

$$HOCl \rightleftharpoons OCl^- + H^+ \quad K_a = 3.2\times10^{-8} mol/L$$

一般，在酸性溶液中，有效的氯以HOCl($pK_a = 7.49$)型体存在，在碱性溶液中，则以$OCl^-$型体存在。在通常水处理条件下(25℃，pH=7.0左右)，HOCl与$OCl^-$两种型体同时存在。饮用水氯化中产生的$CHCl_3$等有机卤代物的潜在危害已引起人们的强烈关注。

化合性有效氯：它实际上是一种复杂的无机氯胺($NH_xCl_y$)和有机氯胺($RNCl_z$)的混

合物(式中 $x$、$y$、$z$ 为 0～3 的数值)。若原水中含有 $NH_3 \cdot H_2O$，则加入氯以后便生成一氯胺 $NH_2Cl$、二氯胺 $NHCl_2$ 和三氯胺 $NCl_3$ 等。此时，游离性有效氯和化合性有效氯同时存在于水中，因此，测定饮用水中的余氯包括游离性余氯和化合性余氮这两部分。

我国饮用水的出厂水要求游离性余氯>0.3mg/L；管网水中游离性余氯>0.05mg/L。

水中余氯采用碘量法进行测定。

水中余氯在酸性溶液中与 KI 作用，释放出等化学计量的碘 $I_2$，以淀粉为指示剂，用 $Na_2S_2O_3$ 标准溶液滴定至蓝色消失。由消耗的 $Na_2S_2O_3$ 标准溶液的用量求出水中的余氯。其主要反应如下：

$$I^- + CH_3COOH \rightleftharpoons CH_3COO^- + HI$$

$$2HI + HOCl \rightleftharpoons I_2 + H^+ + Cl^- + H_2O$$

$$\varphi^\theta_{HOCl/Cl^-} = 1.49V \quad \varphi^\theta_{I_2/I^-} = 0.545V$$

$$I_2 + 2S_2O_3^{2-} \rightleftharpoons 2I^- + S_4O_6^{2-}$$

$$\varphi^\theta_{S_4O_6^{2-}/S_2O_3^{2-}} = 0.08V$$

本法测定的为总余氯。

水样中若含有 $NO_2^-$、$Fe^{3+}$、Mn(Ⅳ)时，干扰测定。但是用乙酸盐($HAc/Ac^-$)缓冲溶液缓冲 pH 为 3.5～4.2 之间，可减少上述物质干扰。一般游离性氯消毒时，不能有 $NO_2^-$，只有氯胺消毒时才有 $NO_2^-$。

测定结果按下式计算：

$$余氯(Cl_2, mg/L) = \frac{c_{Na_2S_2O_3} \times V_1 \times 35.453 \times 1000}{V_水}$$

式中：$c_{Na_2S_2O_3}$——$Na_2S_2O_3$ 标准溶液的浓度(mol/L)；

$V_1$——$Na_2S_2O_3$ 标准溶液的用量(mL)；

$V_水$——水样的体积(mL)；

35.453——$\frac{1}{2}Cl_2$的摩尔质量(g/mol)。

4. 水中臭氧的测定

臭氧 $O_3$ 是一种优良的强氧化剂，在水处理中用于消毒、除色、除嗅以及除铁、除锰、去除有机物和改善水质等方面发挥了重要作用。

臭氧 $O_3$ 略溶于水，在标准压力和温度下(STP)，其溶解度比 $O_2$ 大 13 倍。20℃时，$O_3$ 在自来水或蒸馏水中的半衰期大约是 20min；在重蒸馏水中，经过 85min 后 $O_3$ 只分解 10%；在较低温度下，它有更长的半衰期。但是在含有杂质的水溶液中，$O_3$ 迅速分解为 $O_2$。

$O_3$ 的测定可以采用碘量法。

将溶解于水中的 $O_3$ 从溶液中吹脱至大大过量的 KI 溶液中，$I^-$ 被定量地氧化成 $I_2$，同时，$O_3$ 还原成 $O_2$。其基本反应式如下：

$$O_3 + 2H^+ + 2e^- \rightleftharpoons O_2 + H_2O \quad \varphi^\theta_{O_3/O_2} = 2.07V$$

$$O_3 + 2I^- + H_2O \rightleftharpoons O_2 + I_2 + OH^-$$

然后在酸性溶液中(pH<2.0)，以淀粉为指示剂，用 $Na_2S_2O_3$ 标准溶液滴定至蓝色消失。根据 $Na_2S_2O_3$ 标准溶液的消耗量，计算水中剩余 $O_3$ 的含量。

$$O_3(mg/L)=\frac{(V_1 \pm V_0)\times c_{Na_2S_2O_3}\times 24\times 1000}{V_{水}}$$

式中：$V_1$——测定水样消耗 $Na_2S_2O_3$ 标准溶液的体积(mL)；

$V_0$——空白试验消耗 $Na_2S_2O_3$ 标准溶液的体积(mL)；

$c_{Na_2S_2O_3}$——$Na_2S_2O_3$ 标准溶液的浓度(mol/L)；

24——$\frac{1}{2}O_3$的摩尔质量(g/mol)；

$V_{水}$——水样的体积(mL)。

注意事项：

(1) 空白试验：通过空白试验，来校正水样滴定结果中由试剂杂质(如 KI 中的游离碘 $I_2$ 或碘酸盐 $IO_3^-$)或能还原游离碘的微量还原剂所引起的误差。前者为负(－)，后者为正(＋)。

(2) 吸收 $O_3$ 时须使溶液呈碱性。实际上，KI 溶液吸收 $O_3$ 过程很快变为碱性，故不需要进行缓冲。但是由于 $I_2$ 的还原和 $I^-$ 的氧化比较容易，对其他氧化剂或还原剂的干扰都是非常敏感的，所以水中 $O_3$ 的浓度小于 1mg/L 时，建议用 0.1mol/L 硼酸缓冲溶液以避免可能的化学计量误差。

(3) 由于水中剩余 $O_3$ 很不稳定，水样不能保存或贮存，必须立即进行测定。在低温和低 pH 时，剩余 $O_3$ 的稳定性明显增高。采集水样时，要尽量减少充气。

(4) 如果水样除 $O_3$ 外，还有其他的氧化性物质(如 $MnO_2$、$Fe^{3+}$、$Cl_2$、$H_2O_2$ 等)时，则干扰测定，需将水样中 $O_3$ 用惰性气体(如 $N_2$)吹脱至 KI 溶液中，进行测定。

可通过吸收 $O_3$ 的 KI 溶液与水样直接加 KI 溶液的滴定比较，确定是否有干扰性的氧化剂存在。如果没有干扰或干扰很小。可以取消以惰性气体吹脱 $O_3$ 至 KI 溶液的步骤。

(5) 水样中剩余 $O_3$ 还可采用分光光度法测定。

### 5. 水中二氧化氯的测定

二氧化氯 $ClO_2$ 在饮用水消毒中几乎不形成对人体有潜在危害的 $CHCl_3$ 等卤代有机物，且消毒效果也好于液氯，已成为替代液氯的优良消毒剂之一。

水中二氧化氯 $ClO_2$ 由于消毒过程或其发生过程中常常含有少量的氯($Cl_2$)、亚氯酸盐($ClO_2^-$)和氯酸盐($ClO_3^-$)存在，可采用连续碘量法同时测定水中的 $ClO_2$、$Cl_2$、$ClO_2^-$ 和 $ClO_3^-$ 的含量。

碘量法中，碘离子($I^-$)与上述氯、氯氧化物在不同 pH 下有如下反应：

pH<7.0～8.5：$Cl_2+2I^- \rightleftharpoons I_2+2Cl^-$

pH=7.0～8.5：$2ClO_2+2I^- \rightleftharpoons I_2+2ClO_2^-$

pH≤2：$2ClO_2+10I^-+8H^+ \rightleftharpoons 5I_2+2Cl^-+4H_2O$

pH≤1：$ClO_3^-+6I^-+6H^+ \rightleftharpoons 3I_2+Cl^-+3H_2O$

基于上述反应，可用连续碘量法同时测定水中的 $Cl_2$、$ClO_2$、$ClO_2^-$ 和 $ClO_3^-$ 的含量。即在 pH=7.0～8.5 条件下，水中的 $Cl_2$ 全部被 $I^-$ 还原为 $Cl^-$；而 $ClO_2$ 被 $I^-$ 还原 1/5(按产物 $Cl^-$ 计)。而在 pH≤2 时，用 $N_2$ 气吹出水中 $ClO_2$ 和部分 $Cl_2$，则 $ClO_2^-$ 全部被 $I^-$ 还原为 $Cl^-$，即水中 $ClO_2^-$ 的另外 4/5 被还原。在 pH≤1 (约 6～7mol/L HCl 溶液)时，$ClO_3^-$(包括 $Cl_2$、$ClO_2$、$ClO_2^-$)全部被 $I^-$ 还原为 $Cl^-$。因此，可用 $Na_2S_2O_3$ 标准溶液滴定上述各

反应中转化的等化学计量 $I_2$，由 $Na_2S_2O_3$ 标准溶液的耗量计算水中 $Cl_2$、$ClO_2$、$ClO_2^-$ 和 $ClO_3^-$ 的含量(mg/L)：

$$Cl_2=\frac{\left[A-\frac{1}{4}(B-D)\right]\times c_{Na_2S_2O_3}\times 35.453\times 1000}{V_水}$$

$$ClO_2=\frac{\frac{5}{4}(B-D)\times c_{Na_2S_2O_3}\times 13.490\times 1000}{V_水}$$

$$ClO_2^-=\frac{D\times c_{Na_2S_2O_3}\times 16.863\times 1000}{V_水}$$

$$ClO_3^-=\frac{[E-(A+B)]\times c_{Na_2S_2O_3}\times 13.908\times 1000}{V_水}$$

式中：$A$——水样(1)在 pH=7.0～8.5 时，消耗 $Na_2S_2O_3$ 标准溶液的量(mL)，$A=Cl_2+1/5\ ClO_2$；

$B$——水样(1)在 pH=7.0～8.5 时，滴定至终点后，接着在 pH≤2 时，用 $Na_2S_2O_3$标准溶液滴定至终点时所消耗的量(mL)，$B=4/5ClO_2+ClO_2^-$(包括水样中原有的和转化的两部分)；

$D$——水样(2)在 pH=7.0～8.5，先用 $N_2$ 净化后，用 $Na_2S_2O_3$ 标准溶液滴定至终点时所消耗的量为 $C$，接着在 pH≤2 时，用 $Na_2S_2O_3$ 标准溶液滴定至终点时所消耗的量(mL)，$D=ClO_2^-$(原有的)；

$E$——水样(3)在 6～7mol/L HCl 溶液中，用 $Na_2S_2O_3$ 标准溶液滴定至终点时所消耗的量(mL)，$E=Cl_2+ClO_2+ClO_2^-+ClO_3^-$；

$c_{Na_2S_2O_3}$——$Na_2S_2O_3$ 标准溶液的浓度(mol/L)；

35.453——$\frac{1}{2}Cl_2$ 的摩尔质量(g/mol)；

13.490——$\frac{1}{5}ClO_2$ 的摩尔质量(g/mol)；

16.863——$\frac{1}{4}ClO_2^-$ 的摩尔质量(g/mol)；

13.908——$\frac{1}{6}ClO_3^-$ 的摩尔质量(g/mol)；

$V_水$——水样的量(mL)。

## 6.8 溴酸钾法

### 6.8.1 方法概述

利用溴酸钾作氧化剂的滴定方法为溴酸钾法。

溴酸钾的化学式为 $KBrO_3$，为无色晶体或白色结晶粉末，具有强氧化性，溶于水，其水溶液为强氧化剂。$KBrO_3$ 易纯化，130℃烘干后，可直接配制标准溶液。

$KBrO_3$ 在酸性溶液中与还原性物质作用时，$BrO_3^-$ 被还原为 $Br^-$，其半反应为：

$$BrO_3^- + 6H^+ + 6e^- \rightleftharpoons Br^- + 3H_2O \quad \varphi^\theta_{BrO_3^-/Br^-} = 1.44V$$

凡是能与 $KBrO_3$ 迅速反应的物质，如 As(Ⅲ)、Sb(Ⅲ)、$Sn^{2+}$、$Tl^+$、$Cu^+$，联胺 $NH_2NH_2$ 等，可用直接滴定法测定。在酸性溶液中，以甲基橙为指示剂，用 $KBrO_3$ 标准溶液直接滴定上述还原性物质；计量点时，微过量的 $KBrO_3$ 将甲基橙氧化而退色，指示滴定终点到达。但由于 $KBrO_3$ 与还原性物质反应速度很慢，必须缓慢进行滴定，因此实际应用不多。

实际应用较多的是溴酸钾法与碘量法联合使用，即所谓间接 $KBrO_3$ 滴定法。这种方法是在酸性溶液中，过量 $KBrO_3$ 与水中还原性物质作用完全后，用过量 KI 还原剩余的 $KBrO_3$ 为 $Br^-$，并析出等化学计量的 $I_2$，最后以淀粉为指示剂，用 $Na_2S_2O_3$ 标准溶液滴定至终点。其反应为：

$$\underset{(剩余)}{BrO_3^-} + \underset{(过量)}{6I^-} + 6H^+ \rightleftharpoons Br^- + 3I_2 + 3H_2O$$

$$I_2 + 2S_2O_3^{2-} \rightleftharpoons 2I^- + S_4O_6^{2-}$$

在实际测定中，通常将 $KBrO_3$ 标准溶液和过量 KBr 的混合溶液作为标准溶液，$KBrO_3$ - KBr 溶液十分稳定，只是在酸性溶液中反应生成与 $KBrO_3$ 化学计量相当的 $Br_2$。

$$BrO_3^- + 5Br^- + 6H^+ \rightleftharpoons 3Br_2 + 3H_2O$$

因此，$KBrO_3$ 标准溶液就相当于 $Br_2$ 标准溶液。此时，$Br_2$ 如与水中还原性物质反应完全，剩余的 $Br_2$ 与 KI 作用，析出等化学计量的 $I_2$，便可用 $Na_2S_2O_3$ 标准溶液滴定。

$$Br_2 + 2I^- \rightleftharpoons I_2 + 2Br^-$$

## 6.8.2 溴酸钾法应用示例

溴酸钾法主要用于水中苯酚等有机化合物的测定。

测定水中苯酚：

水样酸化后，加入过量的 $KBrO_3$ - KBr 标准溶液和 KI 溶液，其苯酚与过量的 $Br_2$ 反应完全后，剩余的 $Br_2$ 被 KI 还原，析出的 $I_2$ 用 $Na_2S_2O_3$ 标准溶液滴定。其主要反应：

$$C_6H_5OH + 3Br_2 \xrightarrow{H_2O} C_6H_2Br_3OH\downarrow + 3HBr$$

（苯酚 + 3Br₂ → 2,4,6-三溴苯酚（白色）↓ + 3HBr）

$$\underset{(剩余)}{Br_2} + 2I^- \rightleftharpoons I_2 + 2Br^-$$

$$I_2 + 2S_2O_3^{2-} \rightleftharpoons 2I^- + S_4O_6^{2-}$$

根据 $Na_2S_2O_3$ 标准溶液的消耗量求出水样中苯酚的含量。

计算：

$$苯酚(mg/L) = \frac{c_{Na_2S_2O_3} \times (V_0 - V_1) \times 15.68 \times 1000}{V_水}$$

式中：$c_{Na_2S_2O_3}$——$Na_2S_2O_3$ 标准溶液的浓度(mol/L)；

$V_0$——空白消耗 $Na_2S_2O_3$ 标准溶液的量(mL)；

$V_1$——水样消耗 $Na_2S_2O_3$ 标准溶液的量(mL)；

15.68——1/6 苯酚的摩尔质量(g/mol)；

$V_水$——取水样的量(mL)。

通常用 $KBrO_3$ 法标定苯酚标准溶液的含量。

水样中如有其他酚类，则测定的是苯酚的相对含量。应用同样方法还可测定甲酚、间苯二酚及苯胺等。

## 6.9 水中有机污染综合指标

各种水体中普遍存在着组成和化学性质复杂的有机物，由于人类活动中的生活污水、工业废水等排放，导致大量有机物排入水体，使水体中的有机物含量逐渐增加。大量有机物进入水体后，使水体中的物质组成发生了变化，破坏了原有的物质平衡状态。排入水中的有机物不仅在微生物作用下发生氧化分解，消耗水中溶解氧；而且使藻类、各种菌类生物迅猛增殖，这些水生生物在水停滞地方沉积和分解，使水中溶解氧进一步下降，从而使水体失去了自净能力。此时厌氧菌繁生，继续分解有机物，产生 $H_2S$、甲烷等还原性气体，使水生生物大量死亡，并使水体变黑变浑，产生恶臭，严重污染环境，而且也会危害人类健康。水中有机物始终是造成水体污染最严重的污染物，因此，控制有机废水的排放是至关重要的。欲控制水质、评价水质的好坏，必须了解有机物的测定方法。

目前，有机物已达几百万种以上，占有害有毒物的2/3左右。采用GC/MS等仪器分析法及化学分析法可检出水体中上百种有机污染物，但是对它们尚难一一区分与定量。因此，在工程中评价水质常采用有机物污染综合指标来表述。水中有机物污染综合指标反映了水中有机物的相对含量和总污染程度。这些综合指标主要有高锰酸盐指数、COD、$BOD_5$、总有机碳(TOC)、总需氧量(TOD)、活性炭氯仿萃取物(CCE)和紫外吸光值(UVA)、污水的相对稳定度等。一些对人体毒害作用较大的有机污染物常采用各种物质的专用指标，如挥发酚、醛、酮、三氯甲烷等。

### 6.9.1 高锰酸盐指数、COD和$BOD_5$

高锰酸盐指数、化学需氧量(COD)和生化需氧量($BOD_5$)都是间接地表示水中有机物污染的综合指标。前两者是在规定条件下，水中有机物被 $KMnO_4$、$K_2Cr_2O_7$ 氧化所需的氧量($mgO_2/L$)，两者均反映了水体受还原性物质，如有机物和还原性无机物污染的程度，但不能反映出被微生物氧化分解的有机物的量；后者是在有溶解氧的条件下，可分解有机物被微生物氧化分解所需的氧量($mgO_2/L$)，反映了水体被有机物污染的程度，但由于微生物的氧化能力有限，也不能反映全部有机物的总量。因此，这些有机物污染综合指标只能相对表示水中有机物质的含量。但是，在尚无其他方法和适宜手段时，高锰酸盐指数、COD和 $BOD_5$ 仍不失为水质分析、水污染控制中的重要方法和评价参数。

现将部分有机化合物的理论需氧量(ThOD表示，$gO_2$/g有机物)列于表6-5和表6-6，将高锰酸盐指数、COD、$BOD_5$ 3种综合指标的实际氧化率(%)列于表6-7。从表6-7可见，对水中同一种有机物的氧化率大小是 COD＞$BOD_5$＞高锰酸盐指数。一般，废水中 $BOD_5$/COD＝0.4～0.8，COD 与 $BOD_5$ 的差值为没有被微生物氧化分解的有机物的含量。

**表 6－5　有机化合物的转换系数**

| 编号 | 有机化合物 | 分子量 | 分子式 | ThOD | |
|---|---|---|---|---|---|
| | | | | $gO_2$/mol | $gO_2$/g 有机物 |
| 1 | 甲　酸 | 46 | $HCOOH$ | 16.01 | 0.348 |
| 2 | 乙　酸 | 60.05 | $CH_3COOH$ | 46.01 | 1.066 |
| 3 | 丙　酸 | 74.08 | $CH_3CH_2COOH$ | 112.01 | 1.512 |
| 4 | 丁　酸 | 88.10 | $CH_3(CH_2)_2COOH$ | 160.0 | 1.816 |
| 5 | 戊　酸 | 102.13 | $CH_3(CH_2)_3COOH$ | 208.04 | 2.037 |
| 6 | 己　酸 | 116.16 | $CH_3(CH_2)_4COOH$ | 256.02 | 2.204 |
| 7 | 乳　酸 | 90.08 | $H_3C-C(H)(OH)-COOH$ | 96.03 | 1.066 |
| 8 | 甲　醇 | 32 | $CH_3OH$ | 48.0 | 1.50 |
| 9 | 乙　醇 | 46 | $C_2H_5-OH$ | 96.14 | 2.09 |
| 10 | 丙　酮 | 58 | $CH_3-O-CH_3$ | 128.12 | 2.21 |
| 11 | 乙　醛 | 45 | $C_2H_5-O-C_2H_5$ | 119.14 | 2.59 |
| 12 | 乙酸乙酯 | 88 | $CH_3COOC_2H_5$ | 160.16 | 1.82 |
| 13 | 苯　酚 | 94 | —OH | 223.72 | 2.38 |
| 14 | 对苯二酚 | 110 | HO— —OH | 207.9 | 1.89 |
| 15 | 甘　油 | 92 | $CH_2OHCHOHCH_2OH$ | 112.24 | 1.22 |
| 16 | 邻苯二甲酸氢钾 | 204 | —COOH<br>—COOK | 239.90 | 1.176 |
| 17 | 葡萄糖 | 180 | $C_6H_{12}O_6$ | 192.06 | 1.067 |
| 18 | 氨基乙酸 | 75 | $NH_2CH_2COOH$ | 47.93 | 0.639 |
| 19 | 谷氨酸 | 147 | $HOOC(CH_2)_2CHNH_2COOH$ | 144.06 | 0.98 |
| 20 | 可溶性淀粉 | 162 | $(C_6H_{10}O_5)_n$ | 191.97 | 1.185 |
| 21 | 纤维素 | 102 | $(C_6H_{10}O_5)_n$ | 188.7 | 1.185 |
| 22 | 苯 | 78 | | 240.24 | 3.08 |
| 23 | 苯　胺 | 93 | —$NH_2$ | 224.13 | 2.41 |
| 24 | 甲　苯 | 92.14 | —$CH_3$ | 287.48 | 3.12 |
| 25 | 吡　啶 | 79 | $C_5H_5N$ | 176.17 | 2.23 |

表 6-6 其他化合物的转换系数

| 化合物 | 转换系数 | 主要成分 |
|---|---|---|
| 碳水化合物 | ThOD=1.067g$O_2$/g | 葡萄糖 |
| 含氮化合物 | ThOD=9.58g$O_2$/g 有机氮 | $C_4H_5OH$ |
| 脂类化合物 | ThOD=2.88g$O_2$/g 脂类化合物 | 正十六酸(棕榈酸、软脂酸) |
| Cell | ThOD=1.42g$O_2$/gVSS | $C_5H_7O_2N$ |
| Cell 氮 | ThOD=0.124g$O_2$/gVSS | $C_5H_7O_2N$ |
| 甲烷 | ThOD=2.86g$O_2$/g$CH_4$ | 标样 |
| $H_2$ | ThOD=0.714g$O_2$/g$H_2$ | 标样 |

表 6-7 不同分析方法的氧化率比较

| 有机物 | $BOD_5$/% | 高锰酸盐指数/% | COD/% | |
|---|---|---|---|---|
| | | | 回流法 | 密封法 |
| 甲酸 | 64 | 14 | 99.4 | 104.31 |
| 乙酸 | 71 | 7 | 93.5 | 96.18 |
| 乙醇 | 72 | 11 | 94.3 | 114.02 |
| 丙酮 | 21 | 0 | 84.2 | 100.73 |
| 乙醚 | 0 | <1 | 32.8 | 72.1 |
| 乙酸乙酯 | 53 | 4 | 77.5 | 84.5 |
| 苯胺 | 3 | 90 | 101.0 | 102.3 |
| 氨基乙酸 | 15 | 3 | 98.1 | 100.6 |
| 可溶性淀粉 | 43 | 61 | 86.5 | 87.6 |
| 甘油 | 86 | 52 | 100.0 | 100.3 |
| 邻苯二甲酸氢钾 | — | — | 101.4 | 101.4 |
| 葡萄糖 | 56 | 59 | 98.0 | 98.7 |
| 苯酚 | 61 | 63 | 99.6 | 107.9 |
| 对苯二酚 | — | — | 99.0 | 100.4 |
| L-谷氨酸 | 58 | 6 | 100 | 100.0 |
| 苯 | 0 | 0 | 16.9 | 53.0 |
| 甲苯 | — | — | 38.1 | 68.0 |
| 吡啶 | 0 | 0 | 0 | 0 |

注：$BOD_5$、高锰酸盐指数及 COD 回流法中的一部分数据引自《用水废水化学基础》。

## 6.9.2 总有机碳(TOC)

总有机碳是以碳的含量表示水体中有机物总量的综合指标，用 TOC 表示，单位为 mgC/L。目前广泛采用燃烧法测定，因此能将有机物全部氧化，比 COD 或 $BOD_5$ 更能反映有机物的总量。TOC 标志着水中有机物的含量，反映了水中总有机物污染程度，是水中有机物污染综合指标之一。

TOC 的测定目前广泛应用的是燃烧氧化-非色散红外吸收法。其测定原理是：将一定量的水样注入高温炉内的石英管，在 900～950℃温度下，以铂和三氧化钴或三氧化二铬为催化剂，使有机物燃烧裂解转化为二氧化碳，然后用红外线气体分析仪测定 $CO_2$ 含量，从而确定水样中碳的含量。因为在高温下，水样中的碳酸盐也分解产生二氧化碳，故上面测得的为水样中的总碳(TC)。为获得有机碳含量，可采用两种方法：一是将水样预先酸化，通入氮气曝气，驱除各种碳酸盐分解生成的二氧化碳后再注入仪器测定；另一种方法是使用高温炉和低温炉皆有的TOC测定仪。将同一等量水样分别注入高温炉(900℃)和低温炉(150℃)，高温炉水样中的有机碳和无机碳均转化为$CO_2$，而低温炉的石英管中装有磷酸浸渍的玻璃棉，能使无机碳酸盐在150℃分解为$CO_2$，有机物却不能被分解氧化。将高、低温炉中生成的$CO_2$依次导入非色散红外气体分析仪，分别测得总碳(TC)和无机碳(IC)，二者之差即为总有机碳(TOC)。测定流程如图6.7所示。

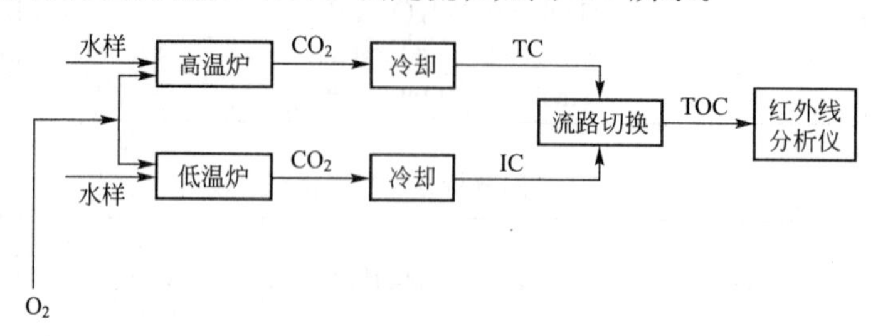


**图6.7 TOC测定流程**

现将部分有机化合物的理论TOC值及实测值分别列于表6-8、表6-9、表6-10。由表中可知，TOC测定值与理论值非常接近，且TOC的氧化率>COD的氧化率。可见，总有机碳TOC能较好地反映水中有机物的污染程度。因此，TOC能较准确地反映水中需氧总量。

**表6-8 100mg/L有机物溶液中TOC值(mg/L)**

| 名　称 | 理论值 | 测定值 | 氧化率/% |
|---|---|---|---|
| 甲酸 | 26.1 | 26.0 | 99.6 |
| 乙酸 | 40.0 | 40.1 | 100.8 |
| 甲醇 | 37.5 | 39.0 | 104.0 |
| 乙醇 | 52.0 | 53.5 | 102.9 |
| 苯酚 | 76.5 | 69.8 | 91.2 |
| 苯甲醛 | 69.5 | 62.5 | 89.9 |
| 丁酮 | 66.6 | 65.0 | 97.6 |
| 苯胺 | 77.4 | 81.0 | 104.7 |
| 尿素 | 20.0 | 21.0 | 105.0 |
| 葡萄糖 | 40.0 | 40.0 | 100.0 |
| 麦芽糖 | 40.1 | 37.5 | 93.5 |
| 淀粉 | 45.0 | 41.6 | 92.6 |
| 谷氨酸 | 4.7 | 38.5 | 94.7 |
| 甘氨酸 | 32.0 | 29.8 | 93.2 |

**表6-9 TOC和COD(回流法)的氧化率**

| 有机物名称 | TOC氧化率/% | 回流法COD氧化率/% |
|---|---|---|
| 甲酸 | 99.6 | 99.4 |
| 乙酸 | 100.3 | 93.5 |
| 乙醇 | 102.9 | 94.3 |
| 丙酮 | 98.9 | 4.2 |
| 乙酸乙酯 | 100.2 | 77.5 |
| 葡萄糖 | 98.9 | 98.0 |
| 乙醚 | 36 | 32.8 |
| 丙烯腈 | 82 | 44.0 |

表 6-10 高分子化合物的 TOC

| 名　称 | 理论值 | 测定值 | 氧化率/% |
|---|---|---|---|
| 蛋白质 | 21.0 | 19.1 | 91.0 |
| 凝缩乳剂 | 25.0 | 22.8 | 91.2 |
| 可溶性淀粉 | 25.0 | 25.8 | 103.2 |
| 纤维素 | 24.5 | 23.4 | 95.5 |
| 木质素 | 22.0 | 22.3 | 101.0 |
| 聚丙烯腈絮凝剂 $AP_{30}$ | 22.0 | 22.5 | 102.3 |
| 聚丙烯腈絮凝剂 $NP_{30}$ | 25.0 | 24.8 | 99.2 |
| EPTA | 4.7 | 5.3 | 112.8 |
| 硫酸月桂酯钠 | 5.0 | 4.6 | 92.0 |
| 2，4，5-三氯苯氧基醋酸 | 25.0 | 25.0 | 100.0 |
| 咖啡碱 | 65.3 | 65.0 | 99.5 |
| 棕榈酸 | 200 | 198.0 | 99.0 |
| 4-氨基安替比林 | 111.5 | 110.2 | 98.9 |
| 对氨基苯磺酸 | 89.3 | 89.3 | 100.0 |
| DL 蛋氨酸 | 103 | 102.5 | 99.5 |
| 三氯苯酚 | 75.4 | 75.0 | 99.5 |
| 甘氨酸 | 100.7 | 100.3 | 99.6 |
| 吡　啶 | 10.6 | 104.2 | 98.7 |
| 色氨酸 | 5.0 | 5.0 | 100.0 |
| 尿　素 | 100.0 | 99.8 | 99.8 |
| 烟　碱 | 83.3 | 82.5 | 99.0 |
| 对氨基苯磺酸酰胺 | 62.7 | 63.5 | 101.3 |

TOC 测定中应说明的几个问题：

(1) 实际测定中，常以邻苯二甲酸氢钾和碳酸氢钠分别作为有机碳和无机碳的标准样品，并配制标准溶液，按上述测定步骤，求出 TOC，测定范围在 2～300mg/L。

(2) 水样的 pH＜11 时，对测定无明显影响，当 pH＞11 时，由于吸收空气中的 $CO_2$，TOC 值会偏高。

(3) 水样中 $Cl^-$、$NO_3^-$、$SO_4^{2-}$、$PO_4^{3-}$ 等离子浓度大于 1000mg/L 时，会影响检测器吸收，此时可用无 $CO_2$ 蒸馏水稀释后测定。但是，一般情况，这些杂质浓度均不会太高。

(4) 水样中重金属离子浓度≤100mg/L 时，对测定几乎无影响；但含量太高时，会堵塞石英管注入口等系统，而影响测定。

## 6.9.3 总需氧量(TOD)

总需氧量指水中能被氧化的物质，主要是有机物和还原性无机物在高温下燃烧生成稳定的氧化物时所需要的氧量，用 TOD 表示，单位为 $mgO_2/L$。

TOD 用总需氧量分析仪测定，其原理是：将一定量水样注入装有铂催化剂的石英燃烧管中，同时通入含有已知氧浓度的载气(氮气)作为原料气，水样中的有机物等还原性物质在 900℃下瞬间燃烧氧化分解，生成的 $CO_2$ 等氧化物经脱水后，由氧燃料电池测定燃烧前后气体载体中氧气的减少量，即为水样的总需氧量。TOD 的测定流程如图 6.8 所示。

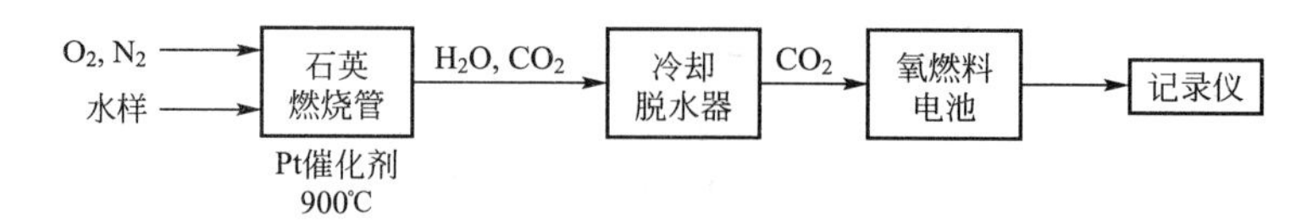


**图 6.8 TOD 测定流程**

现将部分有机物的 TOD 值列于表 6-11，由表中可见，各种有机物的氧化率大小顺序是：TOD>COD>$BOD_5$，表明对一些有机物用 TOD 分析仪测定的 TOD 氧化率都很高，它比 $BOD_5$、COD 和 TOC 更接近理论需氧量，它能反映几乎全部有机物质经燃烧后变成 $CO_2$、$H_2O$、NO、$SO_2$ 等所需要的氧量，有研究表明 $BOD_5$：TOD=0.1～0.6，COD：TOD=0.5～0.9，但它们之间没有固定的相关关系，具体比值取决于废水的性质。

**表 6-11 部分有机化合物的 TOD、COD(回流法)和 $BOD_5$ 的氧化率**

| 有机物名称 | 分子式或化学式 | ThOD /ppm | TOD /% | COD /% | $BOD_5$ /% |
|---|---|---|---|---|---|
| 甲　醇 | HCHO | 1.07 | 103.0 | 51～75 | 28～42 |
| 乙　醇 | $C_2H_5OH$ | 2.09 | 98.0 | 94.3 | 60～80 |
| 乙　醛 | $CH_3CHO$ | 1.82 | 100.2 | 78 | 16～62 |
| 异丙醇 | $C_3H_7OH$ | 2.40 | 104.2 | 93.3 | 54～66 |
| 丙三醇 | $C_6H_8O_3$ | 1.22 | 95.9 | 95.9 | 51～56 |
| 丙　酮 | $CH_3COCH_3$ | 2.21 | 98.9 | 85.1 | 63 |
| 乙酸乙酯 | $CH_3COOC_2H_5$ | 1.82 | 100.2 | 78 | 16～62 |
| 乙酸丁酯 | $CH_3COOC_4H_9$ | 2.10 | 100.6 | 86.4 | 7～24 |
| 葡萄糖 | $C_6H_{12}O_6$ | 1.07 | 98.9 | 98.0 | 49～72 |
| 丙烯腈 | $CH_2=CHCN$ | 2.566 | 92.4 | 44 | 0 |

TOD 测定应注意的问题：

(1) 水中 $Cl^-$、$SO_4^{2-}$、$HPO_4^{2-}$、$HCO_3^-$ 等离子一般不会干扰测定，但 $Cl^-$ 浓度大于 1000mg/L 时，TOD 测定值偏高。

(2) 水中含 $NO_3^-$ 或 $NO_2^-$ 时，由于高温分解会产生氧气，使 TOD 值偏低。可事先测出它们的含量，进行校正。

(3) 水中悬浮物粒径大于 1mm 时会堵塞取样管，水中重金属离子的浓度较大时，会使铂催化剂的效率下降。

总之，水中有机物污染综合指标高锰酸盐指数、COD、$BOD_5$、TOC 和 TOD 都可作为评价水处理效果和控制水质的重要参数，尤其 TOC、TOD 具有更多的优点，氧化率高，操作简便，准确可靠，可以自动连续测定。随着 TOC 分析仪和 TOD 分析仪的普及，TOC 与 TOD 将逐渐取代其他几项综合指标。

## 6.9.4 活性炭氯仿萃取物(CCE)

活性炭氯仿萃取物是表示水中有机物污染程度的一项综合指标。测定原理是：水中有机物的混合物，在一定条件下，用活性炭吸附，然后用氯仿萃取。将萃取液盛于 300mL 烧瓶中，然后经过蒸馏至小体积(约 20mL 左右)，再转移至已恒重的具塞称量小瓶(或燧石玻璃小瓶)中，并用约 2mL 的氯仿洗涤烧瓶，洗液一并移入小瓶中，再在不含油的平稳空气流中蒸发至干，然后称重。其残渣重即为有机物的含量，用 CCE(mg/L)表示。可见 CCE 法是以重量法测定水中有机物含量。

CCE 测定中需注意的几个问题：

(1) 部分有机物不能被活性炭吸附，或吸附在活性炭上的有机物不能被氯仿解吸，会造成负误差；有些无机物也会增加萃取物的重量，造成正误差。这是 CCE 法的缺点。

(2) CCE 法主要适用于含溶解形态有机物的水样测定；由于活性炭吸附容量有限，不适于含高浓度有机废水的测定，但可以稀释之后用该法测定。

(3) 由于氯仿对人体健康有潜在危害，操作时须在通风橱中进行。也有建议用乙醇萃取，则称为活性炭乙醇萃取物，用 CAE 表示，一般 CAE=2.5CCE。

CCE 法主要用于监测水中总有机物浓度，尤其对含有臭味、有毒有害有机物的水质评价来说，CCE 是很有意义的。美国环保局规定饮用水 CCE 不得大于 0.2mg/L。

### 6.9.5 污水的相对稳定度

污水的相对稳定度是粗略表示水中有机物含量多少的又一指标。污水中氧的储备量(包括 DO、$NO_3^-$ 和 $NO_2^-$)与此污水某一时刻的 BOD 的百分比，即为污水的相对稳定度。污水的相对稳定度越低，表明污水中有机物的数量越多。

测定原理：用甲基蓝为指示剂，当水中含有溶解氧时，呈蓝色；溶解氧耗尽时，蓝色退去。如果水中有机物含量多时，消耗溶解氧就多，蓝色退去时间就短，则污水的稳定度就低；否则，相反。因此，可根据亚甲基蓝指示剂的蓝色退去时间，求出污水的相对稳定度，用于判断水中有机物数量的多少。

具体做法：首先将污水中和至 pH=7.0 左右，并除去其他消毒剂，然后进行微生物接种。将水样及 0.4mL 浓度为 0.5g/L 的亚甲基蓝溶液移入 150mL 培养瓶中，并用水样充满，不留气泡。加盖混匀，瓶口用水封好。在 20℃恒温培养瓶中，随时观察并记录瓶中蓝色退净所需的天数($t$)，然后由下式或表 6-12，求得该污水的相对稳定度 $S$。

$$S=(1-0.794^{t})\times 100\%$$

**表 6-12 污水的相对稳定度**

| 退色时间 $t$/d | 相对稳定度 $S$/% | 退色时间 $t$/d | 相对稳定度 $S$/% |
|---|---|---|---|
| 0.5 | 11 | 9 | 87 |
| 1 | 21 | 10 | 90 |
| 2 | 37 | 11 | 92 |
| 3 | 50 | 12 | 94 |
| 4 | 60 | 13 | 96 |
| 5 | 68 | 14 | 97 |
| 6 | 75 | 16 | 97 |
| 7 | 80 | 18 | 98 |
| 8 | 84 | 20 | 99 |

### 6.9.6 紫外吸光度

紫外吸光度(又称紫外吸收值，UVA)，将成为水中有机物污染综合指标之一。

目前，国内外仍然应用COD或BOD作为水质污染的综合指标。而近年来，基于对公共水域的总量控制，有的开始采用TOD作为控制指标，用TOC作为参考指标。TOC、TOD两者配合使用有助于了解水质瞬间变化实况。但由于水中无机物对测定的干扰尚未完全解决，因此，它们还不能完全代替COD和BOD。应该指出，上述那些表示方法，由于水的种类、操作方法、氧化剂种类不同而得到不同值，在对低浓度的有机污染物的分析测量往往会产生一些困难。而采用紫外吸光度作为新的有机物污染综合指标将具有普遍意义。

由于生活污水、工业废水、尤其石油废水的排放、使天然水体中含有许多有机污染物，这些有机污染物，尤其含有芳香烃和双键或羰基的共轭体系，在紫外光区都有强烈吸收。对特定水系来说，其所含物质组成一般变化不大，所以，可用紫外吸光度作为评价水质有机污染的综合指标。

紫外吸光度(UVA)作为新的有机物污染指标，有操作简单、快速准确和重现性好等独特优点。积累的分析数据越多，回归分析结果就越准确可靠。尤其对特定水系的整个流域进行实际测量，将会得到更有意义、更加广泛的UVA与水质指标的相关关系。这样，只要通过UVA的测定和相应的回归方程就可求得有机物污染指标或水质指标的含量。当然，紫外吸光度单独作为一个新的污染指标还是需要深入研究的课题。

## 6.10 氧化还原滴定法计算示例

氧化还原滴定结果的计算，主要依据氧化还原反应式中的化学计量关系，现加以举例说明。

**【例6-7】** 称取$K_2Cr_2O_7$ 0.1084g，溶于水，加过量KI并酸化后，析出的$I_2$用$Na_2S_2O_3$标准溶液滴定，消耗20.10mL，计算溶液的浓度。

**解：** 已知$M(K_2Cr_2O_7)=294.2$，滴定反应为：

$$Cr_2O_7^{2-}+6I^-+14H^+ \rightleftharpoons 2Cr^{3+}+3I_2+7H_2O$$

$$I_2+2S_2O_3^{2-} \rightleftharpoons 2I^-+S_4O_6^{2-}$$

反应到达化学计量点时：

$$\frac{n(K_2Cr_2O_7)}{n(Na_2S_2O_3)}=\frac{1}{6}$$

所以，$c(Na_2S_2O_3)=\dfrac{6m(K_2Cr_2O_7)}{M(K_2Cr_2O_7)V(Na_2S_2O_3)}\times 1000$

$$=\frac{6\times 0.1084}{294.2\times 20.10}\times 1000=0.1100(\text{mol/L})$$

**【例6-8】** 欲配制$Na_2C_2O_4$标准溶液用于标定$KMnO_4$溶液(在酸性介质中)，已知$c\left(\frac{1}{5}KMnO_4\right)\approx 0.10\text{mol/L}$，若要使标定时两种溶液消耗的体积相近，问应配制多大浓度的$Na_2C_2O_4$溶液？要配制100mL溶液，应称取$Na_2C_2O_4$多少克？

**解：** $2MnO_4^-+5C_2O_4^{2-}+16H^+ \rightleftharpoons 2Mn^{2+}+10CO_2+8H_2O$

分别取$\frac{1}{5}KMnO_4$和$\frac{1}{2}Na_2C_2O_4$为基本单元，反应到达化学计量点时：

$$n\left(\frac{1}{5}KMnO_4\right)=n\left(\frac{1}{2}Na_2C_2O_4\right)$$

即 $$c\left(\frac{1}{5}KMnO_4\right)\cdot V(KMnO_4)=c\left(\frac{1}{2}Na_2C_2O_4\right)\cdot V(Na_2C_2O_4)$$

若： $$V(KMnO_4)\approx V(Na_2C_2O_4)$$

则有 $$c\left(\frac{1}{2}Na_2C_2O_4\right)=c\left(\frac{1}{5}KMnO_4\right)=0.100mol/L$$

所以， $$m(Na_2C_2O_4)=n\left(\frac{1}{2}Na_2C_2O_4\right)\cdot M\left(\frac{1}{2}Na_2C_2O_4\right)$$

$$=0.100\times100\times10^{-3}\times\frac{1}{2}\times134.0=0.67g$$

**【例6-9】** 称取软锰矿0.3216g，分析纯的$Na_2C_2O_4$ 0.3685g，共置于同一烧杯中，加入$H_2SO_4$，并加热；待反应完全后，用0.02400mol/L $KMnO_4$溶液滴定剩余的$Na_2C_2O_4$，消耗$KMnO_4$溶液11.26mL。计算软锰矿中$MnO_2$的质量分数。

**解**：滴定过程中的化学反应如下：

$$MnO_2+C_2O_4^{2-}+4H^+\rightleftharpoons Mn^{2+}+2CO_2+2H_2O$$

$$2MnO_4^-+5C_2O_4^{2-}+16H^+\rightleftharpoons 2Mn^{2+}+10CO_2+8H_2O$$

$$w(MnO_2)=\frac{\left(\frac{2m(Na_2C_2O_4)}{M(Na_2C_2O_4)}-5c(KMnO_4)V(KMnO_4)\right)M\left(\frac{1}{2}MnO_2\right)}{m_s}\times100$$

$$=\frac{\left(\frac{2\times0.3685}{134.0}-5\times0.02400\times11.26\right)\times\frac{86.94}{2}}{0.3216\times1000}\times100$$

$$=56.08$$

**【例6-10】** 有纯铜0.1105g，用盐酸溶解后加入过量的KI，析出的$I_2$用$Na_2S_2O_3$标准溶液滴定，消耗39.42mL。另取一份铜矿试样0.2129g，用相同方法测定，消耗$Na_2S_2O_3$标准溶液28.42mL，计算铜矿中Cu的含量。

**解**：滴定过程中的化学反应如下：

$$2Cu^{2+}+4I^-\rightleftharpoons 2CuI\downarrow+I_2$$

$$I_2+2S_2O_3^{2-}\rightleftharpoons 2I^-+S_4O_6^{2-}$$

反应中$n(Cu^{2+})=n(S_2O_3^{2-})$，所以：

$$c(Na_2S_2O_3)=\frac{n(Cu^{2+})}{V(Na_2S_2O_3)}=\frac{\frac{0.1105}{63.54}}{39.42\times10^{-3}}=0.04412(mol/L)$$

铜矿试样中Cu百分含量为：

$$w(Cu)=\frac{c(Na_2S_2O_3)V(Na_2S_2O_3)M(Cu)}{m_s}\times100$$

$$=\frac{0.04412\times28.42\times10^{-3}\times65.54}{0.2129}\times100$$

$$=37.42$$

# 习　　题

一、思考题

1. 什么是条件电极电位？与标准电极电位有什么区别？

2. 从附录中查出下列各电对的标准电极电位值，然后回答问题：

$$MnO_4^- + 8H^+ + 5e^- \longrightarrow Mn^{2+} + 4H_2O$$
$$Ce^{4+} + e^- \longrightarrow Ce^{3+}$$
$$Fe^{2+} + 2e^- \longrightarrow Fe$$
$$Ag^+ + e^- \longrightarrow Ag$$

(1) 上列电对中，何者是最强的还原剂？何者是最强的氧化剂？

(2) 上列电对中，何者可将 $Fe^{2+}$ 离子还原为 Fe？

(3) 上列电对中，何者可将 Ag 氧化为 $Ag^+$ 离子？

3. 试判断 $c(Sn^{2+})=c(Pb^{2+})=1mol/L$ 及 $c(Sn^{2+})=1mol/L$、$c(Pb^{2+})=0.1mol/L$ 时，$Pb^{2+}+Sn \rightarrow Pb+Sn^{2+}$ 反应进行的方向？

4. 影响氧化还原反应速度的主要因素有哪些？

5. 氧化还原滴定曲线突跃大小与哪些有关？

6. 氧化还原滴定法所使用的指示剂有哪几种类型？试举例说明。

7. 如何制备 $KMnO_4$、$K_2Cr_2O_7$、$I_2$、$Na_2S_2O_3$ 标准滴定溶液？

8. $KMnO_4$ 滴定法，在酸性溶液中的反应常用 $H_2SO_4$ 酸化，而不用盐酸，为什么？

9. 用 $Na_2C_2O_4$ 作为基准物质标定 $KMnO_4$ 溶液应控制什么条件？

10. 碘量法的主要误差来源是什么？有哪些防止措施？

11. 在直接碘量法和间接碘量法中，淀粉指示液的加入时间和终点颜色变化有何不同？

12. 阐述下列水质指标的含义；对一种水体来说，它们之间在数量上是否有一定关系？为什么？

COD、BOD、TOD、TOC

13. 说明测定水样 $BOD_5$ 的原理，怎样估算水样的稀释倍数？怎样应用和配制稀释水和接种稀释水？

二、计算题

1. 计算在溶液中 $c(MnO_4^-)/c(Mn^{2+})= 0.1\%$，$c(H^+)=1mol/L$ 时，$MnO_4^-/Mn^{2+}$ 电对的电极电位？

2. 标定 $c\left(\frac{1}{5}KMnO_4\right)=0.1mol/L$ 的高锰酸钾标准溶液，应称取基准物草酸多少克？

3. 称取纯 $K_2Cr_2O_7$ 4.903g，配成 500mL 溶液，试计算：

(1) 此溶液的物质的量浓度 $c\left(\frac{1}{6}K_2Cr_2O_7\right)$ 为多少？

(2) 此溶液对 $Fe_2O_3$ 的滴定度？

4. 移取 $KHC_2O_4 \cdot H_2C_2O_4$ 溶液 25.00mL，以 0.1500mol/L NaOH 溶液滴定至终点时消耗 25.00mL。现移取上述 $KHC_2O_4 \cdot H_2C_2O_4$ 溶液 20.00mL，酸化后用 0.0400mol/L

$KMnO_4$ 溶液滴定至终点时需要多少毫升？

5. 称取纯 $K_2Cr_2O_7$ 0.4903g，用水溶解后，配成 100.0mL 溶液。取出此溶液 25.00mL，加入适量 $H_2SO_4$ 和 KI，滴定时消耗 24.95mL $Na_2S_2O_3$ 溶液。计算 $Na_2S_2O_3$ 溶液物质的量浓度。

6. 取水样 100mL，用 $H_2SO_4$ 酸化后，加入 10.00mL $c\left(\frac{1}{5}KMnO_4\right)=0.0100mol/L$ 高锰酸钾溶液，在沸水浴中加热 30min，趁热加入 10.00mL$c\left(\frac{1}{2}Na_2C_2O_4\right)=0.0100mol/L$ 草酸钠溶液，摇匀，立即用同浓度高锰酸钾标准溶液滴定至溶液呈微红色，消耗 2.56mL。求该水样中高锰酸盐指数是多少($mgO_2/L$)？

7. 取一含酚废水水样 100mL(同时另取 100mL 无有机物蒸馏水做空白试验)，加入标准溴化液($KBrO_3+KBr$)30.00mL 及 HCl、KI，摇匀，用 0.1100mol/L $Na_2S_2O_3$ 溶液滴定，水样和空白分别消耗 15.78mL 和 31.20mL。问该废水中苯酚的含量为多少(以 mg/L 表示)。

8. 用回流法测定某废水中的 COD。取水样 20.00mL(同时取无有机物蒸馏水 20.00mL 做空白试验)放入回流锥形瓶中，加入 10.00mL $c\left(\frac{1}{6}K_2Cr_2O_7\right)=0.2500mol/L$ 重铬酸钾溶液和 30mL 硫酸-硫酸银溶液，加热回流 2h；冷却后加蒸馏水稀释至 140mL，加试亚铁灵指示剂，用 $c[(NH_4)_2Fe(SO_4)_2]=0.1000mol/L$ 硫酸亚铁铵溶液滴定至溶液呈红褐色，水样和空白分别消耗 9.65mL 和 21.10mL。求该水样中的 COD 是多少($mgO_2/L$)。

9. 取氯消毒水样 100mL，放入 300mL 碘量瓶中，加入 0.5g 碘化钾和 5mL 乙酸盐缓冲溶液(pH=4)，用 $c(Na_2S_2O_3)=0.0100mol/L$ 硫代硫酸钠溶液滴定至溶液呈淡黄色，加入 1mL 淀粉溶液，继续用同浓度 $Na_2S_2O_3$ 溶液滴定至蓝色消失，共用去 1.21mL。求该水样中总余氯量是多少($Cl_2$，mg/L)。

10. 自溶解氧瓶中吸取已将溶解氧 DO 固定的某地表水样 100mL，用 0.0102mol/L $Na_2S_2O_3$ 溶液滴定至淡黄色，加淀粉指示剂，继续用同浓度 $Na_2S_2O_3$ 溶液滴定至蓝色刚好消失，共消耗 7.82mL。求该水样中溶解氧 DO 的含量($mgO_2/L$)。

11. 称取含甲酸(HCOOH)试样 0.2040g，溶解于碱性溶液后加入 0.2010mol/L $KMnO_4$溶液 25.00mL，待反应完成后，酸化，加入过量的 KI 还原过剩的 $MnO_4^-$ 以及 $MnO_4^{2-}$ 歧化生成的 $MnO_4^-$ 和 $MnO_2$，最后用 0.1002mol/L $Na_2S_2O_3$ 标准溶液滴定析出的 $I_2$，共计消耗 $Na_2S_2O_3$ 溶液 21.02mL。计算试样中甲酸的含量。

12. 称取 0.2000g 含铜样品，用碘量法测定含铜量，如果析出的碘需要用 20.00mL $c(Na_2S_2O_3)=0.1000mol/L$ 的硫代硫酸钠标准滴定溶液滴定，求样品中铜的质量分数。

13. 测定铁矿中铁的含量时，称取试样 0.3029g，使之溶解并将 $Fe^{3+}$ 还原成 $Fe^{2+}$ 后，用 0.01643mol/L $K_2Cr_2O_7$ 溶液滴定耗去 35.14mL，计算试样中铁的质量分数。如果用 $Fe_2O_3$ 表示，该 $K_2Cr_2O_7$ 对 $Fe_2O_3$ 的滴定度是多少？

14. 含 $MnO_2$ 的试样 0.5000g，在酸性溶液中加入 0.6020g $Na_2C_2O_4$，过量的 $Na_2C_2O_4$ 在酸性介质中用 28.00mL $c\left(\frac{1}{5}KMnO_4\right)=0.02000mol/L$ 的 $KMnO_4$ 溶液滴定。求试样中 $MnO_2$ 的含量。

15. 称取铁矿石 0.1562g，试样分解后，经预处理使铁转化为 $Fe^{2+}$ 离子，用 $c(K_2Cr_2O_7)=0.01214mol/L$ $K_2Cr_2O_7$ 标准滴定溶液滴定，消耗了 20.32mL。求试样中 Fe 的质量分数为多少。若用 $Fe_2O_3$ 表示，其质量分数又是多少？

# 第7章 电化学分析法

## 教学目标

主要讲述电化学分析法的基本理论和方法。通过本章学习，应达到以下目标。

(1) 了解常用指示电极和参比电极的构造与原理，掌握pH玻璃电极、氟离子选择性电极和饱和甘汞电极的作用原理以及在分析中的应用。

(2) 掌握直接电位分析法中pH和其他离子活度的测定、计算方法。

(3) 掌握电位滴定法的原理和滴定终点的确定方法。

(4) 掌握电导分析法中电导、电导率、摩尔电导等的计算和实际应用。

## 教学要求

| 知识要点 | 能力要求 | 相关知识 |
|---|---|---|
| 电位分析法原理 | (1) 掌握pH玻璃电极的原理<br>(2) 掌握甘汞电极的作用原理 | 指示电极和参比电极 |
| 直接电位分析法 | (1) 掌握pH的测定原理<br>(2) 掌握离子活度的测定方法 | (1) 液接电位、不对称电位、膜电位<br>(2) 总离子强度调节缓冲剂的作用<br>(3) 标准曲线法、标准加入法、格氏作图法 |
| 电位滴定法 | (1) 掌握电位滴定法原理<br>(2) 掌握滴定终点的确定 | (1) 滴定曲线的绘制<br>(2) 一次微商法和二次微商法 |
| 电导分析法 | (1) 掌握直接电导法原理<br>(2) 掌握电导滴定法原理 | (1) 电导、电导率、摩尔电导、无限稀释摩尔电导<br>(2) 滴定曲线的绘制 |

### 引例

水的pH用来表示水中酸、碱的强度。它是最常用的水质指标之一。pH的测定在环境工程和水处理工程的各个方面都有着十分重要的意义。在供水和给水处理方面，饮用水的pH必须为6.5～8.5，太高或太低都不适于饮用。对于某些工业用水，有更严格的要求，如锅炉给水的pH须保持在7.0～8.5之间，以防止金属被腐蚀。pH是水的化学混凝、消毒、软化、除盐、水质稳定和腐蚀控制等处理过程所必须考虑的重要因素。如用硫酸铝或各种铁盐混凝剂来凝聚处理水中的悬浮物质时，必须将水的pH控制在一定范围内，以得到较好的混聚效果。在排水和废水处理方面，新鲜的生活污水一般呈微碱性

(pH=7.2～7.6)。各种工业废水的pH则有很大的不同。一般规定，工业废水排入城市市政下水道时，其pH必须为6～9；废水进入天然水体后不得使混合后的pH低于6.5或高于8.5，否则就需要对废水进行必要的中和处理。在废水的生物化学处理过程中，也必须将pH控制在微生物生长所适宜的最佳范围内。

测定pH可采用电位滴定法。

## 7.1 电位分析法的原理

电位分析法是利用电极电位和溶液中待测物离子活度(或浓度)之间的关系，并通过测量电极电位来测定物质含量的方法。电位分析法分为直接电位法和间接电位法(又称电位滴定法)。直接电位法是通过测量电池电极电位来确定待测离子活度(或浓度)；电位滴定法是根据电极电位的突跃来确定滴定终点，并由滴定剂的用量求出被测物质的含量。

在电位分析法中，构成原电池的两个电极，其中一个电极的电位随被加离子的活度(或浓度)而变化，能指示被测离子的活度(或浓度)，称为指示电极；而另一个电极的电位则不受试剂组成变化的影响，具有较恒定的数值，称为参比电极。当一指示电极和一参比电极共同浸入试液中构成原电池时，通过测定原电池的电极电位，由电极电位的基本公式——能斯特方程式，即可求得被测离子的活度(或浓度)。

应当指出，某电极是指示电极还是参比电极，不是绝对的。在一定情况下用作指示电极的，在另一情况下也可用作参比电极。指示电极和参比电极的种类很多，以下将分别进行讨论。

### 7.1.1 指示电极

电位法中的指示电极分为金属基电极和离子选择电极两大类。

1. 金属基电极

1) 金属-金属离子电极

由金属浸在同种金属离子的溶液中构成，可用于测定金属离子的活(浓)度。如银丝插入银盐溶液液中组成银电极，表示式为$Ag|Ag^+$。其电极反应和电极电位(25℃)为

$$Ag^+ + e^- \rightleftharpoons Ag$$

$$\varphi_{Ag^+/Ag} = \varphi^{\theta}_{Ag^+/Ag} + 0.059\lg a_{Ag^+} \qquad (7-1)$$

此类电极含有1个相界面也称第一类电极。

2) 金属-金属难溶盐电极

由金属及其难溶盐浸入此难溶盐的阴离子溶液中构成，这类电极能间接反映与金属离子生成难溶盐的阴离子的活度，如将镀有一层AgCl的银丝插入KCl溶液中便组成了银-氯化银电极(图7.1)，可用于测定$Cl^-$的活度，该电极可表示为Ag，AgCl(固)|$Cl^-$。其电极反应和电极电位(25℃)为

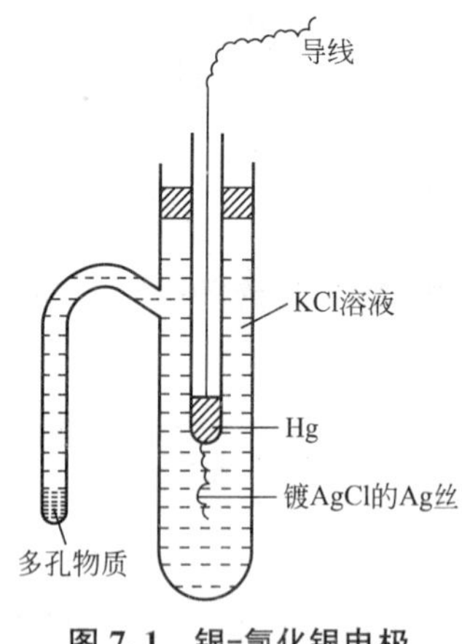

图 7.1　银-氯化银电极

$$AgCl + e^- \rightleftharpoons Ag + Cl^-$$

$$\varphi_{AgCl/Ag} = \varphi^{\theta}_{AgCl/Ag} - 0.059\lg a_{Cl^-} \qquad (7-2)$$

金属-金属难溶盐电极含有 2 个相界面，也称为第二类电极。此类电极重现性好，既可作为指示电极，还经常用作参比电极。

3）惰性金属电极

由惰性金属（铂或金）插入含有某氧化态和还原态电对的溶液中组成。在这里，惰性金属不参与电极反应，仅在电极反应过程中起一种传递电子的作用。电极电位取决于溶液中电对氧化态和还原态活度（或浓度）的比值，可用于测定有关电对的氧化态或还原态的浓度及它们的比值。例如，将铂丝插入含有 $Fe^{3+}$ 和 $Fe^{2+}$ 溶液中组成 $Fe^{3+}/Fe^{2+}$ 电对的铂电极，表示式为 $Pt|Fe^{3+}, Fe^{2+}$。电极反应与电极电位（25℃）为

$$Fe^{3+} + e^- \rightleftharpoons Fe^{2+}$$

$$\varphi_{Fe^{3+}/Fe^{2+}} = \varphi^{\theta}_{Fe^{3+}/Fe^{2+}} + 0.059\lg \frac{a_{Fe^{3+}}}{a_{Fe^{2+}}} \qquad (7-3)$$

2. 离子选择电极——膜电极

离子选择性电极是通过电极上的敏感膜对某种特定离子具有选择性的电位响应而作为指示电极的。它所指示的电极电位值与相应离子活度的关系符合能斯特方程。离子选择性电极与金属基电极在基本原理上有本质的不同，在电极的薄膜处并不发生电子转移，而是选择性地让某些特定离子渗透，由于离子迁移而发生离子交换。离子选择性电极是一类电化学传感器，由于其敏感膜对于特定离子有显著的交换作用，所以这类电极又称为膜电极。

根据离子选择电极敏感膜的组成和结构，国际纯粹与应用化学联合会建议分类如下：

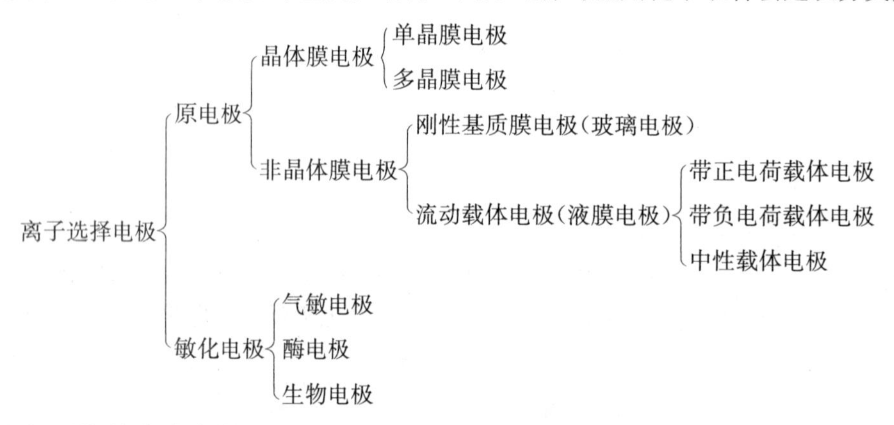


原电极是指敏感膜直接与试液接触的离子选择性电极，根据膜材料性质的不同，可分为晶体膜电极和非晶体膜电极两大类型。敏化电极则是在原电极的基础上，对其敏感膜采取某些特殊措施，使之不仅能响应离子，而且能响应分子、酶素、微生物等物质。这里主要介绍玻璃膜电极（以 pH 玻璃电极作代表）及常用的离子选择性电极。

1）玻璃电极

实验室中最常用的是一种 pH 玻璃电极，结构如图 7.2 所示。它的主要部分是一个玻

璃泡，内充 pH 一定的缓冲溶液(内参比溶液)，溶液中插入一支 Ag - AgCl 电极(内参比电极)：玻璃泡下端为球形薄膜(组成为 72%的 $SiO_2$、22%的 $Na_2O$ 和 6%的 CaO)。其结构是以固定的带负电荷的硅酸晶格网络骨架为主体，在晶格中存在着体积较小而活动能力较强的正离子(主要是 $Na^+$)：

$$-\overset{|}{\underset{|}{\mathrm{Si}}}-\mathrm{O}^-\ \mathrm{Na}^+$$

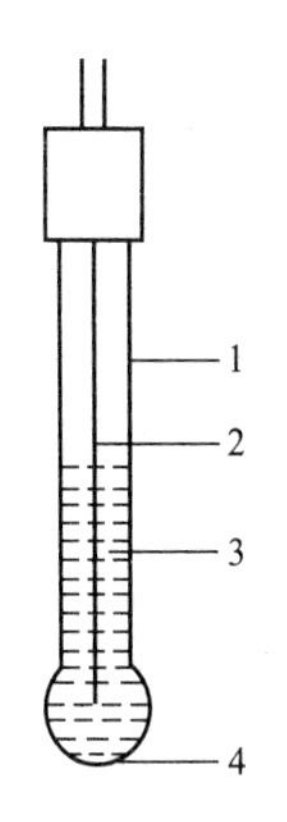

图 7.2 pH 玻璃电极

1—玻璃管；2—内参比电极；3—内参比溶液；4—玻璃膜

当玻璃膜在水中浸泡一段时间后，水中的 $H^+$ 进入硅酸晶格并代替 $Na^+$ 的点位，膜表面形成一层 $-\overset{|}{\underset{|}{\mathrm{Si}}}-\mathrm{O}^-\ \mathrm{H}^+$，称为水合硅胶层(简称水化层)。水化层外表面的 $Na^+$ 与水中的质子 $H^+$ 发生交换反应：

$$H^+ + NaGI(固) \rightleftharpoons Na^+ + HGI(固)$$

由于玻璃膜中的硅酸骨架与 $H^+$ 的键合力比 $Na^+$ 大，因此，水化层表面的 $Na^+$ 点位几乎全部为 $H^+$ 占据。但从水化层表面到内部，$H^+$ 的量逐渐减少而 $Na^+$ 的量逐渐增多。在内部的干玻璃层中，全部一价阳离子点位均为 $Na^+$ 所占据。图 7.3 为已浸泡好的玻璃膜示意图。

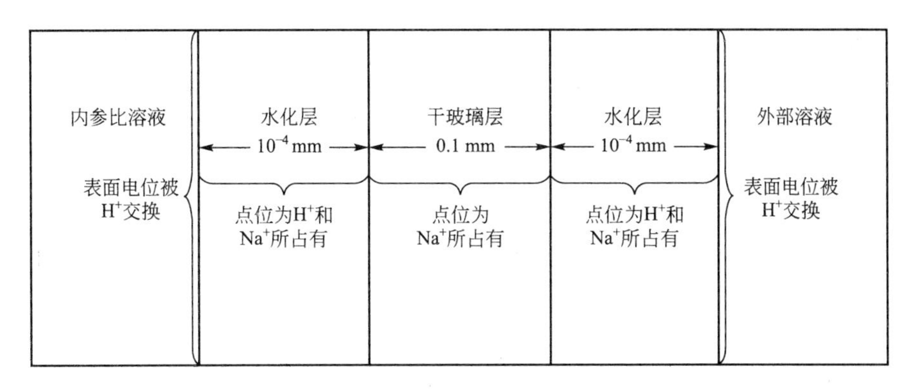

图 7.3 浸泡后的玻璃膜示意图

玻璃膜的内表面和外表面一样，也形成水合硅胶层，并且层中的 $H^+$ 分布也是由表面到内部逐渐减少。

当水化层与试液接触时，水化层中的 $H^+$ 与溶液中的 $H^+$ 发生交换，建立下列平衡：

$$H^+_{水化层} \rightleftharpoons H^+_{试液}$$

由于水化层与溶液中的 $H^+$ 浓度不同，有额外的 $H^+$ 由溶液进入水化层或由水化层进入溶液，改变了固-液两相界面的电荷分布，从而产生了相界电位。

玻璃膜分别与内参比溶液和外部溶液建立了两个相界电位。

$$\varphi_{外} = K_1 + 0.059\lg\frac{a_1}{a_1'}$$

$$\varphi_{内} = K_2 + 0.059\lg\frac{a_2}{a_2'}$$

式中：$a_1$、$a_2$——分别为待测溶液和内部溶液的活度；

$a_1'$、$a_2'$——分别为膜外、膜内水化层表面的活度；

$K_1$、$K_2$——由玻璃膜外、内表面的性质所决定的常数。

因为膜内外的表面性质基本相同，水化层表面 $Na^+$ 被 $H^+$ 所置换的情况大致相同，所以 $K_1 \approx K_2$，$a_1' \approx a_2'$。

每一个水化层还存在一个扩散电位。由于在水化层中，靠近溶液一侧的表面交换点位全部被 $H^+$ 占据，靠近干玻璃一侧的表面的交换点位被 $Na^+$ 占据，两种离子在水化层中的流动性不同，因而形成一个扩散电位。假设膜两侧的水化层完全对称，则扩散电位相互抵消。

膜电位($\varphi_{膜}$)是跨越玻璃膜在两个溶液之间产生的电位差，等于各种电位之和。扩散电位为零，$\varphi_{外}$与$\varphi_{内}$符号相反，所以，膜电位为内外相界电位之差。

$$\varphi_{膜}=\varphi_{外}-\varphi_{内}=0.059\lg\frac{a_1}{a_2}=0.059\lg a_1-0.059\lg a_2=K'-0.059\text{pH} \tag{7-4}$$

(由于内参比溶液是缓冲溶液，$a_2$为一常数。)

2) 常用的离子选择电极

(1) 钙电极。

$Ca^{2+}$选择性电极是流动载体电极的代表，其结构如图 7.4 所示。这类电极的薄膜是由离子交换剂或络合剂溶解在憎水性的有机溶剂中，再把此种有机溶液渗透到惰性多孔材料的孔隙内而制成的。

电极内装有两种溶液：一种是内参比溶液(0.1mol/L $CaCl_2$ 水溶液)，其中插入 Ag－AgCl 电极作内参比电极；另一种是液体离子交换剂的憎水性有机溶液，即 0.1mol/L 二癸基磷酸钙的苯基磷酸二辛酯溶液。底部用多孔材料如纤维素渗析管与待测溶液隔开。这种多孔材料也是憎水性的，仅支持离子交换剂液体形成一层液态膜。由于液态膜对 $Ca^{2+}$ 有选择性，在薄膜内外的界面上，被测离子和离子交换剂发生离子交换：

$$RCa_{(有机相)} \rightleftharpoons Ca^{2+}_{(水相)} + R^{2-}_{(有机相)}$$

从而在膜内外的界面上形成电位差，即产生膜电位：

$$\varphi_{膜}=K+\frac{0.059}{2}\lg a_{Ca^{2+}} \tag{7-5}$$

(2) 氟电极。

氟电极是典型的单晶膜电极，把氟化镧单晶膜封在塑料管的一端，管内装 0.1mol/L NaF－0.1mol/L NaCl 溶液，以 Ag－AgCl 电极作内参比电极，即构成氟离子电极(图 7.5)。$F^-$ 电极的膜电位与溶液中 $F^-$ 活度的关系可用能斯特方程表示：

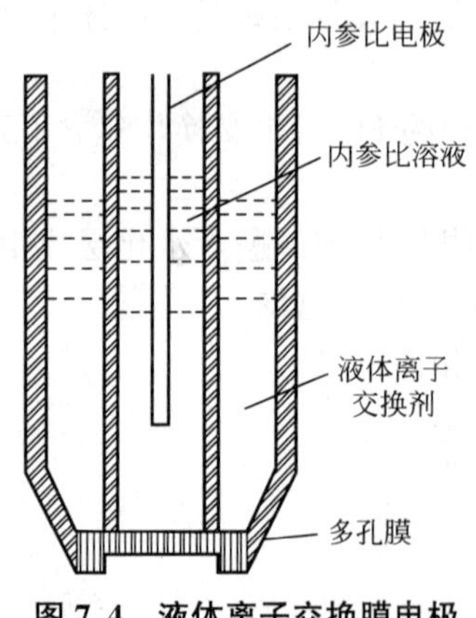


**图 7.4 液体离子交换膜电极**

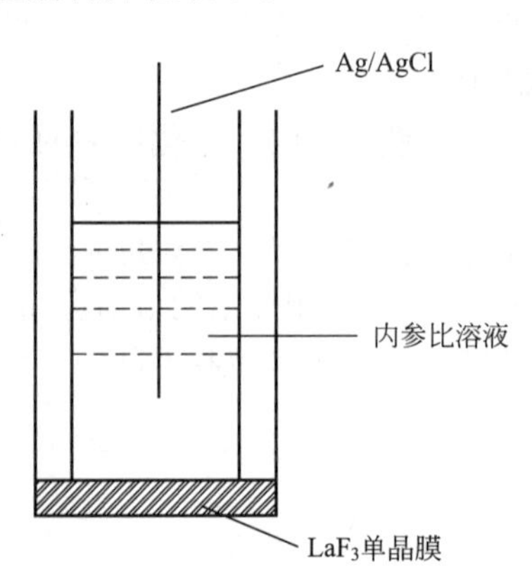


**图 7.5 氟离子选择电极**

$$\varphi_{膜}=K-0.059\lg a_{F^-} \quad (7-6)$$

### 7.1.2 参比电极

参比电极是指其电极电位恒定、不随溶液组分的改变而改变的电极。标准氢电极就是最精确可靠的参比电极，但因制作麻烦，操作条件难以控制，使用起来很不方便，故在一般电化学分析中不使用标准氢电极，经常使用的是饱和甘汞电极和前述的 Ag－AgCl 电极。

饱和甘汞电极(SCE)是由金属汞、甘汞($Hg_2Cl_2$)以及饱和 KCl 溶液组成的电极，其结构如图 7.6 所示。甘汞电极是由两个玻璃套管组成：内管中封接一根铂丝，铂丝插入纯汞中，内管下端放置一层甘汞和汞的糊状物；外玻璃管中盛有 KCl 溶液，内、外玻璃管下端是由陶瓷砂芯或玻璃砂芯组成的多孔的毛细管通道。甘汞电极的半电池可用下式表示：

$$Hg，Hg_2Cl_2(固)|KCl$$

电极反应为

$$Hg_2Cl_2+2e^- \rightleftharpoons 2Hg+2Cl^-$$

电极电位(25℃)为

$$\varphi_{Hg_2Cl_2/Hg}=\varphi^{\theta}_{Hg_2Cl_2/Hg}-0.059\lg a_{Cl^-} \quad (7-7)$$

从式(7－7)可见，只要温度一定时，饱和甘汞电极电极的电位由饱和 KCl 溶液的 $a_{Cl^-}$ 决定。只要 $a_{Cl^-}$ 不变，则饱和甘汞电极的电位是定值。

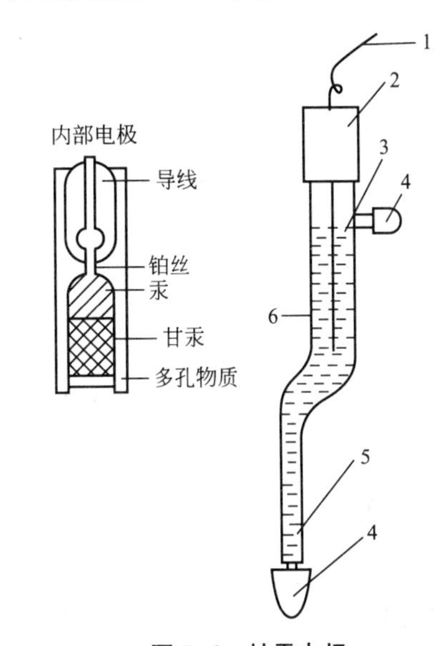


**图 7.6 甘汞电极**

1—导线；2—绝缘体；3—内部电极；4—橡皮帽；5—多孔物质；6—饱和 KCl 溶液

不同温度时，饱和甘汞电极的电位：

$$\varphi_{Hg_2Cl_2/Hg}=0.2415-7.6\times10^{-4}(t-25) \quad (7-8)$$

25℃时，$\varphi_{Hg_2Cl_2/Hg}=0.2415V$；$t$ 为实际温度。

另外，标准氢电极是最准确的参比电极，在任何温度下，$\varphi^{\theta}_{H^+/H_2}=0.0000V$。国际上用它作基准电极测定标准电极电位，但由于制造麻烦，使用不便，实际分析中很少使用。

## 7.2 直接电位分析法

### 7.2.1 pH 的电位测定

用电位法测定溶液的 pH 时，将玻璃电极和饱和甘汞电极浸入待测试液组成工作电池，如图 7.7 所示。

此工作电池的组成表示如下：

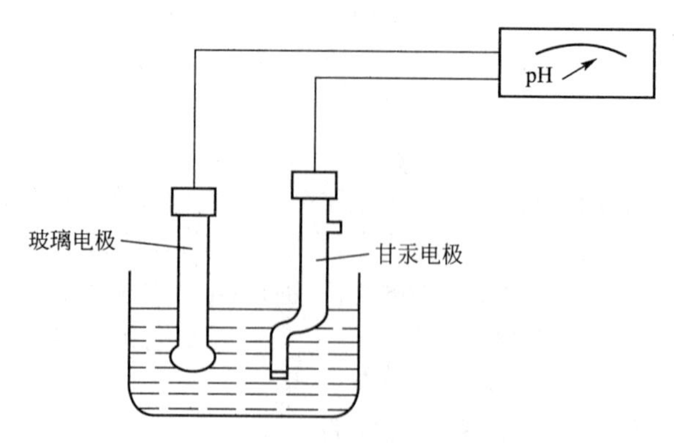


图 7.7　pH 的电位测定示意图

$$(-)Ag, AgCl|HCl|玻璃膜|水样\|饱和 KCl|Hg_2Cl_2, Hg(+)$$

电池的电位：

$$\varphi_{电池}=\varphi_{Hg_2Cl_2/Hg}+\varphi_L+\varphi_{不对称}-\varphi_{膜}-\varphi_{AgCl/Ag} \tag{7-9}$$

液接电位($\varphi_L$)：在两个组成或浓度不同的电解质溶液相接触的界面间所存在的一个微小的电位差叫液接电位。由于在两种溶液的界面之间浓度较高一方的离子向浓度低的一方扩散，但正、负离子的扩散速率是不同的，破坏了界面附近原来溶液正、负电荷分布的均匀性，因此在界面上产生电位差。

不对称电位($\varphi_{不对称}$)：玻璃电极薄膜内外两表面不对称引起的电位差。由 $\varphi_{膜}=0.059\lg\frac{a_1}{a_2}$ 知：如果 $a_1=a_2$ 时 $\varphi_{膜}=0$，但实际玻璃膜两侧仍有一定的电位差。产生的原因主要有玻璃膜内外表面结构、性质有些差别或不对称(组成不均匀、表面张力、水化程度不同等)。一般玻璃电极在使用前须用水(或适当的电解质溶液)浸泡 24h 以上，即可使不对称电位降至最小值并保持稳定。

将式(7-4)代入式(7-9)得：

$$\varphi_{电池}=\varphi_{Hg_2Cl_2/Hg}+\varphi_L+\varphi_{不对称}-K'+0.059pH-\varphi_{AgCl/Ag} \tag{7-10}$$

在一定条件下，$\varphi_L$、$\varphi_{不对称}$、$\varphi_{AgCl/Ag}$、$\varphi_{Hg_2Cl_2/Hg}$、$K'$ 为常数，将其合并为常数 $K$，式(7-10)变为

$$\varphi_{电池}=K+0.059pH \tag{7-11}$$

$$pH=\frac{\varphi_{电池}-K}{0.059} \tag{7-12}$$

式(7-12)中 $K$ 值不容易测定，因此 pH 不能用上式直接计算，而是以一个 pH 已确定的标准溶液为基准，通过比较被测水样和标准缓冲溶液两个工作电池的电极电位来计算水样中的 pH，其中：

$$\varphi_{电池,样}=K_{样}+0.059pH_{样}$$

$$\varphi_{电池,标}=K_{标}+0.059pH_{标}$$

假设 $K_{样}=K_{标}$，将以上两式相减得：

$$pH_{样}=pH_{标}+\frac{\varphi_{电池,样}-\varphi_{电池,标}}{0.059} \tag{7-13}$$

式中：$pH_{样}$——水样的 pH；

$pH_{标}$——标准缓冲溶液的 pH；

$\varphi_{电池,样}$——测量水样 pH 的工作电池的电极电位；

$\varphi_{电池,标}$——测量标准缓冲溶液 pH 的工作电池的电极电位。

在上述测定中，为减小误差，应选用 pH 与待测试液相近的标准缓冲溶液，并尽可能使溶液的温度保持恒定。常用的标准 pH 缓冲溶液的 $pH_s$ 值见表 7－1。

**表 7－1 标准缓冲溶液的 $pH_s$ 值**

| 温度/℃ | 0.05mol/L 四草酸氢钾 | 25℃ 饱和酒石酸氢钾 | 0.05mol/L 邻苯二甲酸氢钾 | 0.025 mol/L 磷酸二氢钾和磷酸氢二钠 | 0.01 mol/L 硼砂 | 25℃ 饱和氢氧化钙 |
|---|---|---|---|---|---|---|
| 0 | 1.67 | — | 4.01 | 6.98 | 9.46 | 13.42 |
| 5 | 1.67 | — | 4.00 | 6.95 | 9.39 | 13.21 |
| 10 | 1.67 | — | 4.00 | 6.92 | 9.33 | 13.01 |
| 15 | 1.67 | — | 4.00 | 6.90 | 9.28 | 12.82 |
| 20 | 1.68 | — | 4.00 | 6.88 | 9.23 | 12.64 |
| 25 | 1.68 | 3.56 | 4.00 | 6.86 | 9.18 | 12.46 |
| 30 | 1.68 | 3.55 | 4.01 | 6.85 | 9.14 | 12.29 |
| 35 | 1.69 | 3.55 | 4.02 | 6.84 | 9.10 | 12.13 |
| 40 | 1.69 | 3.55 | 4.03 | 6.84 | 9.07 | 11.98 |
| 45 | 1.70 | 3.55 | 4.04 | 6.83 | 9.02 | 11.70 |
| 50 | 1.71 | 3.56 | 4.06 | 6.83 | 9.02 | 11.70 |

## 7.2.2 其他离子活度的测定

1. 离子选择电极膜电位公式

当把电极敏感膜浸入溶液时，膜内外溶液中有选择性响应的离子，通过离子交换或扩散作用在膜两侧建立电位差，达到平衡后形成稳定的膜电位。因为电极内参比溶液中有关离子浓度恒定，内参比电极电位恒定，故离子选择电极电位就只与待测溶液中有关离子的活度有关，并满足能斯特方程，即

$$\varphi=K\pm\frac{2.303RT}{n_iF}\lg a_i \tag{7-14}$$

式中：$K$——常数，包括内参比电极电位、膜内表面电位、液接电位等；

$R$——气体常数 8.314(J/mol·K)；

$T$——绝对温度(K)；

$F$——法拉第常数 96487(C/mol)；

$a_i$——响应离子的活度；

$n_i$——响应离子的电荷数；

±——响应离子为阳离子时取“＋”号，为阴离子时取“－”号。

如温度为25℃时，则式(9－14)变为

$$\varphi=K\pm\frac{0.059}{n_i}\lg a_i \tag{7-15}$$

2. 离子选择性电极性能参数

1）响应范围及检测下限

如前所述，离子选择性电极对待测离子具有选择性响应，响应离子的活度与电极电位的关系符合能斯特方程。当离子选择性电极与外参比电极及待测溶液组成化学电池时，电池电位与待测离子的活度也符合能斯特公式。但是实际上，若以测得的电池电位 $\varphi$ 对响应离子活度的对数作图所得曲线如图7.8所示，称为标准曲线。当直线部分的斜率为 $\frac{2.303RT}{n_iF}$ 时，所对应的浓度范围称为能斯特响应范围，即图中 $C$ 点与 $D$ 点对应的浓度范围为可应用的线性范围。将两直线部分 $AB$ 段和 $CD$ 段延长，相交于 $N$ 点，$N$ 点所对应的离子活度 $M$ 称为检测下限。影响检测下限的主要原因是电极敏感膜的溶解度，同时也受试验条件的影响。

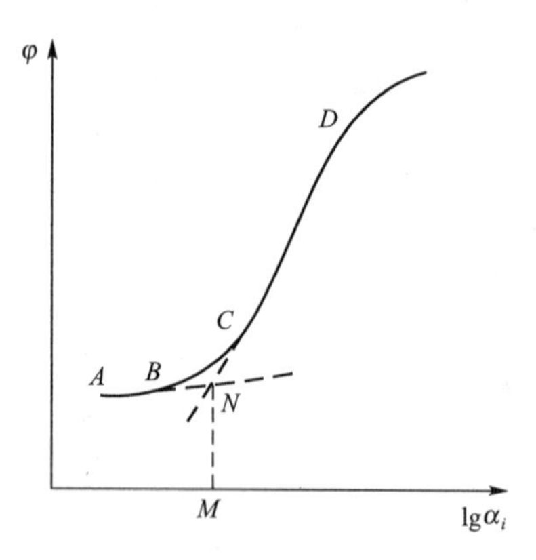


图7.8 电极校准曲线

2）离子选择性系数

离子选择性电极的选择性是相对而言的。离子选择性电极除对待测离子有响应外，共存的其他离子也能与之响应产生膜电位。如pH玻璃电极，除对 $H^+$ 有响应外，也对 $Na^+$ 等碱金属离子有响应，只是响应的程度不同而已。对一般离子选择性电极来说，若待测离子为 $i$，干扰离子为 $j$，则考虑了干扰离子的膜电位为

$$\varphi=K\pm\frac{2.303RT}{n_iF}\lg[a_i+K_{ij}(a_j)^{n_i/n_j}] \tag{7-16}$$

式中：$K_{ij}$——选择性系数；

$a_j$——干扰离子 $j$ 的活度；

$n_i$、$n_j$——分别为被测离子和干扰离子的电荷数。

如温度为25℃时，则式(7－16)变为

$$\varphi=K\pm\frac{0.059}{n_i}\lg[a_i+K_{ij}(a_j)^{n_i/n_j}] \tag{7-17}$$

$K_{ij}$ 的大小反映 $i$ 离子选择电极对干扰离子 $j$ 的响应的大小，通常 $K_{ij}<1$。如pH玻璃电极对 $Na^+$ 的选择性常数 $K_{H^+/Na^+}=10^{-11}$，表明此电极对 $H^+$ 的响应比对 $Na^+$ 的响应灵敏 $10^{11}$ 倍。显然，对于任何离子选择性电极，$K_{ij}$ 越小越好，最好小于 $10^{-4}$。$K_{ij}$ 越小，表示选择性越高，即受干扰离子的影响越小。

用 $K_{ij}$ 可以估量某种干扰离子对测定造成的误差，以判断某种干扰离子存在下所用测定方法是否可行，在估量测定的误差时可用式(7－18)计算：

$$相对误差(\%)=K_{ij}\times\frac{(a_j)^{n_i/n_j}}{a_i}\times100 \tag{7-18}$$

**【例7－1】** 有一种硝酸根离子选择性电极的 $K_{NO_3^-/SO_4^{2-}}=4.1\times10^{-5}$。现欲在1mol/L硫酸盐溶液中测定 $NO_3^-$，如要求 $SO_4^{2-}$ 造成的误差小于5％，试估算待测的硝酸根离子的

活度至少应不低于何数值？

根据式(7－18)有

$$0.05=4.1\times10^{-5}\times\frac{1^{1/2}}{a_{NO_3^-}}$$

故待测的硝酸根离子活度至少应不低于 $a_{NO_3^-}=8.2\times10^{-4}$mol/L。

3）响应时间

响应时间是指从离子选择性电极接触试液时起，到电池电极电位达到稳定数值前1mV所需要的时间。响应时间越短，其性能越好。电极的响应时间主要取决于敏感膜的性质，也与试验条件有关。如离子的活度越低，则响应时间越长。如果将电极由活度较低的试液移到活度较高的试液，响应时间较短；相反，若将电极由活度高的试液移到活度低的试液中，则响应时间较长。因此试验中的测量顺序是由稀到浓，以缩短响应时间。

3. 试验条件

1）溶液的离子强度

用电位法测出的是离子的活度，而水处理和水质分析中往往要求测定水中离子的浓度。被测离子的浓度 $c_i$ 与活度 $a_i$ 的关系是

$$a_i=\gamma_i\cdot c_i \tag{7-19}$$

式中：$\gamma_i$——离子活度系数，它是溶液中离子强度的函数(在极稀溶液中，$\gamma=1$；在较浓溶液中，$\gamma<1$)。

由式(7－14)和式(7－16)可知，如果用不同活度标准溶液与对应的膜电位作图，其响应曲线是一直线；但如用浓度代替活度对膜电位作图，其响应曲线便有偏离。这是由于随着水中离子浓度的增大，溶液体系的离子强度加强，活度系数减少所致。为了消除这一影响，只有保持溶液的离子强度一定时，离子的活度系数才可视为常数，这时膜电位与水中被测离子浓度的对数成直线关系。

$$\varphi=K\pm\frac{2.303RT}{n_iF}\lg\gamma_ic_i=K'\pm\frac{2.303RT}{n_iF}\lg c_i \tag{7-20}$$

式中：$K'$——在一定的离子强度下新的常数。

因此，一般都是在控制一定的离子强度下，配制一系列标准溶液，测量其膜电位，并用半对数坐标纸绘制标准曲线；然后在相同的试验条件下，测定水样的膜电位，在标准曲线上求得相应的浓度。

在实际中，常在标准溶液和被测水样中加入对电极不响应的离子强度较大的离子强度调节缓冲液(简称 TISAB)。例如，用 $F^-$ 选择电极测定天然水的氟含量，可以用 HAc－KAc－KCl－EDTA 或 HAc－KAc－KCl－柠檬酸钾混合溶液体系做 TISAB。大量电解质加入后，溶液中的离子强度主要由加入的物质决定，这样水样可在相同的离子强度下与标准样品进行比较。

TISAB 作用包括 3 个方面：

(1) 保持较大且相对稳定的离子强度，使活度系数恒定。

(2) 维持溶液在适宜的 pH 范围内，满足离子电极的要求。

(3) 掩蔽干扰离子。

2）溶液的酸度

电极适用的 pH 范围与电极的类型和试液中待测物的浓度密切相关。pH 的影响主要来自溶液中存在的化学平衡所造成的限制，导致对溶液和电极的干扰。

以氟离子电极测氟为例，随着酸度增大，溶液中的 $F^-$ 与 $H^+$ 生成 HF（或 $HF_2^-$ 等），使反应平衡向右移动，降低了自由氟离子的活度。电极指示的 $F^-$ 活度随酸度的增大而减小，从而使测量电位值增加。

$$H^+ + F^- \rightleftharpoons HF$$

又在高 pH 溶液中，$LaF_3$ 单晶膜与溶液中 $OH^-$ 会发生如下作用：

$$LaF_3 + 3OH^- \rightleftharpoons La(OH)_3 + 3F^-$$

由 $OH^-$ 置换出的自由 $F^-$ 离子被电极所响应，pH 增加 $F^-$ 增加。因此，高 pH 时的测量电位值减小。

3）温度

温度对电极电位的影响是多方面的。首先，温度变化时，$2.303RT/nF$ 项亦相应变化；其次，离子的活度受其活度系数的影响，而活度系数又是随温度变化而变化的。对于给定浓度的被测离子的溶液，这种变化导致同一溶液在不同温度时具有不同的离子活度，从而测得的电位不同。此外，温度影响离子选择电极膜电位的常数 $K$。

由此可知温度对离子选择电极测量的影响是复杂的，所以在整个测定过程中，应保持温度恒定。

4. 测定方法

使用离子选择电极测定溶液中阴、阳离子浓度，与使用 pH 玻璃电极测定溶液 pH 的原理和方法是类似的。即以待测离子的选择电极为指示电极，与一合适的参比电极（通常为 SCE）和待测溶液组成原电池。通过对电极电位的测量，然后换算成待测组分的含量。

构成工作电池的参比电极可作正极（＋），也可作负极（－），视两个电极的电位高低而定。而工作电池的电极电位则是正极（＋）的电极电位与负极（－）的电极电位之差。

$$E = \varphi_+ - \varphi_- \qquad (7-21)$$

1）对照法

此法的原理与用玻璃电极测量溶液 pH 的原理相似。可采用已知离子活度的标准溶液为基准，通过比较水样和标准溶液的两个工作电池的电极电位来计算水样中的离子活度。

2）标准曲线法

以 TISAB 总离子强度调节缓冲剂为稀释剂，配制一系列含不同浓度被测离子的标准溶液，测定其膜电位。以所得一系列数据绘制膜电位 $\varphi$ 与对应的浓度（$-\lg c_i$ 或 $pc_i$）的标准曲线，然后在相同条件下，测定水样的膜电位，并从标准曲线上查出水样中所含被测离子的浓度。标准曲线法一般只能测定游离离子的活度或浓度。

**【例 7－2】** 用氟离子选择电极作负极测定水中 $F^-$ 含量时，分别吸取 $2.0\times10^{-4}$mol/L 氟离子标准溶液 2.00mL，4.00mL，6.00mL，8.00mL 和 10.00mL 及水样 25.00mL，分别置于 6 个 50mL 容量瓶中，各加入等量的总离子强度调节剂，用去离子水稀释至刻度，用相同的电极分别测得它们的电极电位值为：－228mV，－217mV，－210mV，－206mV，－203mV，－216mV，求水样中氟离子的含量。

**解**：测定 $F^-$ 的试验数据见表 7－2。

**表 7－2 测定 $F^-$ 的试验数据**

| $F^-$ 标准液体积/mL | 2.00 | 4.00 | 6.00 | 8.00 | 10.00 |
|---|---|---|---|---|---|
| $c_{F^-}$/(mmol/50mL) | $4.0\times10^{-4}$ | $8.0\times10^{-4}$ | $1.2\times10^{-3}$ | $1.6\times10^{-3}$ | $2.0\times10^{-3}$ |
| $-\lg c_{F^-}$ | 3.40 | 3.10 | 2.92 | 2.80 | 2.70 |
| $\varphi$/(－mV) | 228 | 217 | 210 | 206 | 203 |

以 $\varphi$ 为纵坐标，$-\lg c_{F^-}$ 为横坐标绘制曲线，如图 7.9 所示。由标准曲线上可查得，当水样的 $\varphi$ 值为－216mV，其所对应的 $-\lg c_{F^-}=3.05$，则

$$c_{F^-}=8.9\times10^{-4}(\text{mmol/50mL})$$

$$\text{水中氟离子含量：}\frac{8.9\times10^{-4}\times19.00}{25.00}\times1000=0.68\text{mg/L}$$

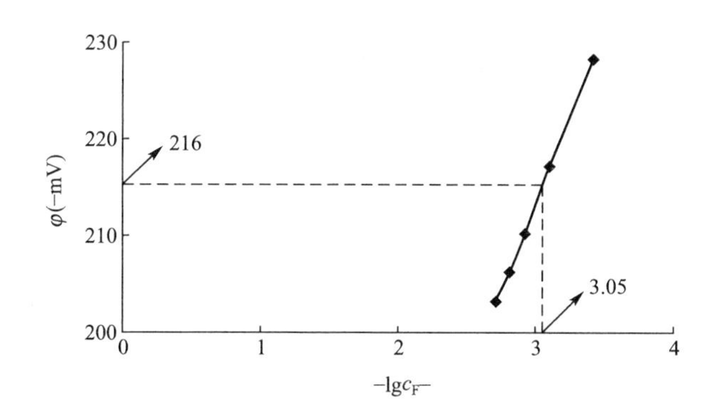


**图 7.9 $F^-$ 标准曲线**

3）标准加入法

标准加入法主要用于测定水样中离子的总浓度(含游离的和络合的)。

设 $c_0$ 为被测水样中离子浓度，$V_0$ 为水样体积。测定工作电池的电位为 $\varphi_1$，则膜电位 $\varphi_1$ 与水中被测离子浓度 $c_0$ 应服从能斯特方程：

$$\varphi_1=\varphi^\theta+\frac{2.303RT}{nF}\lg\chi_1\gamma_1c_0 \tag{7-22}$$

式中：$\gamma_1$——活度系数；

$\chi_1$——游离(即未络合的)离子的分数。

然后在水样中准确加入体积为 $V_S$、浓度为 $c_S$ 的被测离子的标准溶液(一般 $c_S\gg c_0$，$V_S$ 在 $V_0$ 的 1%以内，这样，标准溶液的加入不会引起离子强度很大变化)，测量电位为 $\varphi_2$，则

$$\varphi_2=\varphi^\theta+\frac{2.303RT}{nF}\lg[\chi_2\gamma_2(c_0+\Delta c)] \tag{7-23}$$

式中：$\Delta c$——加入标准溶液后水样浓度的增加量；

$\gamma_2$，$\chi_2$——分别为加入标准溶液后的活度系数和游离离子的分数。

由于 $V_S\ll V_0$，$V_S+V_0\approx V_0$，故有

$$\Delta c=\frac{V_S c_S}{V_0+V_S}\approx\frac{V_S c_S}{V_0} \quad (7-24)$$

又因为水样的活度系数可认为保持恒定，即 $\gamma_1\approx\gamma_2$，并假设 $\chi_1\approx\chi_2$，则

$$\Delta\varphi=\varphi_2-\varphi_1=\frac{2.303RT}{nF}\lg\left(1+\frac{\Delta c}{c_0}\right) \quad (7-25)$$

令 $S=\frac{2.303RT}{nF}\left(25℃时，S=\frac{0.059}{n}\right)$，则：

$$\Delta\varphi=S\lg\left(1+\frac{\Delta c}{c_0}\right) \quad (7-26)$$

取反对数，则

$$c_0=\Delta c(10^{\Delta\varphi/S}-1)^{-1} \quad (7-27)$$

因此，只要测出 $\Delta\varphi$，便可由式(7－27)计算出水样中被测离子浓度 $c_0$。

标准加入法的优点是不需要作标准曲线，只需一种标准溶液便可测量水样中被测离子的总浓度；操作简便快速，是离子选择电极测定一种离子总浓度的有效方法。

**【例 7－3】** 一含镉未知溶液 28.0mL，用液膜电极和一参比电极测得电池电极电位为 0.458V；加入 $2.80\times10^{-2}$ mol/L $Cd^{2+}$ 标准溶液 1.0mL 后，测得电池的电极电位为 0.428V。计算溶液中 $Cd^{2+}$ 离子的浓度。

**解：**

$$\Delta c=\frac{V_S c_S}{V_0}=\frac{2.8\times10^{-2}\times1.0}{28}=1.0\times10^{-3}$$

$$\Delta\varphi=0.458-0.428=0.03$$

$$S=\frac{0.059}{n}=\frac{0.059}{2}=0.0295$$

$$\therefore c_0=\Delta c(10^{\Delta\varphi/S}-1)^{-1}=\frac{2.8\times10^{-3}}{10^{0.03/0.0295}-1}=1.06\times10^{-4}\text{mol/L}$$

4) 格氏作图法

测定的操作方法与标准加入法相似，只是将能斯特公式用指数形式表示，并用一种作图方式间接求算被测离子的浓度。

设 $c_0$ 和 $V_0$ 分别为试液的浓度和体积，$c_S$ 和 $V_S$ 分别为加入的标准溶液的浓度和体积，加入 $V_S$ 标准溶液后测得的电位与 $c_0$ 和 $c_S$ 应有如下关系：

$$\varphi=\varphi^\theta+S\lg\gamma\frac{c_0V_0+c_SV_S}{V_0+V_S} \quad (7-28)$$

将式(7－28)重排，得：

$$\varphi+S\lg(V_0+V_S)=\varphi^\theta+S\lg\gamma(c_0V_0+c_SV_S)$$

$$\varphi/S+\lg(V_0+V_S)=\varphi^\theta/S+\lg\gamma(c_0V_0+c_SV_S)$$

取反对数：

$$(V_0+V_S)10^{\varphi/S}=K(c_0V_0+c_SV_S) \quad (7-29)$$

其中 $K=10^{\varphi^\theta/S}\cdot\gamma$，为常数；$S=2.303\frac{RT}{nF}$。

在每次加入标准溶液 $V_S$ 后测量 $\varphi$ 值，按上式计算出 $(V_0+V_S)10^{\varphi/S}$，以它为纵坐标，以 $V_S$ 为横坐标作图，得一直线(图 7.10)。延长直线与横坐标轴相交，得到 $(V_0+V_S)$

$10^{\varphi/S}=0$ 时的 $V_S$。然后按式(7－30)求水样中被测离子的浓度 $c_0$。

$$c_0=-\frac{c_S V_S}{V_0} \qquad (7-30)$$

格氏作图法为离子选择电极的应用带来了方便，但计算烦琐。为此，可以将测量的电位为纵坐标，以加入标准溶液的体积 $V_S$ 为横坐标，在格氏作图纸上作图，得一直线，从延长线与横坐标相交之点得到 $V_S$，然后由式(7－30)计算原水样中被测离子的量。在实际应用中十分方便。

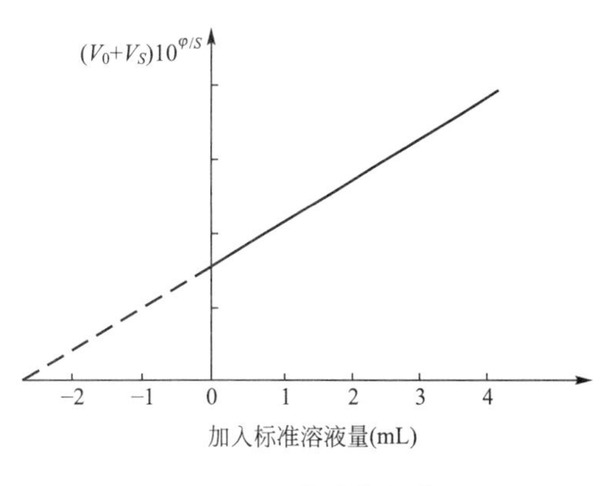

图 7.10 格式作图法

# 7.3 电位滴定法

## 7.3.1 原理及装置

电位滴定法是向水中滴加能与被测物质进行化学反应的滴定剂，根据反应达到化学计量点时被测物质浓度的变化所引起电极电位的突跃来确定滴定终点，根据滴定剂的浓度和用量，求出水样中被测物质的含量或浓度。进行电位滴定的装置如图 7.11 所示。

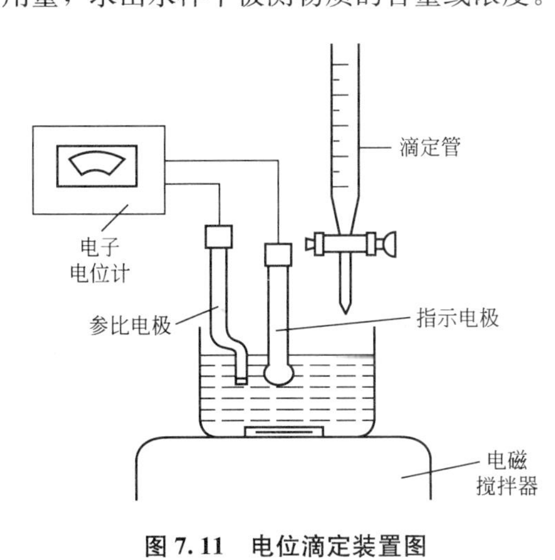

图 7.11 电位滴定装置图

电位滴定法与指示剂滴定法相比，具有客观可靠，准确度高，易于自动化，不受溶液有色、浑浊的限制等诸多优点，是一种重要的滴定分析方法。在制订新的指示剂滴定分析方法时，常借助电位滴定法确定指示剂的变色终点或检查新方法的可靠性。尤其对于那些没有指示剂可以利用的滴定反应，利用电位滴定法更为有利。原则上讲，只要能够为滴定剂或待测物质找到合适的指示电极，电位滴定可用于任何类型的滴定反应。随着离子选择电极的迅速发展，可选用的指示电极越来越多，电位滴定法的应用范围也越来越广。

## 7.3.2 终点($V_{ep}$)的确定方法

在电位滴定时，边滴定边记录滴定剂体积 $V$ 和电位 $\varphi$。终点附近应每加 0.05～0.10mL 记录一次数据，并最好保持每小份体积增加量相等，这样处理数据较方便、准确。现以 0.1mol/L $AgNO_3$ 标准溶液滴定 NaCl 溶液电位滴定的部分数据和数据处理为例，见

表 7－3。

**表 7－3　0.1mol/L $AgNO_3$ 标准溶液滴定 NaCl 溶液的电位滴定数据**

| V | $\varphi$ | $\Delta\varphi$ | $\Delta V$ | $\Delta\varphi/\Delta V$ | $\Delta^2\varphi/\Delta V^2$ |
|---|---|---|---|---|---|
| 5.0 | 0.062 | 0.023 | 10 | 0.002 | |
| 15.0 | 0.085 | 0.022 | 5 | 0.004 | |
| 20.0 | 0.107 | 0.016 | 2 | 0.008 | |
| 22.0 | 0.123 | 0.015 | 1 | 0.015 | |
| 23.0 | 0.138 | 0.008 | 0.5 | 0.016 | |
| 23.5 | 0.146 | 0.015 | 0.3 | 0.050 | |
| 23.8 | 0.161 | 0.013 | 0.2 | 0.065 | |
| 24.0 | 0.174 | 0.009 | 0.1 | 0.090 | |
| 24.1 | 0.183 | 0.011 | 0.1 | 0.110 | |
| 24.2 | 0.194 | 0.039 | 0.1 | 0.390 | +0.28 |
| 24.3 | 0.233 | 0.083 | 0.1 | 0.830 | +0.44 |
| 24.4 | 0.316 | 0.024 | 0.1 | 0.240 | −0.59 |
| 24.5 | 0.340 | 0.011 | 0.1 | 0.110 | −0.13 |
| 24.6 | 0.351 | 0.007 | 0.1 | 0.070 | −0.04 |
| 24.7 | 0.358 | 0.015 | 0.3 | 0.050 | |
| 25.0 | 0.373 | 0.012 | 0.5 | 0.024 | |
| 25.5 | 0.385 | 0.011 | 0.5 | 0.022 | |
| 26.0 | 0.396 | 0.030 | 2.0 | 0.015 | |
| 28.0 | 0.426 | | | | |

1. $\varphi-V$ 曲线法

以加入滴定剂 $AgNO_3$ 的体积 $V$(mL)为横坐标，测得相对应的电位($V$)为纵坐标，绘制出如图 7.12 所示的 $\varphi-V$ 曲线。作两条与滴定曲线相切的 45°倾斜直线，在两切线之间作一直线，通过直线中点作一条与切线相平行的直线，它与滴定曲线的交点即为滴定终点。

如果滴定曲线比较平坦，突跃不明显，则可绘制一阶微商曲线($\Delta\varphi/\Delta V-V$)求得终点。

2. $\Delta\varphi/\Delta V-V$曲线法

$\Delta\varphi/\Delta V$ 表示随滴定剂体积变化($\Delta V$)的电位变化值($\Delta\varphi$)，它是一阶微分 $d\varphi/dV$ 的估计值。例如，当加入 $AgNO_3$ 溶液的体积为 24.10～24.20mL 时，则

$$\frac{\Delta\varphi}{\Delta V}=\frac{0.194-0.183}{24.20-24.10}=0.11$$

即 $\Delta\varphi/\Delta V=0.11$ 时，所对应的体积为 24.15mL。以 $\Delta\varphi/\Delta V$ 与对应的体积作图，如图 7.13 所

示。曲线的最高点所对应的体积即为滴定终点体积。用此法确定终点较为准确，但过程较麻烦，故也可改用二阶微商法($\Delta^2\varphi/\Delta V^2-V$)通过计算求得滴定终点。

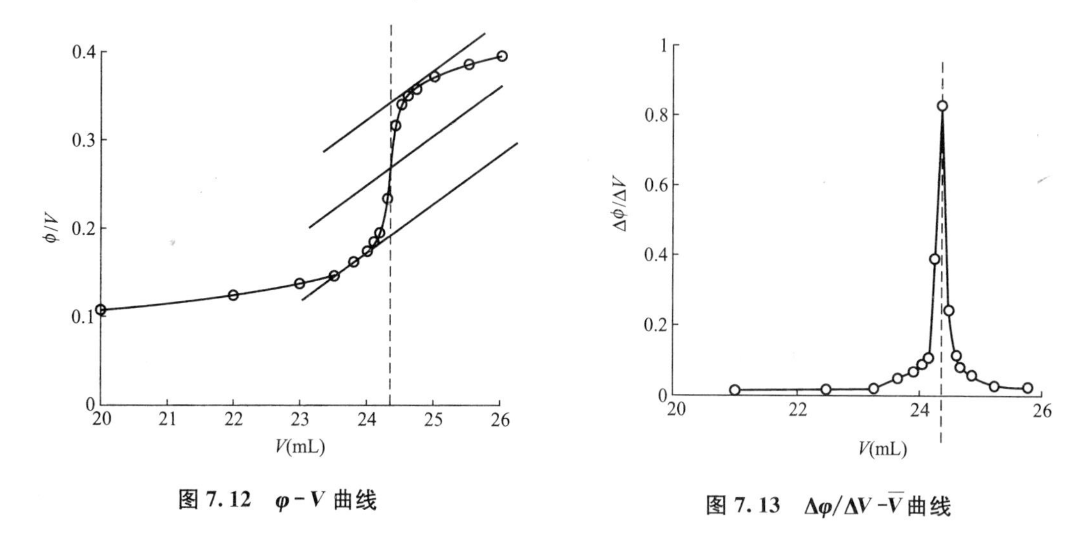


图 7.12 φ－V 曲线

图 7.13 Δφ/ΔV－$\bar{V}$ 曲线

3. $\Delta^2\varphi/\Delta V^2-V$ 曲线法

这种方法基于曲线 $\Delta\varphi/\Delta V-V$ 的最高点正是二阶微商 $\Delta^2\varphi/\Delta V^2$ 等于零处，即 $\Delta^2\varphi/\Delta V^2=0$ 时对应的 $V$ 值为滴定终点。因此，可以通过绘制二阶微商($\Delta^2\varphi/\Delta V^2-V$)曲线或通过计算求得终点。

$\Delta^2\varphi/\Delta V^2$ 值的计算公式为

$$\frac{\Delta^2\varphi}{\Delta V^2}=\frac{\left(\frac{\Delta\varphi}{\Delta V}\right)_2-\left(\frac{\Delta\varphi}{\Delta V}\right)_1}{V_2-V_1} \tag{7-31}$$

例如，当加入 $AgNO_3$ 溶液的量为 24.30mL 时，由式(7－31)得：

$$\frac{\Delta^2\varphi}{\Delta V^2}=\frac{0.83-0.39}{24.35-24.25}=4.4$$

当加入 $AgNO_3$ 溶液的量为 24.40mL 时，由式(7－32)得：

$$\frac{\Delta^2\varphi}{\Delta V^2}=\frac{0.24-0.83}{24.45-24.35}=-5.9$$

用内差法可以计算 $\Delta^2\varphi/\Delta V^2=0$ 时所对应的终点体积 $V_{ep}$：

$$\frac{V_{ep}-24.30}{24.40-24.30}=\frac{4.4}{4.4-(-5.9)}\Rightarrow V_{ep}=24.34\text{mL}$$

即当加入 $AgNO_3$ 溶液的体积为 24.34mL 时达到滴定终点。由于二阶微商法无须作图，故实际工作中较为常用。

## 7.3.3 应用示例

只要有合适的指示电极，各种滴定分析均可用电位滴定法确定 $V_{ep}$ 和发挥前述的特点。

1. 酸碱滴定

酸碱滴定常用的电极对为玻璃电极和饱和甘汞电极。用 pH 计测定滴定过程中的 pH

代替 $\varphi$ 就可用前述方法确定终点。电位滴定法除了确定终点之外，还可以研究极弱的酸碱、多元酸碱、混合酸碱等能否被滴定及测定其 $K_a$ 和 $K_b$。

2. 沉淀滴定

沉淀滴定的参比电极常为带 $KNO_3$ 盐桥的饱和甘汞电极(SCE)。若用 $AgNO_3$ 标准溶液滴定，其指示电极为银电极(纯银丝)或被滴定的阴离子选择电极；若用汞盐标准溶液，其指示电极为汞极(汞池或铂丝上镀汞)。沉淀电位滴定法可用来测定 $Cl^-$、$Br^-$、$I^-$、$SCN^-$、$Ag^+$、$Hg^{2+}$、$Pb^{2+}$ 等离子的浓度。

3. 络合滴定

根据络合滴定反应的类型不同，选用不同的电极作指示电极。其电极对常为响应的离子选择电极和 SCE。例如，用 $AgNO_3$ 和 $Hg(NO_3)_2$ 标准溶液滴定氰化物生成 $Ag(CN)_2^-$ 和 $Hg(CN)_4^{2-}$ 络离子时，可选用金属银电极和汞电极作指示电极。但在金属离子的EDTA络合滴定中，由于许多金属电极不能满足电位滴定法对可逆电极的要求，而不宜用作指示电极，另一个电极对为 Hg/Hg－EDTA 电极(pM 汞电极)和 SCE。

## 7.4 电导分析法

在外加电场的作用下，电解质溶液中的阴、阳离子以相反的方向定向移动，就产生了导电现象，以测定溶液导电能力为基础的电化学分析法称为电导分析法。

### 7.4.1 基本原理

1. 电导和电导率

电解质导电体的导电能力常用电导 $G$(S)来表示。电导是电阻 $R$ 的倒数，服从欧姆定律：

$$G=\frac{1}{R}=\frac{1}{\rho}\cdot\frac{A}{L}=\kappa\frac{A}{L}=\frac{\kappa}{\theta} \tag{7-32}$$

式中：$\rho$——电阻率(Ω·cm)；

$L$——导体长度(cm)；

$A$——导体截面积($cm^2$)；

$\kappa$——电导率($S\cdot cm^{-1}$或 $\Omega^{-1}\cdot cm^{-1}$)；

$\theta$——电导池常数，当电导池装置一定时，$\theta$ 为一定值。

电导率是指长度为 1cm，截面积为 $1cm^2$ 的导体的电导。对于电解质导体，电导率是指两个相距 1cm，面积为 $1cm^2$ 的平行电极间电解质溶液的电导。

影响电导率的因素如下：

(1) 离子的浓度越大，电导率越大。

(2) 离子的迁移速度越快，电导率越大。

(3) 离子的价数越高，电导率越大。

2. 摩尔电导和无限稀释摩尔电导

1）摩尔电导

摩尔电导是指两个距离 1cm 的平行电极间含有 1 摩尔电解质溶液时所具有的电导，以 $\lambda_m$ 表示。电解质溶液的摩尔电导与其浓度的关系式为：

$$\lambda_m = \kappa \frac{1000}{c} \tag{7-33}$$

式中：$\lambda_m$ 单位为 $S \cdot cm^2 \cdot mol^{-1}$；$c$ 的单位为 mol/L。

电解质溶液的导电是由溶液中正、负离子共同承担的。根据离子独立移动定律，电解质的摩尔电导 $\lambda_m$ 为

$$\lambda_m = n_+ \lambda_{m^+} + n_- \lambda_{m^-} \tag{7-34}$$

式中：$n_+$、$n_-$——表示 1 摩尔电解质中含正、负离子的摩尔数；

$\lambda_{m+}$、$\lambda_{m-}$——表示正、负离子的摩尔电导。

2）无限稀释摩尔电导

溶液无限稀释时，离子间的作用力几乎为零，弱电解质的电离度也达到 100%，溶液的电导达到最大，这时溶液的电导称为无限稀释的摩尔电导，以 $\lambda_m^0$ 表示：

$$\lambda_m^0 = n_+ \lambda_{m^+}^0 + n_- \lambda_{m^-}^0 \tag{7-35}$$

式中：$\lambda_{m+}^0$，$\lambda_{m-}^0$——无限稀释时正、负离子的摩尔电导。表 7-4 列出了常见离子在水溶液中的无限稀释摩尔电导值。

电解质溶液的总电导，是它所有离子的电导总和：

$$G = \frac{1}{1000\theta} \sum c_i \lambda_i \tag{7-36}$$

式中：$c_i$——某一离子的物质的量浓度；

$\lambda_i$——其摩尔电导。

显然，电解质溶液的电导，决定于溶液中的所有离子。因此，电导不是某一离子的特有性质。

**表 7-4 常见离子在水溶液中的无限稀释摩尔电导(25℃)**

| 阳离子 | $\lambda_m^0/(S \cdot cm^2 \cdot mol^{-1})$ | 阴离子 | $\lambda_m^0/(S \cdot cm^2 \cdot mol^{-1})$ |
|---|---|---|---|
| $H^+$ | 349.8 | $OH^-$ | 197.6 |
| $Li^+$ | 38.69 | $Cl^-$ | 76.34 |
| $Na^+$ | 50.11 | $Br^-$ | 78.3 |
| $K^+$ | 73.52 | $I^-$ | 76.8 |
| $NH_4^+$ | 73.4 | $NO_3^-$ | 71.44 |
| $Ag^+$ | 61.92 | $HCO_3^-$ | 44.5 |
| $1/2Mg^{2+}$ | 53.06 | $CH_3COO^-$ | 40.9 |
| $1/2Ca^{2+}$ | 59.50 | $CH_3CH_2COO^-$ | 35.8 |
| $1/2Sr^{2+}$ | 59.46 | $C_6H_5COO^-$ | 32.3 |
| $1/2Ba^{2+}$ | 63.64 | $HC_2O_4^-$ | 40.2 |
| $1/2Cu^{2+}$ | 54 | $1/2C_2O_4^{2-}$ | 24.0 |
| $1/2Zn^{2+}$ | 53 | $1/2SO_4^{2-}$ | 80 |

### 7.4.2 电导分析法的应用

1. 直接电导法

进行电导分析时，直接根据溶液电导大小确定待测物质的含量，称为直接电导法。直接电导法具有灵敏度高、仪器简单、测量方便等优点，广泛用于水质评价、大气监测、硫和碳的测定等各方面，但该法的选择性较差。

1）水质的检验

在生产和科学试验中往往离不开水，例如锅炉用水，某些地表水和地下水以及实验室所使用的去离子水，都需要检测水的纯度。特别是检验高纯水的纯度，电导法是最理想的方法。测定时只需将合适的电导电极插入测定的水样中，就可直接读出电导率。对于常用各级水的电导率或电阻率均有规定，根据测定结果便可得出该水质是否符合要求。各级水的电导率和电阻率的规定见表 7－5。

表 7－5　各级水的电导率和电阻率(25℃)

| 水的类型 | $\kappa/(S\cdot cm^{-1})$ | $\rho/(\Omega\cdot cm)$ |
|---|---|---|
| 自来水 | $5.26\times10^{-4}$ | $1.9\times10^{3}$ |
| 水试剂 | $2\times10^{-6}$ | $5\times10^{5}$ |
| 一次蒸馏水(玻璃) | $2.9\times10^{-6}$ | $3.5\times10^{5}$ |
| 三次蒸馏水(石英) | $6.7\times10^{-7}$ | $1.5\times10^{6}$ |
| 28 次蒸馏水(石英) | $6.3\times10^{-8}$ | $1.6\times10^{7}$ |
| 复床离子交换水 | $4.0\times10^{-6}$ | $2.5\times10^{5}$ |
| 混床离子交换水 | $8.0\times10^{-8}$ | $1.2\times10^{7}$ |
| 碳吸附床、混床交换树脂和膜滤器制水 | $6.7\sim5.6\times10^{-8}$ | $1.5\sim1.8\times10^{7}$ |
| 绝对水(理论最大电阻率) | $5.5\times10^{-8}$ | $1.83\times10^{7}$ |

水的电导率越低(电阻率越高)，表示其中所含的阴阳离子越少，即水的纯度越高。通常离子交换处理后的水(俗称离子水)在 $1\sim2\mu S\cdot cm^{-1}$ 以下时，即可满足一般分析工作的需要。对于要求较高的工作，水的电导率应更低。在用电导率来表达水的纯度时，还应注意到非导电性物质，如水中的细菌、藻类、悬浮杂质及非离子状态的杂质对水质纯度的影响，这些都是测定电导所表现不出来的污染。在测量高纯水时，最好使用石英或塑料容器，以免容器对水的溶解。此外，尚应注意空气中 $CO_2$ 的溶解，它对溶液的电导增加很快，当 $CO_2$ 在常压下溶于水达到溶解平衡时，其电导率可达 $1\mu S\cdot cm^{-1}$。

2）水中溶解氧(DO)的测定

溶解氧可与非导电元素发生化学反应产生能导电的离子，这是电导法测定 DO 的理论基础。例如：金属铊与水中溶解氧发生化学反应可产生成 $Tl^+$ 和 $OH^-$：

$$4Tl+O_2+2H_2O=4Tl^++4OH^-$$

因而水中溶解氧越多，产生的 $Tl^+$ 和 $OH^-$ 也越多，水的电导率增加得也越多。每 $1\mu g/L$ 的溶解氧可使水的电导率增加 $0.035\mu S/cm$，因此，可根据加入金属铊后水的电导率增加的数值来确定水中溶解氧的含量。

3）估计水中可滤残渣的含量

水中所含各种溶解性矿物盐类的总量称为水的总含盐量，也称总矿化度。水中所含溶解盐类越多，水的离子数目越多，水的电导率就越高。对多数天然水，可滤残渣和电导率之间的关系由如下经验式估算：

$$FR=(0.55\sim0.70)\times\kappa \tag{7-37}$$

式中： $FR$——水中的可滤残渣量(mg/L)；

$\kappa$——25℃时水的电导率(μS/cm)；

0.55～0.70——系数，随水质不同而异，一般估算取0.67。

2. 电导滴定法

根据滴定过程中由于发生某些化学反应而导致溶液电导的变化，从而来确定滴定终点的一种容量分析法，称为电导滴定法。在滴定过程中，滴定剂与溶液中被测离子生成水、沉淀或难离解化合物，而使整个溶液的电导随滴定剂的加入而变化。以溶液的电导为纵坐标，加入滴定剂的量为横坐标作滴定曲线，在滴定曲线上将出现转折点，就可指示滴定终点。一般说来，一切酸碱滴定和沉淀滴定都可采用电导滴定，部分氧化还原滴定和络合滴定也可以用电导滴定。但根据电导滴定的特点，它特别适用于弱酸和弱碱的滴定以及沉淀滴定。

对一些很弱的酸如硼酸($H_3BO_3$，$K_a=7.5\times10^{-10}$)、酚($C_6H_5OH$，$K_a=1.3\times10^{-10}$)及亚砷酸($H_3AsO_3$，$K_a=6.0\times10^{-10}$)等；很弱的碱如有机胺类、植物碱以及有机染料、指示剂等，无法用指示剂判断终点，但用电导滴定法测定时终点明显。对于解离常数小于$10^{-11}$数量级的物质，电导滴定的曲线转折点就不很明显，但适当地提高浓度，滴定仍然是可以进行的。

沉淀电导滴定可用于以下方面：用 $AgNO_3$ 滴定 $Cl^-$、$I^-$、$SO_4^{2-}$、$Br^-$、$CN^-$、$CNS^-$、$CrO_4^{2-}$ 等离子。用 $Pb(NO_3)_2$ 滴定 $I^-$、$[Fe(CN)_6]^{4-}$、$SO_4^{2-}$、$SO_3^{2-}$、$CrO_4^{2-}$ 等离子。用 $Ba(Ac)_2$ 或 $BaCl_2$ 滴定 $SO_4^{2-}$、$CrO_4^{2-}$、$CO_3^{2-}$、$Cr_2O_7^{2-}$、$C_2O_4^{2-}$ 等离子及酒石酸盐、柠檬酸盐等。用 $LiSO_4$ 滴定 $Ba^{2+}$、$Sr^{2+}$、$Ca^{2+}$、$Pb^{2+}$ 等离子。

1）酸碱滴定

(1) 强碱滴定强酸。

**【例7-4】** 用0.01mol/L NaOH溶液电导滴定100mL 0.001mol/L HCl溶液，绘制滴定曲线(忽略滴定过程中被滴定液体积的变化)。

**解：** 当加入滴定剂0.00mL时，由于滴定剂与被滴定液的浓度较稀，视其$\lambda_m\approx\lambda_m^0$，并忽略滴定过程中被滴定液体积的变化，视被滴定液的体积恒等于100mL，则

$$\lambda_{m,H^+}=349.8\,S\cdot cm^2/mol \quad c_{H^+}=0.001\,mol/L$$

$$\kappa_{H^+}=\frac{\lambda_{m,H^+}\cdot c_{H^+}}{1000}=\frac{349.8\times0.001}{1000}=3.5\times10^{-4}\,S/cm$$

$$\lambda_{m,Cl^-}=76.4\,S\cdot cm^2/mol \quad c_{Cl^-}=0.001\,mol/L$$

$$\kappa_{Cl^-}=\frac{\lambda_{m,Cl^-}\cdot c_{Cl^-}}{1000}=\frac{76.4\times0.001}{1000}=7.64\times10^{-5}\,S/cm$$

$$\therefore\kappa=\kappa_{H^+}+\kappa_{Cl^-}=3.5\times10^{-4}+7.64\times10^{-5}=4.26\times10^{-4}\,S/cm$$

当加入滴定剂2.00mL时：

$$c_{H^+}=\frac{0.001\times100-0.01\times2.00}{100}=8\times10^{-4}\text{mol/L}$$

$$\kappa_{H^+}=\frac{349.8\times8\times10^{-4}}{1000}=2.8\times10^{-4}\text{S/cm}$$

$$\kappa_{Cl^-}=7.64\times10^{-5}\text{S/cm}$$

$$\lambda_{m,Na^+}=50.1\text{S}\cdot\text{cm}^2/\text{mol}\quad c_{Na^+}=\frac{0.01\times2.00}{100}=2\times10^{-4}\text{mol/L}$$

$$\kappa_{Na^+}=\frac{50.1\times2\times10^{-4}}{1000}=1.00\times10^{-5}\text{S/cm}$$

$$\therefore\kappa=\kappa_{H^+}+\kappa_{Cl^-}+\kappa_{Na^+}=2.8\times10^{-4}+7.64\times10^{-5}+1.00\times10^{-5}=3.66\times10^{-4}\text{S/cm}$$

当加入滴定剂 10.00mL 时：

$$c_{H^+}=\frac{0.001\times100-0.01\times10.00}{100}=0\text{mol/L}$$

$$\kappa_{H^+}=0\text{S/cm}$$

$$\kappa_{Cl^-}=7.64\times10^{-5}\text{S/cm}$$

$$c_{Na^+}=\frac{0.01\times10.00}{100}=0.001\text{mol/L}$$

$$\kappa_{Na^+}=\frac{50.1\times0.001}{1000}=5.01\times10^{-5}\text{S/cm}$$

$$c_{OH^-}=0\text{mol/L}\quad\kappa_{OH^-}=0\text{S/cm}$$

$$\therefore\kappa=\kappa_{Cl^-}+\kappa_{Na^+}=7.64\times10^{-5}+5.01\times10^{-5}=1.26\times10^{-4}\text{S/cm}$$

当加入滴定剂 12.00mL 时：

$$c_{Na^+}=\frac{0.01\times12.00}{100}=0.0012\text{mol/L}$$

$$\kappa_{Na^+}=\frac{50.1\times0.0012}{1000}=6.01\times10^{-5}\text{S/cm}$$

$$c_{OH^-}=\frac{0.01\times12.00-0.001\times100}{100}=2\times10^{-4}\text{mol/L}$$

$$\lambda_{m,OH^-}=198.6(\text{S}\cdot\text{cm}^2/\text{mol})$$

$$\kappa_{OH^-}\frac{198.6\times2\times10^{-4}}{1000}=3.97\times10^{-5}\text{S/cm}$$

$$\kappa_{Cl^-}=7.64\times10^{-5}\text{S/cm}$$

$$\therefore\kappa=\kappa_{Cl^-}+\kappa_{Na^+}+\kappa_{OH^-}=7.64\times10^{-5}+6.01\times10^{-5}+3.97\times10^{-5}=1.76\times10^{-4}\text{S/cm}$$

同理，采用上述类似计算方法可求出加入不同体积滴定剂时，被滴定液的 $\kappa$ 值。现将所求算结果列于表 7-6。

**表 7-6　加入不同体积滴定剂时的被滴定液的 κ 值表**

| 加入滴定剂体积/mL | 0.00 | 2.00 | 4.00 | 6.00 | 8.00 |
|---|---|---|---|---|---|
| 滴定液 $\kappa$ 值/($10^{-4}$S/cm) | 4.26 | 3.66 | 3.06 | 2.46 | 1.86 |
| 加入滴定剂体积/mL | 10.00 | 12.00 | 14.00 | 16.00 | 18.00 |
| 滴定液 $\kappa$ 值/($10^{-4}$S/cm) | 1.26 | 1.76 | 2.26 | 2.76 | 3.26 |

以被滴定液电导率($\kappa$)为纵坐标，加入滴定剂体积($V$)为横坐标，绘得其电导滴定曲线如图 7.14 所示。

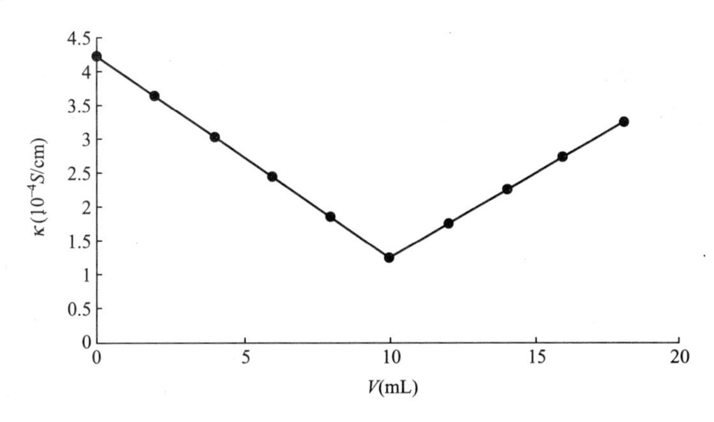


**图 7.14　强碱滴定强酸电导曲线**

图 7.14 为强碱 NaOH 滴定强酸 HCl 的电导滴定曲线。强酸和强碱离解出的 $H^+$ 和 $OH^-$ 的电导率都很大，其他离子的电导率与 $H^+$ 与 $OH^-$ 相比小很多，中和反应产物的电导率极小。在滴定开始前溶液中浓度很大，所以溶液电导很大；随着 NaOH 的滴入，溶液中 $H^+$ 浓度减小，使溶液的电导降低，在化学计量点时电导最小；过了化学计量点后由于 $OH^-$ 过量，溶液的电导又增大。图中曲线转折点即为滴定终点。

(2) 强碱滴定弱酸。

用 NaOH 滴定 HAc($K_a=1.8\times10^{-5}$)，滴定曲线如图 7.15 所示。当加入溶液时，由于部分 $H^+$ 被中和，电导略有下降；随着 $Na^+$ 逐渐增加，在达到计量点前，电导开始缓慢上升；在接近计量点时，由于 NaAc 的水解而产生一定量的 $OH^-$，使转折点不甚明显，过了计量点后，由于过量 $OH^-$ 使溶液电导呈线性上升。

(3) 强碱滴定混合酸。

用 NaOH 滴定 HCl－HAc 混合酸溶液(须含足够多的 HAc)，其滴定曲线的变化规律如图 7.16 所示。由于 HCl 抑制了 HAc 的离解，在滴定开始后的一段过程，强碱只滴定了 HCl 提供的 $H^+$，溶液的电导迅速降低。待 HCl 被滴定至将近完全时，HAc 也开始被滴

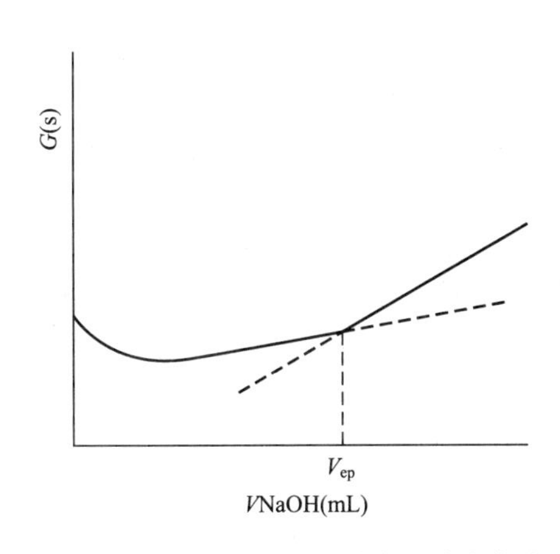


**图 7.15　NaOH 滴定 HAc 的电导滴定曲线**

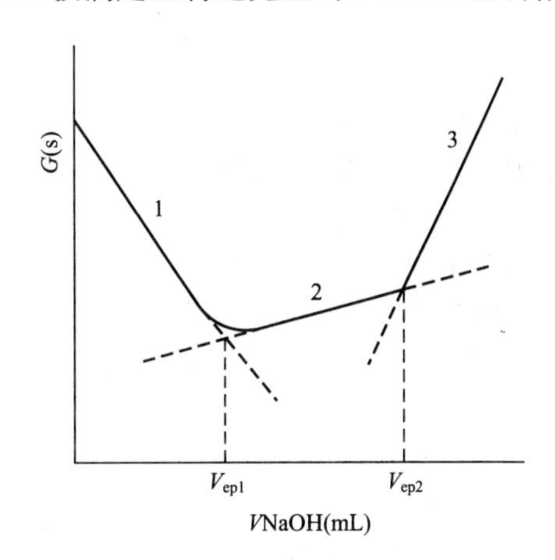


**图 7.16　NaOH 滴定 HCl－HAc 的电导滴定曲线**

定，所以滴定曲线没有显著的折点，而是呈圆滑的曲线。当 HCl 被滴定完全后，过渡到只滴定 HAc 的阶段，滴定曲线又出现一段电导逐渐增加的直线线段。当 HCl－HAc 被完全滴定后，由于 NaOH 的过量，随着滴定剂的加入溶液的电导又迅速增大，于是又出现一段直线线段。作三条线段的延长线，其相邻两线段延长线的交点所对应的 $x$ 轴坐标值，就是分别滴定混合酸中 HCl 和 HAc 至终点时所需 NaOH 溶液的体积。

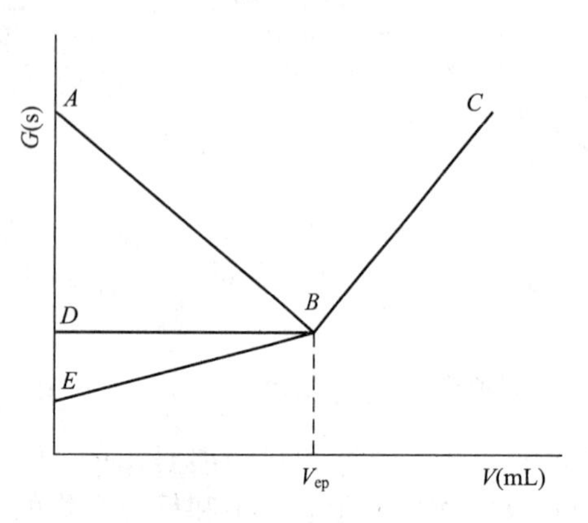

**图 7.17　沉淀电导滴定曲线**

2）沉淀滴定

如果用盐 NB 滴定 MA，则有

$$M^+ + A^- + N^+ + B^- = MB\downarrow + N^+ + A^-$$

反应结果是 $N^+$ 在溶液中代替了 $M^+$。

（1）$\lambda_M = \lambda_N$。在计量点前溶液电导为常数，在计量点后由于过量滴定剂的存在，致使电导直线上升，如图 7.17 中 *DBC* 所示。

（2）$\lambda_M > \lambda_N$。滴定曲线如图 7.17 中 *ABC* 所示。

（3）$\lambda_M < \lambda_N$。滴定曲线如图 7.17 中 *EBC* 所示。

# 习　　题

一、思考题

1. 什么是指示电极和参比电极？它们在电化学分析法中的作用是什么？
2. 简述玻璃电极的作用原理。
3. 总离子强度调节缓冲溶液(TISAB)作用是什么？
4. 电位滴定法的基本原理是什么？有哪些确定终点的方法？
5. 为什么能用电导法鉴定水质的纯度？
6. 电导分析的选择性为什么比较差？

二、计算题

1. 用玻璃电极测定水样 pH。将玻璃电极和另一参比电极侵入 pH＝4 的标准缓冲溶液中，组成的原电池的电极电位为－0.14V；将标准缓冲溶液换成水样，测得电池的电极电位为 0.03V，计算水样的 pH。

2. 当一个电池用 0.010mol/L 的氟化物溶液校正氟离子选择电极时，所得读数为 0.101V；用 $3.2\times10^{-4}$mol/L 溶液校正所得读数为 0.194V。如果未知浓度的氟溶液校正所得的读数为 0.152V，计算未知溶液的氟离子浓度(忽略离子强度的变化，氟离于选择电极作正极)。

3. 用下述电池，通过电池电位确定 $CrO_4^{2-}$ 的浓度。

Ag | $Ag_2CrO_4$(固)，$CrO_4^{2-}$ ‖ SCE (式中 SCE 表示饱和甘汞电极，$\varphi_{SCE}=0.242$)

(1) 假如忽略液接电位，试推导出电池电位与 $pCrO_4^{2-}$ 的关系式，已知 $Ag_2CrO_4$ 的 $K_{sp}$ 为 $2.0\times10^{-12}$。

(2) 当电池电位为－0.285时，计算 $pCrO_4^{2-}$。

4. 已知 $Hg_2Cl_2$ 的溶度积为 $2.0\times10^{-18}$，KCl 的溶解度为 4.37mol/L，$\varphi^{\theta}_{Hg_2^{2+}/Hg}=0.799V$，计算饱和甘汞电极的电极电势。

5. 25℃时，用 $F^-$ 电极测定水中 $F^-$，取 25mL 水样，加入 10mL TISAB，定容到 50mL 测得电极电位为 0.1370V；加入 $1.0\times10^{-3}$ mol/L 标准溶液 1.0mL 后，测得电极电位为 0.1170V。计算水样中 $F^-$ 含量？

6. 表 7－7 所列数据为用 0.1165mol/L NaOH 溶液，以 pH 电位滴定法滴定 25.0mL 一元酸所得结果。

表 7－7　滴定结果

| NaOH 体积/mL | pH | NaOH 体积/mL | pH |
|---|---|---|---|
| 0 | 2.89 | 15.6 | 8.4 |
| 2.0 | 4.52 | 15.7 | 9.29 |
| 4.0 | 5.06 | 15.8 | 10.07 |
| 10.0 | 5.89 | 16.0 | 10.65 |
| 12.0 | 6.15 | 17.0 | 11.34 |
| 14.0 | 6.63 | 18.0 | 11.63 |
| 15.0 | 7.08 | 20.0 | 12.0 |
| 15.5 | 7.75 | 24.0 | 12.41 |

(1) 计算原始酸的浓度；(2) 计算弱酸离解常数。

7. 计算 25℃时纯水的电导率(25℃时，$H^+$ 的 $\lambda^{m}_{m,H^+}=349.82S\cdot cm^2/mol$，$OH^-$ 的 $\lambda^{m}_{m,OH^-}=197.6S\cdot cm^2/mol$)。

8. 在 291K，0.01mol/L $CuSO_4$ 溶液的电导率为 0.1434S/m，试求 $CuSO_4$ 和 1/2 $CuSO_4$ 溶液的摩尔电导。

# 第8章 吸收光谱法

## 教学目标

本章主要讲述吸收光谱法的原理和应用。通过本章学习，应达到以下目标。

(1) 了解电磁波谱、物质对光的选择性吸收。

(2) 掌握朗伯-比尔定律和吸收曲线；熟悉朗伯-比尔定律的适用范围。

(3) 了解比色法和分光光度法的原理；了解分光光度计的基本构成部分及其作用。

(4) 掌握显色反应及影响因素；了解常用的显色剂。

(5) 掌握吸光光度法定性和定量的分析方法。

## 教学要求

| 知识要点 | 能力要求 | 相关知识 |
| --- | --- | --- |
| 吸收光谱 | (1) 了解物质对光的选择性吸收<br>(2) 熟悉吸收光谱及相关术语<br>(3) 掌握朗伯-比尔定律 | (1) 特征吸收曲线，最大吸收峰<br>(2) 吸光度，透光率<br>(3) 朗伯-比尔定律及偏离的原因 |
| 比色法和分光光度法 | (1) 熟悉目视比色法<br>(2) 熟悉分光光度法的特点<br>(3) 了解分光光度计的结构、原理<br>(4) 了解分光光度计的类型 | (1) 目视比色法的原理，操作，特点<br>(2) 分光光度法的特点，分光光度计的结构、原理<br>(3) 单光束，双光束，双波长 |
| 显色反应及影响因素 | (1) 掌握显色反应及显色条件的选择<br>(2) 掌握影响显色反应的因素<br>(3) 了解分光光度计的类型<br>(4) 掌握显色反应及其影响因素<br>(5) 掌握定量分析方法<br>(6) 掌握紫外-可见分光光度计在水分析中的应用 | (1) 显色反应，显色剂，多元络合物<br>(2) 影响显色反应的因素 |
| 定量的基本方法 | 掌握定量分析方法 | 标准曲线法，联立方程法，示差法等 |
| 应用实例 | 熟悉常用的可光分光光度计在水分析中的应用 | $Fe^{2+}$、镉、酚等的测定 |

引例

含铁量为0.001%的试样，若用滴定法测定，称量1g试样，仅含铁0.01mg，用$1.6\times10^{-3}$mol/L $K_2Cr_2O_7$标准溶液来滴定，仅需消耗0.02mL即达到终点。一般滴定管的读数误差为0.02mL。显然，不能用滴定法测定上述试样中的微量铁。但是如果将含0.01mg铁的试样，在容量瓶中配成50mL溶液，在一定条件下，用邻二氮菲显色，即生成橙红色的络合物，可以用吸光光度法进行测定。

# 8.1 吸收光谱法概述

## 8.1.1 电磁波谱

光是一种电磁波，具有波动性和微粒性。其波动性表现为光在传播过程中会发生折射、反射、衍射和干涉等现象。光具有一定的波长，其波长$\lambda$、频率$\nu$与速度$c$之间的关系为

$$\lambda=\frac{c}{\nu}$$

光具有微粒性，是因为光与物质相互作用可产生光电效应。光的发射与吸收，这表明光是由大量的以光速运动的粒子流所组成，这种粒子称为光子或光量子。每个光子都具有一定的能量，其能量$E$与波长$\lambda$之间的关系为

$$E=h\nu=h\frac{c}{\lambda} \tag{8-1}$$

式中：$h$——普朗克常数，其值为$6.626\times10^{-34}$ J·s；

$c$——光速，约等于$3\times10^{10}$cm/s(真空中)。

式(8-1)把光的波动性和粒子性联系起来，并由此说明，不同波长的光具有不同的能量，波长越短、频率越高的光子，能量越大。按波长排列，得到表8-1所示的电磁波谱范围表以及对应的分析方法。

**表8-1 电磁波谱范围表**

| 光谱名称 | 波长范围 | 跃迁类型 | 辐射源 | 分析方法 |
|---|---|---|---|---|
| X射线 | $10^{-1}$～10nm | K与L层电子 | X射线管 | X射线光谱法 |
| 远紫外光 | 10～200nm | 中层电子 | 氢、氘、氙灯 | 真空紫外光度法 |
| 近紫外光 | 200～400mn | 价电子 | 氢、氘、氙灯 | 紫外光度法 |
| 可见光 | 400～750nm | 价电子 | 钨灯 | 比色及可见光度法 |
| 近红外光 | 0.75～2.5μm | 分子振动 | 碳化硅热棒 | 近红外光度法 |
| 中红外光 | 2.5～5.0μm | 分子振动 | 碳化硅热棒 | 中红外光度法 |
| 远红外光 | 5.0～1000μm | 分子转动和振动 | 碳化硅热棒 | 远红外光度法 |
| 微波 | 0.1～100cm | 分子转动 | 电磁波发生器 | 微波光谱法 |
| 无线电波 | 1～1000m | | | 核磁共振光谱法 |

波长范围为400～750nm的光称为可见光，如白光、太阳光等。可见光经三棱镜分光后，就可分出红、橙、黄、绿、青、蓝、紫7种颜色依次排列的色带，每一种色带具有一定的波长范围。具有同一波长的光成为单色光。通常所指的单色光是具有一定波长

范围的光，波长范围越窄，单色光越纯。由不同波长的光组成的光称为复合光或混合光或白光。

### 8.1.2 溶液的颜色及物质对光的选择性吸收

物质的颜色是物质对不同波长的光具有选择性吸收作用而产生的。例如在复合光(白光)的照射下，全部可见光几乎都被吸收，则溶液呈黑色；如完全不吸收，则溶液透明无色；如果对各种波长的光均匀地部分吸收，则溶液呈现灰色；如果溶液选择吸收某种颜色的光，让其余波长颜色的光都透过，则溶液呈现出通过光的颜色。此时，溶液吸收光的颜色与透过光的颜色为互补色(表 8-2)。

**表 8-2 吸收光与透过光颜色的互补**

| 吸收光 | | 透过光颜色 |
|---|---|---|
| λ/nm | 颜色 | |
| 400～450 | 紫 | 黄绿 |
| 450～480 | 蓝 | 黄 |
| 480～490 | 青蓝 | 橙 |
| 490～500 | 青 | 红 |
| 500～560 | 绿 | 红紫 |
| 560～580 | 黄绿 | 紫 |
| 580～610 | 黄 | 蓝 |
| 610～650 | 橙 | 青蓝 |
| 650～760 | 红 | 青 |

例如，当复合光通过邻二氮菲亚铁溶液时，它选择性地吸收了复合光中的绿色光，其他颜色的光不被吸收而透过溶液。因此邻二氮菲亚铁溶液就呈透过光的颜色(橘红色)。又如：硫酸铜溶液因吸收了白光中的黄色光而呈蓝色；$KMnO_4$ 溶液吸收复合光中的绿色光，因此溶液呈紫红色。

当一束光照射到某物质(如溶液)时，组成该物质的分子、原子或离子与光子发生“碰撞”，光子的能量就转移到分子、原子或离子上，使这些粒子由最低能态(基态)跃迁到较高能态(激发态)：

$$\underset{(基态)}{M} + h\nu \longrightarrow \underset{(激发态)}{M^*}$$

这个作用称作物质对光的吸收。被激发的粒子约在 $10^{-8}$ s 后又回到基态，并以热或荧光等形式释放出能量。

分子、原子或离子具有不连续的量子化能级，仅当照射光光子的能量($h\nu$)与被照射物质粒子的基态和激发态能量之差相当时才能发生吸收。不同的物质微粒由于结构不同而具有不同的量子化能级，其能级差也不相同。所以物质对光的吸收有选择性。

### 8.1.3 吸收光谱及其表示方法

1. 吸光度和透光率

当一束平行的单色光通过一均匀非散射的溶液时，一部分被溶液吸收，一部分透过溶液，一部分被盛放溶液的容器表面反射，如图 8.1 所示。设入射光的强度为 $I_0$、吸收光的强度为 $I_a$，透过光的强度为 $I_t$，反射光的强度为 $I_r$，则

$$I_0=I_a+I_t+I_r$$

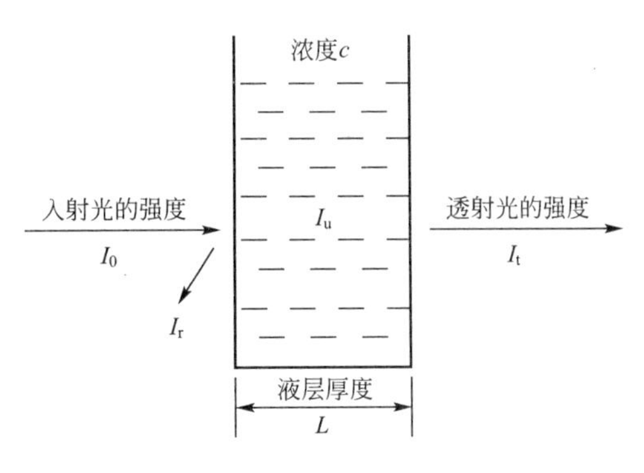

图 8.1 光的吸收示意图

在吸光光度分析法中，通常将试液和空白溶液盛放相同材质及厚度的吸收池(常称比色皿)中，然后让强度为 $I_0$ 的单色光分别通过吸收池，再测量其透过光的强度。此时对光的反射强度 $I_r$ 是不变的，其影响在测定过程中可以相互抵消，故上式可简化为

$$I_0=I_a+I_t \tag{8-2}$$

当入射光的强度 $I_0$ 一定时，溶液吸收光的强度 $I_a$ 越大，则溶液透过光的强度 $I_t$ 越小，用$\frac{I_t}{I_0}$表示光线透过溶液的能力，称为透光率，用符号 $T$ 表示，其数值可用小数或百分数表示，即

$$T=\frac{I_t}{I_0} \tag{8-3}$$

透光率的倒数反映了物质对光的吸收程度，应用时取它的对数 $\lg\frac{1}{T}$作为吸光度，用 $A$ 表示，即

$$A=\lg\frac{1}{T}=\lg\frac{I_0}{I_t}=-\lg T \tag{8-4}$$

2. 郎伯-比尔定律

1760 年，Lambert 用试验指出，当光通过透明介质时，光的减弱程度与光通过介质的光程成正比。1852 年，Beer 研究证明了光的吸收程度与透明介质中光所遇到的吸光质点的数目成正比，在溶液中即与吸光质点的浓度成正比。两者的结合称郎伯-比尔定律，即当一束平行单色光通过单一、均匀的、非散射的吸光物质溶液时，溶液的吸光度与溶液浓度和液层厚度的乘积成正比。其数学表达式为

$$A=\lg\frac{I_0}{I_t}=\varepsilon Lc \tag{8-5}$$

式中：$A$——溶液的吸光度；

$I_0$——入射光强度；

$I_t$——透射光强度；

$L$——样品溶液的光程(cm)；

$c$——溶液中溶质的浓度(mol/L)；

$\varepsilon$——摩尔吸收系数。其物理意义是：当溶液的浓度为1mol/L时，样品溶液光程为1cm时的吸光度值，即$\varepsilon=A/Lc$，单位为L/(mol·cm)。摩尔吸收系数对某一个化合物在一定波长下是一个常数，因此它可衡量一物质对光的吸收程度，它也反映了用吸收光谱法测定该吸光物质的灵敏度。$\varepsilon$越大，则表示样品溶液对光的吸收越强，其灵敏度也越高。一般认为，若$\varepsilon<10^4$，则反应的灵敏度是低的；$\varepsilon$在$(1\sim5)\times10^4$时，属于中等灵敏度；$\varepsilon$在$6\times(10^4\sim10^5)$时，属于高灵敏度；$\varepsilon>10^5$时，属于超高灵敏度。

吸光度分析中的灵敏度还常用桑德尔灵敏度$S$表示。其含义是，规定仪器的检测限为$A=0.001$时，单位截面积光程内能检测出被测物质的最低含量，其单位为$\mu g/m^2$计。$S$与$\varepsilon$及吸光物质的摩尔质量$M$的关系为

$$S=\frac{M}{\varepsilon} \tag{8-6}$$

式(8-5)是光吸收的基本定律，是吸收光谱法进行定量分析的理论基础。该定律只适用于单色光、单组分、稀溶液的系统；若为多组分系统，且组分间不发生化学反应，则朗伯-比尔定律适用于溶液中的每一种吸收物质。溶液的总吸光度应等于各吸收物质的吸光度之和，即吸光度具有加和性：

$$A_{总}=A_1+A_2+\cdots+A_n$$

**【例8-1】** 已知含铁($Fe^{2+}$)浓度为1.0$\mu g$/mL的溶液，用邻二氮菲光度法测定，比色皿的厚度为2cm，在510nm处测得吸光度为0.380，计算摩尔吸光系数和桑德尔灵敏度$S$。

**解：** 已知$A=0.380$，$b=2cm$，$M_{Fe}=55.8g/mol$

$$c=\frac{1.0\times10^{-6}}{1\times10^{-3}\times55.85}=1.79\times10^{-5}mol/L$$

根据$A=\varepsilon bc$

$$\therefore \varepsilon=\frac{A}{bc}=\frac{0.380}{2\times1.79\times10^{-5}}=1.1\times10^4 L/(mol\cdot cm)$$

$$S=\frac{M}{\varepsilon}=\frac{55.85}{1.1\times10^4}=5.1\times10^{-3}\mu g/cm^2$$

3. 吸收曲线及常见术语

任何一种溶液对不同波长的光的吸收程度是不相等的。如果将某种波长的单色光依次通过一定浓度的某一溶液，测量该溶液对各种单色光的吸收程度，以波长为横坐标，以吸光度为纵坐标可以得到一条曲线，这条曲线叫做吸收光谱曲线或光吸收曲线，简称吸收曲线，如图8.2所示。它清楚地描述了溶液对不同波长的光的吸收情况。吸收曲线是吸光光度法中选择测定波长的重要依据。

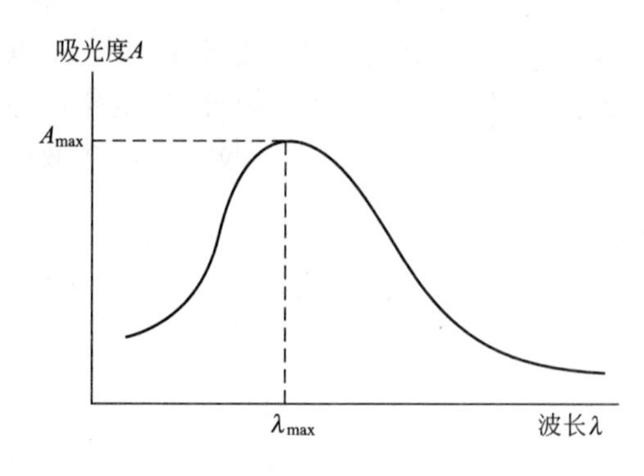

**图8.2 吸收曲线**

吸收光谱中常用的术语：

(1) 特征吸收曲线：吸收光谱曲线上有起伏的峰谷称为特征吸收曲线，可作为定性的依据。一般平滑的曲线称为一般吸收曲线。

(2) 最大吸收峰$\lambda_{max}$：特征吸收曲线上最

大吸收峰所对应的波长，在这个 $\lambda_{max}$ 下，物质吸收灵敏度最高，是定量分析的依据。通常选作工作波长。

（3）末端吸收：出现在短波区，紫外区末端吸收增强，未成峰形。

（4）红移：由于结构微小改变，吸收峰向长波长方向移动。

（5）紫移：由于结构微小改变，吸收峰向短波长方向移动。

（6）生色基团：能产生吸收峰的原子或原子团。

（7）助色基团：本身不能产生吸收，对周围的生色基团产生作用，使生色基团产生吸收。

（8）等吸收点：两个或两个以上化合物的吸收强度相等的波长。

4. 偏离朗伯-比尔定律的原因

如前所述，朗伯-比尔定律 $A=\varepsilon Lc$ 中，对某一种物质在一定波长下，摩尔吸收系数 $\varepsilon$ 和样品溶液的光程即液层厚度 $L$ 均为固定，所以吸收定律可写成

$$A=\varepsilon Lc=Kc$$

如果以浓度 $c$ 为横坐标，以吸光度 $A$ 为纵坐标作图，便得到一条通过原点的直线。实际工作中特别是在溶液浓度较高时，经常会出现标准曲线不成直线的现象。如果所测吸光度值随溶液浓度增大而形成向下弯曲的曲线则称为对朗伯-比尔的“负偏离”；如果向上弯曲则叫“正偏离”，这种情况较少(图 8.3)。

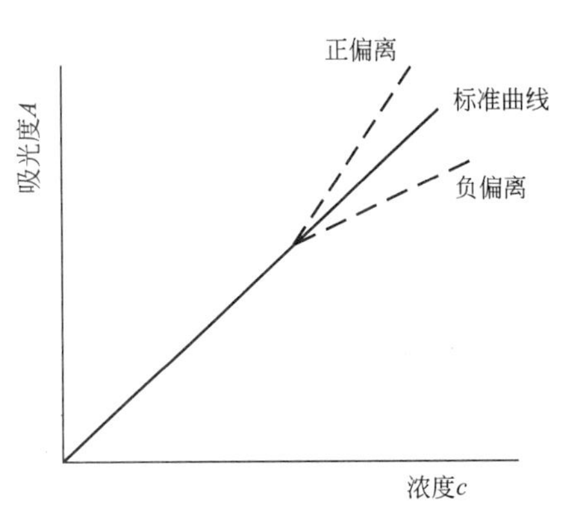


**图 8.3　朗伯-比尔定律的偏离**

偏离朗伯-比尔定律的原因很多，主要原因有以下两个方面。

1. 物理因素引起的偏离

（1）单色光不纯。朗伯-比尔定律只适用于一定波长的单色光，但是目前用各种方法得到的入射光并非纯的单色光，而是具有一定波长范围的复合光。由于物质对不同波长的光吸收程度不同，导致了偏离。

（2）非平行入射光。非平行入射光将导致光束的平均光程大于吸收池的厚度，实际测得的吸光度将大于理论值。

（3）介质不均匀性。朗伯-比尔定律的另一基本假设是吸光物质的溶液是均匀的、非散射的。如果溶液不均匀，如产生胶体或发生混浊，当入射光通过溶液时，一部分光会因散射而损失，使得实测吸光度比没有散射现象时的吸光度增大，那么，工作曲线将发生正偏离。

因此，在实际分析中，为了减少非单色光引起的偏离，除了选用具有优良性能的单色器并选择合适的工作波长和适宜的分析浓度范围外，还需要做空白试验。

2. 化学因素引起的偏离

（1）溶液浓度过高。朗伯-比尔定律是建立在吸光质点之间没有相互作用的前提下。但当溶液浓度较高时，相互作用增强，导致在高浓度范围内摩尔吸收系数不恒定而使吸光度与浓度之间的线性关系被破坏。

(2) 化学变化。溶液对光的吸收程度取决于吸光质点的性质和数目，若溶液中的化学反应使吸光质点发生了变化，必然会引起吸光度的改变，从而偏离朗伯-比尔定律。这些化学反应主要有：

① 离解。大部分有机酸碱的酸型、碱型对光的吸收性质不同，溶液的 pH 不同，酸(碱)离解程度不同，导致酸型、碱型比例改变，溶液的吸光度也随之发生改变。

② 配位。某些配位剂是逐级形成的，配位比不同的配合物对光的吸收性质不同，例如在 Fe(Ⅲ)与 $SCN^-$ 的配合物中$[FeSCN]^{2+}$的颜色最浅，$Fe(SCN)_3$ 的颜色最深，所以 $SCN^-$ 浓度越大，溶液颜色越深，即吸光度越大。

③ 缔合。例如，在酸性条件下，$CrO_4^{2-}$ 会缔合成 $Cr_2O_7^{2-}$，而 $CrO_4^{2-}$ 与 $Cr_2O_7^{2-}$ 对光的吸收有很大差别。

因此，在实际分析工作中，为了减少化学方面因素引起的偏离，一定要严格控制反应条件和遵守操作规程。

## 8.2 比色法和分光光度法

许多物质是有颜色的，例如 $KMnO_4$ 溶液呈现紫红色。有些物质本身无色，但可在适当条件下，与某些试剂反应生成有色物质。例如：$CN^-$ 与吡啶-巴比妥酸生成红紫色染料。$Cd^{2+}$、$Pb^{2+}$、$Zn^{2+}$、$Hg^{2+}$ 等与双硫腙分别形成红色、淡红色、红色、橙色螯合物；$Cr^{6+}$ 与二苯碳酰二肼生成紫红色络合物等。有色物质溶液颜色的深浅与其浓度成正比，溶液颜色越深，其浓度越大。通过比较溶液颜色深浅来确定物质含量的方法，称为比色分析法。比色分析法是利用物质对光的选择性吸收而进行测定的方法。目前，普遍采用分光光度计进行比色分析，以较纯的单色光作入射光。测定物质对光的吸收，称为分光光度法。根据入射光波长范围的不同，它又分为可见-紫外分光光度法、红外分光光度法等。

比色法和分光光度法的主要特点有：

(1) 灵敏度高。一般可测定 $10^{-6}\sim10^{-3}$ mol/L 浓度的物质，如果通过富集(如萃取)，灵敏度还可提高。

(2) 准确度较高。一般比色法相对误差 5%～20%，分光光度法相对误差为 2%～5%，与重量法、滴定法相比要低一些，但是可以满足微量组分测定的要求。

(3) 应用广泛。几乎所有无机离子和许多有机物都可以直接或间接用比色法和分光光度法测定。

(4) 操作简便、快速。分光光度计等仪器已是实验室常规测量仪器。

### 8.2.1 目视比色法

用眼睛观察比较溶液颜色深浅以确定待测组分含量的方法叫做目视比色法，测量的是透过光的强度。

1. 原理

根据朗伯-比尔定律，当样品溶液与标准溶液透过光的强度相同时，则该标准溶液的

浓度就是被测溶液的浓度。令标准溶液透过光强度为 $I_{标}$，被测溶液为 $I_{样}$，则有

$$I_{标}=I_0 10^{-\varepsilon_1 L_1 c_1}$$
$$I_{样}=I_0 10^{-\varepsilon_2 L_2 c_2}$$

当两溶液颜色相同时，透光强度相等：

$$I_{标}=I_{样}$$

又因为对同一种物质，在相同条件下显色时，则

$$\varepsilon_1=\varepsilon_2,\quad L_1=L_2$$

所以 $c_{标}=c_{样}$，即水样中被测物质浓度与标准溶液浓度相等。

常用目视比色法是标准色阶法。

2. 具体做法——标准色阶法(标准系列法)

在一套质量相同、大小形状一样的玻璃比色管内，依次加入不同体积的含有已知浓度被测组分的标准溶液，并分别加入显色剂和其他试剂，稀释至相同体积，摇匀后得到一系列颜色深浅逐渐变化的标准色阶；在另一同样的比色管中加入一定量的被测试液，相同条件下显色，然后进行比色测定。方法：从管口垂直向下观察，逐一与标准色阶比较，若被测水样与标准系列中的某一溶液的颜色深浅一致，则表明两者浓度一样。若颜色介于两标准溶液之间，则被测溶液也介于两标准溶液之间，一般取平均值。标准色阶法一般用于测定水样中的色度和余氯等。

3. 标准色阶法的优缺点

标准色阶法的优点：①仪器设备简单，操作简便；②可以在复合光下测定。

标准色阶法的缺点：①显色溶液一般不太稳定，常须临时配制一套标准色阶，比较麻烦费时；②依靠人的眼睛来观察颜色的深浅度，有主观误差，因而准确度不高，相对误差约为5%～20%。

### 8.2.2 分光光度法

1. 分光光度法的特点

(1) 单色光纯度高：利用棱镜或光栅等分光器将复合光变为纯度较高的单色光。由于入射光是纯度较高的单色光，可选择最合适的波长进行测定，可使偏离朗伯-比尔定律的情况减少，标准曲线直线部分范围更大，提高了测量的灵敏度和准确度。

(2) 测量范围大：不仅可以测定可见光区有特征吸收的有色物质，也可以测定在紫外光区和红外光区有适当吸收的无色物质。

(3) 利用吸光度的加和性，测量两种或两种以上物质组分含量。

例如：水样中含有 $Fe^{2+}$ 和 $Fe^{3+}$ 时，可以利用吸光度的加和性实现同时测定。其中 $Fe^{2+}$ 与邻二氮菲生成的橙红色络合物 $[Fe(phen)_3]^{2+}$ 在510nm处有特征吸收，而 $Fe^{3+}$ 与邻二氮菲生成的淡蓝色络合物 $[Fe(phen)]^{3+}$ 则无显著吸收。因此可在510nm处测定水样中的 $Fe^{2+}$ 含量。同时 $[Fe(phen)]^{3+}$ 和 $[Fe(phen)]^{2+}$ 两络合物在390nm处为等吸收点、具有相等的吸收强度。因此，可在390nm波长处测定 $Fe^{2+}$ 与 $Fe^{3+}$ 的总浓度。因此，水样中 $Fe^{3+}$ 可由390nm处与510nm出测定的总铁量与 $Fe^{2+}$ 的含量差值求得。

2. 分光光度计的基本部件

一般由光源、单色器(分光系统)、吸收池、检测系统和信号显示系统等5部分组成。

1) 光源

发出所需波长范围内的连续光谱，有足够强度且在一定时间内保持稳定。分光光度计中常用的光源有热辐射光源和气体放电光源两类。热辐射光源用于可见光区，如钨丝灯和碘钨灯；气体放电光源用于紫外光区，如氢灯和氘灯。钨灯和碘钨灯可使用的范围在320～2500nm。在近紫外区测定时常用氢灯和氘灯，它们可在180～375nm范围内产生连续光源。氘灯的灯管内充有氢的同位素氘，它是紫外光区应用最广泛的一种光源，其光谱分布与氢灯类似，但光强度比相同功率的氢灯要大3～5倍。

2) 单色器(分光系统)

将光源发出的连续光谱分解为单色光的装置，称为单色器。单色器由进口狭缝、准直镜、色散元件、聚焦透镜和出口狭缝组成，其简单原理见图8.4。聚焦于进口狭缝的光，经准直镜变成平行光，投射于色散元件。色散元件的作用是使各种不同波长的平行光有互不相同的投射方向(或偏转角度)。再经与准直镜相同的聚光镜将色散后的平行光聚焦于出口狭缝上，形成按波长排列的光谱。转动色散元件或准直镜方位可在一个很宽的范围内，任意选择所需波长的光从出口狭缝分出。

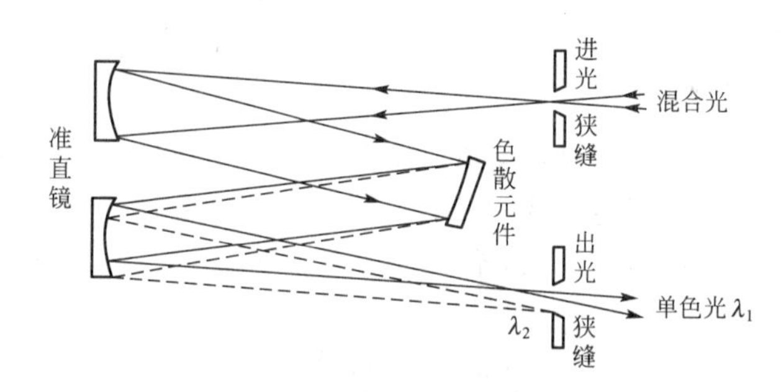


**图8.4　单色器光路示意图($\lambda_2>\lambda_1$)**

(1) 色散原件。色散元件，起分光的作用，常用的有棱镜和光栅。

棱镜是根据光的折射原理将复合光色散为不同波长的单色光，然后让所需波长的光通过狭缝照射到吸收池上。棱镜由玻璃或石英制成，玻璃棱镜用于可见光范围，但它能吸收紫外光，在紫外区必须用石英棱镜。石英棱镜可使用的波长范围较宽，可从185～4000nm，即可用于紫外、可见和近红外三个光域。

光栅是根据光的衍射和干涉原理将复合光色散为不同波长的单色光。它是在金属或玻璃表面上每毫米内刻有一定数量等宽等距离的平行条纹而制成的。它可用于紫外、可见及红外光域，而且在整个波长区具有良好的、几乎均匀一致的分辨能力。其缺点是各级光谱会重叠而产生干扰。

(2) 准直镜。准直镜是以狭缝为焦点的聚光镜。将进入单色器的发散光变成平行光，又用作聚光镜，将色散后的平行单色光聚集于出口狭缝。在紫外分光光度计中一般用镀铝的抛物柱面反射镜作为准直镜。铝面对紫外光反射率比其他金属高，但铝易受腐蚀，应注意保护。

(3) 狭缝。狭缝宽度直接影响分光质量，狭缝过宽，单色光不纯，可使吸光度改变。狭缝太窄，光通量小，会降低灵敏度；若增大放大器放大倍数又会使噪声增大，影响准确度，所以狭缝宽度要恰当。一般以尝试减少狭缝宽度，试样吸光度不再改变时的宽度为合适。

3）吸收池（比色皿）

吸收池也称为比色皿，是盛放试液的容器，有石英和玻璃的。玻璃比色皿用于可见光区，石英比色皿用于紫外光区。大多数比色皿为长方形，也有圆柱形的。厚度有 0.5cm、1.0cm、2.0cm、3.0cm、5.0cm 等数种规格。在同系列的比色测定中，液层的厚度必须固定统一，以便与工作曲线一致。同一规格的比色皿彼此之间的透光率误差应小于 0.5%，使用时应保持比色皿的光洁，特别要注意透光面不受磨损。

4）检测系统（又叫光电转化器）

将透射光转化为电信号进行测量的装置。常用的有光电池、光电管或光电倍增管。

光电池是在光的照射下直接产生电流的光电转换元件，常用的有硒光电池（图 8.5）。它是由 3 层物质构成的薄片：表层是导电性能良好的可透光金属，如金、铂、银或镉薄膜，中层是具有光电效应的半导体材料，底层是铁或铝片。当光线照射到光电池时，就有电子从半导体硒的表面逸出。由于硒的半导体性质，电子只能单向流动，即向金属薄膜移动，因而使它带负电，成为光电池的负极。硒层失去电子后带正电，因而使铁片带正电，成为光电池的正极。这样，在金属薄膜和铁片之间就产生电位差，线路接通后便产生光电流。如果把光电池和灵敏检流计连接起来，就可测出电流的强度。光电池受强度照射或长时间连续使用，会出现“疲劳”现象。即照射光的强度不变时，产生的光电流会逐渐下降，这时应暂停使用，使之恢复原来的灵敏度。

光电管是由阳极和光敏阴极构成的真空二极管，如图 8.6 所示。阳极是一个镍片或镍环，阴极是涂有一层光敏物质的半圆筒状金属片。当光电管的两极与电池相连时，由阴极放出的电子将会在电场作用下流向阳极，形成光电流。光电流的大小与入射光的强度成正比。常用的光电管有紫敏光电管和红敏光电管两种。前者是在阴极表面上涂锑和铯光敏物质，适用波长为 200～625nm；后者是在阴极表面上涂银和氧化铯，适用波长为 625～1000nm。光电管产生的光电流很小，需放大后才能用微安表检测。由于光电管的灵敏度比光电池高，光电流小于 $10^{-12}$ A 也能检测。光电管也有类似的“疲劳”现象，应注意避免长时间连续使用。

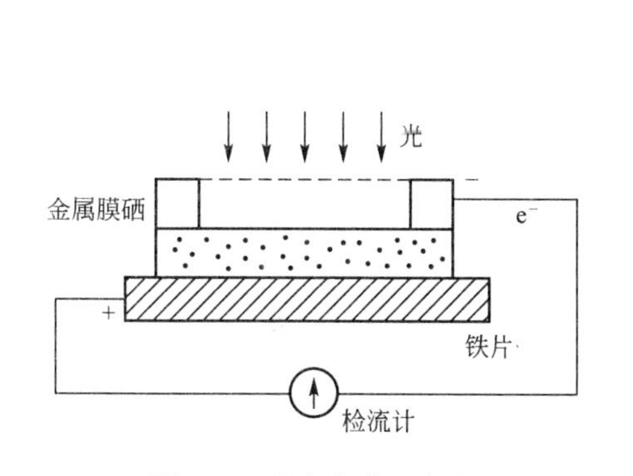


图 8.5 硒光电池示意图

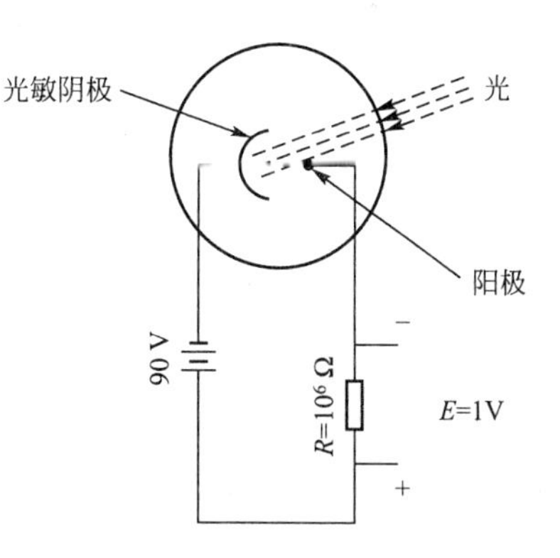


图 8.6 光电管作用示意图

光电倍增管是一个具有放大作用的真空光电管。它利用二次电子发射原理来放大光电流。其使用波长范围与光电管一样，取决于阴极的光敏材料。它的灵敏度比光电管高 200 多倍。光电倍增管在现代分光光度计中被广泛采用。

5）信号显示系统

信号显示系统的作用是放大信号并以适当方式指示或记录下来。很多型号的分光光度计装配有微处机，可进行操作控制和数据处理。

3. 分光光度计的类型

按测定的波长范围分类如表 8－3 所示。

表 8－3 分光光度计的分类

| 分 类 | 工作范围/nm | 光 源 | 单色器 | 接受器 | 国产型号 |
| --- | --- | --- | --- | --- | --- |
| 可见分光光度计 | 420～700<br>360～700 | 钨灯<br>钨灯 | 玻璃棱镜<br>玻璃棱镜 | 硒光电池<br>光电管 | 72 型<br>721 型 |
| 紫外、可见和近红外分光光度计 | 200～1000 | 氢灯及钨灯 | 石英棱镜或光栅 | 光电管或光电倍增管 | 751 型<br>WFD－8 型 |
| 红外分光光度计 | 760～40000 | 硅碳棒或辉光灯 | 岩盐或萤石棱镜 | 热电堆或测辐射热器 | WFD－3 型<br>WFD 7 型 |

按光路设计可分为单光束、双光束、双波长分光光度计。双光束和双波长分光光度计不仅能测量样品的吸收光谱，而且可以测量样品的差光谱和导数光谱(波长范围 180～2500nm)，扩大了光谱范围。

1）单光束分光光度计

如图 8.7 所示，光源产生复合光经单色器分光后，分解为波长连续的单色光，通过棱镜可选择所需波长，再射入样品溶液吸收池，通过的光入射到光电管上，发生光电效应而产生光电流，再经放大，使电流计偏转，然后调节滑线电阻即转动读数电位器来改变补偿电压，使电流指针重新归零，读电位器上的读数，以吸光度表示。样品溶液的吸光度值与样品溶液组分的含量或浓度成正比。因此，可测定待测组分的浓度和含量。这种简易型分光光度计结构简单、操作方便、维修容易，适用于常规分析。

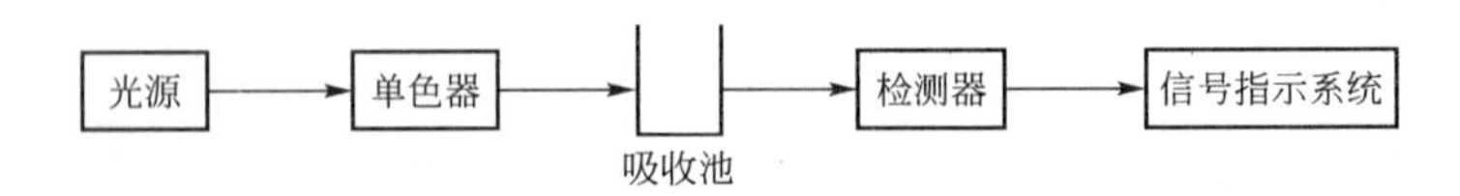


图 8.7 单光束分光光度计结构图

其缺点：不能消除光源或监测器波动带来的影响。

2）双光束分光光度计

双光束分光光度计(图 8.8)：经单色器分光后经反射镜分解为强度相等的两束光，一束通过参比池，一束通过样品池。光度计能自动比较两束光的强度，此比值即为试样的透光率，经对数变换将它转换成吸光度并作为波长的函数记录下来。

双光束分光光度计一般都能自动记录吸收光谱曲线。由于两束光同时分别通过参比池和样品池，此类分光光度计的光源波动、杂散光、电噪声的影响都能部分抵消，但同时因为一束光被分成两束光，能量变低，产生了光的波动、杂散光、电噪声。双光束分光光度计主要应用在待测溶液和参比溶液随时间的变化浓度也随之变化的试验中，起到随时跟踪，抵消因浓度的变化而给测试结果带来的影响。关于单光束和双光束的优劣，目前还是众说纷纭，各有优缺点，实际应用过程中应该根据自己的需要选择合适的分光光度计。

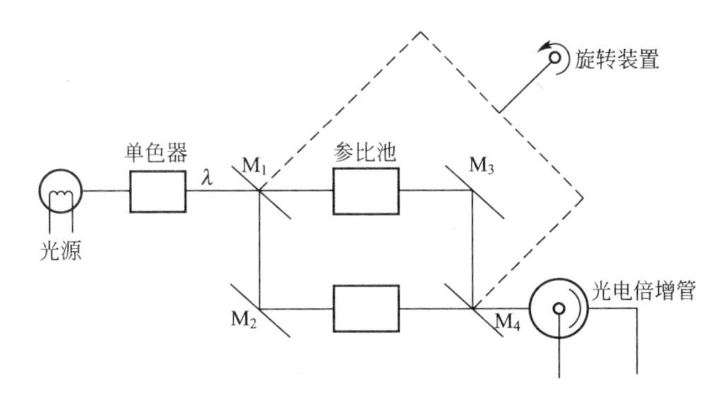


**图 8.8 单波长双光束分光光度计原理图**

$M_1$，$M_2$，$M_3$，$M_4$—反射镜

3）双波长分光光度计

如图 8.9 所示，由同一光源发出的光被分成两束，分别经过两个单色器，得到两束不同波长($\lambda_1$ 和 $\lambda_2$)的单色光；利用切光器使两束光以一定的频率交替照射同一吸收池，然后经过光电倍增管和电子控制系统，最后由显示器显示出两个波长处的吸光度差值 $\Delta A(\Delta A=A_{\lambda1}-A_{\lambda2})$。根据郎伯-比尔定量，$\Delta A$ 与溶液中被测组分的浓度成正比。

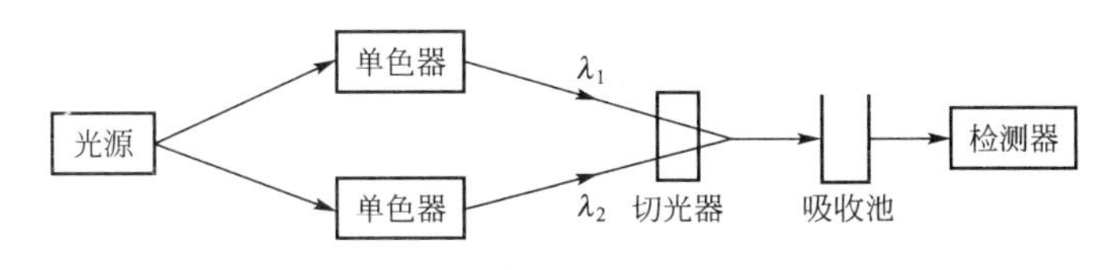


**图 8.9 双波长分光光度计结构图**

其优点：可以完全消除吸收池或空白与样品溶液不匹配所引起的测量误差。

# 8.3 显色反应及影响因素

在进行比色分析或光度分析时，许多物质本身具有明显的颜色，还有一些物质本身没有颜色或者颜色很淡，可以与某些化学试剂反应后生成具有明显颜色的物质。首先要利用显色反应把被测组分转变为有色化合物，然后进行比色或光度测定。这种把被测组分转变为有色化合物的反应称为显色反应，与被测组分形成有色化合物的试剂叫做显色剂。

## 8.3.1 显色反应及显色条件的选择

1. 显色条件的选择

显色反应应满足下列要求：

(1) 选择性好。选用的显色剂最好只与被测组分发生显色反应，或所选显色剂与被测组分和干扰离子生成的两种有色化合物的吸收峰相隔较远。例如：$Fe^{2+}$ 与邻二氮菲显色反应的灵敏度虽然不是很高，但因其选择性好，已成为测定铁的经典方法。

（2）灵敏度高。因为比色法和分光光度法多用于微量组分的测定，故一般选择生成显色化合物的摩尔吸收系数高［$\varepsilon$ 在 $10^4 \sim 10^5$ L/(mol·cm)］的显色反应。但是有时灵敏度高的反应不一定选择性好，故应全面考虑，对于常量组分的测定，不一定选择最灵敏的显色反应。

（3）生成的显色化合物的化学性质应足够稳定，应有恒定的组成。

（4）对比度大。有色化合物与显色剂之间的颜色差别要大。此时尽管显色剂有颜色，然而显色反应时颜色变化鲜明，其试剂空白值较小，就可以提高测定的准确度。这种差别常用对比度或反衬度($\Delta\lambda$)表示，它是有色化合物 MR 和显色剂 R 的最大吸收波长之差的绝对值：$\Delta\lambda = \lambda_{max}^{MR} - \lambda_{max}^{R}$，一般要求 $\Delta\lambda$ 在 60nm 以上。

（5）显色反应的条件要易于控制。如果条件要求过于严格，难以控制，测定结果的再现性就差。

2. 显色反应

显色反应可分两大类，络合反应和氧化还原反应，而络合反应是最主要的显色反应。

1）氧化还原反应

例如测定水中的 $Mn^{2+}$，以 $AgNO_3$ 为催化剂，用过硫酸铵$(NH_4)_2S_2O_8$ 将 $Mn^{2+}$ 氧化为紫红色的 $MnO_4^-$，在 $\lambda_{max}=525$nm 处，$MnO_4^-$ 有特征吸收，可以利用分光光度法测定水中的 $Mn^{2+}$ 含量。

$$2Mn^{2+} + 5S_2O_8^{2-} + 8H_2O \xleftrightarrow{AgNO_3} 2MnO_4^- + 10SO_4^{2-} + 16H^+$$

2）络合反应

无机阳离子的显色反应绝大多数都属于络合反应。例如，水样中 $Fe^{2+}$ 与邻二氮菲的反应：

$$Fe^{2+} + 3phen \rightleftharpoons [Fe(phen)_3]^{2+}$$

邻二氮菲生成的橙红色络合物在 508nm 处有特征吸收，这是邻二氮菲测定水中 $Fe^{2+}$ 的基础。

近年来，在分光光度法中发展较快的一类络合反应是形成三元络合物的显色反应。这类三元络合物与普通的二元络合物较之有更高的灵敏度和选择性，因而很有发展前途。例如，在 pH=6.0 的 $[Fe(phen)_3]^{2+}$ 溶液中加入甲基橙，阳离子 $[Fe(phen)_3]^{2+}$ 与甲基橙阴离子可以靠静电引力形成三元离子缔合型络合物，萃取后用分光光度法测定铁，其灵敏度又高于邻二氮菲分光光度法。

### 8.3.2 显色剂

显色剂分为无机显色剂和有机显色剂。无机显色剂所生成的络合物不够稳定，灵敏度和选择性都较差，常用的见表 8-4。有机显色剂与金属离子能形成有色稳定的螯合物，具有很高的灵敏度和选择件，广泛应用于光度分析中。

常用的有机显色剂有以下几种。

（1）双硫腙(又称二苯基硫代卡巴腙)，分子式为 $C_{13}H_{12}N_4S$，紫黑色结晶粉末，微溶于水，易溶于氨水或碱性介质中，可与20多种金属离子形成螯合物，在$CCl_4$或$CHCl_3$中呈显黄、红色或介于二色之间，是目前萃取比色测定$Pb^{2+}$、$Zn^{2+}$、$Cd^{2+}$、$Cu^{2+}$、$Hg^{2+}$等重金属离子的重要显色剂。

**表8-4 常用的无机显色剂**

| 显色剂 | 测定元素 | 反应介质 | 有色化合物组成 | 颜色 | 测定波长/nm |
| --- | --- | --- | --- | --- | --- |
| 硫氰酸盐 | Fe(Ⅲ) | 0.1～0.8mol/L $HNO_3$ | $Fe(SCN)_5^{2-}$ | 红 | 480 |
| | Mo(Ⅵ) | 1.5～2mol/L $H_2SO_4$ | $MoO(SCN)_5^-$ | 橙 | 460 |
| | W(Ⅴ) | 1.5～2mol/L $H_2SO_4$ | $WO(SCN)_4^-$ | 黄 | 405 |
| | Nb(Ⅴ) | 3～4mol/L HCl | $NbO(SCN)_4^-$ | 黄 | 420 |
| 钼酸铵 | Si(Ⅳ) | 0.15～0.3mol/L $H_2SO_4$ | $H_4SiO_4 \cdot 10MoO_3 \cdot Mo_2O_3$ | 蓝 | 670～820 |
| | P(Ⅴ) | 0.5mol/L $H_2SO_4$ | $H_3PO_4 \cdot 10MoO_3 \cdot Mo_2O_3$ | 蓝 | 670～820 |
| | V(Ⅴ) | 1mol/L $HNO_3$ | $P_2O_5 \cdot V_2O_5 \cdot 22MoO_3 \cdot nH_2O$ | 黄 | 420 |
| $H_2O_2$ | Ti(Ⅳ) | 1～2mol/L $H_2SO_4$ | $TiO(H_2O_2)^{2+}$ | 黄 | 420 |

双硫腙与重金属离子的反应很灵敏，可以利用控制pH和掩蔽方法，消除干扰，提高反应的选择性。表8-5列出了一些金属离子与双硫腙螯合物的$\lambda_{max}$及ε。

**表8-5 一些金属离子与双硫腙螯合物的$\lambda_{max}$及ε**

| 双硫腙 $H_2D_z$；$\lambda_{max}$=620nm　ε=3.3×10⁴ | | | |
| --- | --- | --- | --- |
| 金属离子与$H_2D_z$螯合物 | $\lambda_{0.82}$/nm | ε/[L/(mol·cm)] | 介质 |
| $Pb(HD_z)_2$ | 520 | $6.88\times10^4$ | $CCl_4$ |
| $Zn(HD_z)_2$ | 535 | $9.60\times10^4$ | $CCl_4$ |
| $Cd(HD_z)_2$ | 520 | $8.80\times10^4$ | $CCl_4$ |
| $Hg(HD_z)_2$ | 485 | $7.12\times10^4$ | $CCl_4$ |
| $Cu(HD_z)_2$ | 550 | $4.52\times10^4$ | $CCl_4$ |
| $Co(HD_z)_2$ | 542 | $5.92\times10^4$ | $CCl_4$ |
| $Ni(HD_z)_2$ | 665 | $1.92\times10^4$ | $CCl_4$ |

(2) 二甲酚橙(XO)。分子式为$C_{31}H_{32}N_2O_{13}S$，是一种三苯甲烷类显色剂。红棕色有光泽的结晶粉末，其钠盐易溶于水。由于具有邻甲酚酞结构，因此溶液的pH值对其颜色变化影响很大，在pH>6.3时，溶液呈红色，pH<6.3时，呈黄色。与许多金属离子形成红色或紫红色的络合比为1∶1的络合物。XO不仅是络合滴定中重要的金属指示剂，也是比色分析及分光光度分析的常用显色剂。一些金属离子与二甲酚橙形成的络合物的$\lambda_{max}$及ε列于表8-6。

还有铬天青S、结晶紫和罗丹明B等都属于三苯甲烷类显色剂。其中铬天青S(CAS)

与许多金属离子生成蓝、紫色或介于二色之间的络合物，主要用于测定 $Al^{3+}$，$Al(CAS)^{3+}$ 络合物的 $\lambda_{max}=530nm$，$\varepsilon=5.9\times10^4$。结晶紫主要用于测定铊($Tl^{3+}$)。

**表 8-6　部分金属离子与二甲酚橙形成的络合物的 $\lambda_{max}$ 及 $\varepsilon$**

| XO，$\lambda_{max}=440nm$ | | | |
|---|---|---|---|
| 金属离子与 XO 络合物 | $\lambda_{max}$ /nm | $\varepsilon$ /[L/(mol·cm)] | pH |
| $Bi^{3+}$ XO | 520 | $1.6\times10^4$ | |
| $Cu^{2+}$ XO | 580 | $2.41\times10^4$ | 5.4～6.4 |
| $Pb^{2+}$ XO | 580 | $1.94\times10^4$ | 4.5～5.5 |
| $Zr^{4+}$ XO | 535 | $3.18\times10^4$ | |
| $Th^{4+}$ XO | 535 | $2.50\times10^4$ | |

(3) 磺基水杨酸。分子式为 $C_7H_6O_6S$，为白色结晶或结晶性粉末，对光敏感，易溶于水和乙醇，溶于乙醚。其水溶液为无色，与许多高价金属离子形成稳定的有色络合物，是重要的有机显色剂之一。

O　OH
OH
· $2H_2O$
$HO_3S$

与 $Fe^{3+}$ 的络合物在不同 pH 时显不同颜色和不同组成。一般在 pH=1.8～2.5 条件下为红褐色的络离子，在 520nm 处有最大吸收，可在该波长处测定水中 $Fe^{3+}$ 的含量。

(4) 邻二氮菲(又称邻菲罗啉)。分子式为 $C_{12}H_8N_2$，为白色结晶，溶于乙醇、苯、丙酮，不溶于石油醚，是一种常用的氧化还原指示剂。它是测定 $Fe^{2+}$ 的较好显色剂。在 pH=5～6 时，生成 $[Fe(phen)_3]^{2+}$ 橙红色络合物，在波长为 508nm 处有最大吸收。如果水样中有 $Fe^{3+}$ 时，首先测定 $Fe^{2+}$，然后另取一份水样，加还原剂将 $Fe^{3+}$ 还原为 $Fe^{2+}$，再测总铁，最后由总铁减去 $Fe^{2+}$ 的含量求得水样中的 $Fe^{3+}$ 含量。

(5) 丁二酮肟。分子式为 $C_4H_8N_2O_2$，为白色三斜结晶或结晶性粉末，溶于乙醇、乙醚、丙酮和吡啶，几乎不溶于水，是测定镍的有效显色剂。在 NaOH 碱性溶液中，有氧化剂(如过硫酸铵)存在时，丁二酮肟与 Ni(Ⅳ)生成化学计量数为 1∶4 的可溶性红色络合物，其 $\lambda_{max}=470nm$，$\varepsilon=1.3\times10^4$。

### 8.3.3　多元络合物

由三种或三种以上的组分所形成的络合物为多元络合物。形成可提高吸光光度分析中的灵敏度，改善分析特性。目前应用较多的是一种金属离子与两种配位体所组成的三元络合物。

(1) 三元混配化合物。金属离子与一种配位剂形成配位数未饱和的络合物，再与另一种配位剂结合，形成三元混合络合化合物，简称三元混配化合物。例如，用 $H_2O_2$ 测定钒(V)，在 $\lambda_{max}=450nm$ 处的 $\varepsilon$ 为 $2.7\times10^2$，如用 PAR 显色，灵敏度有所提高，但选择性差。如果将钒(V)、PAR、$H_2O_2$ 三者混合，在一定的条件下形成三元络合物(紫红色)，

吸收光谱红移至 $\lambda_{max}=540nm$，$\varepsilon=1.4\times10^4$，其灵敏度明显提高。

(2) 三元离子缔合物。金属离子首先与配位体生成配阴离子或配阳离子(配位数已满足)，再与带反电荷的离子生成离子缔合物。主要用于萃取光度法测定。例如，$Ag^+$ 与邻二氮菲形成阳离子，再与溴邻苯三酚红的阴离子形成深蓝色的离子缔合物，可测定微量 $Ag^+$。

(3) 三元胶束配合物。许多金属离子与显示剂反应时，加入表面活性剂，形成胶束化合物。它们的吸收峰比二元配合物向长波方向移动(红移)，使测定的灵敏度提高。例如，$Al^{3+}$ 与铬天青 S(CAS)形成二元配合物的 $\lambda_{max}$ 为 545nm，$\varepsilon$ 为 $4\times10^4$ L/(mol·cm)，当有氯化十六烷基三甲铵存在时，形成三元配合物的 $\lambda_{max}$ 为 620nm，$\varepsilon$ 为 $10^5$ L/(mol·cm)。

(4) 三元杂多酸。由两种简单的含氧酸组成复杂的多元酸，称为杂多酸或二元杂多酸。例如，在酸性条件下，过量的钼酸盐与磷酸盐、硅酸盐、砷酸盐等含氧酸作用生成杂多酸，可用于测定相应的磷、硅、砷等元素。如果杂多酸由三种简单的含氧酸组成，则为三元杂多酸。例如，磷钼钒杂多酸比相应的二元杂多酸吸光度更高。

### 8.3.4 影响显色反应的因素

分光光度法测定的是显色反应达到平衡后溶液的吸光度，因此根据溶液平衡原理，了解影响显色反应的因素，控制适当的条件，使显色反应完全稳定，才能获得更准确的结果。影响显色反应的因素有以下几种。

1. 显色剂用量

显色反应可用下式表示：

$$M+nR \rightleftharpoons MR_n$$

$$\beta_n=\frac{[MR_n]}{[M][R]^n} \quad 或 \quad \frac{[MR_n]}{[M]}=\beta_n[R]^n \tag{8-7}$$

式中：$M$——代表金属离子；

$R$——代表显色剂；

$\beta_n$——络合物的累积稳定常数。

由式(8-7)可以看出，当[R]固定时，M 转化为 $MR_n$ 的转化率将不发生变化。为了使反应尽可能地进行完全，应加过量的显色剂。但显色剂过量有时会引起副反应的发生，对测定不利。显色剂的适宜用量常通过试验来确定，方法是将待测组分的浓度及其他条件固定，然后加入不同量的显色剂，测定其吸光度，绘制吸光度 $A$ 与浓度 $c$ 关系曲线，一般可得到图 8.10 所示 3 种不同的情况。

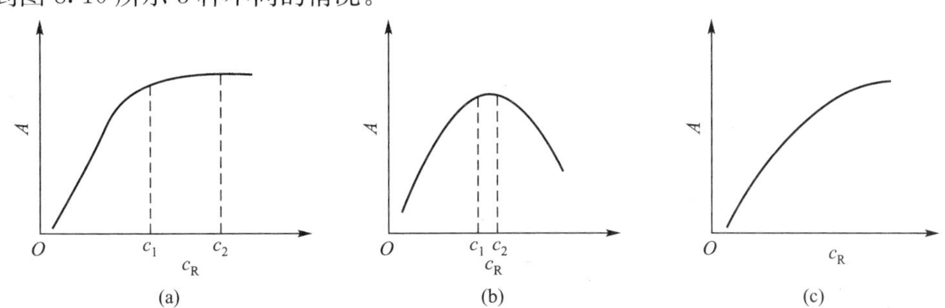


图 8.10 吸光度与显色剂浓度的关系曲线

(1) 图8.10(a)中曲线表明，当显色剂浓度 $c_R$ 小于 $c_1$ 时，显色剂用量不足，待测离子没有完全转变为有色络合物，随着 $c_R$ 增大，$A$ 增大。在 $c_1$ 至 $c_2$ 时，曲线平直，吸光度出现稳定值，因此可在此范围内选择合适的显色剂用量。这类反应生成的有色络合物稳定，对显色剂浓度控制要求不太严格，只要加入稍过量的显色剂，显色反应即能定量进行，适用于光度分析。

(2) 图8.10(b)中曲线表明，当显色剂浓度在 $c_1$ 至 $c_2$ 这一较窄的范围内时，吸光度才较稳定，显色剂浓度小于 $c_1$ 或大于 $c_2$ 时，吸光度值都会下降，因此必须严格控制 $c_R$ 的大小。例如硫氰酸盐与钼(Mo)的反应：

$$\underset{\text{浅红}}{Mo(SCN)_3^{2+}} \rightleftharpoons \underset{\text{橙红}}{Mo(SCN)_5} \rightleftharpoons \underset{\text{浅红}}{Mo(SCN)_6^-}$$

以 $SCN^-$ 为显色剂测定钼时，要求生成 $Mo(SCN)_5$ 进行测定。当 $SCN^-$ 浓度过高或过低时，生成配位数低或高的络合物，都会使溶液的吸光度降低。因此，对某些不稳定的或形成逐级络合物的反应，则只有严格控制显色剂的用量，才能得到准确的结果。

(3) 图8.10(c)中曲线表明，随着显色剂浓度增大，吸光度不断增大。例如以 $SCN^-$ 为显色剂测定 $Fe^{3+}$ 时，随着 $SCN^-$ 浓度的增大，逐步生成颜色更深的不同配位数的络合物，使吸光度值增大。这种显色反应条件很难控制，一般不适用于光度分析。

2. 酸度的影响

溶液的酸度对显色反应存在多方面的影响，如影响显色剂的颜色、络合物的组成、被测离子的存在状态等。

(1) 对显色剂平衡浓度的影响。

显色反应所用的显色剂大多数是有机弱酸。如显色剂用HR表示，则被测物质组分M与显色剂的反应为：

$$M + HR \rightleftharpoons MR + H^+$$

显然，$H^+$ 浓度增加，平衡向左移动，会促进MR的离解，使MR浓度降低，吸光度也降低，影响测定结果的准确度。

例如偶氮胂Ⅲ又称铀试剂Ⅲ，是一种变色酸双偶氮类显色剂，分子式：$C_{22}H_{18}As_2N$，紫褐色粉末，$\lambda_{max}=450nm$，主要用于比色测定或分光测定锕系元素、钡、铋、钙、铜、铁、镧、镎、钯、钋、钚、稀土金属、钪、钍、铀和锆。如测定稀土元素时，pH=1，显色反应不能进行；只有pH=3时，显色反应才能定量进行。

(2) 对显色剂颜色的影响。

许多显色剂具有酸碱指示剂的性质，即在不同pH下有不同的颜色。例如，PAR(4-2-吡啶偶氮间苯二酚)(用 $H_2R$ 表示)在不同pH下，颜色不同。

$$\underset{\text{黄色}}{H_2R} \xrightleftharpoons{pH=6.9} \underset{\text{橙色}}{H^+ + HR^-} \xrightleftharpoons{pH=12.4} \underset{\text{红色}}{2H^+ + R^{2-}}$$

可见，pH<6.9时，主要以 $H_2R$ 型体存在，呈黄色。pH为6.9～12.4时，主要以 $HR^-$ 型体存在，呈橙色。当pH>12.4时，以 $R^{2-}$ 型体存在，呈红色。由于在碱性溶液中，PAR呈红色，而PAR与多数金属离子生成的显色络合物也是红色或紫红色，所以必须在酸性或弱碱性条件下进行测定。

(3) 对被测金属离子的存在状态的影响。

大部分高价金属离子，如 $Fe^{3+}$、$Al^{3+}$、$Th^{4+}$、$Ti^{4+}$ 等都易水解，当溶液的酸度降低时，除了以简单金属离子形式存在外，还可能形成碱式盐或氢氧化物沉淀。

(4) 对络合物组成的影响。

当溶液的酸度不同时，对于某些能形成逐级络合物的显色反应，络合物的组成会随溶液的酸度而改变。例如，磺基水杨酸(SSal)与 $Fe^{3+}$ 的显色反应，在 pH 为 2～3、4～7、8～11 时，将分别生成化学计量数为 1∶1(紫红色)、1∶2(棕红色)和 1∶3(黄色)的络合物。故测定应严格控制溶液的酸度，才能获得组成恒定的有色络合物。

控制显色反应的 pH 采用缓冲溶液，并通过试验确定适宜的 pH 范围。具体做法是：固定溶液中被测组分和显色剂的浓度，改变 pH，并分别测定相应的吸光度值 $A$。作 pH－A 曲线图，如图 8.11 所示，选择曲线平坦部分对应的 pH。

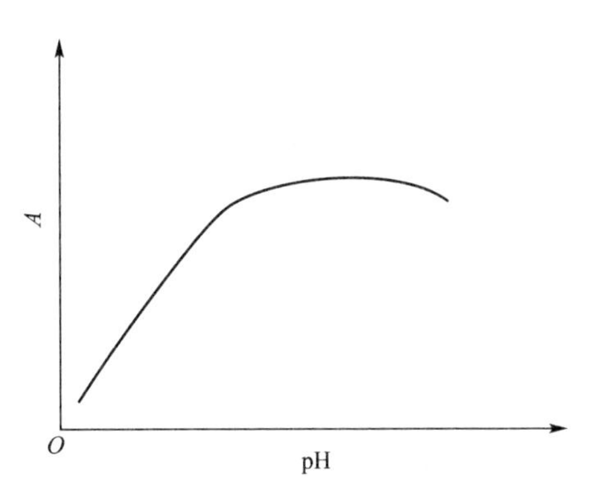


图 8.11 吸光度与 pH 的关系曲线

3. 显色温度

显色反应一般在室温下进行，但有些显色反应受温度影响很大，室温下进行很慢，必须加热至一定温度才能迅速完成。但有些有色化合物当温度较高时会发生分解。合适的显色温度也要通过试验，绘制出吸光度—温度曲线，从中找出适宜的温度范围。

4. 显色时间

显色时间是指溶液颜色达到稳定时的时间。有些显色反应在瞬间即完成，溶液颜色很快达到稳定状态，并在较长时间内保持稳定 [图 8.12(a)]，例如用双硫腙比色法测定水中的镉($Cd^{2+}$)生成的红色络合物 $Cd(HD_2)_2$。有些显色反应产物，虽能迅速完成，但由于受空气氧化等因素的影响而分解褪色 [图 8.12(b)]，例如，硫氰酸盐比色法测 $Fe^{3+}$ 生成的硫氰酸铁，遇此情况，显色后要立即测定。有些显色反应较慢，经一定时间颜色才能稳定 [图 8.12(c)]，例如氯化氰(CNCl)是含氰(CN)废水氯化时产生的第一反应产物，属于挥发性气体，稍溶于水，毒性很大。用吡啶—巴比妥酸混合试剂比色测定，该试剂与 CNCl 产生红-蓝色化合物，显色反应于 8min 之后 15min 内在 578nm 处测定。所以要根据具体情况，掌握适当的显色时间，在颜色稳定的时间内进行测定。有些显色反应既缓慢又不稳定 [图 8.12(d)]，这种显色反应条件很难控制，一般不适用于光度分析。

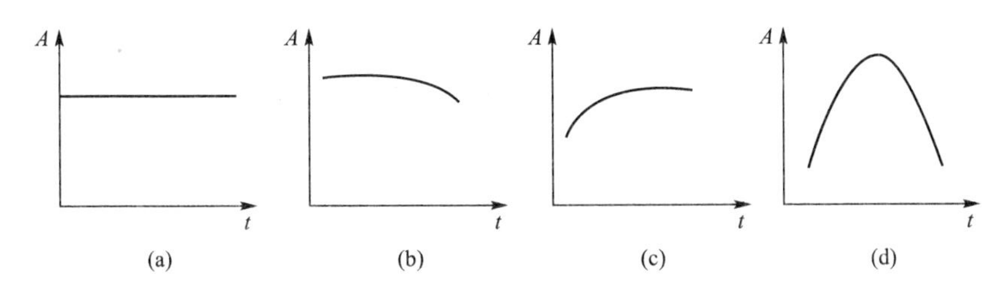


图 8.12 吸光度与显色时间的关系曲线

5. 溶剂

溶剂对显色反应的影响表现在下列几方面。

(1) 有机溶剂提高显色反应的灵敏度。例如：偶氮氯膦 I 测定 $Ca^{2+}$ 时，加入乙醇后，颜色加深，吸光度显著增加。

(2) 提高显色络合物的稳定性。有机溶剂降低络合物的解离度，使颜色加深提高了测定的灵敏度。例如，$[Fe(SCN)]^{2+}$ 在水溶液中 $\lg K_{稳}=2.30$，而在 90% 乙醇中则 $\lg K_{稳}=4.70$。

(3) 溶液可作为萃取剂将被测组分从水溶液中萃取出来再进行光度分析。例如，测定水中的微量酚，用 4-氨基安替比林显色后，再用 $CHCl_3$ 萃取后在 460nm 处测定。提高了灵敏度，这种方法通常称做萃取比色法或萃取光度法。

(4) 溶剂影响显色反应的速度。例如，氯代黄酚 S 测定铌(Nb)在水溶液中显色需要几个小时，而在丙酮溶液中只需 30min。

6. 溶液中共存离子的干扰及消除

在显色反应中，如果溶液中共存离子与检测组分或显色剂生成无色络合物或有色络合物，将使吸光度值减少或增加，而造成负误差或正误差。如果溶液中共存离子本身有颜色也会干扰测定。消除共存离子干扰的方法有以下几种。

1) 控制酸度(pH)

控制显色溶液的酸度，是消除干扰的简便而重要的方法。许多显色剂是有机弱酸，控制溶液的酸度，就可以控制显色剂 R 的浓度，这样就可以使某种金属离子显色，使另外一些金属离子不能生成有色络合物。如 $Pb^{2+}$、$Cd^{2+}$、$Cu^{2+}$、$Co^{2+}$、$Ni^{2+}$ 与显色剂双硫腙生成络合物的稳定性远不如双硫腙与 $Hg^{2+}$ 所生成的络合物，在 0.5mol/L $H_2SO_4$ 介质中，上述干扰离子均不影响对 $Hg^{2+}$ 的测定。

2) 加掩蔽剂

使与干扰离子形成很稳定的无色络合物(或虽有颜色，但与被测有色化合物的颜色有较大差别，不影响测定)，而不与被测离子形成络合物或只形成极不稳定的络合物，因而消除了干扰离子的影响。例如在 $NH_4SCN$ 测定 $Co^{2+}$ 时，加入 NaF 可消除 $Fe^{3+}$ 的干扰。

3) 改变干扰离子的价态

如用显色剂 $NH_4SCN$ 测定 Mo(Ⅵ)，$Fe^{3+}$ 的干扰可通过加入还原剂 $SnCl_2$ 或抗坏血酸使其变为 $Fe^{2+}$ 予以消除。

4) 选择适当的光度测量条件和方法

一般做空白试验可以抵消有色共存离子或显色剂本身颜色所造成的干扰；选择适宜波长，也可消除共存干扰物质的影响，如高锰酸钾的 $\lambda_{max}$ 为 525nm，但若在此波长下测定，重铬酸钾的干扰颇大。若改变吸收波长，虽会使得测定的灵敏度略有降低，但却能避开重铬酸钾的干扰。因此，测定波长选在 545nm 处。

5) 分离干扰离子

若上述方法均不能满足要求时，应采用沉淀、离子交换或溶剂萃取等分离方法消除干扰，其中以萃取分离应用较多。

# 8.4 定量的基本方法

## 8.4.1 标准对照法

在相同条件及选定波长处，测定标准溶液及待测溶液的 $A_{标}$ 和 $A_{样}$，则

$$A_{标}=\varepsilon_1 L_1 c_1$$

$$A_{样}=\varepsilon_2 L_2 c_2$$

又因为对同一种物质，在相同条件下显色时，故 $\varepsilon_1=\varepsilon_2$，$L_1=L_2$，即

$$c_{样}=A_{样}c_{标}/A_{标} \tag{8-8}$$

## 8.4.2 标准曲线法

标准曲线法是最常用到的定量方法，即首先用基准物质配置一定浓度的储备溶液，然后再由储备溶液配置一系列标准溶液。选定波长，测定每个标准溶液的吸光度值。并以 $A$ 为纵坐标，对应的浓度为横坐标作图，可得一条通过原点的直线，即标准曲线。在相同条件下，测定待测液的 $A_x$，在标准曲线上查出 $c_x$，若待测液经过稀释，则乘以稀释倍数。该方法可进行批量分析，是吸收光谱法最常用的定量方法。

## 8.4.3 最小二乘法

在分光光度法中，$A$ 与 $c$ 之间的关系呈直线趋势，可用一条直线来描述两者间的关系：

$$c=aA+b \tag{8-9}$$

用求极值方法可求得 $a$ 和 $b$。可在常见的数据处理软件(如：excel、origin、SPSS 等)中或编程完成。

在建立回归方程相同的条件下，只要测定样品溶液在相同波长下的吸光度值，就可由回归方程求得样品的含量。

应用回归方程需要注意两点：

(1) 回归方程是在特定条件下求得的，不能随便套用。

(2) 分光光度法中吸光度值 $A$ 与样品溶液浓度 $c$ 应在建立回归方程中的取值范围内，否则不能轻易外推。

## 8.4.4 联立方程法

吸光度具有加和性，即混合物的总的吸光度等于混合物中各组分的吸光度之和。该方法可以对多组分系统进行分析测定

假设要测定试样中的两个组分 A 和 B，绘制 A、B 两纯物质的吸收光谱，可出现 3 种情况，如图 8.13 所示。

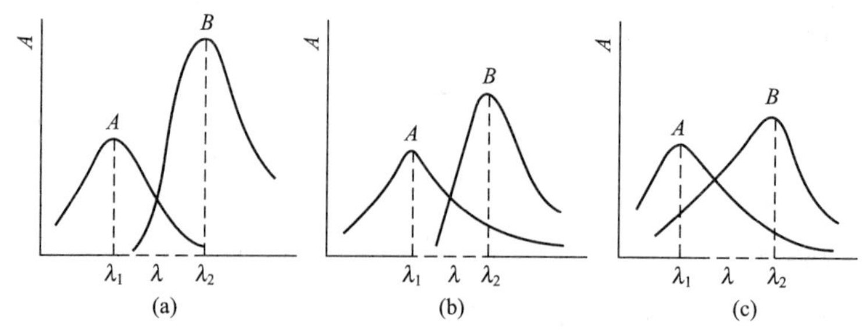


**图 8.13 两组分混合物的测定**

(a) 情况表明两组分 A 和 B 互不干扰，可以用测定单组分的方法在 $\lambda_1$、$\lambda_2$ 分别测定 A、B 的含量。

(b) 情况表明 A 组分对 B 组分的测定有干扰，而 B 组分对 A 组分的测定无干扰，则可以在 $\lambda_1$ 处单独测量 A 组分，求得 A 组分的浓度 $c_A$，然后在 $\lambda_2$ 处测量溶液的吸光度 $A_{\lambda_2}^{A+B}$ 及 A、B 纯物质的摩尔吸光系数 $\varepsilon_{\lambda_2}^{A}$ 和 $\varepsilon_{\lambda_2}^{B}$，根据吸光度的加和性，即得

$$A_{\lambda_2}^{A+B}=A_{\lambda_2}^{A}+A_{\lambda_2}^{B}=\varepsilon_{\lambda_2}^{A}c_A L+\varepsilon_{\lambda_2}^{B}c_B L \tag{8-10}$$

即可求出 $c_B$。

(c) 情况表明两组分互相干扰，此时，在 $\lambda_1$、$\lambda_2$ 处分别测定溶液的吸光度 $A_{\lambda_1}^{A+B}$ 及 $A_{\lambda_2}^{A+B}$，而且同时测定 A、B 纯物质的 $\varepsilon_{\lambda_1}^{A}$、$\varepsilon_{\lambda_1}^{B}$ 及 $\varepsilon_{\lambda_2}^{A}$、$\varepsilon_{\lambda_2}^{B}$。列出联立方程：

$$\begin{aligned}A_{\lambda_1}^{A+B}&=\varepsilon_{\lambda_1}^{A}c_A L+\varepsilon_{\lambda_1}^{B}c_B L\\A_{\lambda_2}^{A+B}&=\varepsilon_{\lambda_2}^{A}c_A L+\varepsilon_{\lambda_2}^{B}c_B L\end{aligned} \tag{8-11}$$

解上述方程组，求出 $c_A$ 及 $c_B$。

## 8.4.5 示差分光光度法

一般吸光光度法适宜于微量组分的测定，对于测定高含量物质来说，则有一定的缺陷。因为含量越高，吸光度越大，当吸光度大于 0.8 时，读数及仪器都产生较大误差，若高倍稀释或少称试样，又会使测定的准确度降低，而用示差分光光度法就可以克服上述缺点。

示差分光光度法简称示差法。测定待测溶液($c_x$)时，首先使用一个浓度稍低于待测溶液的已知浓度的标准溶液($c_s$)作参比溶液，调节仪器透光率为 100%(即 $A=0$)，然后测定待测溶液的吸光度，根据测得的吸光度计算待测溶液的含量。由朗伯-比耳定律可知：

$$A_x=\varepsilon b c_x$$

$$A_s=\varepsilon b c_s$$

$$\Delta A=A_x-A_s=\varepsilon b(c_x-c_s)=\varepsilon b\Delta c \tag{8-12}$$

式(8-12)说明，待测溶液与参比溶液的吸光度差值，与两溶液的浓度差成正比，这就是示差法的基本原理。若用 $c_s$ 的标准溶液作参比，测定一系列浓度 $c$ 已知的标准溶液的 $\Delta A$，以 $\Delta c$ 为横坐标，以 $\Delta A$ 为纵坐标绘制标准曲线，由测得的 $\Delta A_x$ 值就可在标准曲线上查得 $\Delta c_x$ 值，根据 $\Delta c_x=c_x-c_s$ 计算出试样中 $c_x$ 值。示差分光光度法可采用计算法和标准曲线法进行定量分析。

1. 标准计算法

先配制两种不同浓度的标准溶液 $c_1$ 和 $c_2$，且 $c_2>c_1$，以 $c_1$ 为参比溶液调节吸光度为

零。然后分别测量标准溶液 $c_2$ 及试样 $c_x$ 的吸光度为 $A_2$、$A_x$，即可求出试样中的被测组分的含量。

**【例 8-2】** 用双硫腙法测定废水中铅的含量，如果选用含铅为 3.06mg/L 的标准样品作参比溶液，假设测得水样的吸光度为 0.520，同一参比溶液对含铅为 5.00mg/L 的标准样品吸光度为 0.470，求水样中铅的含量。

**解：** 设水样中铅的浓度为 $c_x$mg/L，则吸光度为 $A_x$。

依题意知铅标准溶液

$$c_1=3.06\text{mg/L},\ A_1=0;\ c_2=5.00\text{mg/L},\ A_2=0.470$$

$$A_x-A_1=\varepsilon b(c_x-c_1)\Rightarrow 0.520-0=\varepsilon b(c_x-3.06)$$

$$A_2-A_1=\varepsilon b(c_2-c_1)\Rightarrow 0.470-0=\varepsilon b(5.00-3.06)$$

$$\therefore c_x=\frac{0.520\times(5.00-3.06)}{0.470}+3.06=5.21\text{mg/L}$$

2. 标准曲线法

先配制一系列已知浓度的标准溶液，以浓度最小的标准溶液为参比溶液，调节吸光度为零，依次测量其他浓度标准溶液与参比溶液的吸光度差值 $\Delta A$，以 $\Delta A$ 与相对应的 $\Delta c$ 作图绘制曲线，以相同的参比溶液测定试液的吸光度，即可确定试液的浓度。

**【例 8-3】** 用邻二氮菲示差分光光度法测定铁时，分别配制 5.00、5.20、5.40、5.60、5.80(单位为 mg/50mL)铁的标准溶液，以 5.00mg/50mL 的标准溶液作参比溶液，依次测得其他浓度标准溶液与参比溶液的吸光度差值分别为 0.095、0.189、0.285、0.382。取试液 25.0mL，与绘制标准曲线相同条件下测定其吸光度为 0.260，求试液中铁的含量。

**解：** 根据试验数据(表 8-7)，绘制标准曲线(图 8.14)。

**表 8-7 试验数据**

| $\Delta c$/(mg/50mL) | 0 | 0.2 | 0.4 | 0.6 | 0.8 |
|---|---|---|---|---|---|
| $\Delta A$ | 0 | 0.095 | 0.189 | 0.285 | 0.382 |

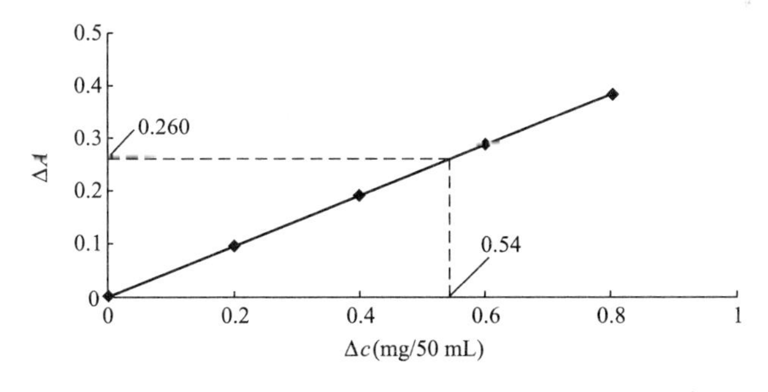


**图 8.14 标准曲线**

由测得试液的 $\Delta A_x=0.260$，从标准曲线上查得相对应的 $\Delta c=0.54$mg/50mL，即

$$c_x=\Delta c+c_s=0.54+5.00=5.54$$

所以试样中铁的含量为：$\frac{5.54}{25.0}\times 1000=222$mg/L

示差法与普通光度法相比较，主要不同之处在于参比溶液不同。普通光度法用纯溶

剂、空白溶液、试样溶液作参比溶液；示差分光光法用浓度稍低于试液或稍高于试液的标准溶液作参比溶液。

说明：①示差光度法准确度比普通光度法高；②普通光度法只适用于常量、半微量、微量组分的测定，而示差光度法不仅适用于上述含量测定，更适用于高含量组分测定；③示差光度法重要的是选择适当浓度的标准溶液作参比溶液，示差法相对普通光度法提高测量准确度的原因是扩展了读数标尺。

## 8.5 应用实例

通常各种水中的微量或痕量组分，如 $K^+$、$Mn^{2+}$、$Cu^{2+}$、$Zn^{2+}$、$Fe^{3+}$、$Al^{3+}$、$F^-$、$I^-$、$S^{2-}$、$PO_4^{3-}$ 等都用比色分析法测定。水中重要的有害污染物质，如铅、铬、汞、镉、砷、氰化物、酚、有机农药、苯基烷烃类等也常用比色分析法测定。甚至反映水中氮素有机物污染的水质指标，如氨氮、亚硝酸盐氮、硝酸盐氮等，也是利用比色分析法测定的。除了广泛地用于测定微量组分外，也可用于常量组分及多组分的测定，同时还可以用于研究化学平衡，络合物组成的测定等。

### 8.5.1 天然水中 $Fe^{2+}$ 的测定

天然水中的铁主要以 $Fe(HCO_3)_2$ 型体存在，天然水中的含量极少，对人类健康并无影响。但饮用水中含铁量太高，会产生苦涩味。饮用水规定铁含量应小于 0.3mg/L。工业用水(加印染用水等)对铁还有特殊要求。水中含铁量在 1mg/L 左右，就易与空气中的 $O_2$ 作用产生浑浊现象：

$$4Fe(HCO_3)_2+O_2+2H_2O \rightleftharpoons 4Fe(HO)_3+8CO_2\uparrow$$

$$2Fe(OH)_3 \longrightarrow Fe_2O_3\cdot 3H_2O$$

水中铁的测定采用邻二氮菲分光分光光度法。

1）方法原理

邻二氮菲(phen)是测定 $Fe^{2+}$ 的灵敏显色剂，在 pH 为 3～9 的溶液中，$Fe^{2+}$ 与 phen 生成稳定的橙红色络合物 $[Fe(phen)_3]^{2+}$。

$$Fe^{2+}+3phen \longrightarrow [Fe(phen)_3]^{2+} \quad (橙红色)$$

$$[Fe(phen)_3]^{2+} 的\ \lambda_{max}=508nm,\ \varepsilon=1.1\times10^4$$

此络合物在避光条件下可稳定半年。用 1cm 比色皿，在 508nm 处测定吸光度值，由标准曲线上查出对应的 $Fe^{2+}$ 的含量。

测定水中总铁：用还原剂(如抗坏血酸或盐酸羟胺)将水中的 $Fe^{3+}$ 还原为 $Fe^{2+}$，然后进行测定，得到总铁的含量。两者相减也可以得到 $Fe^{3+}$ 的含量。

该方法用于水和废水中铁的测定，最低检出浓度为 0.03mg/L，测定上限为 5.0 mg/L。

2）注意事项

(1) 水样中铁浓度>5.0mg/L 时，水样稀释后测定。

(2) 水样中如有 $CN^-$、$NO_2^-$、焦磷酸盐(如 $Na_4P_2O_7$)、偏磷酸盐 [磷酸盐的一种缩聚型体，如 $(NaPO_3)_n$]。加酸煮沸除 $CN^-$、$NO_2^-$；并可使多磷酸盐转化为正磷酸盐，以减轻干扰。但含有 $CN^-$ 或 $S^{2-}$ 的水样在酸化时，必须小心，以防中毒。

(3) 当水样中 $Cu^{2+}$、$Zn^{2+}$、$Co^{2+}$、Cr(Ⅵ)的浓度小于10倍铁浓度，$Ni^{2+}$ 小于2mg/L时，不干扰测定，当浓度再高时，可加入过量邻二氮菲显色剂予以消除；水样中 $Hg^{2+}$、$Cd^{2+}$、$Ag^+$ 等能与邻二氯菲生成沉淀，浓度高时，可将沉淀过滤除去，浓度低时，可加过量显色剂来消除。

(4) 水样中有强氧化剂时，加入过量还原剂(加盐酸羟胺)消除干扰。

(5) 水中含有大量有机物或颜色较深，可将水样蒸干、灰化后用酸重新溶解再测定，或用不加邻二氯菲的有底色水样作参比进行校正。

### 8.5.2 废水中镉的测定

镉(Cd)的粉尘及其化合物毒性很大。20世纪50年代初日本著名的“痛痛病”(又骨痛病)，就是含镉废水污染稻田，人食用含镉大米而中毒，多为腰痛，严重者骨软化，多发生骨折、步态蹒跚。天然铅锌矿中含有Cd，其矿场废水及附近地下水均含Cd。冶金、电镀、化学及纺织工业也会产生含Cd废水。我国生活饮用水标准规定Cd<0.01mg/L；渔业水域水质标准和农田灌溉用水水质标准均规定Cd<0.005mg/L；工业废水最高容许排放浓度为0.1mg/L。

废水中镉的测定可采用双硫腙分光光度法。

1) 方法原理

在一定条件下，于强碱性溶液中，$Cd^{2+}$ 与双硫腙($H_2D_z$)生成红色螯合物 $Cd(HD_z)_2$，用 $CCl_4$ 或 $CHCl_3$ 萃取分离后，于518nm波长处测定吸光度值。用标准曲线法求出水样中镉的含量。

$$Cd^{2+} + 2H_2D_z \longrightarrow Cd(HD_z)_2 + 2H^+$$

红色的 $Cd(HD_z)_2$ 的 $\lambda_{max}=518nm$，　$\varepsilon=8.56\times10^4$

此螯合物的 $K_{稳}=3.4\times10^{19}$，在1h内稳定不变。该方法的灵敏度较高，当水样为100mL，用2cm比色皿时，$Cd^{2+}$ 的最低检出浓度为0.001mg/L，测定上限为0.06mg/L。该方法适用于受镉污染的天然水和废水中镉的测定。

2) 注意事项

(1) 显色剂双硫腙对光、热十分敏感，易被氧化，其氧化产物在 $CCl_4$ 中呈黄色或棕色，所以双硫腙必须提纯后再用，具体提纯方法可参考有关书籍。同时，要求测定中使用的容器、试剂、蒸馏水要纯净。

(2) 水样中 $Pb^{2+}$ 20mg/L、$Zn^{2+}$ 20mg/L、$Cu^{2+}$ 40mg/L、$Mn^{2+}$ 4mg/L、$Fe^{2+}$ 4mg/L时，在酒石酸钾钠溶液存在下不干扰测定。

(3) 水样中含 $Hg^{2+}$、$Ag^+$ 等离子时可预先在pH=2下，用双硫腙溶液萃取除去；如有 $Co^{2+}$、$Ni^{2+}$ 时，可在pH=8～9时，加丁二酮肟生成络合物，用氯仿萃取除去，Co的络合物不被萃取，但不干扰测定。

### 8.5.3 水中微量酚的测定

酚类分为挥发酚和不挥发酚。能与水蒸气一起挥发的酚为挥发酚，如苯酚、邻甲酚、对甲酚等；否则为不挥发酚，如间苯二酚、邻苯二酚等。

煤气发生站、焦化厂、石油化工厂、炼油厂，酚醛树脂厂及化学制药厂等废水中都含有酚。含酚废水的处理与利用是急待解决的问题。

酚类对人体的毒性较大。长期饮用被酚污染的水可引起慢性中毒，症状表现为头痛、恶心、呕吐、腹泻、贫血等，甚至发生神经系统障碍；人体摄入一定量时，还会出现急性中毒症状。水中含低浓度0.1～0.2mg/L的酚类时，使水中鱼肉味道变劣；大于0.5mg/L时则造成中毒死亡；用大于200mg/L的含酚废水灌溉，会使农作物枯死或减产；如果用被酚污染的水体作为给水源，水中即使含有0.001mg/L的酚，也会由于氯消毒而产生令人讨厌的氯代酚恶臭。我国饮用水标准中规定挥发酚含量不得超过0.002mg/L，灌溉用水不得超过0.1mg/L。

水中微量酚采用4-氨基安替比林分光光度法测定。

1. 4-氨基安替比林分光光度法

4-氨基安替比林（简写4-AAP）和酚类化合物在pH＝10.0±0.2的溶液中，在氧化剂铁氰化钾$K_3Fe(CN)_6$作用下，生成橙红色的吲哚酚安替比林染料。

安替比林染料其水溶液在510nm波长处有最大吸收，在此波长下测定吸收光度值，用标准曲线法求出水样中酚类化合物的含量。用光程长为2cm比色皿测量时，酚的最低检出浓度为0.1mg/L。

安替比林染料可被三氯甲烷萃取，在460nm处具最大吸收，该萃取液可稳定1h。在此波长下测定吸收光度值，同样用标准曲线法求出水样中酚类化合物的含量。本法最低检出浓度为0.002mg/L，测定上限为0.12mg/L。

研究表明：酚类化合物中，羟基对位的取代基可阻止反应进行，但卤素、羟基、磺酸基、羧基和甲氧基除外，这些基团多半是能被取代下的；邻位硝基阻止反应生成，而间位硝基不完全地阻止反应；氨基安替比林与酚的偶合在对位较邻位多见；当对位被烷基、芳基、酯、硝基、苯酰基、亚硝基或醛基取代，而邻位未被取代时，不呈现颜色反应。

2. 紫外光度法测定水样中的总酚

酚类化合物的水溶液为210～300nm有不同的吸收峰。这些吸收峰在加入NaOH或KOH水溶液后出现较集中的吸收峰，且强度有很大增加。因此可将水样碱化后作测定样，水样酸化后作空白样，用紫外分光光度法测定水中的酚含量。

Martin的总酚紫外吸收光谱测定法就是基于酚的碱性水溶液在292.6nm吸收强度增加而建立的。挥发酚的碱性水溶液在238nm和292.6nm附近有两个吸收峰出现。以平均摩尔吸收系数计算，238nm处吸收值比292.6nm处的吸收值大3倍多。

例如：苯酚的中性水溶液的紫外吸收峰分别在210nm和270nm处附近，而其0.1mol/L NaOH水溶液的吸收峰则分别红移到235.5nm和288.5nm；对甲酚的碱性水溶液由原来的216nm和278nm分别红移到238.2nm和297.5nm；间甲酚的中性水溶液只在300nm处有一吸收峰，0.1mol/L NaOH水溶液的吸收峰分别移至238.5nm和290.0nm处出现。其他的酚，例如，邻甲酚、氯酚、二元酚和三元酚的紫外吸收光谱也和上述列举单元酚有类似的情况。其吸收峰分别集中在范围很窄的两个波段内，一个峰集中为288.5～297.5nm，另一个峰集中为235.5～241nm。用算术平均值238nm和292.6nm代表达两个最大吸收峰位置，其相应的平均摩尔吸收系数分别为8185L/(mol·cm)和2452L/(mol·cm)。因此，可选用238nm和292.6nm作为测定的最适宜波长。一般水样酚含量较高时，用1cm的适应比色皿在292.6nm处测定；酚含量较低时，用3cm的石英比色皿在238nm处测定。

3. 本法特点和分析流程

1）本法的特点

以同一个水样酸化后作空白对照，碱化后作测定样，这不仅提高了吸光度值，而且也抵消了水样中的其他干扰因素。事实上，0.043mol/L的NaOH就足以使酚全部解离。如果用一滴10mol/L的NaOH来碱化10mL水样，则此时NaOH浓度约为0.02mol/L，以有足够碱度。另外，空白对照样品盐酸浓度为0.0001～4mol/L，对同一碱化水样来说都可得到同样的吸光度值。通常选酸化标准为pH=2～4。如果用一滴0.5mol/L的盐酸加入10mL水样中，就使pH为2～4。应该指出，一滴碱或一滴酸引起的待测水样的浓度变化可忽略不计。

2）分析流程

(1) 采样后，分别准确吸取10mL放入带磨口塞的两个硬质玻璃试管中。

(2) 其中一管中加入1滴10mol/L NaOH溶液，另一个管中加入1滴0.5mol/L盐酸，摇匀。

(3) 以酸化水样作空白对照，碱化水样作测定样，在292.6nm处测定吸光度值，然后在标准曲线上查出对应水样中的总酚含量。

(4) 标准曲线，配制一系列不同浓度的苯酚标准样品，每个标准水样分别准确取10mL放入两个硬质玻璃试管中。同样以酸化标样作空白，碱化标样作测定样，在292.6nm处测定对应的吸光度值。绘出苯酚的标准曲线。

3）几点说明

(1) 含酞废水如果有悬浮物时，需用滤纸过滤后即可按分析流程测定。

(2) 按分析流程对水样直接测定结果为总酚。如经过蒸馏后，再行测定则为挥发酚的含量。

(3) 对炼油厂含酚废水的测定结果表明，气相色谱法与溴化法的测定结果和紫外光度法的测定结果基本一致。而4-氨基安替比林法偏低，仅为紫外光度法的60%。由气相色谱法的分析表明，在测得的酚中有60%为苯酚、20%为甲酚，10%为二甲酚和其他挥发酚。由于4-氨基安替比林试剂与不同酚发色的强度有很大差异(表8-8)。其中苯酚的颜色反应强较强。因此4-氨基安替比林法以苯酚作为测定标样，使结果偏低。

**表8-8 各种酚类发色强度**

| 名　称 | ε① | 名　称 | ε① |
|---|---|---|---|
| 邻溴酚 | 47976 | 邻苯二酚 | 8800 |
| 邻氯酚 | 47104 | 3，5-甲基二酚 | 7737 |
| 苯酚 | 33088 | 间苯三酚 | 3326 |
| 间甲酚 | 32832 | 1，4-对苯二酚 | 2816 |
| 2，6-二氯苯酚 | 32400 | 邻硝基苯酚 | 2097 |
| 2，4-二氯苯酚 | 18144 | 对甲酚 | 861 |
| 2，5-二甲基苯酚 | 15920 | 五氯酚 | — |
| 麝香草酚 | 15600 | 对氯苯酚 | |
| 间苯二酚 | 14960 | | |

① 按4-AAP光度法在490mm测得的ε。

（4）事实上含酚废水种类很多，水样中所含酚类化合物也各不相同，因此，对特定含酚废水，须选择特定波长和标准样，使结果尽可能接近水样中的实际含量。

### 8.5.4 水中氨氮、亚硝酸盐氮和硝酸盐氮及总氮的测定

水中的氨氮指以 $NH_3$ 和 $NH_4^+$ 型体存在的氨，当 pH 偏高时，主要是 $NH_3$，反之是 $NH_4^+$。水中的氨氮主要来自焦化厂、合成氨化肥厂等某些工业废水，以及生活污水中的含氮有机物受微生物作用分解的第一步产物。

水中的亚硝酸盐氮是氮循环的中间产物，不稳定。在缺氧环境中，水中的亚硝酸盐也可受微生物作用，还原为氨。在富氧环境下，水中的氨也可转变为亚硝酸盐。亚硝酸盐可使人体正常的低铁血红蛋白氧化成高铁血红蛋白，失去血红蛋白在体内输送氧的能力，出现组织缺氧的症状。亚硝酸盐可与仲胺类反应生成具有致癌性的亚硝胺类物质，尤其在低 pH 下，有利于亚硝胺类的形成。

水中的硝酸盐主要来自制革废水、酸洗废水、某些生化处理设施的出水和农用排放水以及水中的氨氮、亚硝酸盐氮在富氧环境下氧化的最终产物。当然，硝酸盐在无氧环境中，也可受微生物的作用还原为亚硝酸盐。硝酸盐进入人体后，经肠道中微生物作用转变为亚硝酸盐而出现毒性作用，当水中硝酸盐含量达到 10mg/L 时，可使婴儿得变性血红蛋白症。因此要求水中硝酸盐氮和亚硝酸盐氮总量不得大于 10mg/L。

天然水中的氨，在有充足氧的环境中，在微生物作用下，可被氧化为 $NO_2^-$ 和 $NO_3^-$ 的作用称作硝化作用。

水中的含氮化合物是水中一项重要的卫生质量指标。它可以判断水体污染的程度：

（1）如水中主要含有机氮和氨氮，表明水体近期受到污染，由于生活污水中常有大量病原细菌，所以此水在卫生学上是危险的。

（2）如水中主要含有亚硝酸盐，说明水中有机物的分解尚未达到最后阶段，致病细菌尚未完全消除，应引起重视。

（3）如果水中主要含有硝酸盐，说明水污染已久。自净过程基本完成，致病细菌也已消除，对卫生学影响不大或几乎没有危险性。一般地面水中硝酸盐氮的含量在 0.1～1.0mg/L，超过这个值，该水体以前有可能受过污染。

正如测定水中溶解氧(DO)，了解水中有机物被氧化的程度，评价水的“自净”作用一样，测定水中各类含氮化合物，也可了解和评价水体被污染和“自净”的作用。

我国饮用水标准规定硝酸盐氮 20mg/L，世界卫生组织规定 45mg/L。下面介绍它们的测定方法。

1. 氨氮

1）纳氏试剂光度法原理

水中氨主要以 $NH_3 \cdot H_2O$ 形式存在，并有下列平衡：

$$NH_3 + H_2O \rightleftharpoons NH_3 \cdot H_2O \rightleftharpoons NH_4^+ + OH^-$$

水中的氨与纳氏试剂(碘化汞钾的强碱性溶液，$K_2HgI_4 + KOH$)作用生成黄棕色胶态络合物。如水中 $NH_3-N$ 含量较少，呈浅黄色；含量较多时，呈棕色。

$$NH_3 + 2K_2HgI_4 + 3KOH \longrightarrow [Hg_2ONH_2]I(\text{黄棕色}) + 7KI + 2H_2O$$

(1) 碘化氨基合氧汞络合物 $[Hg_2ONH_2]I$ 在 410～425nm 范围有强烈吸收，故可选 420nm 波长处，测定吸光度值，由标准曲线法，求得水中氨氮的含量。本法最低检出限为 0.025mg/L，测定上限为 2mg/L。水样经预处理后，可适用于地面水、地下水、工业废水和生活污水中氨氮的测定。

(2) $[Hg_2ONH_2]I$ 络合物在明胶和聚乙烯醇保护下形成在紫外光区产生吸收的分散液体，最大吸收波长 $\lambda_{max}=370nm$($\varepsilon$ 为 $6.3\times10^3$)，同样用标准曲线法求 $NH_3-N$ 含量，适于清洁天然水中氨氮的测定。

2) 注意事项

(1) 如果水样中的 $NH_3-N$ 含量大于 1mg/L 时可以直接用纳氏试剂光度法测定；如果 $NH_3-N$ 含量小于 1mg/L 或水样的颜色或浊度较高时，则应于先用蒸馏法将 $NH_3$ 蒸出后，再用纳氏试剂光度法测定。

(2) 水样中含有少量 $Ca^{2+}$、$Mg^{2+}$、$Fe^{3+}$ 等离子时，可用酒石酸或酒石酸钾钠掩蔽，消除干扰。

(3) 水样中 $NH_2^--N$ 含量>5mg/L 时，可用酸碱滴定法测定。

2. 亚硝酸盐($NO_2^--N$)

$NO_2^--N$ 的测定采用对氨基苯磺酸-$\alpha$-萘乙二胺光度法［又称 N-(1-萘基)-乙二胺光度法］。

1) 方法原理

首先在酸性溶液中，$NO_2^-$ 与对氨基苯磺酸发生重氮化反应：

$$HSO_3-C_6H_4-NH_2+NO_2^-+2H^++Cl^- \xrightarrow[(HCl)]{pH=1.9\sim3.0} HSO_3-C_6H_4-N(\equiv N)-Cl+2H_2O$$

(对氨基苯磺酸)　　　　(重氮盐)

然后，重氮盐与 $\alpha$-萘乙二胺发生偶联反应，生成红色偶氮染料($\alpha$-萘乙二胺在 HCl 溶液中生成溶于水的 $\alpha$-萘乙二胺二盐酸盐)。

$$HSO_3-C_6H_4-N(\equiv N)=Cl+C_{10}H_7-NH_2C_2H_4NH_2\cdot2HCl \xrightarrow[(HCl)]{pH=2.0}$$

(重氮盐)　　(α-苯乙二胺二盐酸盐)

$$HSO_3-C_6H_4-N=N-C_{10}H_6-NH_2C_2H_4NH_2\cdot2HCl$$

(红色偶氮染料)

生成的红色偶氮染料的颜色深浅与水中 $NO_2^--N$ 含量成正比。其 $\lambda_{max}=540nm$，用标准曲线法，求水中 $NO_2^--N$ 的含量。本法最低检出限为 0.003mg/L，测定上限为 0.2mg/L，适用于饮用水、地面水、地下水、生活污水和工业废水中亚硝酸盐的测定。

2) 注意事项

(1) 水样浑浊或有颜色，可用 0.45μm 滤膜过滤或加适量 $Al(OH)_3$ 悬浮液(上清液)过滤。

(2) 水样中如 $Fe^{3+}$ 大于 1mg/L，或 $Cu^{2+}$ 大于 5mg/L 时，干扰测定，可加 $NH_4F$ 或 EDTA 掩蔽。

(3) 水样中如有氯、氯胺(如三氯胺 $NCl_3$)干扰测定。一般 $NO_2^-$ 与 $NCl_3$、$Cl_2$ 不大可能共存于同一水样中。如按正常顺序加入试剂，$NCl_3$ 会产生假红色，但可先加入 α-萘乙二胺试剂，后加对氨基苯磺酸试剂，可把影响减至最低程度。但 $NCl_3$ 的含量高时，仍产生橘黄色。因此，水中一旦有游离性有效氯($Cl_2$)和 $NCl_3$ 时，要进行校正。

3. 硝酸盐氮($NO_3^-$ - N)

(1) 采用酚二磺酸光度法测定 $NO_3^-$ - N。

测定原理：将水样在微碱性(pH＝8)溶液中，蒸发至干，在无水条件下，$NO_3^-$ 与酚二磺酸反应，生成硝基酚二磺酸(2-硝基酚-4，6-二磺酸)；然后在碱性溶液中，硝基酚二磺酸发生分子重排，生成黄色化合物。该化合物的 $\lambda_{max}$＝410nm，用标准曲线法，求水中 $NO_3^-$ - N 的含量。

其主要反应：浓 $H_2SO_4$ 与苯酚作用生成酚二磺酸。

$$C_6H_5OH + 2H_2SO_4 \longrightarrow C_6H_3(OH)(SO_3H)_2 + 2H_2O$$

(酚二磺酸)

$$NO_3^- + HO_3S\text{-}C_6H_3(OH)\text{-}SO_3H \longrightarrow HO_3S\text{-}C_6H_2(OH)(NO_2)\text{-}SO_3H - OH^-$$

(酚二磺酸)　(2-硝基酚-4，6-二磺酸)

$$HO_3S\text{-}C_6H_2(OH)(NO_2)\text{-}SO_3H + 3NH_4OH \longrightarrow NH_4O_3S\text{-}C_6H_2(=O)(=N(=O)\text{-}ONH_4)\text{-}SO_3NH_4 + 3H_2O$$

(2-硝基酚-4，6-二磺酸)　(黄色化合物)

本法最低检出限为 0.02 mg/L，测定上限为 2.0mg/L，适用于饮用水、清洁地面水、地下水、中硝酸盐的测定。

注意事项：

① 水样中合 $Cl^-$、$NO_2^-$、$NH_4^+$ 等均有干扰，应采取适当的前处理。

② 该方法准确度、精密度较高，但操作麻烦。可采用快速方法测定 $NO_3^-$ - N。其测定原理是：水样在 $NH_4Cl$ 的酸性溶液中加入锌粉，使 $NO_3^-$ 还原为 $NO_2^-$；然后用对氨基苯磺酸-α-萘乙二胺光度法测定。

(2) 紫外分光光度法测定水中 $NO_3^-$ -N。

硝酸盐($NO_3^-$)在紫外光区 220nm 处有特征吸收。

对于有机物含量低的水样，即未受污染的天然水和饮用水，可用 $\Delta A=A_{220}-2A_{275}$ 吸光度差值求得水中 $NO_3^-$ -N 的含量，可消除水中溶解性有机物的干扰。

(3) 紫外吸收光谱法同时测定水样中 $NO_3^-$ 和 $NO_2^-$。

水中 $NO_3^-$ 和 $NO_2^-$ 的同时测定，可通过两份等体积的水样，一份在酸性介质中加入氨基磺酸(消除 $NO_2^-$ 的干扰)，另一份在酸性介质中加入过氧化氢，然后稀释至相同体积，在 210nm 处分别测定两份水样的吸光度值，前者是水样 $NO_3^-$ -N 的吸光度，后者是水样中 $NO_3^-$ -N 和 $NO_2^-$ -N 的吸光度。由标准曲线法，求出 $NO_3^-$ -N 和 $NO_2^-$ -N (两份水样 $NO_3^-$ -N 的浓度差)的含量。该方法的准确度和精密度都很高，适用于降水、一般地面水和井水中 $NO_3^-$ -N 和 $NO_2^-$ -N 的测定。

(4) 过硫酸钾—紫外分光光度法测定水中的总氮。

用过硫酸钾 $K_2S_2O_8$ 作氧化剂在 120～124nm 的碱性介质条件下，不仅可将水中氨和亚硝酸盐氧化为硝酸盐，同时将水样中大部分有机氮化合物氧化为硝酸盐。过量的过硫酸钾分解为硫酸钾 $K_2SO_4$，而后在 220nm 和 275nm 处用紫外分光光度计测定其吸光度，同样由 $\Delta A=A_{220}-2A_{275}$ 吸光度差值在标准曲线上查出相应水中的总氮量。本法最低检出限为 0.05mg/L，测定上限为 42.0mg/L，适用于湖泊、水库、江河水中总氮的测定。

## 习　题

一、思考题

1. 什么是吸收光谱(曲线)？什么是标准曲线？它们有何实际意义？

2. 什么是吸收光谱中特征吸收曲线与最大吸收峰 $\lambda_{max}$，它们在水质分析中有何意义？

3. 何谓朗伯-比尔定律(光吸收定律)？数学表达式及各物理量的意义如何？

4. 紫外-可见分光光度法偏离比尔定律的原因有哪些？怎样避免在分析时偏离比尔定律？

5. 示差分光光度法与普通分光光度法有何异同？

6. 举例说明紫外吸收光谱法在水质分析中的应用。

二、计算题

1. 某化合物在 $\lambda_{max}$ 在 235nm 处，当吸收池厚度为 1.0cm 时，浓度为 $2.0\times10^{-4}$mol/L 的样品溶液的透光率为 20%，求其摩尔吸收系数 ε。

2. 取 2.00mL 含 2mol/L $NH_3$ 的 $Cu^{2+}$ 溶液放入 1.00cm 的吸收池中，测得在某一确定波长的吸光度为 0.600，然后取 0.0100mol/L $CuSO_4$ 溶液 1.00mL 添加到第一个吸收池中，再测得的吸光度为 0.800。试指出第一个溶液中 $Cu^{2+}$ 的浓度为多少。

3. 已知某 Fe(Ⅲ)络合物，其中铁离子浓度为 0.5μg/mL，当吸收池厚度为 1cm 时，百分透光率为 80%。试计算：(1)溶液的吸光度；(2)该络合物的表观摩尔吸光系数；

(3)溶液浓度增大一倍时的百分透光率；(4)使(3)的百分透光率保持为80%不变时吸收池的厚度。

4. 用光程为1.00cm的比色池，在两个测定波长处测定含有两种吸收物质溶液的吸光度(表8-9)。混合物在580nm处吸光度为0.945，在395nm处的吸光度为0.297。摩尔吸光系数列于下表中。试计算混合物中每个组分的浓度。

**表8-9　两种吸收物质溶液的吸光度**

| 组　　分 | 摩尔吸光系数/[L/(mol·cm)] | |
|---|---|---|
| | **580nm** | **395nm** |
| 1 | 9874 | 548 |
| 2 | 455 | 8374 |

5. $1.00\times10^{-3}$mol/L的$K_2Cr_2O_7$溶液及$1.00\times10^{-4}$mol/L的$KMnO_4$溶液在450nm波长处的吸光度分别为0.200及0，而在530nm波长处的吸光度分别为0.050及0.420。今测得两者混合溶液在450nm和530nm波长处的吸光度为0.380和0.710。计算该混合溶液中$K_2Cr_2O_7$和$KMnO_4$的浓度(吸收池厚度为1.00cm)。

# 第9章 色谱法

## 教学目标

本章主要介绍色谱法的基本原理和应用。通过本章学习，应达到以下目标。

(1) 掌握色谱法的分类、特点、基本原理。

(2) 熟悉色谱图及相关术语，掌握色谱法定性、定量方法。

(3) 熟悉气相色谱仪以及液相色谱仪的结构、原理和应用。

(4) 了解 GC-MS 联用仪和 LC-MS 联用仪的原理和应用。

## 教学要求

| 知识要点 | 能力要求 | 相关知识 |
| --- | --- | --- |
| 色谱法 | (1) 掌握色谱法的分类、原理<br>(2) 掌握色谱法的定性、定量分析方法 | (1) 色谱法分类、色谱分离过程<br>(2) 色谱图、保留值、相对保留值<br>(3) 定性、定量依据、定量方法 |
| 气相色谱法 | (1) 了解气相色谱的固定相<br>(2) 掌握气相色谱仪的结构和原理<br>(3) 熟悉气相色谱法的特点<br>(4) 了解在水质分析中的应用 | (1) 气-液色谱、气-固色谱、载体、固定液<br>(2) 气相色谱仪的结构、特点<br>(3) 水样的前处理以及在水分析中的应用 |
| 液相色谱法 | (1) 了解 HPLC 的特点与 GC 的区别<br>(2) 熟悉液相色谱仪的原理和结构<br>(3) 掌握液相色谱仪的分类<br>(4) 了解在水质分析中的应用 | (1) HPLC 的特点，与 GC 的区别<br>(2) 液相色谱仪的原理和结构<br>(3) 液-液、液-固、离子色谱、空间排阻色谱<br>(4) 在水质分析中的应用 |
| 色谱-质谱联用技术 | (1) 了解质谱仪的组成、特点<br>(2) 熟悉 GC-MS 仪的结构和原理、特点和在水质分析中的应用<br>(3) 熟悉 LC-MS 仪的结构和原理、特点和在水质分析中的应用 | (1) 质谱仪的原理，组成，特点<br>(2) GC-MS 仪的结构和原理，特点和应用<br>(3) LC-MS 仪的结构和原理，特点和应用 |

## 引例

“色谱”一词源于1906年俄国植物学家 Michael Tswett 将植物叶子的萃取物倒入填有碳酸钙的直立玻璃管内，再用石油醚淋洗，使其自行流出，结果叶绿素各组分分离出不同颜色的谱带，因而取名“色谱”(Chromatography)，原意是用颜色来进行记录。如今，色谱法早已不仅限于分离有色物质，而是一种有机物分离分析的重要手段，但“色谱”一词沿用至今。

## 9.1 色谱分析法概述

色谱法是一种技术成熟且应用广泛的复杂混合物的分离及分析方法，因此在水质分析中得到广泛应用。近年来，由于色谱技术和各种联用技术的发展，色谱法已经成为现代分析化学领域中发展最迅速的一个分支。

### 9.1.1 色谱法分类

1. 按两相状态分类

在色谱分析中有流动相和固定相两相。所谓流动相是指色谱过程中携带组分向前移动的物质，用液体作为流动相的称为液相色谱法(LC)，用气体作为流动相的称为气相色谱法(GC)。固定相是指色谱过程中不移动的具有活性的物质。液相色谱法按照固定相的状态不同，又可分为液-固色谱和液-液色谱法，前者固定相为固体物质，后者是将液体涂渍在载体表面作为固定相。同理，气相色谱按照固定相的状态不同，也可分为气-固色谱法和气-液色谱法。

2. 按分离原理分类

(1) 吸附色谱法：吸附剂为固定相，利用吸附剂对不同组分的吸附性能的差别而进行分离。

(2) 分配色谱法：液体为固定相，利用不同组分在两相间的分配系数的差别(即在固定液上的溶解度不同)而进行分离。

(3) 离子交换色谱法：以合成离子交换树脂为固定相，利用被分离组分与固定相之间发生离子交换的能力差异来实现分离。离子交换色谱主要是用来分离离子或可离解的化合物。

(4) 排阻色谱法(又称凝胶色谱)：是按分子大小顺序进行分离的一种色谱方法，体积大的分子不能渗透到凝胶孔穴中去而被排阻，较早地淋洗出来；中等体积的分子部分渗透；小分子可完全渗透入内，最后洗出色谱柱。

(5) 亲和色谱法：相互间具有高度特异亲和性的两种物质之一作为固定相，利用与固定相不同程度的亲和性，使成分与杂质分离的色谱法。

3. 按固定相性质分类

(1) 柱色谱：将固定相装于柱内，使样品沿一个方向移动而达到分离。

(2) 纸色谱：用滤纸作固定相，把试样点在滤纸上，用溶剂将它展开，根据其在纸上斑点的位置和大小进行分析。

(3) 薄层色谱：将适当粒度的吸附剂铺成薄层，以纸色谱类似的方法进行物质的分离和鉴定。

纸色谱和薄层色谱主要适用于小分子物质的快速检测分析和少量分离制备，通常为一次性使用。柱色谱是常用的色谱形式，适用于样品分析、分离。

### 9.1.2 色谱法分离过程

1. 色谱分离过程

试样在色谱柱中的分离过程如图 9.1 所示。当试样由流动相携带进入色谱柱时，立即被固定相溶解或吸附。随着流动相的不断涌入，被溶解或吸附的组分又从固定相中挥发或脱附到流动相。挥发或脱附下的组分随着流动相向前移动时又再次被固定相溶解或吸附。随着流动相的流动，溶解、挥发，或吸附、脱附的过程反复地进行。由于各个组分的性质不同，在固定相中的吸附或溶解能力就不同，较难被吸附或溶解度小的组分，就易被脱附或挥发，逐渐走在前面，停留在柱中的时间就短；而容易被吸附或溶解度大的组分，就走在后面，停留在柱中的时间就长些。经过一定时间，水样中各个组分，就彼此分离而先后流出色谱柱。图 9.1 中有 A 和 B 两种组分，吸附剂或固定液对 B 的吸附或溶解能力强于 A，因此 A 组分先流出色谱柱。

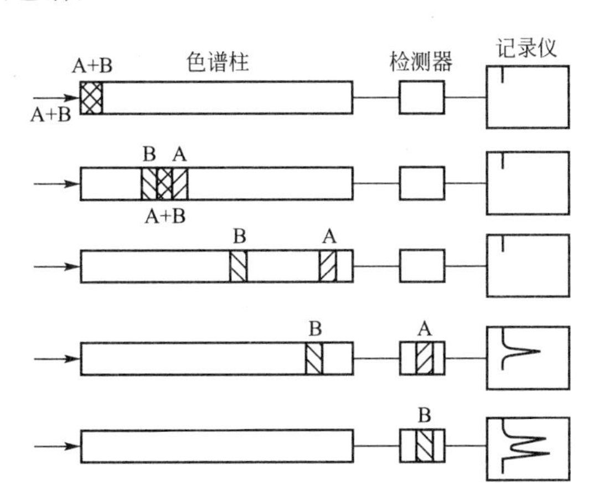


**图 9.1 水样中各组分在色谱柱中的分离过程**

2. 分配系数

物质在固定相和流动相之间发生吸附/脱附或溶解/挥发的过程，叫做分配过程。在一定温度、压力下，组分在两相间达到分配平衡时的浓度(g/mL)比叫做分配系数(partition coefficient)，用 $K$ 表示，即：

$$K=\frac{\text{组分在固定相中的浓度}}{\text{组分在流动相中的浓度}}=\frac{c_S}{c_M} \tag{9-1}$$

当达到分配平衡时，$K$ 小的组分在固定相中的浓度小，在流动相中的浓度大，因此随载气移动得比较快；反之，$K$ 大的组分在固定相中的浓度大，在流动相中的浓度小，因此随载气移动得比较慢。色谱分离的关键是各组分的分配系数不同，以及分配次数要足够多。若分配系数相同，则各组分不能分离，色谱峰彼此重叠；分配系数相差越大，各组分分离得越好，其对应的色谱峰也相距越远。若分配次数不多，则分配系数相差微小的组分就难以分离。当分离对象确定以后，要想使各组分的分配系数不同，就需要选择合适的固定相；而要想使分配次数足够多，就应当选择恰当的分离操作条件，以提高色谱柱分离效能。

3. 分配比

分配比 $k$ 也称容量因子，是指在一定温度和压力下，组分在两相间达到分配平衡时，分配在固定相和流动相中的总量之比，即

$$k=\frac{c_SV_S}{c_MV_M} \tag{9-2}$$

式中：$V_M$——色谱柱中流动相体积，即柱内固定相颗粒间的空隙体积；

$V_S$——色谱柱中固定相体积，在不同类型的色谱法中含义不同。

在吸附色谱中为吸附剂表面容量，在分配色谱中为固定液体积。$V_M$ 与 $V_S$ 之比称为相比，以 $\beta$ 表示，它反映了各种色谱柱柱型的特点。例如，填充柱的 $\beta$ 值为 6～35，毛细管柱的 $\beta$ 值为 50～1500。

由式(9－1)可得分配系数与分配比之间的关系：

$$K=k\frac{V_M}{V_S}=k\beta \tag{9-3}$$

$K$ 和 $k$ 是两个不同的参数，但在表征组分的分离行为时，两者完全是等效的。$k$ 值可以方便地由色谱图直接求得，其大小直接影响组分在柱内的传质阻力、柱效能及柱的物理性质。

### 9.1.3 色谱图和基本术语

1. 色谱流出线(色谱图)

在进行色谱分析时，试样中各组分经色谱柱分离后，随载气依次进入检测器，被检测器转换为电信号(电压或电流)，然后由记录仪记录反映组分产生的信号随时间变化的曲线，如图 9.2 所示，这就是色谱流出曲线，通常称之为色谱图。

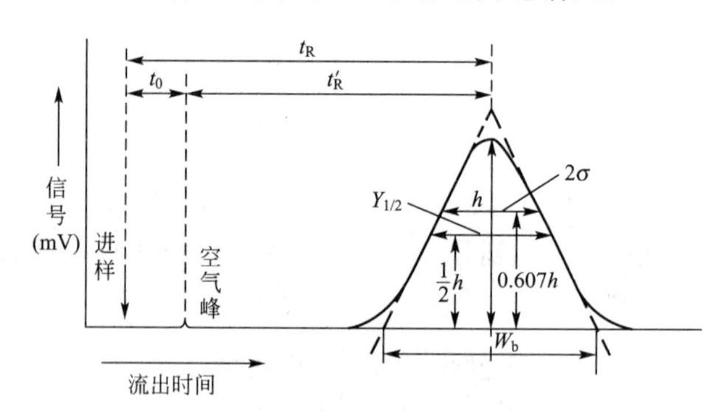


图 9.2 色谱流出线

2. 基线

操作条件稳定后，无样品通过时检测器所反映的信号-时间曲线称为基线，稳定的基线是一条水平直线。

3. 峰高、半峰宽、基线宽度和标准偏差

峰高 $h$：色谱峰顶到基线的垂直距离。

半峰宽 $Y_{1/2}$：色谱峰高一半处的宽度，又称半宽度。

基线宽度 $W_b$：从色谱流出曲线两侧拐点所作的切线与基线交点之间的距离，也称峰底宽。

标准偏差 $\sigma$：0.607 倍峰高处的色谱峰宽度的一半，$\sigma$ 与基线宽度的关系为

$$W_b = 4\sigma \tag{9-4}$$

4. 死时间、保留时间、校正保留时间

死时间 $t_0$：不被固定相吸附或溶解的物质(如空气)进入色谱柱时，从进样到柱后出现浓度极大点时所需的时间称为死时间。

保留时间 $t_R$：从进样开始到柱后某组分出现浓度极大点时所需的时间，称为该组分的保留时间。即某组分从进样至到达柱末端的检测器所需时间，是组分流经全柱时存在于流动相和固定相中时间的总和。

校正保留时间 $t'_R$：扣除死时间后的组分保留时间，是组分保留在固定相中的总时间。可以理解为：某组分由于被吸附或溶解于固定相比不被吸附或不被溶解的组分在柱中多滞留的时间。

$$t'_R = t_R - t_0 \tag{9-5}$$

5. 死体积、保留体积、校正保留体积

死体积 $V_0$：由进样器至检测器的流路中未被固定相占有的空间称为死体积，是柱管内固定相颗粒间所剩留的空间、色谱仪中管路和连接头间的空间以及检测器空间的总和。当后两项很小可以忽略不计时，死体积可由死时间与色谱柱出口的载气流速计算：

$$V_0 = t_0 F_0 \tag{9-6}$$

$F_0$ 为色谱柱出口载气体积流速($cm^3$/min)，是扣除饱和水蒸气并校正到柱温下的流速。

保留体积 $V_R$：指从进样开始到柱后待测组分出现浓度最大值时所通过的体积。

$$V_R = t_R F_0 \tag{9-7}$$

校正保留体积 $V'_R$：扣除死体积后的保留体积。

$$V'_R = V_R - V_0 \tag{9-8}$$

6. 相对保留值

某组分 2 的校正保留值与组分 1 的校正保留值之比称为相对保留值。相对保留值只与柱温和固定相性质有关，而与柱径、柱长、填充情况及流动相流速等操作条件无关，是色谱定性分析的重要参数。

$$r_{2,1} = t'_{R_2}/t'_{R_1} = V'_{R_2}/V'_{R_1} \tag{9-9}$$

### 9.1.4 色谱法的定性、定量分析方法

1. 定性分析方法

1）利用保留值定性

在色谱分析中利用保留值定性是最基本的定性方法，其基本依据是：在一定色谱系统

及操作条件下，各组分均有其确定的保留值(保留时间或保留体积)，并且一般不受其他组分的影响。在同一操作条件下，比较标准物和未知试样的保留值，可初步认为两者是否属于同一物质。

2）利用相对保留值定性

相对保留值仅与柱温及固定相的性质有关，可以消除其他一些操作条件的影响，用它来定性可得到较可靠的结果。具体方法是：先将作为基准用的标准物与已知混合物样品分别进样，测得 $r_{2,1(1)}$，再到手册中查找与之对应的标准物及已知纯物质在相同条件下的 $r_{2,1(2)}$值，若相同则为同一种物质。这里用做基准的标准物质可以是试样中含有的与待测组分保留值相近的另一种组分的纯物质；也可以是试样中不含有的，但与待测组分保留值相近的其他物质。常用的基准物有正丁烷、苯、对二甲苯、环己烷等。

3）已知物对照法定性

依据同一种物质在同一根色谱柱上，相同的色谱操作条件下，具有相同的保留值来定性。将已知的标准物质加入样品中，对比加入前后的色谱图，若某色谱峰相对增高，则该色谱峰所代表的组分与标准物质可能为同一物质。但由于使用的色谱柱不一定适合于标准物质与待定性组分的分离，虽为两种物质，色谱峰也可能产生相互叠加的现象。为此，还需选一只与上述色谱柱极性差别较大的色谱柱，再进行如上的分析。若在两个柱子上均产生叠加现象，才可认定待测物与标准物是同一物质。

4）与其他分析仪器联用的定性

气相色谱的分离效率很高，但仅用色谱数据定性有时很困难，而红外吸收光谱、质谱及核磁共振谱等是鉴定未知物的有力工具，但却要求所分析的样品成分尽可能单一。因此，把气相色谱仪作为分离手段，把质谱仪、红外分光光度计等充当检测器，两者取长补短，这种方法称为色谱质谱，或色谱-光谱联用技术。常用的有色谱-质谱联用仪，气相色谱-红外光谱联用仪等。

2. 定量分析方法

1）定量的依据

色谱定量分析的目的是确定样品中的某组分的含量。定量的依据是当操作条件一定时，某组分的质量或浓度与检测器的响应信号(峰面积或峰高)成正比，即

$$m_i = f_i A_i \tag{9-10}$$

式中：$m_i$——$i$ 组分的质量；

$f_i$——$i$ 组分的绝对校正因子，在一定条件下 $f_i$ 为一常数；

$A_i$——$i$ 组分的峰面积。

2）峰面积的测量方法

(1) 对称峰面积——峰高乘半峰宽。

$$A_i = 1.065 h_i \cdot Y_{1/2} \tag{9-11}$$

式中：$A_i$——$i$ 组分的峰面积；

$h_i$——$i$ 组分的峰高；

$Y_{1/2}$——半峰宽。

(2) 不对称峰面积——峰高乘平均峰宽。

$$A_i = h_i \times \frac{1}{2}(Y_{0.15} + Y_{0.85}) \tag{9-12}$$

式中：$Y_{0.15}$和$Y_{0.85}$——分别为0.15和0.85处的峰宽。

（3）自动积分法。

目前气相色谱仪大多带有自动积分仪或计算机(色谱工作站)，两者均可自动测量色谱峰的面积，对于不规则的峰也能给出准确的结果，并且可以自动打印每个峰的保留时间、峰面积等数据。色谱工作站的数据处理功能更强，不仅可以进行分析计算，还有一些有实用价值的软件可作特定样品的定性、定量分析，对分离度不够的峰还可进行数学处理，以便得到更准确的定量结果。

3）定量校正因子

（1）定量校正因子的定义。

定量校正因子分为绝对和相对校正因子。由上述峰面积与物质量之间的关系 $m_i=f_iA_i$ 可知

$$f_i=m_i/A_i \tag{9-13}$$

式中：$f_i$——绝对校正因子，即单位峰面积所代表的物质的质量。

在实际中一般采用相对校正因子。其定义为某物质 $i$ 与基准物质 $s$ 的绝对校正因子之比，即

$$f_{i/s}=\frac{f_i}{f_s} \tag{9-14}$$

① 质量校正因子。

$$f_W=\frac{f_{i(W)}}{f_{s(W)}}=\frac{A_sm_i}{A_im_s} \tag{9-15}$$

式中：$A_i$、$A_s$——分别为被测组分和标准物质的峰面积；

$m_i$、$m_s$——分别为被测组分和标准物质的质量。

② 摩尔校正因子。

$$f_M=\frac{f_{i(M)}}{f_{s(M)}}=\frac{A_sm_iM_s}{A_im_sM_i}=f_W\frac{M_s}{M_i} \tag{9-16}$$

式中：$M_i$、$M_s$——分别为被测组分和标准物质的摩尔质量。

③ 体积校正因子。

体积校正因子在数值上与摩尔校正因子相等，因为1mol任何气体在标准状态下体积是相同的，因此

$$f_V=f_M=f_W\frac{M_s}{M_i} \tag{9-17}$$

（2）定量校正因子的测定。

部分化合物气相色谱的定量校正因子可从文献中查得，但是很多物质的校正因子查不到，或者因所用检测器类型、色谱条件与文献不同，需要自行测定。测定方法：准确称取一定量的待测校正因子的物质 $i$(纯品)和所选定的基准物质 $s$，制成一定浓度的混合溶液进样，测得两色谱峰面积 $A_i$ 和 $A_s$，由式(9-15)求得物质 $i$ 的相对质量校正因子。显然，选择不同的基准物质测得的校正因子数值也不同。气相色谱手册中的数据常以苯或正庚烷为基准物质测得，也可根据需要选择其他基准物质。测定定量校正因子的条件应与定量分析的条件相同。

4）定量方法

（1）标准曲线法(外标法)。

在一定的操作条件下，将一系列不同浓度的标准溶液，以一定体积分别进样，并从色谱图上测出峰高($h$)或峰面积($A$)，以标准溶液的浓度为横坐标，以$h$或$A$为纵坐标，绘制标准曲线(图9.3)。然后在同样的条件下(同样的色谱操作条件和同样的进样体积)，分析待测试样，同样测出$h$或$A$，在标准曲线上查出待测组分的浓度。

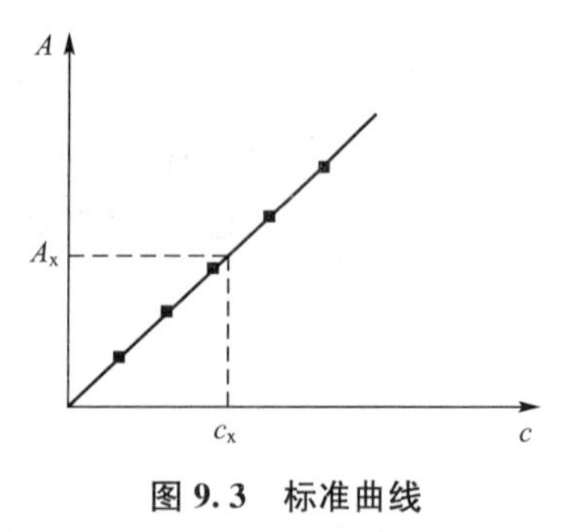

**图9.3　标准曲线**

(2) 内标法。

当样品中各组分不能全部流出色谱柱，或检测器不能对各组分都产生响应讯号，而且只需对样品中某几个出现色谱峰的组分进行定量时，可采用内标法。

内标法是称取一定质量的纯物质(内标物)加入到已知质量的样品中。设：内标物质量为$m_s$，其峰面积为$A_s$，样品的总质量为$m$，其中$i$组分的质量为$m_i$，它的峰面积为$A_i$，则

$$\frac{m_i}{m_s}=\frac{f_iA_i}{f_sA_s}$$

所以

$$m_i=m_s\frac{f_iA_i}{f_sA_s}$$

$$P_i=\frac{m_i}{m}\times 100\%=\frac{A_i\cdot f_i\cdot m_s}{A_s\cdot f_s\cdot m}\times 100\% \tag{9-18}$$

内标物的选择必须满足：试样中不存在的纯物质；内标物的色谱峰既处于待测组分的峰附近，彼此又能很好地分开且不受其他峰干扰；内标物的加入量、性质宜与待测组分相近。

在实际中，为了减少称量次数多的麻烦，可用内标标准曲线法。

令式(9-18)中$\frac{f_i\cdot m_s}{f_s\cdot m}=K$，为一常数，则有

$$P_i=K\cdot\frac{A_i}{A_s}\times 100\% \tag{9-19}$$

即样品中$i$组分的量与$A_i/A_s$成正比。选择一内标物质，以固定的浓度分别加入一系列被测组分的纯物质配成的标准溶液中，分别测定$A_i$和$A_s$；以$A_i/A_s$为纵坐标，以标准溶液含量或浓度为横坐标绘制的标准曲线为内标标准曲线。然后以相同浓度的同一内标物质加入被测样品溶液中，测出$A_{样}/A_s$的比值，在内标标准曲线上查出样品溶液中被测组分的含量或浓度。

(3) 归一化法。

若试样中的所有组分都能产生相应的色谱峰，并且已知各组分的相对校正因子，则可用归一化法求出各组分的含量。所谓归一化，就是各组分的相对含量之和为1(即100%)。设试样中有$n$个组分，各组分的质量分别为$W_1$，$W_2$，…，$W_i$，…，$W_n$，其中$i$组分的百分含量$P_i\%$为

$$P_i\%=\frac{W_i}{W_1+W_2+\cdots+W_i+\cdots+W_n}\times 100\%=\frac{f_iA_i}{\sum_{i=1}^{n}f_iA_i}\times 100\% \tag{9-20}$$

若试样中各组分的$f_i$值很接近(如同分异构体)，就可直接按峰面积计算各组分的百

分含量，则上式可简化为

$$P_i(\%)=\frac{A_i}{\sum_{i=1}^{n}A_i}\times100\%$$

$$\text{或 } P_i(\%)=\frac{h_i}{\sum_{i=1}^{n}h_i}\times100\% \tag{9-21}$$

此法简便、准确，即使进样量不准确，对结果也没有影响。但若试样中所有组分不能全出峰时，就不能应用此法。

**【例 9-1】** 气相色谱测定样品中乙酸乙酯、丙酸甲酯、正丁酸甲酯的色谱数据见表 9-1。试计算每种组分的含量。

**表 9-1 色谱数据表**

| 组分 | 乙酸甲酯 | 丙酸甲酯 | 正丁酸甲酯 |
|---|---|---|---|
| 保留时间 $t_R$/min | 2.72 | 4.92 | 9.23 |
| 峰面积 | 18.1 | 43.6 | 29.9 |
| 相对校正因子 | 0.60 | 0.78 | 0.88 |

**解：**用归一化法计算各组分的含量。

$$P_i(\%)=\frac{W_i}{W_1+W_2+\cdots+W_i+\cdots+W_n}\times100\%=\frac{f_iA_i}{\sum_{i=1}^{n}f_iA_i}\times100\%$$

乙酸甲酯(%)＝18.1×0.60/(18.1×0.60＋43.6×0.78＋29.9×0.88)×100%＝15.25%

丙酸甲酯(%)＝43.6×0.78/(18.1×0.60＋43.6×0.78＋29.9×0.88)×100%＝47.78%

正丁酸甲酯(%)＝29.9×0.88/(18.1×0.60＋43.6×0.78＋29.9×0.88)×100%＝36.97%

# 9.2 气相色谱法

## 9.2.1 气相色谱的固定相

气相色谱法是以气体为流动相的色谱方法，分为气固色谱法和气液色谱法。

1. 气固色谱固定相

在气固色谱法中作为固定相的主要是多孔性的固体吸附剂，常用的有硅胶、活性炭、氧化铝、分子筛等。它们都具有很大的比表面(一般为 100～1000$m^2$/g)，且对不同组分的吸附能力不一样，气固色谱分离是基于固体吸附剂对试样中各组分的吸附能力的不同。

2. 气液色谱固定相

气液色谱固定相是由惰性载体与涂在载体表面上的固定液所组成。气液色谱的分离作用主要是基于各组分在固定液中溶解度的不同。

(1) 载体。为多孔性固体颗粒，起支持固定液作用。载体必须有较大的表面积及良好的热稳定性；而且应无吸附性和无催化性。

(2) 固定液。固定液是在载体表面上涂上的一层高沸点有机化合物的液膜。对固定液的要求是蒸气压低、热稳定性和化学稳定性好、对各被分离组分有不同的分配系数。

根据极性的强弱，固定液可分为非极性、弱或中等极性和强极性等几类。

固定液的选择一般根据“相似相溶”原则，即分离非极性物质，选用非极性固定液，被分离的组分按沸点顺序流出；分离强极性的物质，选用强极性的固定液，被分离的组分按极性顺序流出，极性弱的先流出。对于分离极性和非极性混合物，通常也采用极性固定液，非极性的物质先流出。在实际应用中，需通过试验来选择合适的固定液。

## 9.2.2 气相色谱仪的结构

气相色谱仪主要有 5 部分组成：气路系统、进样系统、分离系统、检测系统、记录系统，如图 9.4 所示。

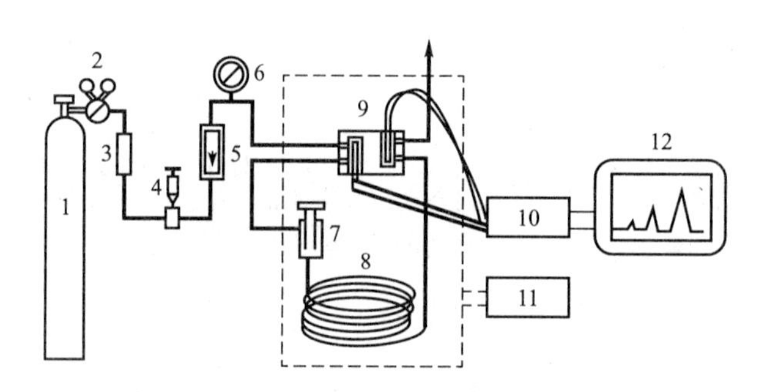


**图 9.4 气相色谱仪结构示意图**

1—载气钢瓶；2—减压阀；3—净化干燥管；4—针形阀；5—流量计；
6—压力表；7—进样器和气化室；8—色谱柱；9—热导检测器；
10—放大器；11—温度控制器；12—记录仪

1. 气路系统

气相色谱气路系统是一个密闭的管路系统，载气在其中稳定连续地运行，包括载气钢瓶、净化器、流量控制和压力表。

常用的载气有氢气、氮气、氦气和氩气，一般由相应的高压钢瓶供给。高压钢瓶均配置适宜的减压阀，可将高压气体降到所需的压力。气体的纯度非常重要，用净化器去除气体中的 $H_2O$、$CO_2$、$O_2$ 和有机杂质。调节阀用来调节和控制气体的压力和流量。载气的柱前压力和流量分别用压力表和转子流量计指示。

2. 进样系统

进样系统包括进样器和气化室。液体样品可用微量注射器进样，在使用时，注意进样量与所选用的注射器相匹配，填充柱色谱常用 10$\mu$L；毛细管色谱常用 1$\mu$L；新型仪器带有全自动液体进样器，清洗、润冲、取样、进样、换样等过程自动完成，一次可放置数十个或几十个试样。进样时用注射器针头直接刺穿密封垫，然后将样品迅速注入气化室，气化后立即被载气带入色谱柱内。样品气化的目的是使待测组分迅速加入柱头，并迅速达到分配或吸附平衡。

3. 分离系统

色谱柱是色谱仪的核心部件，它的功能是使试样在柱内运行的同时得到分离。色谱柱主要有两类：填充柱和毛细管柱。

填充柱柱管一般用不锈钢、玻璃和聚四氟乙烯等材料制成，柱内径为 2～4mm，柱长为 1～10m，柱形有 V 形、双 U 形或螺旋形，柱内均匀、密实地填充着固定相。其主要用于一般混合物的分析，分离效率较低，但柱容量大。

毛细管柱用石英或不锈钢材料拉制而成，柱管内径为 0.2～0.5mm，一般长度为 30～300m，柱内表面涂一层固定液。这种柱子渗透性好，分离效率高，可分离复杂的混合物，缺点是制备复杂，允许进样量小。

4. 检测系统

检测器的功能是将被测物质的浓度或质量的变化转变为一定电信号经放大后在记录器上记录下来。根据检测原理不同，气相色谱检测器分为两种类型：浓度型和质量型。浓度型检测器：响应信号与载气中组分的瞬间浓度呈线性关系，峰面积与载气流速成反比，常用的有热导检测器和电子捕获检测器。质量型检测器：响应信号与单位时间内进入检测器组分的质量呈线性关系，而与组分在载气中的浓度无关，因此峰面积不受载气流速影响，常用的有氢火焰离子化检测器和火焰光度检测器。

(1) 热导检测器(TCD)：应用广泛，特点是结构简单，稳定性好，灵敏度适宜，线性范围宽，对无机物和有机物都能进行分析，而且不破坏样品，适宜于常量分析及含量在 $10^{-5}$g 以上的组分分析。

TCD 的结构如图 9.5 所示，它是由池体和热敏元件组成，池体内装两根电阻相等($R_1=R_2$)的热敏元件(钨丝、白金丝或热敏电阻)构成参比池和测量池，它们与两固定电阻 $R_3$、$R_4$ 组成惠斯顿电桥，如图 9.6 所示。在电桥平衡时，有 $R_1 \cdot R_4 = R_2 \cdot R_3$，当两池中只有恒定的载气通过时，从热敏元件上带走的热量相同，两管电阻变化也相同，$\Delta R_1 = \Delta R_2$，所以$(R_1+\Delta R_1)R_4=(R_2+\Delta R_2)R_3$，电桥仍处于平衡状态，记录仪输出一条平直的直线，当样品经色谱柱分离后，随载气通过测量池时，由于样品各组分与载气导热系数不同，它们带走的热量与参比池中仅由载气通过时带走的热量不同，即 $\Delta R_1 \neq \Delta R_2$，所以$(R_1+\Delta R_1)R_4 \neq (R_2+\Delta R_2)R_3$，电桥平衡被破坏，因而记录仪上有信号——色谱峰产生。

(2) 氢火焰离子化检测器(FID)：只对碳氢化合物产生信号，应用比较广泛。它的特点是死体积小、灵敏度高(比 TCD 仍高 100～1000 倍)、稳定性好、响应快、线性范围宽，适合于痕量有机物的分析，但样品被破坏，无法进行收集，不能检测永久性气体以及 $H_2O$、$H_2S$ 等。

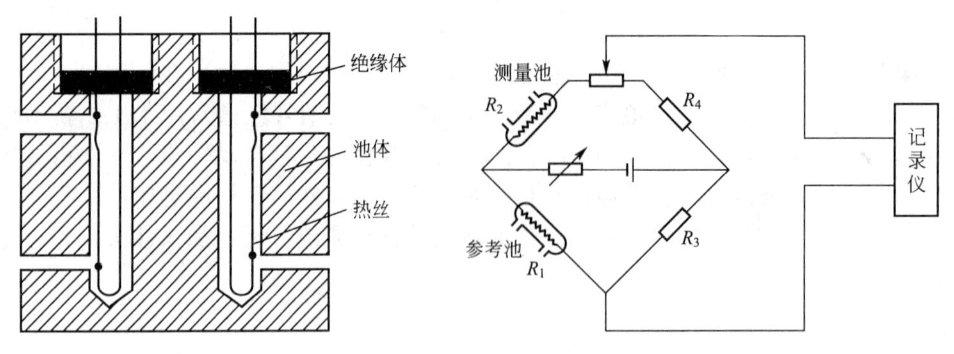


图 9.5　热导检测器示意图　　　　图 9.6　双臂热导池电路原理

FID 的主要部件是离子室，如图 9.7 所示，从图中可以看出，$H_2$ 与载气在进入喷嘴前混合，空气(助燃气)由一侧引入，在火焰上方筒状收集电极(作正极)和下方的圆环状极化电极(作负极)间施加恒定的电压，当待测有机物由载气携带从色谱柱流出，进入火焰后，在火焰高温(2000℃左右)作用下发生离子化反应，生成的许多正离子和电子，在外电场作用下，向两极定向移动，形成了微电流(微电流的大小与待测有机物含量成正比)，微电流经放大器放大后，由记录仪记录下来。

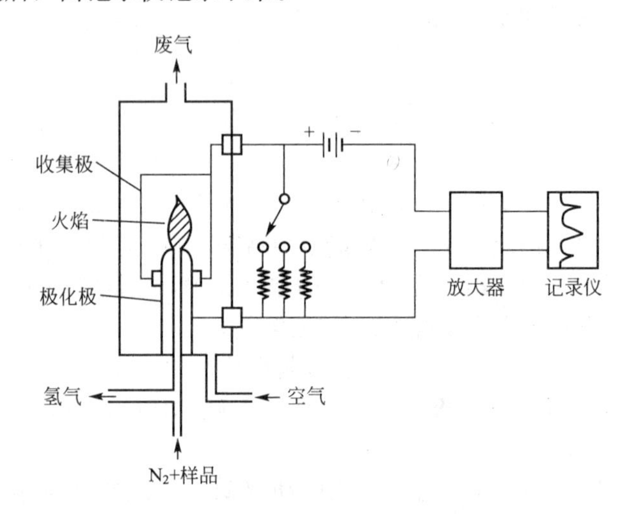


图 9.7　氢火焰离子检测器示意图

(3) 电子捕获检测器(ECD)：是一种高选择性、高灵敏度的检测器，应用广泛，仅次于 TCD 和 FID。它的选择性是指它只对具有电负性的物质如含卤素、S、P、O、N 的物质有响应，而且电负性越强，检测器的灵敏度越高；高灵敏度表现在能检测出 $10^{-14}$ g/mL 的电负性物质，因此可测定痕量的电负性物质——多卤、多硫化合物，甾族化合物，金属有机物等。

ECD 的主要部件是离子室，离子室内装有放射源($H_3$ 或 $N_i^{63}$)作负极，不锈钢棒作正极，结构如图 9.8 所示。当载气(一般为高纯 $N_2$)从色谱柱出来进入检测器时，由放射源放射出的射线使载气电离，产生正离子和慢速低能量的电子，在恒定或脉冲电场的作用下，向极性相反的电极运动，形成电流——基流；当载气携带电负性物质进入检测器时，电负性物质捕获低能量的电子，使基流降低产生负信号而形成倒峰，检测信号的大小与待测物质的浓度呈线性关系。

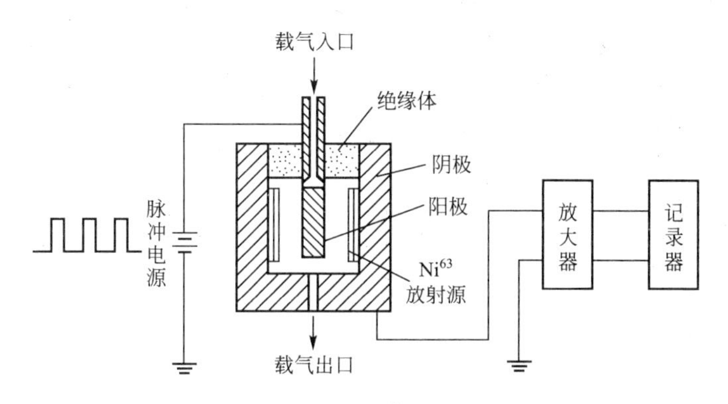


图 9.8 电子捕获检测器示意图

(4) 火焰光度检测器(FPD)：是一种对含硫、磷化合物具有高选择性、高灵敏度的检测器，能检测出 $10^{-6}$ mg/mL 甚至 $10^{-9}$ mg/mL 的硫、磷化合物，在环境监测、农药残留量分析、化工等领域中得到广泛应用。

FPD 主要由喷嘴、滤光片、光电倍增管组成，其结构原理如图 9.9 所示。实际上是一个简单的火焰发射光谱仪，含硫、磷化合物在富氢焰中燃烧被打成有机碎片，从而发出不同波长的特征光谱(含硫化合物发出 394nm 特征光，含磷化合物发出 526nm 特征光)，通过滤光片获得较纯的单色光，经光电倍增管把光信号转换成电信号，经放大后由记录仪记录下来。

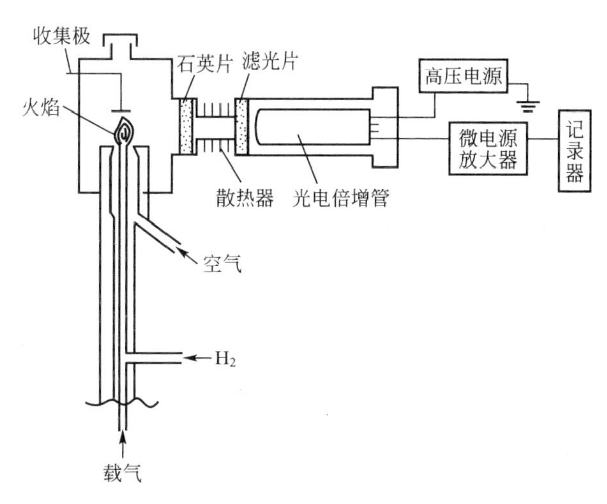


图 9.9 火焰光度检测器示意图

5. 温度控制系统

温度控制系统是用来设定、控制和测量色谱炉、气化室和检测器的温度。色谱炉温度直接影响色谱柱的选择性和柱效能，检测器温度直接影响检测器的灵敏度和稳定性，因此，色谱仪必须有足够的温控精度。控温方式有恒温和程序升温两种，通常采用空气恒温控制校温和检测器温度。对于沸点范围很宽的混合物，可采用程序升温法进行分析，使得沸点不同的组分各自在其最佳柱温下流出，从而改善分离效果和缩短分析时间。汽化室温控的目的是使试样立即瞬间气化而又不分解，检测器温控是以防止样品组分在检测室内冷凝。

6. 记录系统

该系统包括放大器、记录仪或数据处理装置等。由于检测器产生的电信号十分微弱，所以必须用放大器放大，再由记录仪记录下代表各组分的色谱图，供定性、定量分析用。

### 9.2.3 气相色谱法的特点

(1) 选择性高：能够分离性质极为相近的物质。如：有机同系物、各种异构体、同位素等。

(2) 灵敏度高：可检出 $10^{-13} \sim 10^{-11}$g 的微量物质或 0.2～0.002μL 的气体，适用微量和痕量分析。

(3) 高效能：可把组分复杂的样品分离成单组分。例如用气相色谱法已证实了汽油中含有 340 多种化合物，并能对其中的 200 余种进行准确的定性定量分析。

(4) 分析速度快：一般在几分钟或几十分钟内可以完成一个试样的分析，操作简单。

(5) 应用范围广：只要在 −190～500℃温度范围内有 26.7～13332Pa 的蒸汽压，且热稳定的有机物、部分无机物、高分子和生物大分子物质，均可适用。目前，气相色谱所能分析的有机物，约占全部有机物的 15%～20%，而这些有机物恰是应用很广的一部分。

(6) 不足之处：不适用于高沸点、难挥发、热不稳定物质的分析，且定性需要纯品，所以对未知物单独定性困难。

### 9.2.4 在水质分析中的应用

在新的《生活饮用水卫生标准》(GB 5749—2006)中，检测项目由原来的 35 项增加到 106 项，其中有机项目 53 项，气相色谱检测 41 项。

1. 气相色谱法的水样的前处理

气相色谱法在水质分析中应用的关键问题是如何去除大量水的影响以及对微量组分的富集。一般情况常采用受水影响较小的检测器，如：氢火焰检测器，对少量水没有反应，但当大量水进入检测器时就产生灭火、灵敏度降低、基线增高、拖尾等现象。对电子捕获检测器而言是绝对不能进水的，因此样品必须经过预先除水和浓缩待测组分。因此要进行气相色谱分析首先要确定样品的预处理方法，然后进行条件优化和数据分析。常用的方法有顶空进样、吹扫捕集、有机溶剂萃取、固相萃取、固相微萃取等技术。

1) 顶空进样

挥发性物质在一定的温度下，在一密闭的空间内气液两相达到平衡。此时气液中的浓度成正比，顶空是用气体中的浓度反映液体中的浓度的一种进样方法。

优点：使待测物挥发后进样，可免去样品萃取、浓集等步骤，还可避免试样中非挥发组分对色谱柱的污染，但要求待测物具有足够的挥发性。

适用范围：被分析物在 200℃以下挥发。

2) 吹扫捕集

是使用一连续气流从某一溶液或固体中吹扫出可挥发物。样品被吹扫一定时间并且挥发物通常会被一捕集装置富集下来，然后捕集管被加热以赶出可挥发物的一种装置。

优点：取样量少、富集效率高、受基体干扰小、容易实现在线检测。

适用范围：挥发性有机物。

3）有机溶剂萃取

有机溶剂萃取是将被测组分萃取到有机溶剂相当中，从而除去水分。常用的萃取剂有正己烷、石油醚、$CS_2$、氯仿等。

4）固相萃取(Solid－Phase Extraction，SPE)

固相萃取是近年发展起来一种样品预处理技术，由液固萃取和柱液相色谱技术相结合发展而来，主要用于样品的分离、纯化和浓缩。

原理：SPE是一个包括液相和固相的物理萃取过程。在SPE过程中，固相对分析物的吸附力大于样品，当样品通过SPE柱时，分析物被吸附在固体表面，其他组分则随样品通过柱子，最后用适当的溶剂将分析物洗脱下来。

优点：提高分析物的回收率，减少样品预处理过程，操作简单、省时、省力，应用领域广泛。

5）固相微萃取(Solid－Phase Microextraction，SPME)

固相微萃取是20世纪90年代兴起并迅速发展的新型的、环境友好的样品前处理技术，无需有机溶剂，操作也很简便。原理：SPME方法包括吸附和解吸两步。吸附过程中待测物在样品及石英纤维萃取头外涂渍的固定相液膜中平衡分配，遵循相似相溶原理。这一步主要是物理吸附过程，可快速达到平衡。如果使用液态聚合物涂层，当单组分单相体系达到平衡时，涂层上吸附的待测物的量与样品中待测物浓度线性相关。

SPME有两种萃取方式，一种是将萃取纤维直接暴露在样品中的直接萃取法；另一种是将纤维暴露于样品顶空中的顶空萃取法。

优点：简便，易操作，避免有机溶剂对环境的二次污染。

缺点：拘束使用一个带有吸附剂的探针。吸附剂的种类是根据被分析物来进行选择的。

适用范围：大多数有机物的测定。

### 2. 气相色谱法在水质分析中的应用实例

1）顶空-气相色谱法测定水中的卤仿

氯化消毒是城市给水的重要净化工艺，经消毒后的水中除含有微量的消毒剂外，还会产生许多消毒副产物。其中三卤甲烷被公认为对动物具有致畸、致癌、致突变作用。顶空毛细管气相色谱法，具有基体干扰少、分离度好、灵敏度高、检测速度快、操作简便等优点。

样品处理：在40mL的顶空瓶中加入水样(比如自来水水样)20mL，用带有聚四氟乙烯膜的塞子塞紧，把顶空瓶置于40℃的水浴锅中平衡1h。用微量注射器分别吸取30μL试样的上层气体注入色谱仪，取得色谱图如图9.10所示，以保留时间对照定性，以色谱峰面积进行定量分析。

色谱条件：色谱柱采用Rtx－5毛细管柱(30m×0.32mm×0.25μm)；载气为高纯氮气，柱流量为0.8mL/min，尾吹30mL/min；汽化室温度为160℃；检测器温度为250℃；柱温为40℃。

2）气相色谱法测定水中六六六、滴滴涕

样品处理：取1000mL水样于1000mL分液漏斗中，加入正己烷10mL，充分振摇

3min，静置30min分层，弃去水相，有机相经无水硫酸钠脱水。

色谱条件：进样量为1μL；不分流进样(1min)；进样口温度为250℃；色谱柱采用DB-1701(30m×0.32mm×0.25μm)；柱温60℃以15℃/min升至140℃(5min)保持5min，再以5℃/min的速度升至270℃保持8min；载气为氮气，柱流量为1.2mL/min；检测器(μECD)温度280℃。分离图谱见图9.11。

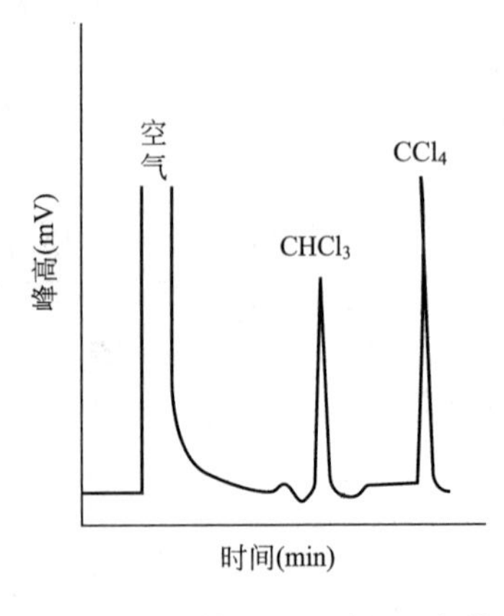


**图9.10　水中的三氯甲烷和四氯化碳**

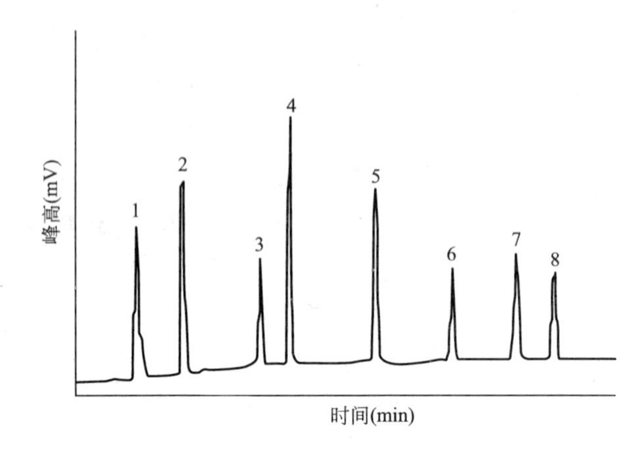


**图9.11　六六六、滴滴涕的气相色谱图**

1—α-六六六；2—β-六六六；3—γ-六六六；4—δ-六六六；5—P.P′-DDE；6—O.P-DDT；7—P.P′-DDD；8—P.P′-DDT

3）吹脱捕集-气相色谱毛细管柱测量废水中苯系物

吹脱捕集-气相色谱法测定水中苯系物具有检测限低、富集率高、不使用有机试剂、精确度高等特点。

(1) 色谱条件：汽化温度为200℃；检测器温度为230℃；载气($N_2$)流量为1.7mL/min时；分流比为5∶1；燃气($H_2$)流量为35mL/min；助燃气(压缩空气)流量为350mL/min；色谱柱为25m×0.20mm×0.4μm中等极性的HP-INNOWAX毛细管色谱柱。分离图谱见图9.12。

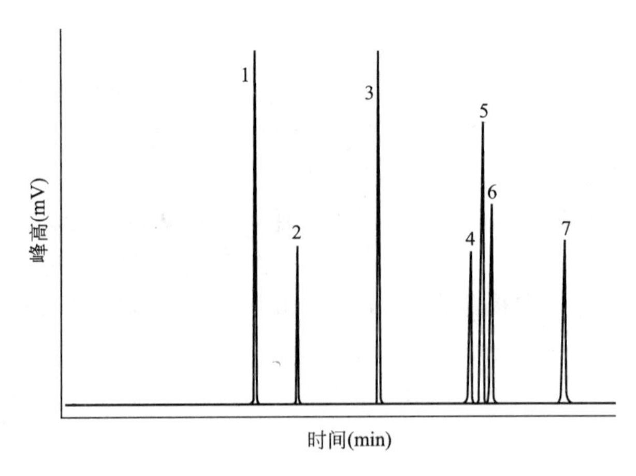


**图9.12　废水中苯系物气相色谱图**

1—甲醇溶剂；2—苯；3—甲苯；4—乙苯；5—对-二甲苯；6—间-二甲苯；7—邻-二甲苯

(2) 吹脱捕集条件：吹脱时间 8min，捕集温度 40℃，解吸温度 225℃，解吸时间 2min，烘烤温度 230℃，烘烤时间 10min，吹脱气体为高纯 $N_2$，吹脱流速 40mL/min。

(3) 用 5.0mL 纯水冲洗吹脱管后，取 5.0mL 水样进行样品测定。根据测定的保留时间进行定性分析，峰面积进行定量分析。

4) 毛细管气相色谱法测定水中氯苯类化合物

样品处理：量取 500mL 水样于分液漏斗中，5.0mL 正己烷，连续振荡 3min，且排气。静置分层后收集有机相，然后再以 5.0mL 重复萃取 1 次，合并有机相，正己烷萃取液经无水硫酸钠脱水后，定容于 10mL 具塞比色管中供测定使用。

色谱条件：Agilent6890N，μECD 检测器，DB－1701 柱(30m×320um×0.25μm)，进样量为 1μl；进样口温度为 220℃，不分流进样；柱升温程序为 60℃起始不保持，以 15℃/min 的速度升至 140℃，保持 5min，再以 4℃/min 的速度升至 270℃，保持 8min；柱($N_2$)流量，1.2mL/min，恒流；检测器温度为 280℃。色谱图见图 9.13。

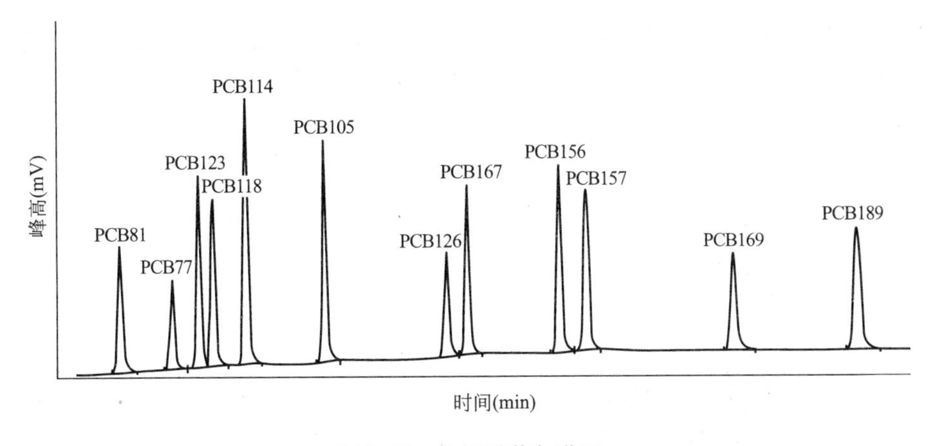


**图 9.13　多氯联苯色谱图**

5) 厌氧处理中产气分析

色谱条件：5A 分子筛 2mm×3m；气化室温度 100℃；柱温 80℃；载气氢气，柱流量 7mL/min；检测器(TCD)温度 160℃。分离图谱见图 9.14。

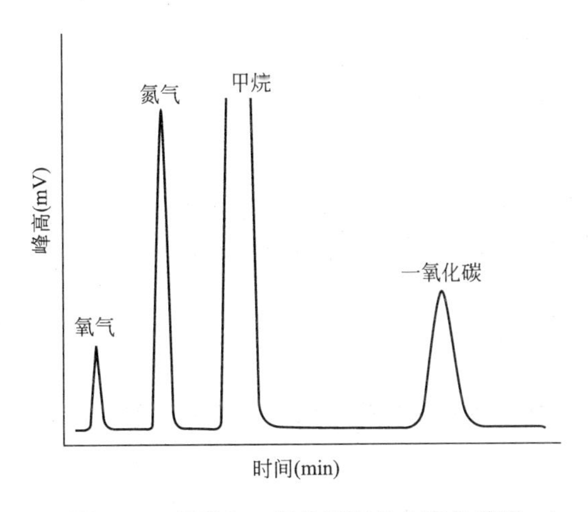


**图 9.14　甲烷和一氧化碳气体分离色谱图**

# 9.3 高效液相色谱

以液体为流动相的色谱分析法，称为液相色谱法(LC)。经典液相色谱法，其流动相在常压下运行，传质速度慢，所用固定相颗粒粗，柱效低，分离所需时间长；色谱柱不能连续使用；而且一般不具备在线检测器，灵敏度低；除了用于大量的制备分离以外，远不能适应现代化分离分析的需要。20 世纪 60 年末，人们对经典的液相色谱做了重大的改进，在理论上引入了气相色谱理论和试验方法而发展起来的，称为高效液相色谱法(HPLC)，又称高压液相色谱、高速液相色谱。

## 9.3.1 高效液相色谱法的特点

高效液相色谱法与经典的液相色谱法的主要区别是：流动相采用高压输送；采用高效的粒度≤10μm 的固定相以及高灵敏度的检测器。因此，高效液相色谱法具有分析速度快、分离效能高、操作自动化等特点。

1. 高压

液相色谱用称为载液的液体作为流动相。由于固定相颗粒极细，填充十分紧密，故载液流经色谱柱时受到的阻力较大。为了能迅速地通过色谱柱，必须对载液施加 15～30MPa，甚至高达 50MPa 的高压。

2. 高速

由于采用了高压，载液在色谱柱内的流速较经典液相色谱法要高得多，一般可达 1～10mL/min，因此所需的分析时间要短得多，通常为数分钟至数十分钟。

3. 高效

气相色谱法的柱效约为 2000 塔板/m，而高效液相色谱法则可达 5000～30000 塔板/m 以上。其分离效能也很高，能较快地分离出多个组分，并将结果打印出来。

4. 高灵敏度

高效液相色谱法采用了紫外检测器、荧光检测器等高灵敏度的检测器，大大提高了检测的灵敏度。最小检测限可达 $10^{-11}$g。此外，其进样量很少，用微升级的样品便可进行全分析。

5. 应用范围广

既能分析一般化合物，也能分析沸点高、热稳定性差和具有生理活性的物质，还能分析离子型化合物和高聚物。此外，还适宜于制备高纯试剂。

## 9.3.2 HPLC 与 GC 的比较

HPLC 与 GC 的基本概念和基本理论一致，二者的区别主要有以下几个方面。

1. 分析对象

GC 的分析对象是在柱温下具有足够的挥发性和热稳定性的物质，即气体和沸点较低的相对分子质量小于400的化合物。而HPLC不受分析对象挥发性和热稳定性的限制，能分析相对分子质量大于400的有机化合物。它适宜于分析生物大分子、不稳定的天然产物以及高分子化合物、离子型化合物等，在目前已知的有机化合物中，只有15%～20%用GC分析可得到满意的结果，而80%～85%的有机化合物则要用HPLC来分析。

2. 流动相

GC的流动相是载气，它对组分和固定相呈惰性，是专门用来载送样品的气体。因此在GC中，只有固定相能与组分分子作用。而在HPLC中，其流动相(载液)对组分分子也有一定的亲和作用，它能与固定相争夺组分分子，因而增大了分离的选择性；另外，可供选择的载液种类较多，并可灵活地调节其极性、离子强度或pH，为选择最佳分离条件提供了极大的方便。

3. 分离温度

GC一般在高于室温下分离，最高可达300～400℃左右。而HPLC的分离温度却比较低，一般在室温或略高于室温下工作。

4. 色谱柱

GC柱较长较粗，如填充柱内径2～6mm，长1～10m；毛细管柱内径0.2～0.5mm，长10～100m。而HPLC柱较短较细，如常规柱长一般为15～30cm，内径1～6mm；高速柱长约3.3cm，内径约4.6mm；微径柱长1m，内径1mm；开管毛细柱长5m，内径0.01mm。GC固定相粒径较大，约为70～250μm，而HPLC固定相粒径较小，一般为3～30μm。HPLC的柱效比GC高得多。

5. 流动相驱动力

GC一般采用高压载气，而HPLC常采用高压泵。此外，为了提高分离效能，缩短分析时间，GC常采用程序升温的办法，而HPLC则采用梯度洗提的方式。

## 9.3.3 液相色谱仪的原理和结构

高效液相色谱法是将经典液相色谱法与气相色谱法的基本原理和试验方法相结合而产生的。在色谱分析法概论中介绍的基本概念，分离机理都可应用于高效液相色谱法。

高效液相色谱仪由高压输液系统、进样系统、分离系统以及检测系统、温度控制和记录系统组成。此外，还可有梯度洗脱、自动进样、馏分收集及数据处理等装置。图9.15是高效液相色谱仪流程示意图，贮液器中的载液(需预先脱气)经高压泵输送到色谱管路中，试样由进样器注入流动相，流经色谱柱进行分离，分离后的各组分由检测器检测，输出的信号由记录仪记录下来，即得液相色谱图。

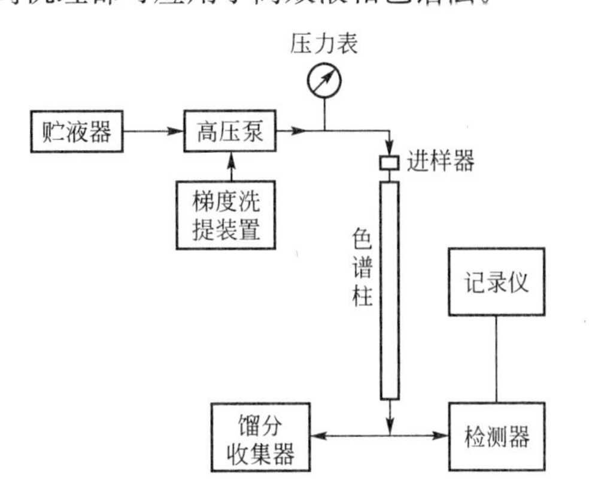


图9.15 高效液相色谱结构图

1. 高压输液系统

高压输液系统由贮液器、高压泵及梯度洗提

装置等组成。

贮液器：用来贮装载液，一般由玻璃、不锈钢或聚四氟乙烯制成，容量为1～2L。贮液器应带有脱气装置，以便有效地脱除溶于载液中的气体。因为色谱柱是带压操作的，而检测器是在常压下工作。若流动相中含有的空气不除去，则流动相通过柱子时其中的气泡受到压力而压缩，流出柱子后到检测器时因常压而将气泡释放出来，造成检测器噪声大，使基线不稳，仪器不能正常工作。脱气方法有真空减压法、超声脱气法和通氦脱气法等。

高压泵：高压输液泵是高效液相色谱仪的重要部件，它将流动相输入到柱系统，使样品在柱系统中完成分离过程。高效液相色谱柱柱径较细，固定相颗粒细小，对流动相的阻力较大。因此必须选用流速恒定、压力平稳、无脉动、流量可调节的高压泵输送载液，才能达到快速分离的目的。一般要求泵的输出压力高达15～50MPa。高压输液泵分为恒流泵和恒压泵两大类。恒流泵的特点是在一定的操作条件下，输出的流量保持恒定，往复式柱塞泵、注射式螺旋泵属于此类。恒压泵的特点是保持输出的压力恒定，而流量则随色谱系统阻力的变化而变化，气动泵属于恒压泵。在色谱分析中，柱系统的阻力总是要变的。因而恒流泵比恒压泵显得优越，目前使用较普遍，然而，恒压操作能在泵和柱系统所允许的最大压力下冲洗柱系统，既方便又安全。因而有些恒流泵也带有恒压输流的功能，以满足多种需要。

梯度洗提装置：作用与气相色谱分析中的程序升温相似。梯度洗提就是在分离过程中使两种或两种以上不同极性的溶剂按一定程序连续改变它们之间的比例，从而使流动相的强度、极性、pH或离子强度相应地变化，以达到提高分离效果缩短分析时间的目的。梯度洗提可以采用在常压下预先按一定的程序将溶剂混合后再用泵输入色谱柱的低压梯度，也称外梯度；也可以将溶剂用高压泵增压后输入色谱系统的梯度混合室，混合后再送入色谱柱，即所谓高压梯度或称内梯度系统。

2. 进样系统

进样系统包括进样口、注射器和进样阀等，其作用是将试样注入色谱柱以进行分离。注射器进样方式与气相色谱一样，操作简便，可根据需要任意改变进样量，但进样体积不宜太大、不能承受高压、重现性较差。用六通高压微量进样阀直接进样时，由定量管计量，重现性好，能承受高压，目前几乎取代了注射器进样，见图9.16。进样时，试液先注入定量管，通过手柄旋转阀芯，使定量管两端接入输液系统，试液由流经定量管的载液带入色谱柱中。

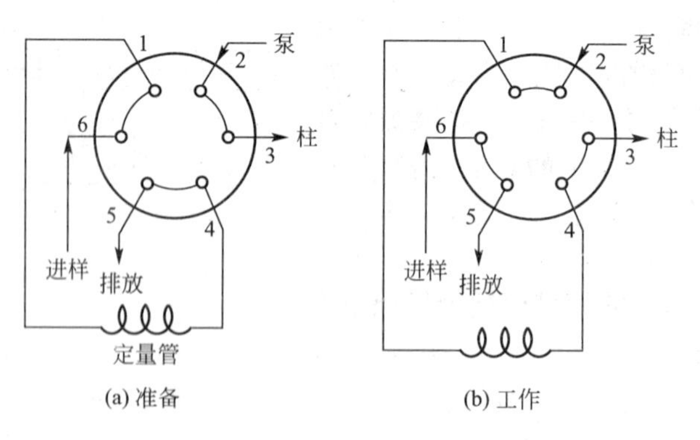


**图9.16　六通阀进样装置结构图**

3. 分离系统

分离系统包括色谱柱、恒温器和连接管等部件。柱管常采用内径为1～6mm、长度为10～50cm、内壁抛光的不锈钢管，柱形多为直形，柱内装填有高效固定相。

4. 检测系统

高效液相色谱的被测组分溶解在流动相中，浓度很低，要求用于液相色谱中的检测器，应具有灵敏度高、噪声低、线性范围宽、响应快、死体积小等特点，还应对温度和流速的变化不敏感。目前高效液相色谱中应用较广的检测器有以下所述。

在液相色谱法中，有两类基本类型的检测器。溶质性检测器：它仅对被分离组分的物理或物理化学特性有响应，属于这类检测器的有紫外光度检测器、荧光检测器和电化学检测器。总体检测器：它对试样和洗脱液总的物理或物理化学性质有响应，属于这类检测器的有差示折光检测器、介电常数检测器等。

5. 记录仪

现代高效液相色谱仪一般配有计算机，高效液相色谱仪在计算机的控制下工作，根据使用者的指令完成某些操作，使部分操作实现程序化、自动化，并根据指令对记录的信号进行处理，如峰面积的积分、分析结果的计算、误差的分析或色谱图的输出等。

### 9.3.4 高效液相色谱法的分类

高效液相色谱的流动相为液体，按其固定相性质不同分为以下几种。

1. 液-固色谱法

固定相为固体吸附剂，在其表面具有活性的吸附中心。它是根据各组分在固定相上吸附能力的差异来进行分离的，故也称液-固吸附色谱。能分离多官能团化合物、稳定化合物、异构体等，如胺类、酚、醇、酰胺、增塑剂等。

2. 液-液色谱法

液-液色谱法又称液-液分配色谱，两相都是液体。一个液相作为流动相，另一个液相则涂渍在很细的惰性载体或硅胶上作为固定相。流动相与固定相应互不相溶，两者之间有一个明显的分界面。液-液分配色谱是根据组分在两相中分配系数的差别而进行分离的。

根据固定液和流动相的极性不同，液-液分配色谱又分为两种类型：固定液极性大于流动相极性的，称为正相液-液色谱，适用于分离极性化合物，如胺、酰胺、醇、酚、生物碱、农药、染料等；固定液极性小于流动相极性的，称为反相液-液色谱，适用于分离非极性化合物，如多核芳烃、蒽醌、脂溶性维生素、酚醛树脂、增塑剂等。

3. 离子交换色谱法

离子交换色谱是以离子交换树脂为固定相，树脂上具有可交换的离子基团。当流动相带着组分离解生成的离子通过固定相时，树脂上可交换的离子基团与具有相同电荷的组分离子进行可逆交换，根据组分离子对树脂亲和力不同而得到分离。它广泛用于无机离子的分离以及氨基酸、核酸、蛋白质等有机及生物物质的分离。

4．空间排阻色谱法

空间排阻色谱法也称凝胶渗透色谱法，是依据试样分子的尺寸大小进行分离的。固定相为凝胶，它是一种表面惰性、含有许多不同尺寸的孔穴或立体网状的物质，凝胶的孔穴大小与被分离的试样大小相当。试样组分进入色谱柱后，随流动相在凝胶外部空隙以及凝胶孔穴旁流过。那些太大的组分分子，由于不能进入孔穴而被排斥，所以随流动相移动而最先流出；小分子的组分可以渗透到孔穴内部而后流出。一般分子量的差别需在10%以上时才能得到分离。凝胶色谱不能分离复杂的混合物，它主要用于获得分散性聚合物的相对分子质量分布情况。

### 9.3.5 应用举例

1．水中苯酚、苯二酚和苯三酚的测定

（1）水样的富集：滤膜过滤水样；甲醇、水各5mL活化C18富集柱；滤膜过滤好的水样以5～10mL/min的速度经过C18柱子。

（2）用四氢呋喃2～4mL洗脱，洗脱液收集后用纯氮吹气浓缩至1mL待上机分析。

（3）色谱条件：色谱柱HP－ODS hypersil（5μm，125mm×5mm）；检测波长为270nm；流动相甲醇(V)∶水(V)＝50∶50；流速为0.5mL/min；温度为25℃；进样体积为10μL。色谱图见图9.17。

2．离子色谱法对水样中7种常见阴离子的测定

色谱条件：色谱柱IonPac AG12A/AS12A；流动相2.7mM $Na_2CO_3$＋0.3mM $NaHCO_3$；流速为1.2mL/min；电导检测器。色谱图见图9.18。

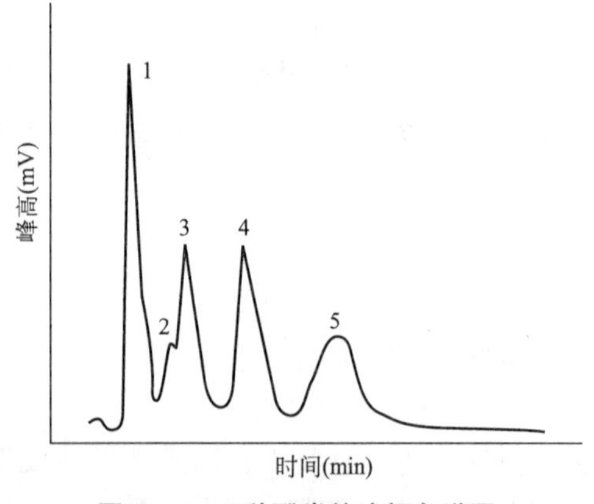


图9.17 五种酚类的液相色谱图

1—苯三酚；2—对苯二酚；3—间苯二酚；4—邻苯二酚；5—苯酚

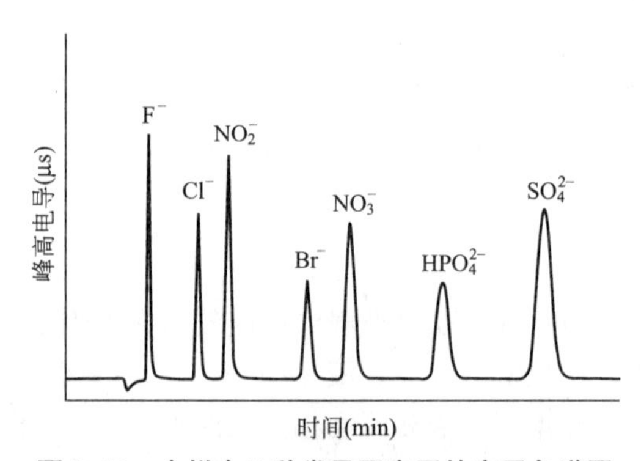


图9.18 水样中7种常见阴离子的离子色谱图

## 9.4 色谱-质谱联用技术

色谱是一种很好的分离手段，可以将复杂混合物中的各个组分分离开，但是它的定性

和结构分析能力较差，对完全未知的组分做定性分析非常困难；而质谱法具有灵敏度高、定性能力强等特点，但进行定量分析比较复杂；两者联用可将色谱的分离能力与质谱的定性功能结合起来，实现对复杂混合物更准确的定量和定性分析。色谱-质谱联用包括气相色谱-质谱联用(GC－MS)和液相色谱-质谱联用(LC－MS)。

## 9.4.1 质谱概述

质谱是按照离子的质荷比大小顺序排列成的谱图。首先把原子或分子离子化，使其变成离子，然后让它在电场或磁场中运动。由于带电粒子在电场或磁场中会受到电场力和磁场力的作用，所以在运动过程中便可按离子质荷比(质量 $m$ 与电荷 $z$ 的比值)分开，并可方便地测量其强度。以质谱为基础建立起来的分析方法，称为质谱分析法(MS)。

1. 质谱仪的组成

用来检测和记录待测物质的质谱，并以此进行相对分子(原子)质量、分子式测定以及组成和结构分析的仪器称为质谱仪。质谱仪结构如图 9.19 所示，通常质谱仪由进样系统、离子源、质量分析器、离子检测和计算机控制与数据处理系统(工作站)等部分组成。此外，由于整个装置必须在高真空条件下运转，所以还有真空系统。

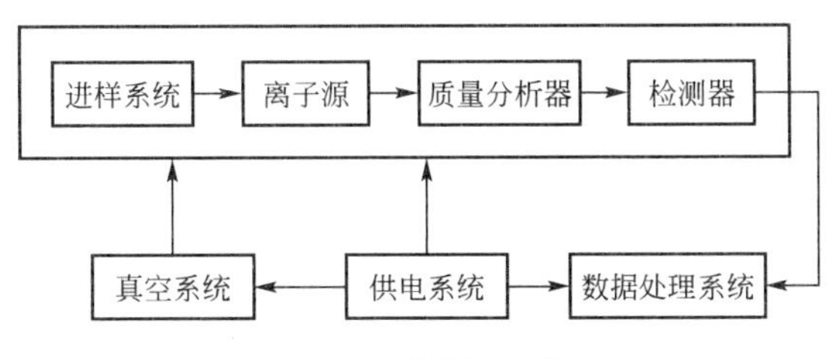


图 9.19 质谱仪示意图

(1) 进样系统：进样系统的作用是将被分析的物质即样品汽化并送进离子源，一般可分为直接进样和间接进样。

① 直接进样。仪器有一个直接进样杆，将纯样或混合样直接进到离于源内或经注射器由毛细管直接注入。其缺点是不能分析复杂的化合物体系。

② 间接进样。它是经 GC 或 HPLC 分离后进到质谱的离子源内。

(2) 离子源：离子源的作用是使待测样品分子电离成带电的离子，并使形成的离子汇聚成具有一定几何形状和能量的离子束，以便进入质量分析器进行监测。常用的有电子轰击离子源(EI)、化学电离源(CI) 、电喷雾离子源(ESI)、快速原子轰击源(FAB)。

(3) 质量分析器：质量分析器是质谱仪的重要组成部分，其作用类似于光学仪器中的单色器，是将离子源产生的离子按照质荷比的大小不同进行分离。常用的质量分析器有磁式质量分析器、四极杆质量分析器、飞行时间质量分析器、离子阱质量分析器和离子回旋共振质量分析器。

(4) 检测器：检测器位于质量分析器之后，其作用是接受和测量被分离的离子流的强度，并进行放大。常用的有电子倍增器、光电倍增管和闪烁计数器等，其中电子倍增器因具有响应速度快、放大倍数高、背景底等优良性能，而被广泛应用。

(5) 数据采集及分析系统：随着计算机的普及和技术发展，现在它不仅能准确快速地采集和记录数据，得到以检测器检测到的离子信号强度为纵坐标、离子质荷比为横坐标的质谱图，结合相应数据库，还可对谱图进行检索，进行定性和定量分析。

(6) 真空系统。质谱仪的离子源、质量分析器和检测器必须在高度真空的状态下工作，以减少本底干扰，避免发生不必要的离子-分子反应。离子源的真空度应达 $10^{-4}$～$10^{-3}$ Pa，而质量分析器和检测器真空度则被要求必须达到 $10^{-5}$～$10^{-4}$ Pa。一般真空系统由机械真空泵和扩散泵(或涡轮分子泵)构成。机械真空泵能达到的极限真空度为 $10^{-3}$ Pa，不能满足仪器要求，必须依靠高真空泵，通过逐渐真空系统来保证质谱仪的正常工作。

2. 质谱法特点

在有机化合物结构分析的 4 大工具中，与核磁共振波谱、红外光谱和紫外光谱比较，质谱法具有以下突出的特点。

(1) 质谱法是唯一可以确定分子式的方法。

(2) 灵敏度高。通常只需要微克级甚至更少的样品，便可得到质谱图，检出限最低可达 $10^{-14}$ g。

(3) 根据各类有机化合物分子的断裂规律，质谱中的分子碎片离子峰提供了有关有机化合物结构的丰富的信息。

### 9.4.2 气相色谱-质谱联用(GC-MS)

气相色谱与质谱联用技术(GC-MS)是利用气相色谱对混合物的高效分离能力和质谱对纯物质的准确鉴定能力而发展成的一种技术，其仪器称为气相色谱-质谱联用仪，将气相色谱作为质谱的进样装置，质谱作为气相色谱的检测器来使用。

1. GC-MS 仪的结构和原理

气-质联用仪的结构见图 9.20，包括分离部分(气相色谱)，离子源(电子轰击源 EI、化学电离源 CI)，质量分析器(四极杆、离子阱)，检测器(电子倍增器、光电倍增管)，数据采集及分析系统。

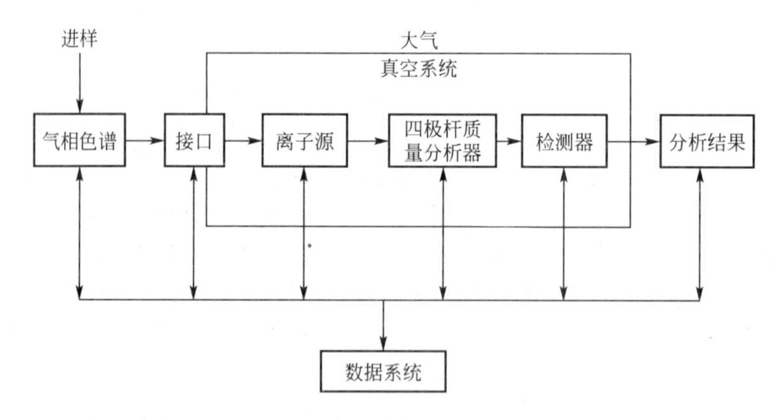


图 9.20 气-质联用仪结构框图

将测定的有机混合物经色谱柱分离后，各组分逐一通过接口，除去载气，进入质谱仪的离子源，生成分子离子或各具质量特征的碎片离子，这些带正电荷的离子由于其质

荷比 $m/z$ 不同，在质量分析器中被分离，逐一被收集记录下来，获得质谱图，通过解析谱图可获得组分的相对分子质量和结构信息。如果在离子源处监测组分被电离后的总离子流强度，则可获得总离子流色谱图(TIC)。另一种获得总离子流图的方法是利用质谱仪自动重复扫描，由计算机收集、计算后再现出来，此时总离子流检测系统可省略。

对 TIC 图的每个峰，可同时给出对应的质谱图，由此可以推测每个色谱峰的结构组成。定性分析可以通过将得到的质谱图与标准谱库或者标准样品的质谱图相比较来实现(对于高分辨率的质谱仪，可以通过直接得到精确的相对分子量和分子式来定性)。由 GC－MS 得到的 TIC 或质量色谱图(MC)其色谱峰面积与相应组分的含量成正比，若对某一组分进行定量分析，可以采用色谱分析法中的归一法、外标法、内标法等进行。

2. 气-质联用仪的特点

GC－MS 联用优点如下。

(1) 气相色谱作为进样系统，将待测样品进行分离后直接导入质谱进行检测，既满足了质谱分析对样品单一性的要求，又省去了样品制备、转移的烦琐过程，不仅避免了样品受污染，对于质谱进样量还能有效控制，也减少了质谱仪器的污染，极大地提高了对混合物的分离、定性、定量分析效率。

(2) 质谱作为检测器检测的是离子质量，获得化合物的质谱图，解决了气相色谱定性的局限性，既是一种通用型检测器，又是有选择性的检测器。因为质谱法的多种电离方式可使各种样品分子得到有效的电离，所有离子经质量分析器分离后均可以被检测，有广泛的适用性。而且质谱的多种扫描方式和质量分析计算，可以有选择地只检测所需要的目标化合物的特征离子。

(3) 联用的优势还体现在可获得更多信息。单独使用气相色谱只获得保留时间、强度二维信息，单独使用质谱也只获得质荷比和强度二维信息。而气相色谱-质谱联用可得到质量、保留时间、强度三维信息。化合物的质谱特征加上气相色谱保留时间双重定性信息，与单一定性分析方法比较，显然专属性更强。质谱特征相似的同分异构体，靠质谱图是难以区分的，而如果有色谱保留时间就不难鉴别了。

3. 气-质联用仪在水质分析中的应用

(1) 定性分析应用：质谱图中一条条的线段代表分子离子峰和碎片离子的质荷比。有经验的质谱工作者可以根据质谱图来推断化合物的结构。根据质谱的裂解规律，质谱工作者可以推断出谱库中没有的化合物的结构。不过，绝大多数气质用户使用谱库检索分析物的特征谱图。

(2) 定量分析应用：总离子流图是在选定的质量范围内，所有离子强度的总和对时间或扫描次数所作的图，可以用于化合物的定量分析。一般来说，同 GC 一样采用峰面积或峰高进行定量。

(3) 举例：固相萃取-气质联用测定水中的多环芳烃。

① 试验条件：Agilent6890－5975MSD；HP－5MS 石英毛细管色(0.25mm×30m×0.25μm)；He 为载气；流速恒定为 1mL/min；进样口 250℃，MSD300℃；电子能量为 70eV。

程序升温：始温 50℃保留 2min，15℃/min 升至 150℃保留 5min，20℃/min 升至 240℃，10℃/min 升至 290℃保留 10min；不分流进样 1μL。

图 9.21 是多环芳烃分析的总离子流色谱图。

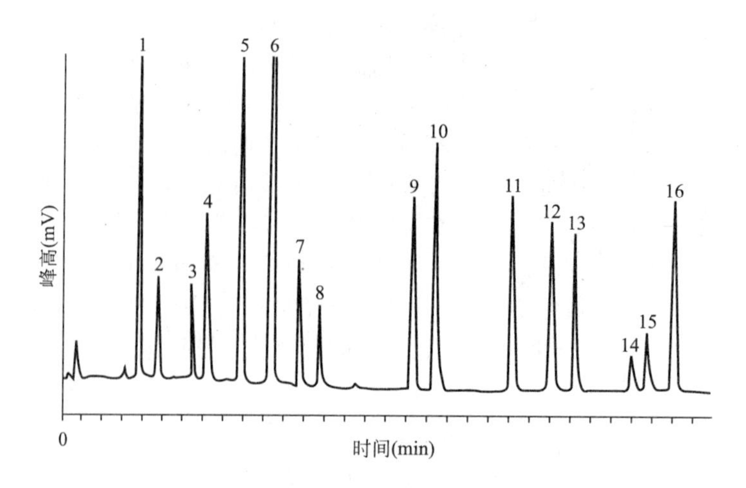


**图 9.21　多环芳烃的总离子流图**

1—萘；2—苊烯；3—苊；4—芴；5—菲；6—蒽；7—荧蒽；8—芘；9—苯并[a]蒽；
10—屈；11—苯并[b]荧蒽；12—苯并[k]荧蒽；13—苯并[a]芘；14—二苯并[a，h]蒽；
15—苯并[g.h，i]；16—茚并[1，2，3-cd]芘

② 定性与定量：通过检索 NIST 质谱谱库和色谱峰保留时间进行定性分析，并采用内标峰面积法定量。从多环芳烃的总离子流色谱图可以看出各种物质的响应度和分离度都较好，在该色谱条件下可以实现多环芳烃物质的定性和定量分析。

### 9.4.3　液相色谱-质谱联用

GC-MS 不适合对高极性、热不稳定性、难挥发的生物大分子有机化合物做分析测定，而液相色谱的应用则不受沸点的限制，还能对热稳定性差的试样进行分离、分析。液相色谱-质谱联用技术(LC-MS)是以高效液相色谱为分离手段，以质谱为鉴定工具的分离分析方法。

1. 液相色谱-质谱联用仪简介和工作原理

液相色谱-质谱联用仪主要由液相色谱仪、接口(LC 和 MS 之间的连接装置)、质量分析器、真空系统和计算机数据处理系统组成(图 9.22)。

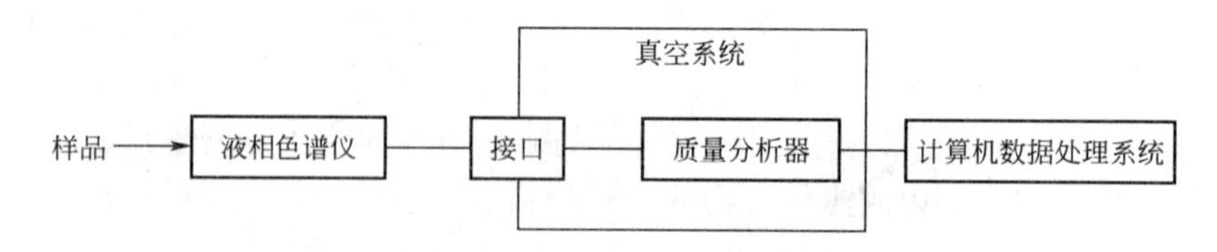


**图 9.22　液质联用仪结构框图**

样品通过液相色谱系统进样，由色谱柱分离，而后进入接口(又称界面)。在接口中，样品由液相中的离子或分子转变成气相中的离子，其后离子被聚焦于质量分析器中，根据质荷比而分离。最后离子信号被转变为电信号，传送至计算机数据处理系统。

与 LC 联机的质量分析器常用四极杆质量分析器、离子阱质量分析器、飞行时间质谱(TOF)等。

2. 液质联用的接口

从高效液相色谱流出的化合物存在于大气压条件下的溶液之中，而在高真空工作条件下的质谱仅接受气相的离子。因此，样品经液相色谱分离，进入质谱必须完成去除溶剂、保留样品、电离化合物，同时要求液相色谱的高流速和质谱的气相和高真空度条件相匹配，要解决上述问题，必须通过接口。其作用如下。

(1) 将流动相及样品分子汽化。

(2) 分离除去大量的流动相分子。

(3) 完成对样品分子的电离。

(4) 在样品分子已电离的情况下，最好能进行碰撞诱导断裂(CID)。

常用的接口主要有大气压电离接口、离子束电离接口、热喷雾电离接口等。

3. 液相色谱-质谱联用

任何可电离的样品组分均可以根据时间(液相)和质荷比(质谱)被分离，然后进行定性和定量分析，可以分析 GC－MS 不能分析的高沸点、难挥发和热不稳定化合物。高效液相色谱-质谱联用常用于分析水体环境中的抗生素、多环芳烃、多氯联苯、酚类化合物、农药残留等药物残留分析等。

## 习　　题

一、思考题

1. 色谱法的分类？并简述其原理。
2. 简述气相色谱法的分离原理和特点。
3. 简述气相色谱仪的组成结构以及各部分的功能。
4. 解释色谱流出线有关名词和色谱基本参数的意义。
5. 色谱有哪些定性方法？
6. GC 定量分析中为什么要用相对校正因子？在什么情况下可以不用校正因子？
7. 气相色谱定量方法主要有哪些？试比较它们的优缺点和适用情况。
8. 在色谱内标法进行定量分析时，内标物如何选择？
9. 气相色谱有哪几种常用的检测器？简述其原理和应用范围。
10. 简述高效液相色谱的工作原理。
11. 从分离原理、仪器结构及应用范围等方面比较气相色谱和高效液相色谱的异同点。
12. 简述气相色谱法水样预处理的方法。
13. 简述质谱仪的结构原理。
14. GC－MS 和 LC－MC 各有什么特点以及在水分析中的应用。

二、计算题

1. 称取苯、甲苯、乙苯、邻二甲苯的纯物质，混匀后在一定色谱条件下进样得色谱图，各种组分色谱峰的峰高及其质量分别列于表 9－2。

**表 9－2　各种组分色谱峰的峰高及其质量**

| 出峰次序 | 苯 | 甲苯 | 乙苯 | 邻二甲苯 |
|---|---|---|---|---|
| 峰高/mm | 181.1 | 86.4 | 46.2 | 59.0 |
| 质量/g | 0.5987 | 0.5678 | 0.6320 | 0.7680 |

以苯为标准，求各组分的峰高相对校正因子。

2. 已知在混合酚试样中仅含有苯酚、邻甲酚、间甲酚和对甲酚四种组分，经乙酰化处理后，用液晶柱测得色谱图，图上各组分色谱峰的峰高、半峰宽，以及已测得的各组分的校正因子分别列于表 9－3。求各组分的质量分数。

**表 9－3　各组分色谱峰的峰高、半峰宽以及已测得的各组分的校正因子**

| 出峰次序 | 苯酚 | 邻甲酚 | 间甲酚 | 对甲酚 |
|---|---|---|---|---|
| $h$/mm | 63.0 | 102.1 | 88.2 | 76.0 |
| $W_{1/2}$/mm | 1.91 | 2.48 | 2.85 | 3.22 |
| $f$ | 0.85 | 0.95 | 1.03 | 1.00 |

# 第10章 原子吸收光谱法

## 教学目标

本章主要讲述原子吸收光谱分析方法。通过本章学习，应达到以下目标。

(1) 掌握原子吸收光谱法(AAS)的特点和基本原理。

(2) 熟悉原子吸收分光光度计的基本结构、性能和操作方法。

(3) 掌握原子吸收光谱法的基本定量方法。

(4) 了解原子吸收光谱法在水质分析中的应用。

## 教学要求

| 知识要点 | 能力要求 | 相关知识 |
| --- | --- | --- |
| 原子吸收光谱法 | (1) 掌握原子吸收法的特点和原理<br>(2) 熟悉原子吸收分光光度计的结构<br>(3) 掌握原子吸收法的定量分析方法<br>(4) 了解原子吸收法在水分析中的应用 | (1) 原子吸收法的理论基础，特点和原理<br>(2) 光源、原子化系统、分光系统和检测系统<br>(3) 标准曲线法、标准加入法、内标法以及分析方法的评价 |

引例

早在1802年，渥朗斯顿(W. H. Wollaston)在研究太阳的光谱时，就惊奇地发现了太阳的连续光谱中出现了无法解释的暗线。1820年，布鲁斯特(D. Brewster)认为这些暗线是由于太阳外围的大气圈对太阳光的吸收而产生的。1860年，本生(R. Bunsen)和克希荷夫(G. Kirchoof)在研究金属的火焰光谱时，发现钠原了蒸气发出的光通过温度较低的钠原子蒸气时，就会产生钠谱线的吸收，并且吸收谱线的位置正好和太阳光谱中的D暗线重合。这就用试验的手段证实了太阳光谱中的D暗线，这也正是由于太阳大气圈中的钠原子对太阳光谱中的钠辐射产生吸收的结果，这是人类第一次认识到原子吸收现象。

直到1955年，澳大利亚物理学家瓦尔西(A. Wallsh)首先提出利用原子吸收现象可以对某些金属元素进行分析。从此以后，原子吸收光谱法才逐渐成为一种强有力的分析手段，出现在现代仪器分析的行列中。

## 10.1 原子吸收光谱法特点

原子吸收光谱法又称原子吸收分光光度分析法(Atom Absorption Spectroscopy,

AAS)。该方法是一种利用被测元素的基态原子对特征辐射线的吸收程度进行定量分析的方法。原子吸收光谱法的主要特点如下。

(1) 灵敏度高、检出限低。火焰原子吸收法可测到 $10^{-9}$g/mL，而高温石墨炉法可测到 $10^{-13}$ g/mL。

(2) 选择性好。原子吸收法的干扰较比色法等其他仪器分析方法或化学分析方法都要小得多，或者要易于克服得多。

(3) 准确度高。对于微量或痕量组分的分析，火焰法的相对误差约为 1%～3%，石墨炉法的相对误差约为 15%左右。

(4) 测定元素多。使用原子吸收光谱法，能够测定大部分金属元素和部分非金属元素，总共能测定 70 多种元素。

(5) 操作方便，分析速度快。

(6) 适用范围广。

(7) 不足之处。每测定一种元素要换上该元素的灯，还要改变某些操作条件，这给操作带来不便；对于某些具有难熔氧化物的元素，测定的灵敏度还不太高；对于某些非金属元素的测定，尚存在一定的困难。目前，多元素光源灯以及连续光源的研究已有一定进展，多元素同时测定方法是未来原子吸收方法发展的一大趋势。

## 10.2 基本原理

1. 共振线和吸收线

物质是由各种元素的原子组成的，原子是由结构紧密的原子核和核外围绕着的不断运动的电子组成的。电子处在一定的能级上，具有一定的能量，称为原子能级。当核外电子排布具有最低能级时，原子的能量状态叫基态，基态是最稳定的状态。

在一般情况下，大多数原子处在最低的能级状态，即基态。基态原子在外界能量(如热能或电能)的作用下，获得足够的能量，外层电子跃迁到较高能级状态的激发态，这个过程叫激发。基态原子被激发的过程，也就是原子吸收的过程。

处在激发态的原子很不稳定，在极短的时间内($10^{-8}$～$10^{-7}$s)外层电子便跃迁回基态或其他较低的能态而释放出多余的能量。

基态原子被激发所吸收的能量，等于相应激发态原子跃迁回到基态所发射出的能量，此能量等于原子的两能级能量差：

$$\Delta E=E_2-E_1=h\nu=hc/\lambda \tag{10-1}$$

式中：$E_2$、$E_1$——分别是高能态与低能态的能量；

$\nu$——频率；

$h$——普朗克常数；

$c$——光速；

$\lambda$——波长。

原子被外界能量激发时，最外层电子可能跃迁至不同能级，因而原子有不同的激发态，能量最低的激发态称为第一激发态。电子从基态跃迁到第一激发态需要吸收一定频率的光，这一吸收谱线称为共振吸收线。电子从第一激发态跃迁回到基态时，要发射出一定频率的光，这种发射谱线称为共振发射线。共振发射线和共振吸收线都简称共振线。由于第一激发态与基态之间跃迁所需能量最低，最容易发生，大多数元素吸收也最强，共振跃迁最易发生，因此，共振线通常是元素的灵敏线。而不同元素的原子结构和外层电子排布各不相同，所以“共振线”也就不同，各有特征，又称“特征谱线”。

原子吸收光谱法在原理上和可见-紫外吸收光谱法或红外吸收光谱法有些相似，都是研究物质对辐射的吸收来进行分析的方法。不同之处在于可见、紫外、红外利用的连续光源，而原子吸收利用的锐线光源。当辐射投射到原子蒸汽上时，如果辐射波长相应的能量等于原子由基态跃迁到激发态所需要的能量时，则会引起原子对辐射的吸收，产生吸收光谱。基态原子吸收了能量，最外层的电子产生跃迁，从低能态跃迁到激发态。原子吸收光谱法就是利用待测元素原子蒸气中基态原子对光源发出的共振线的吸收来进行分析的。

2. 原子吸收光谱法的定量基础

若将一束频率 $\nu$，强度为 $I_0$ 的平行光通过原子蒸气时，一部分光被吸收，其透过光的强度 $I_\nu$(即原子吸收共振线后光的强度)为

$$I_\nu = I_0 e^{-K_\nu L} \tag{10-2}$$

式中：$L$——原子蒸气的厚度；

$K_\nu$——基态原子对频率为 $\nu$ 的光的吸收系数，是频率的函数。

由于物质的原子对光的吸收具有选择性，故光的频率不同时，原子对光的吸收程度也不同，即透过光强度 $I_\nu$ 随 $\nu$ 的变化而变化，在频率 $\nu_0$ 处透过光强度 $I_\nu$ 最小，即吸收最大，称该原子蒸气在特征频率 $\nu_0$ 处有吸收线。原子的吸收线不是一条几何线，而是具有一定宽度，称为吸收线轮廓。以吸收系数 $K_\nu$ 对频率 $\nu$ 作图(图 10.1)，得吸收线轮廓图。表征吸收线轮廓的值是吸收线的半宽度，是指最大吸收系数一般($K_0/2$)处所对应的频率差或波长差，用 $\Delta\nu$ 或 $\Delta\lambda$ 表示。最大吸收系数所对应的频率或波长称为中心频率或中心波长。中心频率或中心波长处的最大吸收系数又称为峰值吸收系数($K_0$)。

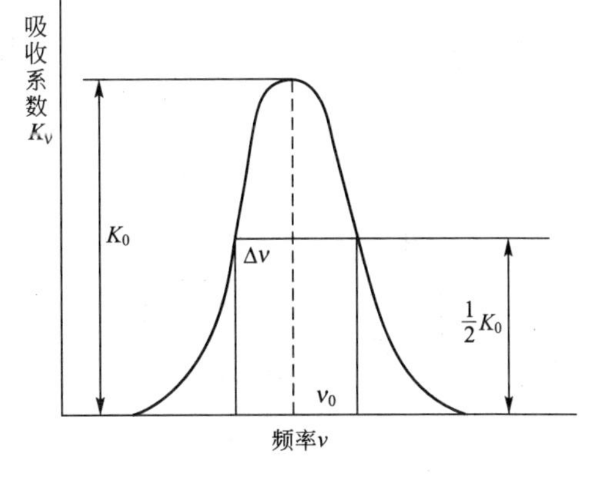


**图 10.1　原子吸收线的轮廓线**

采用锐线光源进行测量时，在辐射线宽度范围内，$K_\nu$ 可近似认为不变，等于峰值时的吸收系数 $K_0$，则吸光度为

$$A = \lg \frac{I_\nu}{I_0} = \lg \frac{1}{e^{-K_\nu L}} = \lg e^{K_0 L} = 0.434 K_0 L \tag{10-3}$$

峰值吸收系数 $K_0$ 与单位体积原子蒸气中待测元素吸收光的原子数成正比，而在通常的原子吸收测定条件下，试样的浓度与原子数也成正比。因此在一定的试验条件下，吸光度与待测元素在试样中浓度的关系可表示为

$$A = Kc \qquad (10-4)$$

式中：$K$——与试验条件有关常数。

式(10-4)为原子吸收光谱法定量分析的基本关系式。此式表明，在一定的试验条件下，吸光度与浓度的关系服从朗伯-比耳定律。

## 10.3 原子吸收光谱仪的结构

原子吸收光谱分析所用的仪器是原子吸收光谱仪，也叫原子吸收分光光度计。由光源、原子化系统、分光系统和检测系统4大部分组成。结构原理图见图10.2。

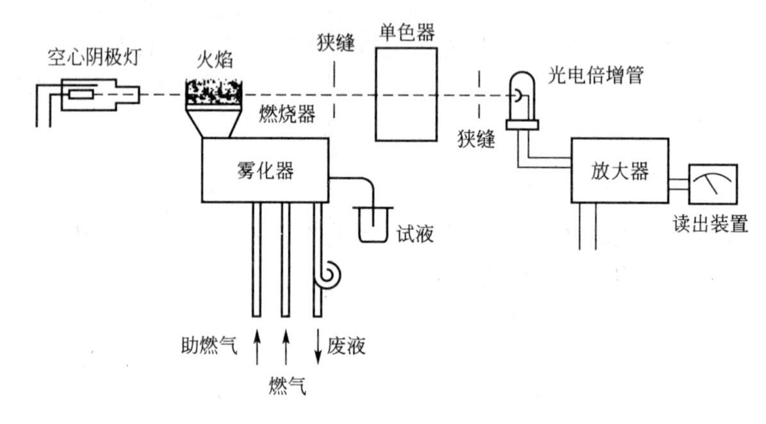


**图10.2 原子吸收光谱仪**

1. 光源

光源的功能是发射被测元素的原子吸收的特征谱线，一般用锐线光源。多用空心阴极灯和无极放电灯等锐线光源。

1) 空心阴极灯

空心阴极灯又叫元素灯，是一种辐射强度大、稳定性高的锐线光源(图10.3)，由钨棒上镶钛丝的阳极和发射所需特征谱线的金属或合金制成的空心筒状阴极组成。阴极和阳极在密闭充有惰性气体的带有光学窗口的硬质玻璃管内产生低压辉光放电。电子从空心阴极射向阳极，并与周围冲入的惰性气体碰撞使之电离，所产生的惰性气体的阳离子获得足够能量，在电场作用下撞击阴极内壁，使阴极表面上的金属原子溅射出来，这些原子再与电子、正离子、气体原子碰撞而被激发，当激发态的原子跃迁回基态时，辐射出特征频率的光谱，由于这种特征光谱线宽度窄，称为锐线光源。

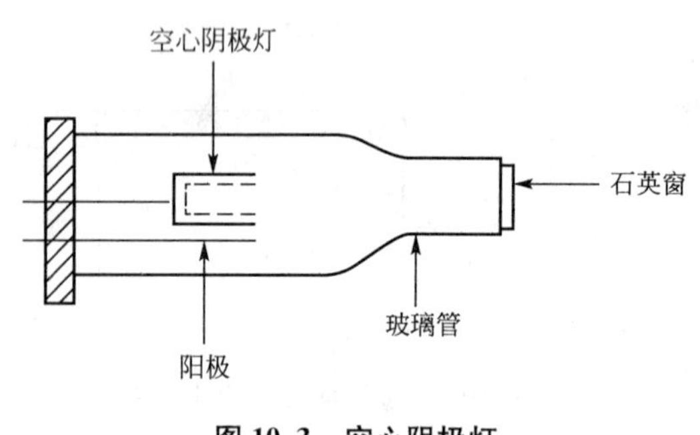


**图10.3 空心阴极灯**

单元素空心阴极灯只能用于一种元素的测定，每测一种元素，就需要换一种灯。目前已有多元素灯，可同时测定多种元素，但一灯最多也只可测定 6～7 种元素，且光强较弱，容易产生干扰。

2）无极放电灯

无极放电灯又称微波激发无极放电灯，它是由石英管内放入少量金属或较易蒸发的金属卤化物，抽成真空后加入几百帕的氩气，再密封。将其置于微波电场中，微波将灯内的气体原子激发，被激发的气体原子又使解离的气化金属或金属卤化物激发而发射出待测元素的特征谱线。

无极放电灯的谱线半宽度很窄，发射强度高，适用于较难激发的元素的测定，如 As、Al、K、Cd、Hg、Sn、Pb 等。

2. 原子化器

原子化器的功能是提供能量，使试样干燥、蒸发和原子化。入射光束在这里被基态原子吸收，因此也可把它视为“吸收池”。由于原子吸收光谱法是基于基态原子对共振线的吸收，因此试样中被测元素的原子化是整个分析过程的关键。使样品原子化的方法有火焰原子化法和无火焰原子化法两种。

1）火焰原子化器

火焰原子化器包括雾化器和燃烧器两部分。燃烧器有全消耗型(试液直接喷入火焰)和预混合型(在雾化室将试液雾化，然后导入火焰)两类。目前广泛应用的是后者。

① 雾化器。其作用是将样品溶液雾化，形成气溶胶。对雾化器的要求：喷雾稳定，雾滴细小而均匀，雾化效率高。目前多使用同心式雾化器，见图 10.4。根据伯努力原理：当有高压气体快速通过毛细管外壁和喷嘴形成的环状间隙时，会造成负压区，从而将溶液沿毛细管吸入，并被高速气流分散成溶胶。

② 燃烧器。其作用是形成火焰，使进入火焰的试样微粒原子化。图 10.5 是预混合型燃烧器示意，样品雾化以后进入预混合室(雾室)，与燃气(乙炔、氢气等)混合。较大的雾滴可在扰流片或雾室壁上凝结，经废液管排出，而细小雾滴则由燃气和助燃气携带进入火焰中。预混合型燃烧器产生近似层流的火焰，其优点是火焰稳定性好，有效吸收光程长，缺点是样品利用率低，灵敏度不高。

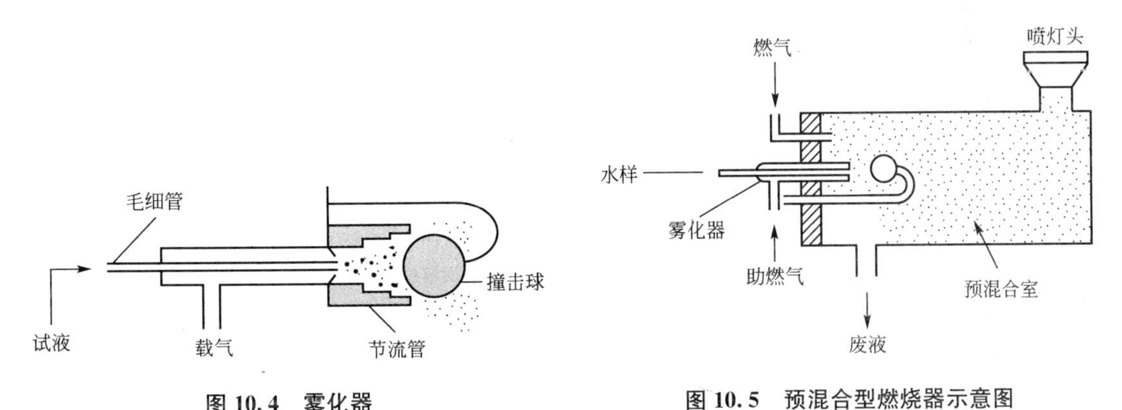


图 10.4 雾化器

图 10.5 预混合型燃烧器示意图

③ 火焰。其作用是提供一定的能量，促使试样雾滴蒸发、干燥并经过热离解或还原作用产生大量基态原子。原子吸收所使用的火焰，只要其温度能使待测元素离解成自由的

基态原子就可以，如超过所需温度，则激发态原子增加，电离度增大，基态原子减少，这对原子吸收是很不利的。因此，必须控制适宜火焰温度，针对不同的元素应选用不同的恰当的火焰。原子吸收测定中最常用的火焰是乙炔-空气火焰，此外，应用较多的是氢-空气火焰和乙炔-氧化亚氮高温火焰。

火焰原子化器结构简单、操作简便、重现性好、有效光程大，对大多数元素有较高的灵敏度，应用较为广泛；但火焰原子化效率低，灵敏度不够高。

2）无火焰原子化器

无火焰原子化法是指不用火焰进行原子化的方法，有电热原子化法，如石墨管、钽舟等；化学原子化法，如氢化法等。常用的是石墨炉原子化器，见图 10.6，其基本原理是利用大电流通过高阻值的石墨器皿时所产生的高温，使置于其中的少量试液或固体试样蒸发和原子化。

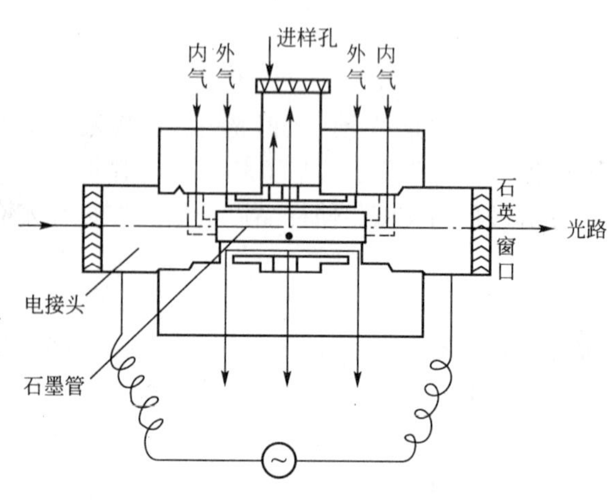


图 10.6　石墨炉原子化器

(1) 结构。石墨炉原子化器由加热电源、炉体、石墨管 3 部分组成。

① 加热电源：加热电源供给原子化器能量，一般采用低压(8～10V)，大电流(300～450A)的交流电。它能使石墨管迅速加热，达到 2000℃以上的高温，并能以电阻加热方式形成各种温度梯度，便于对不同的元素选择最佳原子化条件。

② 石墨管：由致密石墨制成，有两种形状，一种是沟纹型，用于有机溶剂，取样可达 50μL，但其最高温度较低，不适于测定钒、钼等高沸点元素；另一种是广泛应用的标准型，长约 28mm，内径约 8mm，管中央开一小孔，用于注入样品和使保护气体通过。

③ 炉体：包括石墨管座、电源插座、水冷却外套、石英窗和内外保护气路等。常用的保护气体为 Ar 气。外气路中 Ar 气沿石墨管外壁流动，以保护石墨管不被烧蚀。内气路中的 Ar 气从管两端流向管中心，由管中心孔流出，以有效地除去在干燥和灰化过程中所产生的基体蒸汽，同时保护已原子化了的原子不再被氧化。水冷却外套是为了保护炉体，确保切断电源后 20～30s，炉子降到室温。

(2) 操作程序。石墨炉原子化过程分为干燥、灰化、原子化、净化 4 个步骤进行。

干燥的目的是在低温下蒸发除去试样的溶剂，温度稍高于溶剂的沸点。灰化的作用是在较高的温度(350～1200℃)下进一步除去有机物或低沸点无机物，以减少基体组分对被测元素的干扰。然后在原子化温度下，被测化合物离解为气态原子，实现原子化，进行测定，测定完成后将石墨炉加热到更高的温度，进行石墨炉的净化。净化的作用是除去石墨炉中残留的分析物，消除由此产生的记忆效应。所谓记忆效应是指上次测定的试样残留物对下次测定所产生的影响。因此每一个试样测定结束后，都要高温灼烧石墨管，进行高温净化。

无火焰原子化器特点：原子化效率高，在可调的高温下试样利用率达 100%；试样用量少；灵敏度高，其检测限达 $10^{-14}$- $10^{-6}$；但其基体效应、化学干扰多，测定结果重现性较火焰原子化发差。

3. 分光系统

分光系统又称为单色器，其作用是将待测元素的特征谱线与邻近谱线分开，只让待测元素的特征谱线通过。分光系统由入射和出射狭缝、反射镜、色散元件(棱镜或光栅)组成。原子吸收光谱法使用的波长范围一般是紫外-可见光区。常用的色散元件是光栅。

4. 检测系统

检测系统的作用是将光信号转变为电信号并进行测量，主要由检测器(光电倍增管)、放大器、对数转换器和计算机组成。从狭缝照射出来的光先由光电检测器 PM(光电倍增管)转换为电信号，经放大器(同步检波放大器)将信号放大后，再传给对数转换器，将放大后的信号转换为光度测量值，最后在显示装置上显示出来。配合计算机及相应的数据处理工作站，则会直接给出测定的结果。

## 10.4 原子吸收光谱定量分析方法

1. 标准曲线法

标准曲线法是最简单、最常用的方法。先配制一标准系列，在原子吸收光谱仪上测出其相应吸光度，然后作吸光度-浓度关系曲线(标准曲线)，将在相同条件下测得的试样吸光度值从标准曲线上查出对应的浓度值，就可换算出试样中待测元素的含量。

2. 标准加入法

如果对未知样品的组成了解甚少，难以配制与未知样品基体尽量相近的标准样品，或者试样基体组成复杂且基体成分对测定又有明显干扰，则采用标准加入法较为合适。

取若干份体积相同的试液($c_x$)，依次按比例加入不同体积(如 10mL，20mL，30mL，40mL…)的待测物的标准溶液($c_0$)；稀释到相同体积后浓度依次为 $c_x$，$c_x+c_0$，$c_x+2c_0$…分别测得吸光度为 $A_x$，$A_1$，$A_2$…作出校正曲线；以 $A$ 对浓度 $c$ 作图(图 10.7)，校正曲线延长至与横轴相交，相交点对应的浓度即为未知样品溶液中待测元素的浓度，如图 10.7 中 $c_x$ 点。

3. 内标法

内标法是将一系列不同浓度的待测元素的标准溶液中依次加入相同量的内标元素，稀释至同一体积，在相同试验条件下，分别在内标元素及待测元素的特征波长处，依次测量每种溶液中待测元素和内标元素的吸光度比值，然后绘制吸光度比值与浓度的关系图，如图 10.8 所示。在待测试样中加入同样量的内标物，测得比值，在内标工作曲线上用内插法查出试样中待测元素的浓度比值，计算出试样中待测元素的含量。

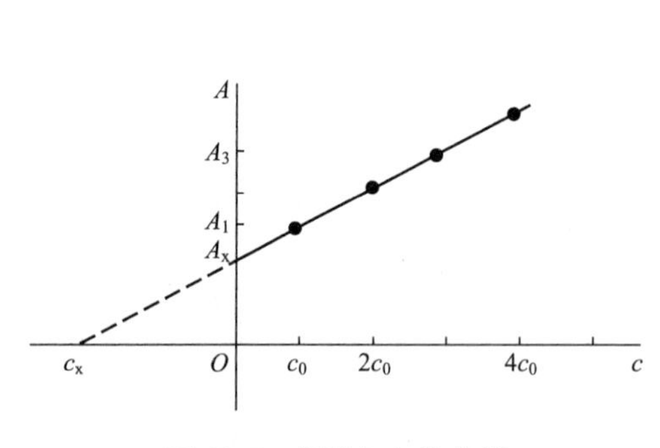


图 10.7 标准加入法曲线

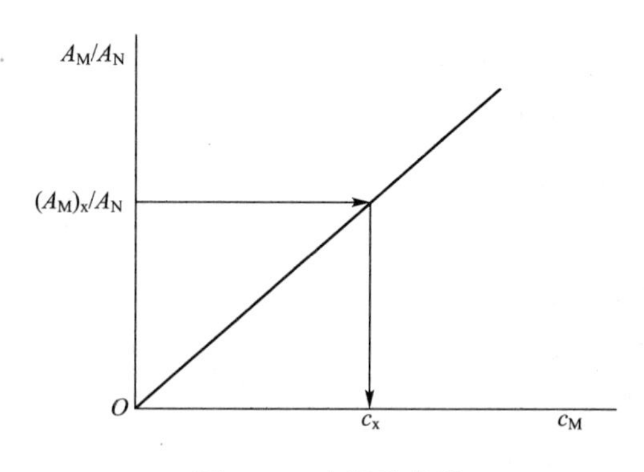


图 10.8 内标法曲线

## 10.5 原子吸收光谱法在水质分析中的应用

原子吸收光谱仪是目前分析饮用水、地表水、生活污水和工业废水中微量金属元素的重要方法之一，在水环境检测领域发挥着重要作用。原子吸收光谱仪可测定多种元素，火焰原子吸收光谱法可测到 $10^{-9}$ g/mL 数量级，石墨炉原子吸收法可测到 $10^{-13}$ g/mL 数量级。其氢化物发生器可对 8 种挥发性元素汞、砷、铅、硒、锡、碲、锑、锗等进行微痕量测定。

清洁的水样可不经过处理直接测定，对于受污染的水样要经过预处理分离共存干扰组分，同时使被测组分得到富集。常用的分离与富集方法有沉淀法、共沉淀法、萃取法、吸附、离子交换等，也可采取其他干扰或抑制措施：如加入基体改进剂对干扰组分进行屏蔽等。

对于污水、废水等浑浊水样首先要进行消解处理。如准确取出 100mL 水样，加入 5mL $HNO_3$，缓慢加热消解至 10mL 左右，再加入 5mL $HNO_3$ 和 2mL $HClO_4$ 继续消解至 1mL 左右。用蒸馏水稀释至刻度。以 0.2% $HNO_3$ 经同样消解后作为空白测定。

1. 火焰原子吸收分光光度法测定镉、铜、铅

(1) 方法原理。

将水样或处理好的水样直接吸入火焰，火焰中形成的原子蒸汽对光源发出的特征光产生吸收，其吸光度值大小与被测元素含量成正比。用标准曲线法求出水样中被测元素的含量或浓度。

(2) 仪器基本条件(见表 10-1)。

表 10-1 分析线波长和火焰类型

| 元素 | 分析线波长 | 火焰类型 |
|---|---|---|
| 镉 | 228.8 | 乙炔-空气 氧化型 |
| 铜 | 324.7 | 乙炔-空气 氧化型 |
| 铅 | 283.3 | 乙炔-空气 氧化型 |

(3) 采用标准曲线法定量。该方法适用于地下水、地面水和废水中的镉、铜、铅的测定。

2. 石墨炉原子吸收分光光度法测定痕量镉、铜、铅

(1) 方法原理。

将水样注入石墨管，在高温石墨炉中，样品完全蒸发离解形成的原子蒸气、对以镉、铜和铅空心阴极灯为光源产生的特征谱线(分别为 228.8nm、324.7nm 和 283.3nm)产生吸收。根据测得的吸光度值在标准曲线上查出待测金属元素的含量或浓度。

(2) 加基体改良剂除干扰。

石墨炉原子吸收分光度法的基体效应比较显著和复杂。其中一类基体效应是水样中基体参加原子化过程中的气相反应，使被测元素的原子对特征谱线的吸收增强或减弱，产生正干扰或负干扰。例如，NaCl 对镉、铜、铅的测定，$Na_2SO_4$ 对铅的测定均产生负干扰。如前所述，可在一定条件下，采用标准加入法消除这类干扰。另外，可加入基体改良剂，例如测镉时，20μL 水样中加入 10μL 的 5% $Na_3PO_4$ 溶液；测铜时，20μL 水样中加入 10μL 40% $NH_4NO_3$ 溶液；测铅时，20μL 水样中加入 10μL 的 15%的钼酸铵溶液，可基本上抑制基体干扰。另一类基体效应是水样中基体蒸发，在短波长范围出现分子的吸收或光散射，产生宽频带吸收，称为背景吸收。这类干扰只能通过连续光源背景矫正法或通过稀释水样降低基体浓度来消除或减少干扰。

(3) 仪器条件见表 10-2。

**表 10-2 仪器工作参数**

| | 镉 | 铜 | 铅 |
|---|---|---|---|
| 空心阴极灯/nm | 228.8 | 324.7 | 283.3 |
| 干燥/(℃/s) | 110/30 | 110/30 | 110/30 |
| 灰化/(℃/s) | 350/30 | 900/30 | 500/30 |
| 原子化/(℃/s) | 1900/8 | 2500/8 | 2200/8 |
| 清洗气体 | 氩 | 氩 | 氩 |
| 进样量/μL | 20 | 20 | 20 |

(4) 测定。

取水样或消解后水样 20μL 注入石墨炉、以 0.2% $HNO_3$ 为空白对照，按表 10-2 参数测定吸光度，由标准曲线查出被测金属的浓度，也可采用标准加入法测定，取 3 份水样。加入标准溶液(第一份不加)。使其加入标准溶液后的浓度：镉依次为 0.0μg/L、0.5μg/L 和 1.0μg/L，铜和铅依次为 0.0μg/L、5.0μg/L 和 10μg/L。以 0.2% $HNO_3$ 为空白对照、用各溶液的吸光度(扣除空白)与对应的加入标准溶液浓度作图，将直线延长，与横坐标的交点即为水样中被测元素的浓度。

(5) 该方法适用于清洁地面水和地下水中微量镉(0.1～2.0μg/L)、铜和铅(1～50μg/L)的测定。

## 习 题

思考题

1. 什么是共振线？什么是特征谱线？

2. 简述原子吸收光谱法的基本原理。原子吸收光谱法有什么主要特点？

3. 原子吸收分光光度计有几大部分？各自的作用是什么？

4. 原子吸收光谱测定不同元素时，对光源有什么要求？

5. 原子吸收有哪些定量方法，各有什么特点？

6. 原子吸收分光光度法定量分析什么情况下使用工作曲线法，什么情况下使用标准加入法？

# 第11章 水质分析实验

## 实验1 标准溶液的配制及标定

1. 实验目的

(1) 学习酸、碱标准溶液的配制和标定。
(2) 掌握滴定操作和指示剂的使用。

2. 实验原理

盐酸溶液常作为标准溶液进行滴定分析，但因市售浓盐酸的纯度不符合基准物质的要求，而且又易挥发，故先配制成近似浓度，然后用基准物质来标定盐酸溶液的准确浓度。

标定盐酸的基准物质有碳酸钠和硼砂，以碳酸钠为例，其反应为

$$Na_2CO_3 + 2HCl = 2NaCl + H_2O + CO_2\uparrow$$

计量点时溶液的 pH 为 3.8～3.9，可选用甲基橙作指示剂，根据消耗盐酸溶液的体积求出盐酸溶液的准确浓度。

3. 仪器

50mL 酸式滴定管 1 支；250mL 锥形瓶 2 个；250mL 容量瓶 1 个；100mL 烧杯 1 个；小玻璃棒 1 根；25mL 移液管 1 支；500mL 试剂瓶 1 个；10、100mL 量筒各 1 个；洗瓶、洗耳球各 1 个。

4. 试剂

(1) 盐酸(浓)。
(2) 无水碳酸钠。
(3) 甲基橙指示剂：0.2%的水溶液。

5. 实验步骤

(1) 0.1mol/L HCl 溶液的配制：用 10mL 量筒量取 4.5mL 浓盐酸，倾入 500mL 试剂中，加蒸馏水至 500mL，摇匀。

(2) 0.1mol/L($1/2Na_2CO_3$)标准溶液的配制：用分析天平称取 53g 碳酸钠置于 100mL 小烧杯中，加少量蒸馏水溶解，小心将溶液倾入 250mL 容量瓶中，用少量蒸馏水冲洗烧杯 2～3 次，洗液也小心转入容量瓶中，并稀释至刻度(近刻度时用小滴管加至刻度)，塞紧盖，上下颠倒容量瓶，使溶液摇匀。

(3) HCl 溶液的标定：准确吸取 25.00mL $Na_2CO_3$ 标准溶液于锥形瓶中，加入 1～2

滴甲基橙指示剂，用 HCl 溶液进行滴定。先记下起始刻度，滴定时要边滴边摇动，快到终点时，要逐滴加入，当溶液由黄色变为橙色时为终点，记下终点时的刻度。

按上述步骤重复操作一次，两次滴定的相对偏差不应超过 0.2%，否则应重新滴定。

根据下式求出盐酸溶液的浓度：

$$c_1=\frac{c_2V_2}{V_1}$$

式中：$c_1$——HCl 标准溶液的浓度(mol/L)；

$V_1$——消耗 HCl 溶液的体积(mL)；

$c_2$——碳酸钠准溶液的浓度($1/2Na_2CO_3$，mol/L)；

$V_2$——碳酸钠标准溶液的体积(mL)。

6. 思考题

(1) 用 $Na_2CO_3$ 溶液标定 HCl，为什么不用酚酞作指示剂？

(2) 标定 HCl 溶液的基准物质有哪些？计量点时溶液 pH 为多少？选用什么指示剂？

## 实验 2 水中碱度的测定(酸碱滴定法)

1. 实验目的

(1) 掌握水中碱度测定的方法。

(2) 掌握水中碱度的成分确定及其计算方法。

(3) 掌握滴定终点的判断。

(4) 掌握指示剂在酸碱滴定中的作用机理。

2. 实验原理

根据甲基橙(pH＝3.1～4.4，由红色变为黄色，变色点为 3.46)和酚酞(pH＝8.0～9.8，由无色变为红色，变色点为 9.1)的 pH 变色特性，当水溶液中的碱度发生改变时，指示剂的颜色也发生变化。本实验是要测定水溶液中的碱度，利用指示剂在变色点时的变色特点，以 HCl 标准溶液作为滴定剂，以酚酞和甲基橙作为指示剂，通过加不同量时溶液的颜色变化，判断水样中的碱度含有的成分。

实验采用连续滴定的方法测定水样的碱度。首先以酚酞为指示剂，用 HCl 标准溶液滴定至终点时溶液由红色变为无色，用量为 $P$(mL)；然后以甲基橙为指示剂，继续用同浓度的 HCl 标准溶液滴定至溶液由橘黄色变为橘红色，用量为 $M$(mL)。

判断：如果 $P>M$，则有 $OH^-$ 和 $CO_3^{2-}$ 碱度；如果 $P<M$，则有 $CO_3^{2-}$ 和 $HCO_3^-$ 碱度；当 $P=M$ 时，则只有 $CO_3^{2-}$ 碱度；如果 $P>0$、$M=0$，则只有 $OH^-$ 碱度；当 $P=0$，$M>0$ 时，则只有 $HCO_3^-$ 碱度。根据 HCl 标准溶液的浓度和用量($P$ 与 $M$)，求出水中的碱度。

3. 实验仪器及实验用药剂

(1) 25mL 的酸式滴定管。

(2) 250mL 的锥形瓶。

(3) 100mL 的移液管。

(4) 铁架台、可调电炉、石棉网、洗耳球、蒸馏水。

(5) 无 $CO_2$ 的蒸馏水。将蒸馏水或去离子水煮沸 15min，冷却至室温。pH 应大于 6.0，电导率小于 2μS/cm。无 $CO_2$ 蒸馏水应贮存在带有碱石灰管的橡皮塞盖严的瓶中。所有试剂溶液均用无 $CO_2$ 蒸馏水配制。

(6) 0.1000mol/L HCl 溶液。

(7) 酚酞指示剂。0.1%浓度的 90%乙醇溶液。

(8) 甲基橙指示剂。0.1%浓度的水溶液。

4. 实验步骤

(1) 实验前对已存水样搅拌均匀，用移液管吸取均匀的两份水样和无 $CO_2$ 蒸馏水各 100mL，分别放入 250mL 锥形瓶中，加入 4 滴酚酞指示剂，摇匀备用。

(2) 如果溶液呈现红色，用 0.1000mol/L HCl 标准溶液滴定至刚好无色(可与无 $CO_2$ 蒸馏水的锥形瓶进行颜色比较)。记录 HCl 标准溶液的用量($P$)。如果溶液中加入酚酞指示剂后溶液仍然呈现无色，则不需要用 HCl 标准溶液进行滴定。

(3) 分别在盛有水样的两个锥形瓶中加入甲基橙指示剂 3 滴，摇匀。

(4) 如果盛有水样的锥形瓶内的液体变为了橘黄色，则继续用 0.1000mol/L HCl 标准溶液进行滴定，当溶液的颜色刚好变为橘红色时停止滴定(可与无 $CO_2$ 蒸馏水的锥形瓶进行颜色比较)，记录此时 HCl 标准溶液的消耗量($M$)。如果加入甲基橙指示剂后溶液变为橘红色，则不需要加 HCl 标准溶液进行滴定。

(5) 实验记录及数据处理。

① 水中碱度测定实验记录表(表 11-1)。

**表 11-1 水中碱度测定实验记录表**

HCl 标准溶液浓度：__________ mol/L 水温：______℃

| 锥形瓶编号 | | 1 | 2 |
|---|---|---|---|
| 酚酞指示剂 | 滴定管终读数/mL | | |
| | 滴定管始读数/mL | | |
| | $P$/mL | | |
| | 平均值 | | |
| 甲基橙指示剂 | 滴定管终读数/mL | | |
| | 滴定管始读数/mL | | |
| | $M$/mL | | |
| | 平均值 | | |

② 数据处理。

总碱度的计算公式采用：

$$\text{总碱度(CaO 计，mg/L)}=\frac{c(P+M)\times 28.04}{V}\times 1000$$

$$\text{总碱度(CaCO}_3\text{计，mg/L)}=\frac{c(P+M)\times 50.05}{V}\times 1000$$

式中：$c$——HCl 标准溶液量的浓度(mol/L)；

$P$——酚酞为指示剂滴定终点时消耗 HCl 标准溶液的量(mL)；

$M$——甲基橙为指示剂滴定终点时消耗 HCl 标准溶液的量(mL)；

$V$——水样的体积；

28.04——氧化钙的摩尔质量$\left(\frac{1}{2}CaO, g/mol\right)$；

50.05——碳酸钙的摩尔质量$\left(\frac{1}{2}CaCO_3, g/mol\right)$。

5. 思考题

(1) 依据实验记录，判断水样中存在的碱度种类。

(2) 水样滴定为何以甲基橙为滴定终点指示剂？

## 实验3 水中硬度的测定(络合滴定法)

1. 实验目的

(1) 掌握水中硬度的测定原理和方法。

(2) 掌握金属指示剂的应用及其特点。

2. 实验原理

在 pH=10 的 $NH_3-NH_4Cl$ 缓冲溶液中，铬黑 T 与水中 $Ca^{2+}$、$Mg^{2+}$形成紫红色络合物，然后用 EDTA 标准溶液滴定至终点时，置换出铬黑 T 使溶液呈现亮蓝色，即为终点。根据 EDTA 标准溶液的浓度和用量便可求出水样中的总硬度。

测定钙硬度时，将水样调节至 pH>12，使 $Mg^{2+}$离子生成 $Mg(OH)_2$ 沉淀，以钙试剂确定终点，用 EDTA 溶液进行滴定，溶液由红色变为蓝色为终点。

总硬度减去钙硬度即为镁硬度。

3. 仪器

酸式滴定管 50mL1 支；锥形瓶 250mL 2 个；移液管 50mL、25mL 各 1 支；10mL 量筒 1 个；洗瓶、洗耳球各 1 个。

4. 试剂

(1) 0.01mol/LEDTA 标准溶液：称取分析纯 EDTA 二钠盐 3.725g，溶于少量蒸馏水中，溶解后倾入 1000mL 容量瓶中，并稀释到刻度，按下述方法标定。

称取 0.6～0.7g 纯锌粒，溶于 1+1 盐酸溶液中，置于水浴上温热至完全溶解，移入容量瓶中，定容至 1000mL，并按下式计算锌标准溶液的浓度。

$$c_{Zn}=\frac{m}{65.39}$$

式中：$c_{Zn}$——锌标准溶液的浓度(mol/L)；

$m$——锌的质量(g)；

65.39——锌的摩尔质量(g/mol)。

吸取25.00mL上述锌标准溶液于150mL锥形瓶中，加入25mL纯水，加入几滴氨水调节溶液至中性，再加5mL缓冲溶液和5滴铬黑T指示剂，在不断振荡下，用EDTA溶液滴定至不变的纯蓝色，按下式计算EDTA标准溶液的浓度。

$$c_{EDTA}=\frac{c_{Zn}V_2}{V_1}$$

式中：$c_{EDTA}$——EDTA标准溶液的浓度(mol/L)；

$c_{Zn}$——锌标准溶液的浓度(mol/L)；

$V_1$——消耗EDTA溶液的体积(mL)；

$V_2$——所取锌标准溶液的体积(mL)。

(2) 缓冲溶液(pH=10)。

① 称取16.9g氯化铵($NH_4Cl$)，溶于143mL氨水($\rho_{20}$=0.88g/mL)中。

② 称取0.780g硫酸镁($MgSO_4 \cdot 7H_2O$)及1.178g EDTA二钠二水合物溶于50mL纯水中，加入2mL氯化铵-氢氧化铵溶液(①)和5滴铬黑T指示剂(此时溶液应呈紫红色，若为纯蓝色，应再加少量硫酸镁使溶液呈紫红色)，用EDTA标准溶液滴定至溶液由紫红色变为纯蓝色，将两溶液合并，并用纯水稀释至250mL，合并后如溶液又变成紫红色，在计算结果时应扣除试剂空白。

(3) NaOH溶液(2mol/L)：称取80g分析纯NaOH固体置于1L烧杯中，加蒸馏水溶解并稀释至1000mL，搅匀，储存于带橡皮塞的试剂瓶中。

(4) 铬黑T(EBT)指示剂：称取1gEBT与100g分析纯NaCl混合研细，储存于试剂瓶中，保存期半年。

(5) 钙(NN)指示剂：称取1gNN试剂与100g分析纯NaCl混合研细，储存于试剂瓶中，保存期半年。

(6) 1.0%盐酸羟胺溶液：称取1.0g分析纯盐酸羟胺($NH_2OH \cdot HCl$)溶于100mL蒸馏水中，搅匀。易分解，用时新配。

(7) 1+1三乙醇胺溶液：三乙醇胺与蒸馏水等体积混合。

(8) 2%硫化钠溶液。

5. 实验步骤

(1) 总硬度的测定。

准确移取50.00mL水样置于锥形瓶中，加盐酸羟胺溶液5滴、三乙醇胺1mL、缓冲溶液5mL、EBT指示剂半小勺，用EDTA标准溶液滴定，接近终点时，放慢滴定速度，充分摇荡，滴至水样由酒红色变为纯蓝色为终点，记录EDTA用量($V_1$)，平行测定2～3次。

(2) 钙硬度的测定。

另取50.00mL水样置于锥形瓶中，加盐酸羟胺5滴、三乙醇胺1mL、NaOH 1mL，此时水样pH应大于12。加钙试剂半小勺，使水样呈明显红色。用EDTA标准溶液滴定至水样由酒红色变为纯蓝色为终点，记录EDTA用量($V_2$)，平行测定2～3次。

(3) 根据EDTA用量($V_1$、$V_2$)，计算出水样的总硬度、钙硬度及镁硬度。

$$总硬度(mmol/L)=\frac{c_{EDTA} \cdot V_1}{V_{水样}}\times 10^3$$

$$钙硬度(mg/L)=\frac{c_{EDTA}\cdot V_2}{V_{水样}}\times 10^3\times 40.08$$

$$镁硬度(mg/L)=\frac{c_{EDTA}\cdot (V_1-V_2)}{V_{水样}}\times 10^3\times 24.30$$

式中：　$c_{EDTA}$——EDTA标准溶液的浓度(mol/L)；

$V_1$——滴定总硬度时消耗EDTA标准溶液的体积(mL)；

$V_2$——滴定钙硬度时消耗EDTA标准溶液的体积(mL)；

40.08、24.30——钙、镁的摩尔质量(g/mol)。

6. 思考题

(1) 测定总硬度时，为什么必须用缓冲溶液控制溶液pH=10，而测定钙硬度时，又将溶液调节至pH>12?

(2) 当水样钙含量很高而镁含量很低，以铬黑T为指示剂用EDTA标准溶液滴定时，为什么得不到敏锐的终点？可采用什么措施提高终点变色的敏锐性？

(3) 水样中$Fe^{3+}$、$Al^{3+}$、$Cu^{2+}$、$Zn^{2+}$、$Mn^{2+}$等离子的干扰应如何处理？

# 实验4 水中氯化物的测定

1. 实验目的

(1) 掌握$AgNO_3$标准溶液的配制与标定。

(2) 掌握用莫尔法测定水中氯化物的原理及方法。

2. 实验原理

在中性或弱碱性(pH=6.5～10.5)溶液中，以铬酸钾为指示剂，用硝酸银标准溶液滴定水中氯化物时，由于氯化银的溶解度小于铬酸银的溶解度，滴定过程中氯化银沉淀首先析出。当水样中的氯离子全部与银离子作用后，微过量的硝酸银与铬酸钾作用生成砖红色的铬酸银沉淀，指示滴定终点到达。沉淀滴定反应如下：

$$Ag^+ + Cl^- \rightleftharpoons AgCl\downarrow(白色)$$

$$2Ag^+ + CrO_4^{2-} \rightleftharpoons Ag_2CrO_4\downarrow(砖红色)$$

因为达到滴定终点时，硝酸银的实际用量要略高于理论需要量，实验中需同时用蒸馏水做空白试验扣除误差。依据硝酸银标准溶液的浓度和用量即可计算氯离子的含量。

3. 仪器

(1) 分析天平：准确至0.1mg。

(2) 锥形瓶：250mL。

(3) 酸式滴定管：25mL。

(4) 移液管：25mL、50mL。

(5) 容量瓶：500mL、100mL。

(6) 洗瓶：500mL。

(7) 滴瓶：125mL。

(8) 量筒：50mL。

(9) 试剂瓶：1000mL，棕色。

(10) 吸耳球。

(11) pH 试纸。

4. 试剂

(1) 氯化钠标准溶液，$c(NaCl)=0.1000mol/L$；将少量 NaCl 放入坩埚，于 500～600℃高温炉中灼烧半小时后，置于干燥器冷却后准确称量 2.9226g，用少量蒸馏水溶解，转移至 500mL 容量瓶中，并稀释至标线。

(2) 硝酸银标准溶液：$c(AgNO_3)=0.1mol/L$，称取 17g $AgNO_3$，以蒸馏水溶解并稀释至 1000mL，转入棕色试剂瓶中，于暗处保存。

(3) 5% $K_2CrO_4$ 溶液(指示剂)：称取 5g 铬酸钾 $K_2CrO_4$ 溶于少量蒸馏水中，用上述 $AgNO_3$ 溶液滴至有红色沉淀生成，混匀。静置 12h，过滤，滤液滤入 100mL 容量瓶中，用蒸馏水稀释至标线。

(4) 硫酸溶液：$c(H_2SO_4)=0.05mol/L$。

(5) NaOH 溶液：$c(NaOH)=0.05mol/L$，将 0.2g NaOH 用蒸馏水溶解并稀释至 100mL。

(6) 酚酞指示剂：称取 0.5g 酚酞溶于 50mL95%乙醇中，加 50mL 蒸馏水，再滴加 0.05mol/L NaOH 溶液至微红色。

5. 实验步骤

(1) $AgNO_3$ 标准滴定溶液的标定。

准确吸取 25mL 0.1000mol/L 氯化钠标准溶液 3 份，分别移入 250mL 锥形瓶中，加入 25mL 蒸馏水和 1mL $K_2CrO_4$ 指示剂。用 $AgNO_3$ 标准溶液滴定至溶液出现砖红色即为滴定终点，记录消耗 $AgNO_3$ 标准溶液的体积 $V$，同时做空白试验得到 $V_0$。依据 NaCl 标准溶液的量浓度和所消耗的 $AgNO_3$ 标准溶液体积，计算 $AgNO_3$ 标准溶液的浓度。

(2) 水样测定。

吸取 50mL 水样 3 份，分别移入 250mL 锥形瓶，加入 1mL $K_2CrO_4$ 指示剂，用 $AgNO_3$ 标准溶液滴定至溶液刚刚出现砖红色，即为滴定终点。记录消耗 $AgNO_3$ 标准溶液的体积 $V$，同时做空白试验得到 $V_0$。

水样中氯化物浓度计算

$$\rho_{Cl}(mg/L)=\frac{(V-V_0)c(AgNO_3)\times 35.453}{V_{水样}}\times 1000$$

式中：$\rho_{Cl}$——水样中氯的质量浓度(mg/L)；

$c(AgNO_3)$——$AgNO_3$ 标准滴定溶液的浓度(mol/L)；

$V$——滴定消耗 $AgNO_3$ 标准溶液的体积(mL)；

$V_0$——滴定蒸馏水时所消耗 $AgNO_3$ 标准溶液的体积(mL)；

$V_{水样}$——水样的体积(mL)；

35.453——氯离子的摩尔质量(g/mol)。

6. 数据记录及处理

数据记录表见表 11-2。

表 11-2　数据记录表

| 实验编号 | | 1 | 2 | 3 |
|---|---|---|---|---|
| $AgNO_3$ 标准滴定溶液标定 | 滴定始读数/mL | | | |
| | 滴定终读数/mL | | | |
| | $V(AgNO_3)$/mL | | | |
| | $V_0$/mL | | | |
| | $c(AgNO_3)$/(mol/L) | | | |
| | $\bar{c}(AgNO_3)$/(mol/L) | | | |
| 水样测定 | 滴定始读数/mL | | | |
| | 滴定终读数/mL | | | |
| | $V(AgNO_3)$/mL | | | |
| | $\rho_{Cl}$/(mg/L) | | | |
| | $\overline{\rho_{Cl}}$/(mg/L) | | | |

7. 注意事项

(1) 若水样的 pH 在 6.5～10.5 范围内，可直接滴定；否则应以酚酞为指示剂，用 0.05mol/L $H_2SO_4$ 溶液或 NaOH 溶液调节至 pH≈8.0。

(2) 水样中有机物含量高或色度大，可采取如下措施。

① 取 150mL 水样，放入 250mL 锥形瓶中，加 2mL 氢氧化铝悬浮液，振荡过滤，弃去最初滤液 20mL。若依然不能消除干扰，可依下法：

氢氧化铝悬浮液：称取 125g 硫酸铝钾 $KAl(SO_4)_2 \cdot 12H_2O$ 或硫酸铝铵溶于 1L 蒸馏水中。60℃下缓慢加入 55mL 浓氨水。静置 1h 后，倒去上层清液，以蒸馏水反复洗涤沉淀物，直至洗出水无 $Cl^-$ 为止。最后加蒸馏水至悬浮液体积为 1L。使用前振荡摇匀。

② 取适量水样放入坩埚中，调节 pH 至 8～9，水浴蒸干，600℃灼烧 1h，取出冷却。加 10mL 水溶解，移入 250mL 锥形瓶中，调 pH 至 7 左右，稀释至 50mL。

(3) 水样中如果含有 $SO_3^{2-}$ 离子，它能与 $Ag^+$ 离子作用生成 $Ag_2SO_3$ 而使测定结果偏高，可在滴定前用 $H_2O_2$ 氧化 $SO_3^{2-}$ 生成 $SO_4^{2-}$ 消除对结果的影响。

(4) 当水样的高锰酸盐指数大于 $15mgO_2/L$ 时，应加入少量 $KMnO_4$，蒸沸，再加数滴乙醇除去过量的 $KMnO_4$，过滤取样。

(5) 测定有色水试样中的氯离子含量时，可在滴定前用活性炭吸附脱色。

(6) 控制终点颜色不能太深。

8. 思考题

(1) 水中氯离子的测定中，何种离子会干扰测定？如何消除？

(2) 莫尔法测定水中氯化物含量时，为什么在中性或碱性溶液中进行？

(3) 指示剂 $K_2CrO_4$ 的用量对测定结果有无影响？为什么？

(4) 在滴定过程中为什么要充分摇动溶液？如果摇动不充分，对测定结果有何影响？

# 实验5 高锰酸盐指数的测定

1. 实验目的

(1) 理解高锰酸盐指数的含义及水样高锰酸盐指数测定的原理。
(2) 掌握高锰酸钾标准溶液的配制与标定方法。
(3) 学会测定水样高锰酸盐指数的方法。

2. 实验原理

高锰酸盐指数是水中有机污染物综合指标之一。它是指在一定条件下，以高锰酸钾为氧化剂，氧化水中的还原性物质时，所消耗的高锰酸盐量，并以氧的含量表示。高锰酸盐指数常用于表征地表水、饮用水的水质情况。

在酸性溶液中，以过量的高锰酸钾溶液氧化水样中的有机物和其他还原性物质。剩余的高锰酸钾用过量草酸钠溶液还原，再用高锰酸钾溶液回滴过量的草酸钠，通过计算得到水样的高锰酸盐指数值。

3. 仪器

(1) 沸水浴装置1台。
(2) 锥形瓶：250mL。
(3) 棕色酸式滴定管：50mL。
(4) 移液管：10mL，100mL。
(5) 容量瓶：100mL。
(6) 棕色试剂瓶：500mL。
(7) 电子分析天平。

4. 试剂

(1) 高锰酸钾贮备液，$c\left(\frac{1}{5}KMnO_4\right)\approx 0.1mol/L$：称取3.2g高锰酸钾溶于1.2L水中，煮沸，使体积减少到约1L，在暗处放置过夜，用G-3玻璃砂芯漏斗过滤，滤液贮于棕色瓶中，遮光保存。使用前用0.1000mol/L的草酸钠标准贮备液标定，求得实际浓度。

(2) 高锰酸钾使用液，$c\left(\frac{1}{5}KMnO_4\right)\approx 0.01mol/L$：吸取100mL上述高锰酸钾溶液于1000mL容量瓶中，加水稀释至标线，混匀，贮于棕色瓶中，避光保存。使用当天应标定其准确浓度。

(3) 硫酸，1+3溶液：配制时趁热滴加高锰酸钾溶液至呈微红色。

(4) 草酸钠标准贮备液，$c\left(\frac{1}{2}Na_2C_2O_4\right)=0.1000mol/L$：称取0.6705g在105～110℃烘干1h并冷却的优级纯草酸钠于100mL烧杯中，用水溶解后定容于100mL容量瓶中。

(5) 草酸钠标准使用液，$c\left(\frac{1}{2}Na_2C_2O_4\right)=0.01000mol/L$：吸取10.00mL上述草酸钠

溶液移入100mL容量瓶中，用水稀释至标线。

5. 实验步骤

(1) 高锰酸钾标准滴定溶液$c\left(\frac{1}{5}KMnO_4\right)=0.1mol/L$的标定。

将50mL蒸馏水和5mL(1+3)硫酸依次加入250mL锥形瓶，移取10.00mL 0.0100mol/L草酸钠标准溶液，加热至70～85℃，以0.01mol/L高锰酸钾溶液滴定至溶液从无色刚刚出现淡红色为滴定终点。记录0.01mol/L高锰酸钾的用量。平行测定3次。计算高锰酸钾标准溶液的准确浓度。

(2) 水样的测定。

① 用100mL移液管移取100mL混匀水样(如高锰酸盐指数高于10mg/L，则酌情少取，并用水稀释至100mL)于250ml锥形瓶中。

② 加入5mL(1+3)硫酸，混匀。

③ 用滴定管加入10.00mL 0.01mol/L高锰酸钾溶液，摇匀，投入几粒玻璃珠，放入沸水浴中加热30min(从水浴重新沸腾起计时)。沸水浴液面应高于反应溶液的液面。若溶液红色消失，说明水中有机物含量高，则另取较少量水样用蒸馏水稀释2～5倍。重复上述步骤。

④ 煮沸30min后，趁热用移液管加入0.0100 mol/L草酸钠标准溶液10.00mL，摇匀。立即用0.01mol/L高锰酸钾溶液滴定至显微红色，记录高锰酸钾溶液消耗量。

对给定水样同时测定3份平行。

(3) 高锰酸盐指数的计算。

$$高锰酸盐指数(O_2,\ mg/L)=\frac{[c_1(V_1+V_1')-c_2V_2]\times 8\times 1000}{V_{水样}}$$

式中：$c_1$——高锰酸钾标准溶液浓度(mol/L)；

$V_1$——开始加入高锰酸钾标准溶液的量(mL)；

$V_1'$——最后加入高锰酸钾标准溶液的量(mL)；

$c_2$——草酸钠标准溶液浓度(mol/L)；

$V_2$——加入草酸钠标准溶液的量(mL)；

$V_{水样}$——水样体积(mL)；

8——氧$\left(\frac{1}{2}O\right)$摩尔质量(g/mol)。

6. 数据记录与处理

数据记录表见表11-3。

**表11-3 数据记录表**

| 平行样编号 | | 1 | 2 | 3 |
|---|---|---|---|---|
| $KMnO_4$标准溶液标定 | $KMnO_4$用量/mL | | | |
| | 加入草酸钠量/mL | | | |
| | $KMnO_4$准确浓度/(mol/L) | | | |
| | $KMnO_4$浓度平均值 | | | |

（续）

| 平行样编号 | | 1 | 2 | 3 |
|---|---|---|---|---|
| 水样测定 | 滴加 $KMnO_4$ 量/mL | | | |
| | 高锰酸盐指数/($O_2$，mg/L) | | | |
| | 高锰酸盐指数平均值 | | | |

7. 注意事项

(1) 本方法适用于饮用水、水源水和地面水的测定。对污染较重的水，可少取水样，经适当稀释后测定。

(2) 水样需稀释时，应取水样的体积，要求在测定中回滴过量的草酸钠标准溶液时所消耗的高锰酸钾溶液的体积为4～6mL。如果所消耗的体积过大或过小，都需要重新取水样测定。

(3) 在酸性条件下，草酸钠和高锰酸钾的反应温度应保持在60～80℃，所以滴定操作必须趁热进行，若溶液温度过低，需适当加热。

8. 思考题

(1) 测定水样高锰酸盐指数时，为什么不能采用草酸钠标准溶液直接滴定反应剩余的高锰酸钾，而要用高锰酸钾标准溶液回滴草酸钠?

(2) 在水浴加热完毕后，水样溶液的红色全部褪去，说明什么？应如何处理?

(3) 若水样中 $Cl^-$ 的浓度大于300mg/L时，干扰测定，应如何测定可防止干扰?

## 实验6 化学需氧量的测定

1. 实验目的

(1) 掌握硫酸亚铁铵标准溶液的配制与标定。

(2) 掌握水中化学需氧量(COD)的测定原理和测定方法。

2. 实验原理

在强酸性溶液中，准确加入过量的重铬酸钾标准溶液，加热回流，将水样中还原性物质氧化，过量的重铬酸钾用试亚铁灵为指示剂，以硫酸亚铁铵标准溶液回滴，根据所消耗的重铬酸钾标准溶液量来计量水样的化学需氧量。

3. 仪器

(1) 250mL全玻璃回流装置。

(2) 加热装置。

(3) 50mL酸式滴定管、锥形瓶、移液管、容量瓶。

4. 试剂

(1) 重铬酸钾标准溶液，$c\left(\frac{1}{6}K_2Cr_2O_7\right)=0.2500mol/L$：称取预先在120℃烘干2h的

基准或优质纯重铬酸钾 12.258g 溶于水中，移入 1000mL 容量瓶内，稀释至标线，摇匀。

(2) 试亚铁灵指示液：称取 1.485g 邻菲罗啉($C_{12}H_8N_2 \cdot H_2O$)、0.695g 硫酸亚铁($FeSO_4 \cdot 7H_2O$)溶于水中，稀释至 100mL，贮于棕色瓶中。

(3) 硫酸亚铁铵标准溶液 $c[(NH_4)_2Fe(SO_4)_2 \cdot 6H_2O] \approx 0.1$mol/L：称取 39.5g 硫酸亚铁铵溶于水中，边搅拌边缓慢加入 20mL 浓硫酸，冷却后移入 1000mL 容量瓶中，加水稀释至标线，摇匀。临用前，用重铬酸钾标准溶液标定。

标定方法：准确吸取 10.00mL 重铬酸钾标准溶液于 500mL 锥形瓶中，加水稀释至 110mL 左右，缓慢加入 30mL 浓硫酸，混匀。冷却后，加入 3 滴试亚铁灵指示剂，用硫酸亚铁铵溶液滴定，溶液由黄色经蓝绿色变至蓝色后，再迅速变成红褐色即为终点。以下式计算硫酸亚铁铵溶液的浓度：

$$c=\frac{0.2500 \cdot 10.00}{V}$$

式中：$c$——硫酸亚铁铵标准溶液的浓度(mol/L)；

$V$——硫酸亚铁铵标准溶液的用量(mL)。

(4) 硫酸-硫酸银溶液：于 500mL 浓硫酸中加入 5g 硫酸银，放置 1～2 天，不时摇动使其溶解。

(5) 硫酸汞：结晶或粉末。

5. 实验步骤

(1) 取 20.00mL 混合均匀的水样(浓度高的水样应稀释至 20.00mL)置于 250mL 磨口锥形瓶中，准确加入 10.00mL 重铬酸钾标准溶液及数粒玻璃珠(或沸石)，连接磨口回流冷凝管，从冷凝管上口慢慢加入 30mL 硫酸-硫酸银溶液，轻轻摇动锥形瓶使溶液混匀，加热回流 2 小时。

对 COD 较高的废水样，可先取上述操作所需体积 1/10 的废水样和试剂于 15mm×150mm 硬质玻璃试管中，摇匀，加热后观察是否变成绿色。若溶液显绿色，再适当减少废水取样量，直至溶液不出现绿色为止，从而确定废水样分析时应取用的体积。稀释时，所取水样量不得少于 5mL，若水样 COD 很高，则应对水样进行多次稀释。废水中氯离子含量超过 30mg/L 时，应先将 0.4g 硫酸汞加入回流锥形瓶中，再加 20.00mL 废水(或将适量废水稀释至 20.00mL)，摇匀。

(2) 冷却后，用 90mL 水冲洗冷凝管管壁，取下锥形瓶。溶液总体积不得小于 140mL，否则会因酸度太大，滴定终点不明显。

(3) 溶液再度冷却后，加 3 滴试亚铁灵指示剂，用硫酸亚铁铵标准溶液滴定，溶液自黄色经蓝绿色变至蓝色，继而迅速转为红褐色即为滴定终点，记录硫酸亚铁铵的用量。

(4) 测定水样的同时，取 20.00mL 重蒸馏水，按同样步骤做空白试验。记录硫酸亚铁铵标准溶液的用量。

6. 计算

$$COD_{Cr}(O_2, mg/L)=\frac{(V_0-V_1)\times c\times 8\times 1000}{V}$$

式中：$c$——硫酸亚铁铵标准溶液的浓度(mol/L)；

$V_0$——滴定空白时硫酸亚铁铵标准溶液的用量(mL)；

$V_1$——滴定水样时硫酸亚铁铵标准溶液的用量(mL);

$V$——水样的体积(mL);

8——氧$\left(\frac{1}{2}O\right)$摩尔质量(g/mol)。

7. 注意事项

(1) 0.4g硫酸汞络合氯离子的最高量可达40mg，如取用20.00mL水样，最高可络合2000mg/L氯离子浓度的水样。若氯离子浓度较低，也可少加硫酸汞，使硫酸汞∶氯离子=10∶1(m/m)。实验中有可能会出现少量氯化汞沉淀，但不影响测定。

(2) 水样取用体积可在10.00～50.00mL范围内，但试剂用量及浓度应按表11-4进行调整，也可得到满意的结果。

**表11-4 水样取用量和试剂用量表**

| 水样体积/mL | 0.2500mol/L $K_2Cr_2O_7$溶液/mL | $H_2SO_4-Ag_2SO_4$溶液/mL | $HgSO_4$/g | $[(NH_4)_2Fe(SO_4)_2]$/(mol/L) | 滴定前总体积/mL |
|---|---|---|---|---|---|
| 10.0 | 5.0 | 15 | 0.2 | 0.050 | 70 |
| 20.0 | 10.0 | 30 | 0.4 | 0.100 | 140 |
| 30.0 | 15.0 | 45 | 0.6 | 0.150 | 210 |
| 40.0 | 20.0 | 60 | 0.8 | 0.200 | 280 |
| 50.0 | 25.0 | 75 | 1.0 | 0.250 | 350 |

(3) 对于化学需氧量小于50mg/L的水样，应改用0.025mol/L重铬酸钾标准溶液。回滴时用0.01mol/L硫酸亚铁铵标准溶液。

(4) 水样加热回流后，溶液中重铬酸钾剩余量应为加入量的1/5～4/5为宜。

(5) 用邻苯二甲酸氢钾标准溶液检查试剂的质量和操作技术时，由于每克邻苯酸二氢钾的理论$COD_{Cr}$值为1.176g，所以溶解0.4251g邻苯二甲酸氢钾于重蒸馏水中，转入1000mL容量瓶，用蒸馏水稀释至标线，使之成为500mg/L的$COD_{Cr}$标准溶液。

(6) $COD_{Cr}$测定结果应保留3位有效数字。

(7) 每次实验时，应对硫酸亚铁铵进行标定，室温较高时尤其要注意其浓度变化。

8. 思考题

(1) 什么是化学需氧量COD? COD的测定原理是什么?

(2) 水中高锰酸盐指数与化学需氧量COD有何异同? 各适用于什么情况?

(3) 为什么要进行空白实验和校正实验?

## 实验7 水中溶解氧的测定

1. 实验目的

(1) 掌握碘量法测定溶解氧的原理和操作。

(2) 学会溶解氧采样瓶的使用方法。

2. 实验原理

在水样中加入硫酸锰和碱性碘化钾，水中的溶解氧将二价锰氧化成四价锰，并生成氢氧化物沉淀。加酸后，沉淀溶解，四价锰又可氧化碘离子而释放出与溶解氧量相当的游离碘。以淀粉为指示剂，用硫代硫酸钠标准溶液滴定时放出的碘，可计算溶解氧含量。反应式如下：

$$MnSO_4 + 2NaOH \longrightarrow Na_2SO_4 + Mn(OH)_2 \downarrow \text{(白色)}$$
$$2Mn(OH)_2 + O_2 \longrightarrow 2MnO(OH)_2 \downarrow \text{(棕色)}$$
$$MnO(OH)_2 + 2H_2SO_4 \longrightarrow Mn(SO_4)_2 + 3H_2O$$
$$Mn(SO_4)_2 + 2KI \longrightarrow MnSO_4 + K_2SO_4 + I_2$$

3. 仪器

溶解氧瓶：250～300mL。

4. 试剂

(1) 硫酸锰溶液：称取480g硫酸锰($MnSO_4 \cdot H_2O$)溶于水中，用水稀释至1000mL。此溶液加至酸化过的碘化钾溶液中，遇淀粉不得产生蓝色。

(2) 碱性碘化钾溶液：称取500g氢氧化钠溶解于300～400mL水中，另称取150g碘化钾溶于200mL水中，待氢氧化钠溶液冷却后，将两溶液合并，混匀，用水稀释至1000mL。如有沉淀，则放置过夜后，倾出上层清液，储于棕色瓶中，用橡皮塞塞紧，避光保存。此溶液酸化后，遇淀粉应不呈蓝色。

(3) 硫酸溶液(1+5)：取1体积1.84g/cm$^3$的浓硫酸慢慢加到盛有5体积水的烧杯中，搅匀冷却后，转入试剂瓶。

(4) 淀粉溶液(10g/L)：称取1g可溶性淀粉，用少量水调成糊状，再用刚煮沸的水稀释至100mL。冷却后，加入0.1g水杨酸或0.4g氯化锌防腐。

(5) 重铬酸钾标准溶液[$c\left(\frac{1}{6}K_2Cr_2O_7\right)=0.02500$mol/L]：称取于105～110℃烘干2h并冷却的重铬酸钾1.2258g，溶于水，移入1000mL容量瓶中，用水稀释至标线，摇匀。

(6) 硫代硫酸钠标准溶液：称取6.2g硫代硫酸钠($Na_2S_2O_3 \cdot 5H_2O$)溶于煮沸放冷的水中，加入0.2g碳酸钠，用水稀释至1000mL，贮于棕色瓶中，使用前用0.0250mol/L重铬酸钾溶液标定。

标定方法：移取$c\left(\frac{1}{6}K_2Cr_2O_7\right)=0.02500$mol/L重铬酸钾标准溶液于碘量瓶中，加入25mL煮沸并冷却的蒸馏水，再加1g固体碘化钾及20mL(1+5)硫酸溶液，盖上瓶塞摇匀后，于瓶口封以少量碘化钾溶液或蒸馏水，于暗处放置10min。取出用水冲洗瓶塞及瓶内壁，加150mL冷却蒸馏水，用待标定的硫代硫酸钠标准溶液滴定至淡黄色，加入1mL淀粉，继续滴定至蓝色刚好褪去为止。记下硫代硫酸钠标准溶液的用量。平行测定3次。

硫代硫酸钠标准溶液的浓度：

$$c(Na_2S_2O_3)(\text{mol/L}) = \frac{c\left(\frac{1}{6}K_2Cr_2O_7\right) \times 25.00}{V}$$

式中：$c(Na_2S_2O_3)$——硫代硫酸钠标准贮备液的浓度(mol/L)；

$c\left(\frac{1}{6}K_2Cr_2O_7\right)$——重铬酸钾标准溶液的浓度(mol/L)；

$V$——硫代硫酸钠标准贮备液体积(mL)；

25.00——移取重铬酸钾溶液的体积(mL)。

5. 实验内容

(1) 溶解氧的固定。

① 水样采集：用溶解氧瓶采集水样。先用欲采水样冲洗溶解氧瓶，再沿瓶壁直接倾注水样或用虹吸法将吸管插入溶解氧瓶底部，注入水样至水向外溢流瓶容积的1/3～1/2(持续10s左右)。采集水样时注意防止水样曝气或有气泡残存于采样瓶中。水样采集后，为防止溶解氧的变化，应立即加固定剂于水样中，并存于冷暗处，同时记录水温和大气压力。

② 溶解氧的固定：用吸液管插入溶解氧瓶的液面下，加入1mL硫酸锰溶液、2mL碱性碘化钾溶液，盖好瓶塞，颠倒混合数次，静置。一般在取样现场固定。

(2) 溶解氧的测定。

① 析出碘：打开瓶塞，立即用吸管插入液面下加入2.0mL(1+5)硫酸，盖好瓶塞，颠倒混合摇匀，至沉淀物全部溶解，放置暗处静置5min。

② 滴定：吸取100.0mL上述溶液于250mL锥形瓶中，用硫代硫酸钠标准溶液滴定至溶液呈淡黄色，加入1mL淀粉溶液，继续滴定至蓝色刚好褪去，记录硫代硫酸钠溶液的用量。平行测定3次。

(3) 计算。

$$溶解氧(O_2,\ mg/L)=\frac{c(Na_2S_2O_3)\times V\times 8\times 1000}{100}$$

式中：$c(Na_2S_2O_3)$——硫代硫酸钠标准溶液的浓度(mol/L)；

$V$——滴定消耗硫代硫酸钠标准溶液的体积(mL)。

6. 数据记录

数据记录表见表11-5。

**表11-5 数据记录表**

| 水样编号 | 1 | 2 | 3 |
|---|---|---|---|
| $c(Na_2S_2O_3)$/(mol/L) | | | |
| $V(Na_2S_2O_3)$始读数/(mL) | | | |
| $V(Na_2S_2O_3)$终读数/mL | | | |
| $V(Na_2S_2O_3)$/mL | | | |
| DO/(mg/L) | | | |
| DO平均值/(mg/L) | | | |

7. 注意事项

(1) 当水样中亚硝酸盐氮含量高于0.05mg/L时会干扰测定，可加入叠氮化钠(剧毒，易爆)使水中的亚硝酸盐分解而消除干扰。其加入方法是预先将叠氮化钠加入碱性碘化钾溶液中。

(2) 若水样中含 $Fe^{3+}$ 达到 100～200mg/L，可加入 1mL40%氟化钾溶液消除干扰。

(3) 若水样中含游离氯等氧化性物质时，应预先加入相当量的硫代硫酸钠去除。

(4) 水样呈强酸性或强碱性时，可用氢氧化钠或盐酸调节至中性后测定。

8. 思考题

(1) 测定溶解氧时，水样采集后为什么必须现场固定?

(2) 淀粉指示剂为什么要在滴定近终点时加入?

## 实验 8 水中余氯的测定

1. 实验目的

(1) 掌握硫代硫酸钠标准溶液的配制与标定方法。

(2) 掌握碘量法测定水中余氯的原理及方法。

2. 实验原理

在酸性条件下，水中余氯与 KI 作用，释放出等化学计量的碘($I_2$)，以淀粉为指示剂，用硫代硫酸钠标准溶液滴定至蓝色消失即为终点。其化学反应有

$$I^- + CH_3COOH \rightarrow CH_3COO^- + HI$$

$$2HI + HOCl \rightarrow I_2 + H^+ + Cl^- + H_2O$$

$$\phi^\theta_{HOCl/Cl^-} = 1.49V \qquad \phi^\theta_{I_2/I^-} = 0.545V$$

$$\phi^\theta_{S_4O_6^{2-}/S_2O_3^{2-}} = 0.08V$$

由 $Na_2S_2O_3 \cdot 5H_2O$ 标准溶液的浓度和用量求出水中的余氯量。本法测定值为总余氯，包括 HOCl、$OCl^-$、$NH_2Cl$ 和 $NHCl_2$ 等。

3. 仪器

碘量瓶 250～300mL。

4. 试剂

(1) 碘化钾(要求不含游离碘及碘酸钾)。

(2) (1+5)硫酸溶液。

(3) 0.1mol/L 硫代硫酸钠标准贮备液。称取约 25.0g 硫代硫酸钠 ($Na_2S_2O_3 \cdot 5H_2O$) 溶于已煮沸放冷的水中，稀释至 1000mL，加入 0.2g 无水碳酸钠及数粒碘化汞，贮于棕色瓶内。

(4) 重铬酸钾标准溶液 $c\left(\frac{1}{6}K_2Cr_2O_7\right)=0.1000mol/L$。称取 4.9030g 优级纯重铬酸钾(烘干后称重)，溶于水，移入 1000mL 容量瓶中，稀释至标线。

(5) 1%淀粉溶液。称取 1.0g 可溶性淀粉，加入少量蒸馏水调成糊状，加入煮沸并冷却的蒸馏水至 100mL，混匀。为防腐，冷却后可加入 0.1g 水杨酸或 0.4g 氯化锌。

(6) 乙酸盐缓冲溶液(pH=4)。称取146g无水乙酸钠NaAc(或243g NaAc·$3H_2O$)溶于水，加入457mL乙酸HAc，用水稀释至1000mL。

5. 实验步骤

(1) 0.1mol/L硫代硫酸钠($Na_2S_2O_3 \cdot 5H_2O$)标准贮备液的标定。

移取25.00mL重铬酸钾标准溶液于碘量瓶中。加入25mL水和2g碘化钾，20mL(1+5)硫酸溶液，放置10min后，加150mL蒸馏水，用待标定的硫代硫酸钠($Na_2S_2O_3 \cdot 5H_2O$)标准贮备溶液滴定至淡黄色，加入2mL1%淀粉，继续滴定至蓝色刚好变为亮绿色($Cr^{3+}$)为止。记录消耗的$Na_2S_2O_3 \cdot 5H_2O$的体积。平行测定3次。

硫代硫酸钠($Na_2S_2O_3 \cdot 5H_2O$)标准贮备液浓度计算：

$$c(Na_2S_2O_3)=\frac{c\left(\frac{1}{6}K_2Cr_2O_7\right)\times 25.00}{V_1}$$

式中：$c(Na_2S_2O_3)$——硫代硫酸钠标准贮备液的浓度(mol/L)；

$c\left(\frac{1}{6}K_2Cr_2O_7\right)$——重铬酸钾标准溶液的浓度(mol/L)；

$V_1$——硫代硫酸钠标准贮备液体积(mL)；

25.0——移取重铬酸钾溶液的体积(mL)。

(2) 0.01mol/L硫代硫酸钠($Na_2S_2O_3 \cdot 5H_2O$)标准溶液配制。

吸取50.00mL已标定的0.1mol/L硫代硫酸钠($Na_2S_2O_3 \cdot 5H_2O$)标准贮备溶液，移入500mL容量瓶，用蒸馏水稀释至标线。

(3) 水样的测定。

① 移取100mL水样于300mL碘量瓶中，加入0.5g KI和5mL乙酸盐缓冲溶液。平行测定3次。

② 用0.0100mol/L硫代硫酸钠标准溶液滴定至淡黄色，加入1mL淀粉溶液，继续滴定至蓝色消失，记录用量。

计算总余氯：

$$总余氯(Cl_2, mg/L)=\frac{c(Na_2S_2O_3)V_2\times 35.453}{V_{水样}}\times 1000$$

式中：$c(Na_2S_2O_3)$——硫代硫酸钠标准溶液浓度(mol/L)；

$V_2$——硫代硫酸钠标准溶液的用量(mL)；

$V_{水}$——水样体积(mL)；

35.453——氯离子的摩尔质量(g/mol)。

(4) 实验结果记录。

实验结果记录表见表11-6。

**表11-6 实验结果记录表**

| 实验编号 | 1 | 2 | 3 |
|---|---|---|---|
| $c(Na_2S_2O_3)$/(mol/L) | | | |
| $V(Na_2S_2O_3)$始读数/mL | | | |

（续）

| 实验编号 | 1 | 2 | 3 |
| --- | --- | --- | --- |
| $V(Na_2S_2O_3)$终读数/mL | | | |
| $V_2(Na_2S_2O_3)$/mL | | | |
| 余氯$\rho_{Cl_2}$/(mg/L) | | | |
| 余氯$\overline{\rho_{Cl_2}}$/(mg/L) | | | |

(5) 完成实验报告。

6. 思考题

(1) 饮用水厂出水和管网水为什么必须含有一定量的余氯?
(2) 滴定反应为什么必须在弱酸性溶液中进行?

## 实验9 pH的测定(玻璃电极法)

1. 实验目的

(1) 通过实验加深理解pH计测定溶液pH的原理。
(2) 掌握pH计测定溶液pH的方法。

2. 实验原理

以玻璃电极为指示电极，饱和甘汞电极为参比电极组成原电池。在25℃时，溶液的pH变化1个单位时，电池的电极电位改变59.16mV，根据电极电位的变化测量出pH。许多pH计上有温度补偿装置，用以校正温度对电极的影响，用于常规水样监测可准确和再现至0.1pH单位。较精密的仪器可准确到0.01pH。为了提高测定的准确度，校准仪器时选用的标准缓冲溶液的pH应与水样的pH接近。

3. 仪器

(1) 各种型号的pH计。
(2) 玻璃电极。
(3) 甘汞电极或银-氯化银电极。
(4) 磁力搅拌器。
(5) 50mL聚乙烯或聚四氟乙烯烧杯。

4. 试剂

用于校准仪器的标准缓冲溶液，按下表规定的数量称取试剂，溶于25℃水中，在容量瓶内定容至1000mL。水的电导率应低于2μS/cm，临用前煮沸数分钟，赶除二氧化碳，冷却。取50mL冷却的水，加1滴饱和氯化钾溶液，测量pH，如pH在6～7之间即可用于配制各种标准缓冲溶液(表11-7)。

表 11－7 pH 标准溶液的配制

| 标准物质 | pH(25℃) | 每 1000mL 水溶液中所含试剂的质量(25℃) |
|---|---|---|
| 酒石酸氢钾(25℃饱和) | 3.557 | 6.4g $KHC_4H_4O_6$① |
| 柠檬酸二氢钾 | 3.776 | 11.41g $KH_2C_6H_5O_7$ |
| 邻苯二甲酸氢钾 | 4.008 | 10.12g $KHC_8H_4O_4$ |
| 磷酸二氢钾＋磷酸氢二钠 | 6.865 | 3.388g $KH_2PO_4$②＋3.533g $Na_2HPO_4$②③ |
| 磷酸二氢钾＋磷酸氢二钠 | 7.413 | 1.179g $KH_2PO_4$②＋4.302g $Na_2HPO_4$②③ |
| 四硼酸钠 | 9.180 | 3.80g $Na_2B_4O_7 \cdot 10H_2O$③ |
| 碳酸氢钠＋碳酸钠 | 10.012 | 2.92g $NaHCO_3$＋2.64g $Na_2CO_3$ |
| 二水合四草酸钾 | 1.679 | 12.61g $KH_3C_4O_8 \cdot 10H_2O$④ |
| 氢氧化钙(25℃饱和) | 12.454 | 1.5g $Ca(OH)_2$① |

① 近似溶解度。
② 在 100～130℃烘干 2h。
③ 用新煮沸过并冷却的无二氧化碳水。
④ 烘干温度不可超过 60℃。

5. 实验步骤

(1) 按照仪器适用说明书准备。

(2) 将水样与标准溶液调到同一温度，记录测定温度，把仪器温度补偿旋钮调至该温度处。选用与水样 pH 相差不超过 2 个 pH 单位的标准溶液校准仪器。从第一个标准溶液中取出两个电极，彻底冲洗，并用滤纸边缘轻轻吸干。再侵入第二个标准溶液中，其 pH 约与前一个相差 3 个 pH 单位。如测定值与第二个标准溶液 pH 之差大于 0.1pH 时，就要检查仪器、电极或标准溶液是否有问题，当三者均无异常情况时方可测定水样。

(3) 水样测定：先用蒸馏水仔细冲洗两个电极，再用水样冲洗，然后将电极侵入水样中，小心搅动或摇动使其均匀，待读数稳定后记录 pH。

6. 注意事项

(1) 玻璃电极在使用前应在整理水中浸泡 24h 以上。用毕，冲洗干净，浸泡在纯水中。盛水容器要防止灰尘落入和水分蒸发干涸。

(2) 测定时，玻璃电极的球泡应全部侵入溶液中，使它稍高于甘汞电极的陶瓷芯端，以免搅拌时碰破。

(3) 玻璃电极的内电极与球泡之间以及甘汞电极的内电极与陶瓷芯之间不能存在气泡，以防断路。

(4) 甘汞电极的饱和氯化钾液面必须高于汞体，并应有适量氯化钾晶体存在，以保证氯化钾溶液的饱和。使用前必须先拔掉上孔胶塞。

(5) 为防止空气中二氧化碳溶入或水样中二氧化碳遗失，测定前不宜提前打开水样瓶塞。

(6) 玻璃电极球泡受污染时，可用稀盐酸溶解无机盐污垢，用丙酮除去油污(但不能用无水乙醇)后再用纯水清洗干净。按上述方法处理的电极应在水中浸泡一昼夜再使用。

(7) 注意电极的出厂日期，存放时间过长的电极性能将变劣。

## 实验 10 水中色度的测定

1. 实验目的

掌握铂钴比色法和稀释倍数法测定水和废水色度的方法，以及不同方法所适用的范围。

2. 实验原理

用氯铂酸钾与氯化钴配成标准色列，与水样进行目视比色。每升水中含有 1mg 铂和 0.5mg 钴时所具有的颜色，称为 1 度，作为标准色度单位。

如水样浑浊，则放置澄清，也可用离心法或用孔径 0.45μm 滤膜过滤以去除悬浮物，但不能用滤纸过滤，因滤纸可吸附部分溶解于水的颜色。

3. 仪器和试剂

(1) 50mL 具塞比色管：其刻线高度应一致。

(2) 铂钴标准液：称取 1.246g 氯铂酸钾($K_2PtCl_6$)(相当于 500mg 铂)及 1.000g 氯化钴($CoCl_2 \cdot 6H_2O$)(相当于 250mg 钴)，溶于 100mL 水中，加 100mL 盐酸，用水定容至 1000mL。此溶液色度为 500 度，保存在密塞玻璃瓶中，存放于暗处。

4. 测定步骤

(1) 标准系列的配制：向 50mL 比色管中加入(单位：mL)0、0.50、1.00、1.50、2.00、2.50、3.00、3.50、4.00、4.50、5.00、6.00、及 7.00 铂钴标准液，用水稀释至标线，混匀。各管的色度依次为(单位：度)：0、5、10、15、20、25、30、35、40、45、50、60 和 70。密塞保存。

(2) 水样的测定：

① 吸取 50.0mL 澄清透明水样于比色管中，如水样色度较大，可酌情少取水样，用水稀释至 50.0mL。

② 将水样与标准色列进行目视比较。观察时，可将比色管置于白瓷板或白纸上，使光线从管底部向上透过液柱，目光自管口垂直向下观察，记下与水样色度相同的铂钴标准色列的色度。

5. 计算

$$\text{色度(度)} = \frac{A \times 50}{B}$$

式中：$A$——稀释后水样相当于铂钴标准色列的色度；

$B$——水样的体积(mL)。

6. 注意事项

(1) 可用重铬酸钾代替氯铂酸钾配制标准色列。方法是：称取 0.0437g 重铬酸钾和 1.000g 硫酸钴($CoSO_4 \cdot 7H_2O$)，溶于少量水中，加入 0.50mL 硫酸，用水稀释至 500mL。

此溶液的色度为500。不宜久存。

(2) 如果水样品中有泥土或其他分散很细的悬浮物，虽经预处理而得不到透明水样时，则只测其表色。

7. 思考题

(1) 测定水样的色度时，为什么要注明测定水样的pH?

(2) 测定水样的色度时，如水样较混浊，为什么不能用滤纸过滤? 应该怎么办?

## 实验11 浊度的测定——分光光度法

1. 实验目的

(1) 学会浊度标准溶液的配制方法。

(2) 掌握分光光度法和目视比浊法测定水的浊度的方法。

2. 实验原理

规定1.25mg硫酸肼/L和12.5六次甲基四胺/L水中形成的福尔马肼混悬液所产生的浊度为1NTU。

浊度可用比浊法或散射光法进行测定。测定水样浊度可用分光光度法、目视比浊法或浊度计法。分光光度法测定的原理是在适当温度下，硫酸肼与六次甲基四胺聚合，形成白色高分子聚合物。以此作为浊度标准液，在一定条件下与水样浊度相比较。

3. 仪器和试剂

(1) 分光光度计。50mL比色管。

(2) 试剂。

① 无浊度水：将蒸馏水通过0.2μm滤膜过滤，收集于用滤过水荡洗两次的烧瓶中。

② 浊度贮备液。

硫酸肼溶液：称取1.000g硫酸肼[$(NH_2)_2SO_4 \cdot H_2SO_4$]溶于水中，定容至100mL。

六次甲基四胺溶液：称取10.00g六次甲基四胺[$(CH_2)_6N_4$]溶于水中，定容至100mL。

浊度标准溶液：吸取5.00mL硫酸肼溶液与5.00mL六次甲基四胺溶液于100mL容量瓶中，混匀。于25℃±3℃下静置反应24h。冷却后用水稀释至标线，混匀。此溶液浊度为400NTU，可保存一个月。

4. 实验步骤

(1) 标准曲线的绘制。

吸取浊度标准溶液(单位：mL)0、0.50、1.25、2.50、5.00、10.00和12.50，置于50mL比色管中，加无浊度水至标线。摇匀后即得浊度为(单位：度)0、4、10、20、40、80、100的标准系列。在680nm波长下，测定吸光度，绘制校准曲线。

(2) 水样的测定。

吸取50.0mL摇匀水样(无气泡，如浊度超过100度可酌情少取，用无浊度水稀释至

50.0mL)，于50mL比色管中，按绘制校准曲线步骤测定吸光度，由校准曲线上查得水样浊度。

结果计算：

$$浊度(度)=\frac{A(B+C)}{C}$$

式中：$A$——稀释后水样的浊度(度)；

$B$——稀释水体积(mL)；

$C$——原水样体积(mL)。

5. 数据处理

(1) 实验记录表见表11-8。

表11-8 实验记录表

| 标准溶液/mL | 0 | 0.50 | 1.25 | 2.50 | 5.00 | 10.00 | 12.50 | 水样 |
|---|---|---|---|---|---|---|---|---|
| 浊度 | | | | | | | | |
| 吸光度 | | | | | | | | |

(2) 以浊度为横坐标，对应的吸光度值为纵坐标绘制标准曲线。由测得的吸光度值，在标准曲线上查出对应的浊度。

(3) 写出实验报告，不同浊度范围测试结果的精度要求见表11-9。

表11-9 不同浊度范围测试结果的精度要求

| 浊度范围/度 | 精度/度 | 浊度范围/度 | 精度/度 |
|---|---|---|---|
| 1～10 | 1 | 10～100 | 5 |
| 100～400 | 10 | 400～1000 | 50 |
| 大于1000 | 100 | | |

6. 注意事项

硫酸肼毒性较强，属致癌物质，取用时注意。

7. 思考题

(1) 怎样制备无浊度水?

(2) 水中的浊度和色度有何异同?

(3) 水中的浊度是否可以用不可过滤残渣的含量(mg/L)表示? 为什么?

## 实验12 吸收光谱法测定水中铁——邻菲罗啉法

1. 实验目的

(1) 掌握分光光度计的测定原理、方法及其结构。

(2) 学会紫外-可见分光光度计的使用。

(3) 掌握吸收曲线的绘制及样品的测定条件的选择。

2. 实验原理

邻二氮菲(phen)是测定微量铁的较好试剂。在 pH=2～9 的溶液中，试剂与 $Fe^{2+}$ 生成稳定的红色配合物，其 lgK=21.3，摩尔吸光系数 $\varepsilon=1.1\times10^4$mol/ L，其反应式如下：

$$Fe^{2+}+3(phen)=Fe(phen)_3^{2+}$$

红色配合物的最大吸收峰在 510nm 波长处。当铁为+3 价时，可用盐酸羟胺还原。本方法的选择性很高，相当于含铁量 40 倍的 $Sn^{2+}$、$Al^{3+}$、$Ca^{2+}$、$Mg^{2+}$、$Zn^{2+}$、$SiO_3^{2-}$，20 倍 $Cr^{3+}$、$Mn^{2+}$、$PO_4^{3-}$，5 倍 $Co^{2+}$、$Cu^{2+}$ 等均不干扰测定。

吸光光度法的实验条件，如测量波长、溶液酸度、显色剂用量等，都是通过实验来确定的。本实验在测定试样中铁含量之前，先做部分条件试验，以便初学者掌握确定实验条件的方法。条件实验的简单方法是：变动某实验条件，固定其余条件，测得一系列吸光度值，绘制吸光度-某实验条件的曲线，根据曲线确定某实验条件的适宜值或适宜范围。

3. 仪器和试剂

(1) UV1100 型紫外-可见分光光度计、酸度计、吸量管(5mL，10mL)、比色管(50mL)、容量瓶等。

(2) 铁盐标准溶液：准确称取 0.0730g 分析纯硫酸亚铁铵[$(NH_4)_2Fe(SO_4)_2\cdot 6H_2O$]于 100mL 烧杯中，加 50mL 1mol/L HCl，完全溶解后，移入 1L 容量瓶中，再加 50mL 1mol/L HCl，并用水稀释到刻度，摇匀，所得溶液每毫升含铁 0.01mg。

(3) 0.1%邻菲罗啉(邻二氮菲)水溶液。

(4) 10%盐酸羟胺水溶液。

(5) 醋酸-醋酸钠缓冲溶液(pH=4.6)：称取 136g 分析纯醋酸钠，加 120mL 冰醋酸，加水溶解后稀释至 500mL。

(6) 1mol/L NaOH 溶液。

4. 实验步骤

1) 实验条件的选择

(1) 吸收曲线的制作和测量波长的选择。

用吸量管吸取 0.0mL，1.0mL 铁标准溶液(100μg/mL)，分别注入两个 50mL 比色管中，各加入 1mL 盐酸羟胺溶液，2mL 邻二氮菲，5mL NaAc，用水稀释至刻度，摇匀。放置 10min 后，用 1cm 比色皿，以试剂空白(即 0.0mL 铁标准溶液)为参比溶液，在440～560nm 之间，每隔 10nm 测一次吸光度，在最大吸收峰附近，每隔 5nm 测定一次吸光度。在坐标纸上，以波长 $\lambda$ 为横坐标，吸光度 $A$ 为纵坐标，绘制 $A$ 和 $\lambda$ 关系的吸收曲线。从吸收曲线上选择测定 Fe 的适宜波长，一般选用最大吸收波长 $\lambda_{max}$。

(2) 酸度影响。

于 8 只 50mL 容量瓶(或比色皿)中，用刻度移液管各加入 1.0mL 100μg/mL 的铁标准溶液，再加入 1mL 盐酸羟胺溶液和 2mL 邻二氮菲溶液，摇匀。然后分别加入 NaOH 溶液 0.0mL、0.2mL、0.5mL、1.0mL、1.5mL、2.0mL、2.5mL、3.0mL。用蒸馏水稀释至刻度，摇匀。放置 10 min 后分别测定各溶液的 pH 值和吸光度。吸光度测定条件为：1cm

比色皿，蒸馏水作参比，测定波长为$\lambda_{max}$。

（3）显色剂用量的影响。

取7个50mL容量瓶(或比色皿)，依次加入1.0mL 100μg/mL的铁标准溶液，1mL盐酸羟胺溶液摇匀。再分别加入邻二氮菲溶液0.1mL、0.3mL、0.5mL、0.8mL、1.0mL、2.0mL和4.0mL，并加入5.0mL的NaAc溶液，用蒸馏水稀释至刻度，摇匀。放置10 min后测定各溶液的吸光度。

吸光度测定条件为：1cm比色皿，以蒸馏水作参比，测定波长为$\lambda_{max}$。

2）铁含量的测定

（1）标准曲线的制作。

用移液管吸取100μg/mL铁标准溶液10mL于100mL容量瓶中，加入2mL 6mol/L的HCl，用水稀释至刻度，摇匀。此溶液每毫升含$Fe^{2+}$ 10μg。在6个50mL容量瓶(或比色管)中，用吸量管分别加入0.0mL、2.0mL、4.0mL、6.0mL、8.0mL、10.0mL 10μg/mL铁标准溶液，分别加入1mL盐酸羟胺，2mL邻二氮菲，5mL NaAc溶液，每加一种试剂后摇匀。然后，用水稀释至刻度，摇匀后放置10min。用1cm比色皿，以试剂为空白(即0.0mL铁标准溶液)，在所选择的波长下，测量各溶液的吸光度。以含铁量为横坐标，吸光度$A$为纵坐标，绘制标准曲线。

（2）试样中铁的测定。

① 总铁的测定：准确吸取25mL试液于50mL比色管中，按标准曲线的制作步骤，加入各种试剂，测量吸光度。从标准曲线上查出和计算试液中铁的含量(做3份平行样)。

② $Fe^{2+}$的测定：准确吸取25mL试液于50mL比色管中，不加入盐酸羟胺溶液，其他各试剂加入量同标准曲线的制作步骤，测量吸光度。从标准曲线上查出和计算试液中$Fe^{2+}$的含量。

5. 数据记录与处理。

（1）不同波长下对应的吸光度值记录表见表11-10。

**表11-10 不同波长下对应的吸光度值记录表**

| 波长/nm | 420 | 430 | 440 | 450 | 460 | 470 | 480 | 490 | 500 | 510 | 520 | 530 | 540 | 550 | 560 |
|---|---|---|---|---|---|---|---|---|---|---|---|---|---|---|---|
| 吸光度A | | | | | | | | | | | | | | | |
| 波长/nm | 502 | 504 | 506 | 508 | 510 | 512 | 514 | 516 | 518 | | | | | | |
| 吸光度A | | | | | | | | | | | | | | | |

绘制$A-\lambda$曲线，得出$\lambda_{max}$。

（2）溶液pH的影响记录表见表11-11。

**表11-11 溶液pH的影响记录表**

| NaOH溶液/mL | 0 | 0.2 | 0.5 | 1.0 | 1.5 | 2.0 | 2.5 | 3.0 |
|---|---|---|---|---|---|---|---|---|
| $A$ | | | | | | | | |

绘制$A$-pH曲线，得出最佳pH范围。

（3）显色剂用量的确定记录表见表11-12。

表 11-12 显色剂用量的确定记录表

| 邻二氮菲溶液用量/mL | 0.1 | 0.3 | 0.5 | 0.8 | 1.0 | 2.0 | 4.0 |
|---|---|---|---|---|---|---|---|
| *A* | | | | | | | |

绘制 $A-V(\mathrm{phen})$，得出最优显色剂用量。

(4) 工作曲线的绘制数据记录表见表 11-13。

表 11-13 工作曲线的绘制数据记录表

| 10μg/mL 铁的标准铁溶液用量/mL | 0 | 2.0 | 4.0 | 6.0 | 8.0 | 10.0 | 水样中总铁的测定 | | | 水样的 $Fe^{2+}$ 测定 | | |
|---|---|---|---|---|---|---|---|---|---|---|---|---|
| Fe 的含量/μg | | | | | | | | | | | | |
| Fe 的浓度/(mg/L) | | | | | | | | | | | | |
| 吸光度 *A* | | | | | | | | | | | | |

绘制标准工作曲线，从工作曲线上找出未知试样的含量，并计算水样中的铁含量。

6. 注意事项

(1) 拿取比色皿时，只能用手捏住毛玻璃的两面，手指不得接触其透光面。盛好溶液(至比色皿高度4/5)后，先用滤纸轻轻吸取外部水或溶液，再用擦镜纸轻轻擦拭透光面，直至清洁透明。另外，比色皿内部不得有小气泡，否则影响透光率。

(2) 不能颠倒各种试剂的加入顺序。

(3) 每改变一次波长必须重新调零，读数据时要注意 $A$ 和 $T$ 所对应的数据。

(4) 为提高标准曲线的精确程度，可使用最小二乘法对该曲线进行线性回归，得 $C=aA+b$。具体参阅第2章和第8章。

(5) 实验报告中要进行数据记录，并进行处理，最后要得出结论。

7. 思考题

(1) 用邻二氮菲测定铁时，为什么要加入盐酸羟胺？其作用是什么？试写出有关反应方程式。

(2) 根据有关实验数据，计算邻二氮菲-Fe(Ⅱ)络合物在选定波长下的摩尔吸收系数。

(3) 在有关条件实验中，均以水为参比，为什么在测绘标准曲线和测定试液时要以试剂空白溶液为参比？

(4) 本实验吸取各溶液时，哪些用移液管或吸量管，哪些用量筒？为什么？

(5) 试根据绘制标准曲线的实验数据，计算回归方程 $C=aA+b$ 中的 $a$ 和 $b$。

## 实验13 紫外吸收光谱法测定水中的总酚

1. 实验目的

(1) 学会使用紫外分光光度计。

(2) 掌握紫外吸收光谱曲线的测定、波长选择以及定量分析方法。

2. 基本原理

紫外-可见吸收光谱的定量分析采用朗伯-比尔定律，被测物质的紫外吸收的峰强与其浓度成正比，即

$$A=\lg\frac{I_0}{I}=\lg\frac{1}{T}=\varepsilon bc$$

式中：$A$——是吸光度；

$I$、$I_0$——分别为透过样品后光的强度和测试光的强度；

$\varepsilon$——摩尔吸光系数；

$b$——样品厚度。

由于苯酚在酸、碱溶液中吸收波长不一致(见下式)，实验选择在碱性中测试，以同一个水样酸化后做空白。取紫外-可见光谱仪波长扫描后的最大吸收波长。

苯酚(OH) $\underset{H^+}{\overset{OH^-}{\rightleftharpoons}}$ 苯氧负离子($O^-$)

$\lambda_{max}$ 210nm、272nm　　$\lambda_{max}$ 235nm、288nm

一般用1cm的石英比色皿在292.6nm处测定含酚量较高的水样。用3cm石英比色皿在238nm处测定含酚量较低的水样。

3. 仪器及试剂

仪器：紫外可见分光光度计；1cm石英比色皿1套；2mL吸量管，1支；10mL容量瓶，若干只。

试剂：10mol/L的NaOH水溶液；0.5mol/ L的盐酸水溶液；250mg/L苯酚的标准溶液：准确称取0.0250g苯酚于250mL烧杯中，加入去离子水20mL使之溶解，混合均匀，移入100mL容量瓶，用去离子水稀释至刻度，摇匀。

4. 实验内容

(1) 测定吸收光谱，选择测量波长。

① 用移液管移取0.8mL 250mg/L苯酚标准溶液两份，分别放入10mL容量瓶中，并稀释至10mL，摇匀。其中一管中加入一滴10 mol/L的NaOH溶液，另一管滴加1滴0.5mol/L的盐酸溶液。

② 以酸性标样作参比，调至$A=0.000$。以碱性标样作测定样，用1cm石英比色皿，在波长280～320nm范围内测定各点的吸光度，并记录。以吸光度为纵坐标，波长为横坐标绘制吸收光谱，并选择最大吸收波长为以下测定的测量波长。

(2) 绘制标准曲线。

用移液管分别吸取0.00mL、0.40mL、0.80mL、1.20mL、1.60mL和2.00mL苯酚标准溶液各两份，分别放入10mL容量瓶中（请编上序号）并稀释至10mL，摇匀。此苯酚标准溶液系列对应的浓度为0.00mg/L、10.0mg/L、20.0mg/L、30.0mg/L、40.0mg/L和50.0mg/L。同样以酸性标样作参比，碱性标样作测定样，在选定的测量波长处测定各自的吸光度，作记录。以苯酚标准溶液的含量为横坐标，对应的吸光度值为纵坐标绘制标准曲线。

（3）水样的测定。

分别准确吸取待测液 10mL 放入容量瓶中，其中一管中加入一滴 10mol/L 的 NaOH 溶液，另一管中加入一滴 0.5mol/ L 的盐酸，摇匀。以酸化水样为参比，另一份碱化水样作测定样，在选定波长处测定吸光度。

5. 数据处理

（1）记录各步测量数据。

（2）绘制吸收光谱曲线，并选择测量波长。

（3）绘制标准曲线，并由曲线上查得的数据求算水样中总酚含量。或根据线性回归方程求出苯酚浓度。

6. 思考题

本实验中为什么使用石英比色皿而不能使用玻璃比色皿？

## 实验14 水中氨氮的测定

1. 实验目的

（1）熟悉水中氨氮的预蒸馏方法。

（2）学会适宜的显色时间的确定方法。

（3）掌握纳氏试剂比色法测定氨氮的原理和方法。

2. 实验原理

碘化汞和碘化钾的碱性溶液与氨反应生成淡红棕色胶态化合物，其色度与氨氮含量成正比，通常可在波长 410～425nm 范围内测其吸光度，计算其含量。

本法最低检出浓度为 0.025mg/L(光度法)，测定上限为 2mg/L。采用目视比色法，最低检出浓度为 0.02 mg/L。水样做适当的预处理后，本法可采用于地面水、地下水、工业废水和生活污水中氨氮的测定。

3. 仪器和试剂

（1）仪器：①带氮球的定氮蒸馏装置(500mL 凯氏烧瓶、氮球、直形冷凝管和导管)；②分光光度计；③pH 计。

（2）试剂：

① 无氨水，无氨水可选下列方法之一进行制备：

蒸馏法：每升蒸馏水加 0.1mL 硫酸，在全玻璃蒸馏器中重蒸馏，弃去 50mL 初馏液，接取其余馏出液于具塞磨口的玻璃瓶中，密塞保存。

离子交换法：使蒸馏水通过强酸型阳离子交换树脂柱。

② 轻质氧化镁(MgO)：将氧化镁在 500℃下加热，以除去碳酸盐。

③ 防沫剂，如石蜡碎片，玻璃珠。

④ 0.05%溴百里酚蓝指示液：pH 为 6.0～7.6。

⑤ 1mol/L 盐酸溶液。

⑥ 1mol/L 氢氧化钠溶液。

⑦ 吸收液：硼酸溶液：称取 20g 硼酸溶于水，稀释至 1L。

⑧ 纳氏试剂：可选下列方法之一制备。

方法一：称取 20g 碘化钾溶于约 100mL 水中，边搅拌边分次少量加入二氯化汞($HgCl_2$)结晶粉末(约 10g)，至出现朱红色沉淀不易溶解时，改为滴加饱和二氯化汞溶液，并充分搅拌，当出现微量朱红色沉淀不再溶解时，停止滴加二氯化汞溶液。

另称取 60g 氢氧化钾溶于水，并稀释至 250mL，冷却至室温后，将上述溶液徐徐注入氢氧化钾溶液中，用水稀释至 400mL，混匀。静置过夜将上清液移入聚乙烯瓶中，密塞保存。

方法二：称取 16g 氢氧化钠，溶于 50mL 水中，充分冷却至室温。

另称取 7g 碘化钾和碘化汞($HgI_2$)溶于水，然后将次溶液在搅拌下徐徐注入氢氧化钠溶液中，用水稀释至 100mL，贮于聚乙烯瓶中，密塞保存。

⑨ 酒石酸钾钠溶液：称取 50g 酒石酸钾钠($KNaC_4H_8O_6 \cdot 4H_2O$)溶于 100mL 水中，加热煮沸除去氨，放冷，定容至 100mL。

⑩ 铵标准溶液：

称取 3.819g 经 100℃干燥过的优级纯氯化铵($NH_4Cl$)溶于水中，移入 1000mL 容量瓶中，稀释至标线。此溶液为铵标准贮备液，每毫升含 1.00mg 氨氮。移取 5.00mL 铵标准贮备液于 500mL 容量瓶中，用水稀释至标线。此溶液每毫升含 0.010mg 氨氮。

4. 实验步骤

(1) 水样预处理：无色澄清的水样可直接测定；色度、浑浊度较高和含干扰物质较多的水样，需经过蒸馏或混凝沉淀等预处理步骤。

(2) 水样预蒸馏：取 250mL 水样(如氨氮含量较高，可取适量并加水至 250mL，使氨氮含量不超过 2.5mg)，移入凯氏烧瓶中，加数滴溴百里酚蓝指示液，用氢氧化钠溶液或盐酸溶液调至 pH=7 左右。加入 0.25g 轻质氧化镁和数粒玻璃珠，立即连接氮球和冷凝管，以 50mL 硼酸溶液为吸收液，导管下端插入吸收液液面下。加热蒸馏，至馏出液达 200mL 时，停止蒸馏，定容至 250mL。

(3) 标准曲线的绘制：吸取 0mL、0.50mL、1.00mL、3.00mL、5.00mL、7.00mL 和 10.0mL 铵标准使用液分别于 50mL 比色管中，加水至标线，加 1.0mL 酒石酸钾钠溶液，混匀。加 1.5mL 纳氏试剂，混匀。放置 10min 后，在波长 420nm 处，用光程为 2cm 的比色皿，以水为参比，测定吸光度。

由测得的吸光度，减去零浓度空白管的吸光度后，得到校正吸光度后，得到校正吸光度，绘制以氨氮含量(mg)对校正吸光度的标准曲线。

(4) 水样的测定。

分取适量经蒸馏预处理后的馏出液，加入 50mL 比色管中，加一定量 1mol/L 氢氧化钠溶液，以中和硼酸，稀释至标线。加 1.5mL 纳氏试剂，混匀。放置 10min 后，同标准曲线步骤测量吸光度。

空白试验：以无氨水代替水样，做全程序空白测定。

5. 数据处理

由水样测得的吸光度减去空白试验的吸光度后，从标准曲线上查得氨氮量(mg)后，

按下式计算

$$氨氮(N, mg/L)=\frac{m}{V}\times 1000$$

式中：$m$——由标准曲线查得的氨氮量(mg)；

$V$——水样体积(mL)。

6. 注意事项

(1) 纳氏试剂中碘化汞与碘化钾的比例，对显色反应的灵敏度有较大影响。静置后生成的沉淀应除去。

(2) 实验室环境：进行氨氮分析的实验室，室内不应有扬尘，铵盐类化合物，不要与硝酸盐氮等分析项目同时进行，因为硝酸盐氮测试中必须使用氨水，而氨水的挥发性很强，纳氏试剂吸收空气中的氨而导致测试结果偏高。所使用的试剂、玻璃器皿等实验用品要单独存放，避免交叉污染，影响空白值。滤纸中常含痕量铵盐，使用时注意用无氨水洗涤。

(3) 水样中如含有余氯，与氨生成氯胺，不能不纳氏试剂显色，干扰测定。遇此情况，可在含有余氯的水样中加入适量还原剂(如：硫代硫酸钠)消除干扰。

7. 思考题

(1) 水样预蒸馏结束之前，为什么要将导管离开液面之后，再停止加热?

(2) 水样中如有余氯时对 $NH_3-N$ 测定有何影响，如何消除?

## 实验 15 气相色谱法测定水中三氯甲烷含量

1. 实验目的

(1) 掌握挥发性有机物的顶空进样技术。

(2) 了解气相色谱仪的基本结构、性能和操作方法。掌握微量注射器进样技术。

(3) 掌握气相色谱法的基本原理和基本定量法。

2. 实验原理

水中三氯甲烷含量的测定，采用的是溶液顶空进样方法，采用气相色谱法分离，以电子捕获检测器对具有电负性的三氯甲烷进行检测，根据三氯甲烷的色谱峰高或峰面积进行定量。

外标法是在一定的操作条件下，用纯组分或已知浓度的标准溶液配制一系列不同含量的标准样品，定量地准确进样，用所得色谱图相应组分峰面积(或峰高)对组分含量作标准曲线。分析样品时，由准确定量进样所得峰面积(或峰高)，从标准曲线上查出其含量。

顶空进样又分为溶液顶空和固体顶空。前者就是将样品溶解于适当溶剂中，置顶空瓶中保温一定时间，使残留溶剂在两相中达到气液平衡，定量取气体进样测定。固体顶空就是直接将固体样品置顶空瓶中，置一定温度下保温一定时间，使残留溶剂在两相中达到气固平衡，定量取气体进样测定。

3. 仪器与试剂

(1) 仪器。

Agilent 6890N 气相色谱仪：配有电子捕获检测器(ECD)；钢瓶高纯氮气(99.999%)；微量注射器；恒温水浴锅；顶空瓶(用蒸馏水洗净后，于 150℃烘 4h，置于干燥器备用)；聚四氟乙烯垫(用前于水中煮沸 20min，120℃烘 2h，置于干燥器备用)。

(2) 试剂。

三氯甲烷(标样)；抗坏血酸(除余氯、稳定三氯甲烷)；甲醇。

4. 实验内容

(1) 色谱操作条件。

检测器：电子捕获检测器(ECD)。

色谱柱：玻璃毛细管柱。

汽化室温度：160℃。

检测器温度：200℃。

柱温：40℃ 保持 2min，以 8℃/min 的升温速率升温至 80℃。

柱流速：2.0mL/min。

尾吹流速：20mL/min。

进样：不分流进样，30μL，恒流。

(2) 操作步骤。

① 样品的预处理。

在 40mL 的顶空瓶中加入水样(比如自来水水样)20mL，用带有聚四氟乙烯膜的塞子塞紧，把顶空瓶置于 40℃的水浴锅中平衡 1h。

② 三氯甲烷标准系列溶液的配制。

用甲醇助溶，在顶空瓶中配制三氯甲烷标准水溶液系列，分别为 0μg/L，10μg/L，20μg/L，40μg/L，60μg/L。

③ 样品的测定。

标样或者样品经过①的预处理后，用微量注射器分别吸取 30μL 各标准系列或者试样的上层气体注入色谱仪，取得色谱图，以保留时间对照定性，确定三氯甲烷色谱峰。

5. 实验数据及处理

(1) 实验记录表见表 11-14。

表 11-14 实验记录表

| 浓度 | 三氯甲烷标准系列 | | | | | 试样溶液 |
|---|---|---|---|---|---|---|
| | 0.0μg/L | 10μg/L | 20μg/L | 40μg/L | 60μg/L | |
| 色谱峰高或面积 | | | | | | |

(2) 以色谱峰面积为纵坐标，三氯甲烷标准系列溶液的浓度为横坐标，绘制标准曲线。

(3) 根据试样溶液色谱图中三氯甲烷峰面积，查出试样溶液中三氯甲烷的含量（μg/L）。

6. 思考题

(1) 外标法是否要求严格准确进样？操作条件的变化对定量结果有无明显影响？为什么？

(2) 在哪些情况下，采用外标法定量较为适宜？

## 实验16 原子吸收光谱法测定水中的镁含量

1. 实验目的

(1) 掌握原子吸收光谱法的基本原理；了解原子吸收分光光度计的基本结构、性能和操作方法。

(2) 熟悉原子吸收光谱法的基本定量方法(标准曲线法)。掌握实验条件的选择。

(3) 通过自来水中镁的测定掌握原子吸收法的实际应用。

2. 实验原理

原子吸收光谱：光源发射的被测元素的特征辐射，通过样品蒸气时，被待测元素的基态原子所吸收，由光源辐射的减弱程度求得样品中被测元素的含量。

定量分析依据：在光源发射线的半宽度<吸收线的半宽度(即锐线光源)的条件下，光源发射线通过一定厚度的原子蒸气，并被同种基态原子所吸收。吸光度 $A$ 与原子蒸气中待测元素的基态原子数之间，遵循朗伯-比尔定律：

$$A=\lg \frac{I_0}{I}=KcL$$

3. 仪器与试剂

(1) 仪器：AAS700 型原子吸收分光光度计。镁元素空心阴极灯，乙炔钢瓶，空气压缩机；容量瓶 1000mL，100mL；吸量管 2mL，10mL；洗耳球。

(2) 镁标准储备溶液制备：准确称取 0.1658g 纯氧化镁于 100mL 烧杯中，适量盐酸溶解，蒸干出去过剩盐酸后，用去离子水溶解，移入 1000mL 容量瓶中，并稀释至刻度，摇匀。此溶液浓度为 100μg/mL 镁标准贮备液。

(3) 盐酸、硝酸，均为分析纯。

(4) 去离子水。

4. 实验步骤

(1) 仪器工作条件选择。

在原子吸收分析中，测定条件的选择非常重要，它对测定的灵敏度、准确度和干扰情况均有很大影响。

灯电流：空心阴极灯的灯电流过大，发射线变宽，工作曲线弯曲，灵敏度降低，灯寿命减短。电流过小，发光强度弱，发光不稳定，信噪比下降。因此在保证灯电流稳定和输出光强适当的条件下，尽可能选用较低的灯电流。

燃助比：指燃气、助燃气流量的比值，直接影响试样的原子化效率。

正常焰—燃气和助燃气的比例符合化学计量关系，$2C_2H_2+3O_2+10N_2=2CO_2+2H_2O+10N_2$（温度高、干扰小、背景低、稳定性好，适合许多元素的测定）。

富燃焰—燃助比提高，燃气量增大，火焰呈黄色，层次模糊，温度稍低，火焰呈还原性气氛，适合易形成难离解氧化物元素的测定。

贫燃焰—燃助比下降，燃气量减小，氧化性较强，温度较低，适合易离解、易电离元素的原子化，如碱金属。

燃烧器的高度：火焰高度不同，火焰温度和火焰气氛（性质）不同，产生基态原子浓度也就不同。

(2) 标准曲线的绘制。

① 镁标准使用液（10μg/mL）。

准确吸取 10mL 镁标准溶液于 100mL 容量瓶中，用纯水稀释至刻度，摇匀备用。

② 配制镁标准溶液系列。

准确吸取 2.00mL、4.00mL、6.00mL、8.00mL、10.00mL 镁标准使用液，分别置于 5 只 100mL 容量瓶中，用纯水稀释至刻度，摇匀备用。该标准溶液系列镁的浓度分别为：0.20μg/mL、0.40μg/mL、0.60μg/mL、0.80μg/mL、1.00μg/mL。

③ 标准溶液的测定。

用空白试剂调节吸光度为零，然后由低浓度到高浓度依次测定各标准溶液的吸光度值，并记录。

(3) 水样的测定。

准确吸取 2mL 水样（如镁含量低，可适当多去），放入 100mL 容量瓶中，用纯水稀释至刻度，摇匀备用，即稀释 50 倍。按标准溶液同样的条件下测定吸光度值，做 3 份平行样，并记录。

5. 数据处理

(1) 测定镁的工作条件（表 11-15）。

**表 11-15 测定镁的工作条件**

| 元素 | 工作灯电流/mA | 光谱带宽/nm | 燃助比 | 燃烧器高度/mm | 波长/nm |
|---|---|---|---|---|---|
| Mg | | | | | |

(2) 测定结果记录（表 11-16）。

**表 11-16 测定结果记录表**

| 标准使用溶液体积/mL | | | | | | |
|---|---|---|---|---|---|---|
| 标准溶液系列浓度/(μg/mL) | | | | | | |
| 吸光度 $A$ | | | | | | |
| 水样的吸光度 $A$ | | | | | | |

(3) 绘制浓度-吸光度工作曲线，根据样品溶液吸光度在工作曲线查出相应的浓度，

并计算出原水样中镁的含量。

（4）写出实验报告。

6. 实验要点及注意事项

（1）实验时，要打开通风设备，使金属蒸气及时排出室外。

（2）点火时，先开空气，后开乙炔，熄火时，先关乙炔，后关空气，室内若有乙炔气味，应立即关闭乙炔气源，开通风，排除问题后，再继续实验。

（3）更换空心阴极灯时，要将灯电流开关关掉，以防触电和造成灯电源短路。

（4）排液管应水封，防止回火。

（5）钢瓶附近严禁烟火。

7. 思考题

（1）原子吸收光谱测定不同元素时，对光源有什么要求？

（2）用原子吸收光谱法和EDTA络合滴定法测定水中金属元素或离子时有何异同？

（3）如何选择最佳实验条件，实验时，若条件发生变化，对结果有无影响？

## 实验17 水中总有机碳（TOC）的测定——非色散红外吸收法

1. 实验目的

（1）掌握总有机碳的测定原理。

（2）了解日本岛津 TOC－$V_{CPH}$总有机碳分析仪的使用方法

2. 实验原理

水中总有机碳（TOC），是以碳的含量表示水体中有机物质和总量的综合指标。由于TOC的测定采用燃烧法，能将有机物全部氧化，它比 $BOD_5$ 或 COD 更能直接表示有机物的总量，因此TOC经常被用来评价水体中有机物污染的程度。

近年来，国内外已研制成各种类型的TOC分析仪。按工作原理不同，可以分为燃烧氧化-非色散红外吸收法、电导法、气相色谱法、湿法氧化-非色散红外吸收法等。其中，燃烧氧化-非色散红外吸收法只需一次性转化，流程简单、重现性好、灵敏度高，因此这种TOC分析仪被国内外广泛采用。

（1）差减法测定TOC值的方法原理。

水样分别被注入高温燃烧管（680℃）和低温反应管中。经高温燃烧管的水样受高温催化氧化，使有机化合物和无机碳酸盐均转化成为二氧化碳；经低温反应管的水样受酸化而使无机碳酸盐分解成二氧化碳，两者所生成的二氧化碳依次导入非色散红外检测器，从而分别测得水中的总碳（TC）和无机碳（IC）。总碳和无机碳之差值，即为总有机碳（TOC）。

（2）直接法测定TOC值的方法原理。

将水样酸化后曝气，使各种碳酸盐分解生成二氧化碳而去除后，再注入高温燃烧管中，可直接测定总有机碳，但由于在曝气过程中会造成水样中挥发性有机物的损失而产生测定误差，因此，此测定结果只是不可吹出的有机碳值。

地面水中常见共存离子 $SO_4^{2-}$ 超过 400mg/L、$Cl^-$ 超过 400mg/L、$NO_3^-$ 超过100mg/L、$PO_4^{3-}$ 超过 100mg/L、$S_2^{2-}$ 超过 100mg/L 时，对测定有干扰，应做适当的前处理，以消除对测定的干扰影响。水样中含大颗粒悬浮物时，由于受水样注射器针孔的限制，测定结果往往不包括全部颗粒态碳。

3. 仪器与试剂

(1) 日本岛津 TOC－$V_{CPH}$非色散红外吸收总有机碳分析仪。

(2) 无二氧化碳蒸馏水。将重蒸馏水煮沸蒸发，待蒸发损失达到 10%为止。稍冷，立即倾入瓶口插有碱石灰管的下口瓶中，用来配制以下标准溶液时使用的无二氧化碳蒸馏水。

(3) 总碳(TC)标准储备溶液($c$=1000mg/L)。称取在 115℃干燥两个小时之后的邻苯二甲酸氢钾(优级纯)2.125g，用水溶解，转移到 1000mL 容量瓶中，用水稀释至标线，混匀。在低温(4℃)冷藏下可保存约 40d。

总碳(TC)标准溶液($c$=200mg/L)。准确吸取 10.0mL 总碳标准储备溶液，置于 50mL 的容量瓶中，用水稀释至标线。用时现配。

(4) 无机碳(IC)标准储备溶液($c$=1000mg/L)。称取经置于干燥器中碳酸氢钠(优级纯)3.500g 和经 280℃干燥的无水碳酸钠(优级纯)4.410g 溶于水中，转移到 1000mL 的容量瓶中，用水稀释至标线，混匀。

无机碳(IC)标准溶液($c$=200mg/L)。准确吸取 10.0mL 无机碳标准储备溶液，置于 50mL 的容量瓶中，用水稀释至标线。用时现配。

4. 实验步骤

(1) 校准曲线的绘制。

分别吸取 0mL、0.50mL、1.00mL、2.50mL、5.00mL、10.00mL 及 20.00mL 总碳和无机碳标准溶液于 25mL 容量瓶中，用水稀释至标线，配制成含 0mg/L、4.0mg/L、8.0mg/L、20.0mg/L、40.0mg/L、80.0mg/L、160.0mg/L 的总碳和无机碳两个系列标准溶液，用 TOC－$V_{CPH}$总有机碳分析仪分别测定总碳和无机碳标准系列溶液，绘制不同浓度的标准曲线，存储于总有机碳分析仪中。

(2) 水样的测定。

① 差减测定法。用 TOC－$V_{CPH}$总有机碳分析仪测定。总碳和无机碳各重复进行 2～3 次，使测得相应的总碳(TC)和无机碳(IC)值相对偏差在 2%以内。

② 直接测定法。把已酸化的移入烧杯中［加酸量为每 100mL 水样中加 0.04mL(1∶1)硫酸］，在磁力搅拌器上剧烈搅拌几分钟或向烧杯中通入无二氧化碳的氮气，以除去无机碳。用 TOC－$V_{CPH}$总有机碳分析仪测定。重复进行 2～3 次，使测得相应的总有机碳(TOC)值相对偏差在 2%以内。

5. 数据处理

(1) 差减测定法。

$$TOC(mg/L)=TC-IC$$

(2) 直接测定法。

$$TOC(mg/L)=TC$$

(3) 精密度和准确度。

取平行双样测定结果(相对偏差小于10%)的算术平均值为测定结果。

6. 思考题

用差减法测定总有机碳时有时会出现负值的原因是什么?

# 计算题参考答案

## 第 1 章

1. ±0.8%，±0.08%
2. 60.28，0.11、0.16，0.26，60.28±0.20
3. 3 个、4 个、5 个、2 个、4 个、1 个
4. (1) 1.868；(2) 62.39；(3) 2.21
5. 应舍弃
6. (2.30±0.09)mg/L
7. 不存在显著性差异
8. (1) y=9.68x+0.76；(2) 0.9984

## 第 2 章

1. 120mL
2. 0.1119mol/L
3. 0.003351g/mL、0.004791、0.004311g/mL

## 第 3 章

1. (1) 4.74；(2) 3.74；(3) 5.74
2. (1) 9.26；(2) 10.26；(3) 8.26
3. pH 由 11.13 变为 9.56
4. (1) pH 由 2.87 变为 4.74；(2) 是缓冲溶液
5. 水样碱度由 $OH^-$、$CO_3^{2-}$ 两种碱度组成；含量分别为 212.50mg/L 和 150.00mg/L
6. 水样碱度由 $HCO_3^-$、$CO_3^{2-}$ 两种碱度组成；含量分别为 5.000mmol/L 和 7.500mmol/L
7. 水样碱度由 $CO_3^{2-}$、$HCO_3^-$ 两种碱度组成；含量分别为 10.250mmol/L 和 8.000mmol/L
8. 含有 N 17.72%、$NH_3$ 21.35%、$NH_4HCO_3$ 99.09%
9. 含有 NaOH 80.00%、$Na_2CO_3$ 13.30%
10. 含有 $Na_2CO_3$ 12.05%
11. 需加 HCl 溶液 13.33mL；含有 NaOH 43.00%、$Na_2CO_3$ 57.00%
12. HCl 溶液浓度为 0.1278mol/L
13. 显酸性；需加 NaOH 溶液 1.85mL

## 第 4 章

1. $10^{6.45}$，$7.1\times10^{-9}$mol/L
2. $10^{5.6}$
3. $10^{4.04}$，不能确定，9.7
4. $1.1\times10^{-11}$mol/L
5. 9.73
6. (1) 可以分别滴定；(2) 1.3～2.6；(3) 4.0～7.65

7. 15.22%
8. 349.9mg/L
9. 2.42，52.70，26.85

## 第5章

1. (1) 有沉淀生成；(2) 无沉淀生成
2. (1) $2.0\times10^{-4}$mol/L；(2) $2.9\times10^{-5}$mol/L；(3) $1.9\times10^{-3}$mol/L
3. $1.6\times10^{-6}$g
4. $2.38\times10^{-12}$
5. $Ag^{+}$，$4.95\times10^{-13}$mol/L
6. 40.84%
7. 0.2053mol/L，0.1711mol/L
8. 6.55g/L
9. 0.3545g
10. 85.58%
11. 40.56%
12. 0.2718g
13. 37.03%，42.70%
14. 0.40%
15. 10.96%，29.46%
16. $KIO_3$
17. 4.99%
18. 65.84%

## 第6章

1. 1.47V
2. 0.16g
3. (1) 0.2000mol/L；(2) 0.01597g/mL
4. 20.00mL
5. 0.1002mol/L
6. 2.05
7. 266.0
8. 458
9. 4.29
10. 6.38
11. 4.58%
12. 63.55%
13. 63.87%；0.007872g/mL
14. 73.25%
15. 52.92%；75.66%

## 第7章

1. 6.9
2. $1.6\times10^{-3}$mol/L
3. (1) 电池电位与 $pCrO_4^{2-}$ 的关系式推导略；(2) $pCrO_4^{2-}=2.47$
4. 0.239V
5. $3.22\times10^{-5}$mol/L
6. (1) 0.07302mol/L；(2) 0.045mol/L
7. $5.474\times10^{-6}$S/m
8. $0.01434S\cdot m^{-1}/mol$，$0.00717S\cdot m^{-1}/mol$

## 第8章

1. $3.5\times10^{3}$L/(mol·cm)
2. 0.005 $mol\cdot L^{-1}$
3. (1) 0.0969；(2) $1.08\times10^{4}L\cdot mol^{-1}\cdot cm^{-1}$；(3) 0.640；(4) 0.5cm
4. $2.93\times10^{-5}mol\cdot L^{-1}$，$9.44\times10^{-5}mol\cdot L^{-1}$
5. $1.9\times10^{-3}$mol/L，$1.46\times10^{-4}$mol/L

## 第9章

1. 1.99，4.15，3.94
2. 12.08%，28.42%，30.59%，28.91%

# 附录

**附表 1　弱酸、弱碱在水中的解离常数(25℃，$I$=0)**

| 弱酸名称 | 分子式 | $K_a$ | $pK_a$ |
| --- | --- | --- | --- |
| 砷酸 | $H_3AsO_4$ | $K_{a_1}=6.3\times10^{-3}$ | 2.20 |
| | | $K_{a_2}=1.0\times10^{-7}$ | 7.00 |
| | | $K_{a_3}=3.2\times10^{-12}$ | 11.50 |
| 偏亚砷酸 | $HAsO_2$ | $6.3\times10^{-10}$ | 9.22 |
| 硼酸 | $H_3BO_3$ | $5.8\times10^{-10}$ | 9.24 |
| 四硼酸 | $H_2B_4O_7$ | $K_{a_1}=1.0\times10^{-4}$ | 4.00 |
| | | $K_{a_2}=1.0\times10^{-9}$ | 9.00 |
| 碳酸 | $H_2CO_3$ | $K_{a_1}=4.2\times10^{-7}$ | 6.38 |
| | | $K_{a_2}=5.6\times10^{-11}$ | 10.25 |
| 次氯酸 | $HClO$ | $3.2\times10^{-8}$ | 7.49 |
| 氢氰酸 | $HCN$ | $4.9\times10^{-10}$ | 9.31 |
| 氰酸 | $HCNO$ | $3.3\times10^{-4}$ | 3.48 |
| 铬酸 | $H_2CrO_4$ | $K_{a_1}=1.8\times10^{-1}$ | 0.74 |
| | | $K_{a_2}=3.2\times10^{-7}$ | 6.50 |
| 氢氟酸 | $HF$ | $6.6\times10^{-4}$ | 3.18 |
| 亚硝酸 | $HNO_2$ | $5.1\times10^{-4}$ | 3.29 |
| 过氧化氢 | $H_2O_2$ | $1.8\times10^{-12}$ | 11.75 |
| 磷酸 | $H_3PO_4$ | $K_{a_1}=7.5\times10^{-3}$ | 2.12 |
| | | $K_{a_2}=6.3\times10^{-8}$ | 7.20 |
| | | $K_{a_3}=4.4\times10^{-13}$ | 12.36 |
| 焦磷酸 | $H_4P_2O_7$ | $K_{a_1}=3.0\times10^{-2}$ | 1.52 |
| | | $K_{a_2}=4.4\times10^{-3}$ | 2.36 |
| | | $K_{a_3}=2.5\times10^{-7}$ | 6.60 |
| | | $K_{a_4}=5.6\times10^{-10}$ | 9.25 |
| 正磷酸 | $H_3PO_3$ | $K_{a_1}=3.0\times10^{-2}$ | 1.52 |
| | | $K_{a_2}=1.6\times10^{-7}$ | 6.79 |
| 氢硫酸 | $H_2S$ | $K_{a_1}=1.3\times10^{-7}$ | 6.89 |
| | | $K_{a_2}=7.1\times10^{-15}$ | 14.15 |

（续）

| 弱酸名称 | 分子式 | $K_a$ | $pK_a$ |
| --- | --- | --- | --- |
| 硫酸 | $HSO_4^-$ | $1.2\times10^{-2}$ | 1.92 |
| 亚硫酸 | $H_2SO_3$ | $K_{a_1}=1.3\times10^{-2}$ | 1.89 |
|  |  | $K_{a_2}=6.3\times10^{-8}$ | 7.20 |
| 硫代硫酸 | $H_2S_2O_3$ | $K_{a_1}=2.3$ | 0.60 |
|  |  | $K_{a_2}=3\times10^{-2}$ | 1.60 |
| 偏硅酸 | $H_2SiO_3$ | $K_{a_1}=1.7\times10^{-10}$ | 9.77 |
|  |  | $K_{a_2}=1.6\times10^{-12}$ | 11.80 |
| 甲酸 | HCOOH | $1.8\times10^{-4}$ | 3.74 |
| 乙酸(醋酸) | $CH_3COOH$ | $1.8\times10^{-5}$ | 4.74 |
| 丙酸 | $CH_3CH_2COOH$ | $1.3\times10^{-5}$ | 4.87 |
| 丁酸 | $CH_3(CH_2)_2COOH$ | $1.5\times10^{-5}$ | 4.82 |
| 戊酸 | $CH_3(CH_2)_3COOH$ | $1.4\times10^{-5}$ | 4.84 |
| 羟基乙酸 | $CH_2(OH)COOH$ | $1.5\times10^{-4}$ | 3.83 |
| 一氯乙酸 | $CH_2ClCOOH$ | $1.4\times10^{-3}$ | 2.86 |
| 二氯乙酸 | $CHCl_2COOH$ | $5.0\times10^{-2}$ | 1.30 |
| 三氯乙酸 | $CCl_3COOH$ | 0.23 | 0.64 |
| 氨基乙酸·$H^+$ | $^+NH_3\ CH_2COOH$ | $K_{a_1}=4.5\times10^{-3}$ | 2.35 |
|  |  | $K_{a_2}=1.7\times10^{-10}$ | 9.77 |
| 抗坏血酸 | $C_6H_8O_5$ | $K_{a_1}=5.0\times10^{-5}$ | 4.30 |
|  |  | $K_{a_2}=1.5\times10^{-10}$ | 9.82 |
| 乳酸 | $CH_3CHOH$ | $1.4\times10^{-4}$ | 3.86 |
| 苯甲酸 | $C_6H_5COOH$ | $6.2\times10^{-5}$ | 4.21 |
| 草酸 | $H_2C_2O_4$ | $K_{a_1}=5.9\times10^{-2}$ | 1.23 |
|  |  | $K_{a_2}=6.4\times10^{-5}$ | 4.19 |
| d-酒石酸 | $HOOC(CHOH)_2COOH$ | $K_{a_1}=9.1\times10^{-4}$ | 3.04 |
|  |  | $K_{a_2}=4.3\times10^{-5}$ | 4.37 |
| 邻苯二甲酸 | COOH<br>COOH | $K_{a_1}=1.12\times10^{-3}$ | 2.95 |
|  |  | $K_{a_2}=3.9\times10^{-6}$ | 5.41 |
| 苯酚 | $C_6H_5OH$ | $1.1\times10^{-10}$ | 9.95 |

（续）

| 弱酸名称 | 分子式 | $K_a$ | $pK_a$ |
| --- | --- | --- | --- |
| 乙二胺四乙酸 | $H_6$—$EDTA^{2+}$ | $K_{a_1}=0.13$ | 0.90 |
| | | $K_{a_2}=2.5\times10^{-2}$ | 1.60 |
| | | $K_{a_3}=8.5\times10^{-3}$ | 2.07 |
| | | $K_{a_4}=1.77\times10^{-3}$ | 2.75 |
| | | $K_{a_5}=5.75\times10^{-7}$ | 6.24 |
| | | $K_{a_6}=4.57\times10^{-11}$ | 10.34 |
| 丁二酸 | $HOOC(CH_2)_2COOH$ | $K_{a_1}=6.2\times10^{-5}$ | 4.21 |
| | | $K_{a_2}=2.3\times10^{-6}$ | 5.64 |
| 顺-丁烯二酸（马来酸） | $CHCO_2H$ ‖ $CHCO_2H$ | $K_{a_1}=1.2\times10^{-2}$ | 1.91 |
| | | $K_{a_2}=4.7\times10^{-7}$ | 6.33 |
| 反-丁烯二酸（富马酸） | $CHCO_2H$ ‖ $CHCO_2H$ | $K_{a_1}=8.9\times10^{-4}$ | 3.05 |
| | | $K_{a_2}=3.2\times10^{-5}$ | 4.49 |
| 邻苯二酚 | OH, OH | $K_{a_1}=4.0\times10^{-10}$ | 9.40 |
| | | $K_{a_2}=2\times10^{-13}$ | 12.80 |
| 水杨酸 | COOH, OH | $K_{a_1}=1.1\times10^{-3}$ | 2.97 |
| | | $K_{a_2}=1.8\times10^{-14}$ | 13.74 |
| 磺基水杨酸 | $^-O_3S$, COOH, OH | $K_{a_1}=4.7\times10^{-3}$ | 2.33 |
| | | $K_{a_2}=4.8\times10^{-12}$ | 11.32 |
| 柠檬酸 | $C(OH)CHO_2H$ ($CH_2CH_2O_2H$, $CH_2CO_2H$) | $K_{a_1}=7.4\times10^{-4}$ | 3.13 |
| | | $K_{a_2}=1.8\times10^{-5}$ | 4.74 |
| | | $K_{a_3}=4.0\times10^{-7}$ | 6.40 |
| 弱碱名称 | 分子式 | $K_b$ | $pK_b$ |
| 氨 | $NH_3$ | $1.8\times10^{-5}$ | 4.74 |
| 联氨 | $H_2NNH_2$ | $K_{b_1}=3.0\times10^{-8}$ | 5.52 |
| | | $K_{b_2}=7.6\times10^{-15}$ | 14.12 |
| 羟氨 | $NH_2OH$ | $9.1\times10^{-9}$ | 8.04 |
| 甲胺 | $CH_3NH_2$ | $4.2\times10^{-4}$ | 3.38 |
| 乙胺 | $C_2H_5NH_2$ | $4.3\times10^{-4}$ | 3.37 |
| 丁胺 | $CH_3(CH_2)_3NH_2$ | $4.4\times10^{-4}$ | 3.36 |

（续）

| 弱酸名称 | 分子式 | $K_a$ | $pK_a$ |
|---|---|---|---|
| 乙醇胺 | $HO(CH_2)_2NH_3$ | $3.2\times10^{-5}$ | 4.50 |
| 三乙醇胺 | $(HOCH_2CH_2)_3N$ | $5.8\times10^{-7}$ | 6.24 |
| 二甲胺 | $(CH_3CH_2)_2NH$ | $5.9\times10^{-4}$ | 3.23 |
| 二乙胺 | $(CH_3CH_2)_3N$ | $8.5\times10^{-4}$ | 3.07 |
| 三乙胺 | $C_6H_5NH_2$ | $5.2\times10^{-4}$ | 3.29 |
| 苯胺 | $C_6H_4(CH_3)NH_2$ | $4.0\times10^{-10}$ | 9.40 |
| 邻甲苯胺 | $CH_3$ $NH_2$ | $2.8\times10^{-10}$ | 9.55 |
| 对甲苯胺 | $NH_3$ $CH_3$ | $1.2\times10^{-9}$ | 8.92 |
| 六次甲基四胺 | $(CH_2)_6N_4$ | $1.4\times10^{-9}$ | 8.85 |
| 咪唑 | N N H | $9.8\times10^{-8}$ | 7.01 |
| 吡啶 | N | $1.8\times10^{-9}$ | 8.74 |
| 哌啶 | N H | $1.3\times10^{-3}$ | 2.88 |
| 喹啉 | N | $7.6\times10^{-10}$ | 9.12 |
| 乙二胺 | $H_2N(CH_2)_2NH_2$ | $K_{b_1}=8.5\times10^{-5}$ | 4.07 |
| | | $K_{b_2}=7.1\times10^{-8}$ | 7.15 |
| 8-羟基喹啉 | $C_9H_6NOH$ | $K_{b_1}=6.5\times10^{-5}$ | 4.19 |
| | | $K_{b_2}=8.1\times10^{-10}$ | 9.09 |

**附表2　络合物的稳定常数（18～25℃）**

| 金属离子 | $n$ | $\lg\beta_n$ | $I$ |
|---|---|---|---|
| 氨络合物 | | | |
| $Ag^+$ | 1，2 | 3.40；7.40 | 0.1 |
| $Cd^{2+}$ | 1，…，6 | 2.65；4.75；6.19；7.12；6.80；5.14 | 2 |
| $Co^{2+}$ | 1，…，6 | 2.11；3.74；4.79；5.55；5.73；5.11 | 2 |
| $Co^{3+}$ | 1，…，6 | 6.7；14.0；20.1；25.7；30.8；35.2 | 2 |
| $Cu^-$ | 1，2 | 5.93；10.86 | 2 |

（续）

| 金属离子 | $n$ | $\lg\beta_n$ | $I$ |
|---|---|---|---|
| $Cu^{2+}$ | 1，…，6 | 4.31；7.98；11.02；13.32；12.36 | 2 |
| $Ni^{2+}$ | 1，…，6 | 2.80；5.04；6.77；7.96；8.71；8.74 | 2 |
| $Zn^{2+}$ | 1，…，4 | 2.27；4.61；7.01；9.06 | 0.1 |
| 溴络合物 | | | |
| $Ag^{+}$ | 1，…，4 | 4.38；7.33；8.00；8.73 | 0 |
| $Bi^{3+}$ | 1，…，6 | 4.30；5.55；5.89；7.82；—；9.70 | 2.3 |
| $Cd^{2+}$ | 1，…，4 | 1.75；2.34；3.32；3.70 | 3 |
| $Cu^{+}$ | 2 | 5.89 | 0 |
| $Hg^{2+}$ | 1，…，4 | 9.05；17.32；19.74；21.00 | 0.5 |
| 氯络合物 | | | |
| $Ag^{+}$ | 1，…，4 | 3.04；5.04；5.04；5.30 | 0 |
| $Hg^{2+}$ | 1，…，4 | 6.74；13.22；14.07；15.07 | 0.5 |
| $Sn^{2+}$ | 1，…，4 | 1.51；2.24；2.03；1.48 | 0 |
| $Sb^{3+}$ | 1，…，6 | 2.26；3.49；4.18；4.72；4.72；4.11 | 4 |
| 氰络合物 | | | |
| $Ag^{+}$ | 1，…，4 | —；21.1；21.7；20.6 | 0 |
| $Cd^{2+}$ | 1，…，4 | 5.48；10.60；15.23；18.78 | 3 |
| $Co^{2+}$ | 6 | 19.09 | |
| $Cu^{+}$ | 1，…，4 | —；24.0；28.59；30.3 | 0 |
| $Fe^{2+}$ | 6 | 35 | 0 |
| $Fe^{3+}$ | 6 | 42 | 0 |
| $Hg^{2+}$ | 4 | 41.4 | 0 |
| $Ni^{2+}$ | 4 | 31.3 | 0.1 |
| $Zn^{2+}$ | 4 | 16.7 | 0.1 |
| 氟络合物 | | | |
| $Al^{3+}$ | 1，…，6 | 6.13；11.15；15.00；17.75；19.37；19.84 | 0.5 |
| $Fe^{3+}$ | 1，…，6 | 5.2；9.2；11.9；—；15.77；— | 0.5 |
| $Th^{4+}$ | 1，…，3 | 7.65；13.46；17.97 | 0.5 |
| $TiO_2^{2+}$ | 1，…，4 | 5.4；9.8；13.7；18.0 | 3 |
| $ZrO_2^{2+}$ | 1，…，3 | 8.80；16.12；21.94 | 2 |
| 碘络合物 | | | |
| $Ag^{+}$ | 1，…，3 | 6.58；11.74；13.68 | 0 |
| $Bi^{3+}$ | 1，…，6 | 3.63；—；—；14.95；16.80；18.80 | 2 |

（续）

| 金属离子 | $n$ | $\lg\beta_n$ | $I$ |
|---|---|---|---|
| $Cd^{2+}$ | 1，…，4 | 2.10；3.43；4.49；5.41 | 0 |
| $Pb^{2+}$ | 1，…，4 | 2.00；3.15；3.92；4.47 | 0 |
| $Hg^{2+}$ | 1，…，4 | 12.87；23.82；27.60；29.83 | 0.5 |
| | | 磷酸络合物 | |
| $Ca^{2+}$ | CaHL | 1.7 | 0.2 |
| $Mg^{2+}$ | MgHL | 1.9 | 0.2 |
| $Mn^{2+}$ | MnHL | 2.6 | 0.2 |
| $Fe^{3+}$ | FeHL | 9.35 | 0.66 |
| | | 硫氰酸络合物 | |
| $Ag^{+}$ | 1，…，4 | —；7.57；9.08；10.08 | 2.2 |
| $Au^{+}$ | 1，…，4 | —；23；—；42 | 0 |
| $Co^{2+}$ | 1 | 1.0 | 1 |
| $Cu^{+}$ | 1，…，4 | —；11.00；10.90；10.48 | 5 |
| $Fe^{3+}$ | 1，…，5 | 2.3；4.2；5.6；6.4；6.4 | 离子强度不定 |
| $Hg^{2+}$ | 1，…，4 | —；16.1；19.0；20.9 | 1 |
| | | 硫化硫酸络合物 | |
| $Ag^{+}$ | 1，…，3 | 8.82；13.46；14.15 | 0 |
| $Cu^{+}$ | 1，2，3 | 10.35；12.27；13.71 | 0.8 |
| $Hg^{2+}$ | 1，…，4 | —；29.86；32.26；33.61 | 0 |
| $Pb^{2+}$ | 1，3 | 5.1；6.4 | 0 |
| | | 乙酰丙酮络合物 | |
| $Al^{3+}$ | 1，2，3 | 8.60；15.5；21.30 | 0 |
| $Cu^{2+}$ | 1，2 | 8.27；16.84 | 0 |
| $Fe^{2+}$ | 1，2 | 5.07；8.67 | 0 |
| $Fe^{3+}$ | 1，2，3 | 11.4；22.1；26.7 | 0 |
| $Ni^{2+}$ | 1，2，3 | 6.06；10.77；13.09 | 0 |
| $Zn^{2+}$ | 1，2 | 4.98；8.81 | 0 |
| | | 柠檬酸络合物 | |
| $Ag^{+}$ | $Ag_2HL$ | 7.1 | 0 |
| $Al^{3+}$ | AlHL | 7.0 | 0.5 |
| | AlL | 20.0 | |
| | AlOHL | 30.6 | |

（续）

| 金属离子 | $n$ | $\lg\beta_n$ | $I$ |
|---|---|---|---|
| $Ca^{2+}$ | $CaH_3L$ | 10.9 | 0.5 |
| | $CaH_2L$ | 8.4 | |
| | CaHL | 3.5 | |
| $Cd^{2+}$ | $CdH_2L$ | 7.9 | 0.5 |
| | CdHL | 4.0 | |
| $Co^{2+}$ | CdL | 11.3 | 0.5 |
| | $CoH_2L$ | 8.9 | |
| | CoHL | 4.4 | |
| | CoL | 12.5 | |
| $Cu^{2+}$ | $CuH_2L$ | 12.0 | 0.5 |
| | CuHL | 6.1 | 0 |
| | CuL | 18.0 | 0.5 |
| $Fe^{2+}$ | $FeH_2L$ | 7.3 | 0.5 |
| | FeHL | 3.1 | |
| | FeL | 15.5 | |
| $Fe^{3+}$ | $FeH_2L$ | 12.2 | 0.5 |
| | FeHL | 10.9 | |
| | FeL | 25.0 | |
| $Ni^{2+}$ | $NiH_2L$ | 9.0 | 0.5 |
| | NiHL | 4.8 | |
| | NiL | 14.3 | |
| $Pb^{2+}$ | $PbH_2L$ | 11.2 | 0.5 |
| | PbHL | 5.2 | |
| | PbL | 12.3 | |
| $Zn^{2+}$ | $ZnH_2L$ | 8.7 | 0.5 |
| | ZnHL | 4.5 | |
| | ZnL | 11.4 | |
| 草酸络合物 | | | |
| $Al^{2+}$ | 1，2，3 | 7.26；13.0；16.3 | 0 |
| $Cd^{2+}$ | 1，2 | 2.9；4.7 | 0.5 |
| $Co^{2+}$ | CoHL | 5.5 | 0.5 |
| | $CoH_2L$ | 10.6 | |
| | 1，2，3 | 4.79；6.7；9.7 | 0 |

（续）

| 金属离子 | *n* | lg$\beta_n$ | *I* |
|---|---|---|---|
| $Co^{3+}$ | 3 | ～20 | |
| $Cu^{2+}$ | CuHL | 6.25 | 0.5 |
| | 1，2 | 4.5；8.9 | |
| $Fe^{2+}$ | 1，2，3 | 2.9；4.52；5.22 | 0.5～1 |
| $Fe^{3+}$ | 1，2，3 | 9.4；16.2；20.2 | 0 |
| $Mg^{2+}$ | 1，2 | 2.76；4.38 | 0.1 |
| Mn(Ⅲ) | 1，2，3 | 9.98；16.57；19.42 | 2 |
| $Ni^{2+}$ | 1，2，3 | 5.3；7.64；8.5 | 0.1 |
| Th(Ⅳ) | 4 | 24.5 | 0.1 |
| $TiO^{2+}$ | 1，2 | 6.6；9.9 | 2 |
| $Zn^{2+}$ | $ZnH_2L$ | 5.6 | 0.5 |
| | 1，2，3 | 4.89；7.60；8.15 | |
| 磺基水杨酸络合物 | | | |
| $Al^{3+}$ | 1，2，3 | 13.20；22.83；28.89 | 0.1 |
| $Cd^{2+}$ | 1，2 | 16.68；29.08 | 0.25 |
| $Co^{2+}$ | 1，2 | 6.13；9.82 | 0.1 |
| $Cr^{3+}$ | 1 | 9.56 | 0.1 |
| $Cu^{2+}$ | 1，2 | 9.52；16.45 | 0.1 |
| $Fe^{2+}$ | 1，2 | 5.90；9.90 | 1～0.5 |
| $Fe^{3+}$ | 1，2，3 | 14.64；25.18；32.18 | 0.25 |
| $Mn^{2+}$ | 1，2 | 5.24；8.24 | 0.1 |
| $Ni^{2+}$ | 1，2 | 6.42；10.24 | 0.1 |
| $Zn^{2+}$ | 1，2 | 6.05；10.65 | 0.1 |
| 酒石酸络合物 | | | |
| $Bi^{3+}$ | 3 | 8.30 | 0 |
| $Ca^{2+}$ | CaHL | 4.85 | 0.5 |
| | 1，2 | 2.98；9.01 | 0 |
| $Cd^{2+}$ | 1 | 2.8 | 0.5 |
| $Cu^{2+}$ | 1，…，4 | 3.2；5.11；4.78；6.51 | 1 |
| $Fe^{3+}$ | 3 | 7.49 | 0 |
| $Mg^{2+}$ | MgHL | 4.65 | 0.5 |
| | 1 | 1，2 | |

（续）

| 金属离子 | *n* | $\lg\beta_n$ | *I* |
|---|---|---|---|
| $Pb^{2+}$ | 1，2，3 | 3.78；—；4.7 | 0 |
| $Zn^{2+}$ | ZnHL | 4.5 | 0.5 |
| | 1，2 | 2.4；8.32 | |
| 乙二胺络合物 | | | |
| $Ag^{+}$ | 1，2 | 4.70；7.70 | 0.1 |
| $Cd^{2+}$ | 1，2，3 | 5.47；10.09；12.09 | 0.5 |
| $Co^{2+}$ | 1，2，3 | 5.91；10.64；13.94 | 1 |
| $Co^{3+}$ | 1，2，3 | 18.70；34.90；48.69 | 1 |
| $Cu^{+}$ | 2 | 10.8 | |
| $Cu^{2+}$ | 1，2，3 | 10.67；20.00；21.00 | 1 |
| $Fe^{2+}$ | 1，2，3 | 4.34；7.65；9.70 | 1.4 |
| 乙二胺络合物 | | | |
| $Hg^{3+}$ | 1，2 | 14.30；23.3 | 0.1 |
| $Mn^{2+}$ | 1，2，3 | 2.73；4.79；5.67 | 1 |
| $Ni^{2+}$ | 1，2，3 | 7.52；13.80；18.06 | 1 |
| $Zn^{2+}$ | 1，2，3 | 5.77；10.83；14.11 | 1 |
| 硫脲络合物 | | | |
| $Ag^{+}$ | 1，2 | 7.4；13.1 | 0.03 |
| $Bi^{3+}$ | 6 | 11.9 | |
| $Cu^{2+}$ | 3，4 | 13；15.4 | 0.1 |
| $Hg^{2+}$ | 2，3，4 | 22.1；24.7；26.8 | |
| 氢氧基络合物 | | | |
| $Al^{3+}$ | 4 | 33.3 | 2 |
| | $Al_6(OH)_{15}^{3+}$ | 163 | |
| $Bi^{3+}$ | 1， | 12.4 | 3 |
| | $Bi_6(OH)_{12}^{6+}$ | 168.3 | |
| $Cd^{2+}$ | 1，…，4 | 4.3；7.7；10.3；12.0 | 3 |
| $Co^{2+}$ | 1，3 | 5.1；—；10.2 | 0.1 |
| $Cr^{3+}$ | 1，2 | 10.2；18.3 | 0.1 |
| $Fe^{2+}$ | 1 | 4.5 | 1 |
| $Fe^{3+}$ | 1，2 | 11.0；21.7 | 3 |
| | $Fe_2(OH)_2^{4+}$ | 25.1 | |

（续）

| 金属离子 | *n* | $\lg\beta_n$ | *I* |
|---|---|---|---|
| $Hg^{2+}$ | 2 | 21.7 | 0.5 |
| $Mg^{2+}$ | 1 | 2.6 | 0 |
| $Mn^{2+}$ | 1 | 3.4 | 0.1 |
| $Ni^{2+}$ | 1 | 4.6 | 0.1 |
| $Pb^{2+}$ | 1，2，3 | 6.2；10.3；13.3 | 0.3 |
| | $Pb_2(OH)^{3+}$ | 7.6 | |
| $Sn^{2+}$ | 1 | 10.1 | 3 |
| $Th^{4+}$ | 1 | 9.7 | 1 |
| $Ti^{3+}$ | 1 | 11.8 | 0.5 |
| $TiO^{2+}$ | 1 | 13.7 | 1 |
| $VO^{2+}$ | 1 | 8.0 | 3 |
| $Zn^{2+}$ | 1，…，4 | 4.4；10.1；14.2；15.5 | 0 |

说明：(1) $\beta_n$ 为络合物的累积稳定常数，即

$$\beta_n=K_1\cdot K_2\cdot K_3\cdot\cdots\cdot K_n=K_{稳}$$

$$\lg\beta_n=\lg K_1+\lg K_2+\lg K_3+\cdots+\lg K_n$$

例如 $Ag^+$ 与 $NH_3$ 络合物：

$\lg\beta_1=3.40$　即 $\lg K_1=3.40$　$K_{稳}$ $[Ag(NH_3)]^+=3.40$

$\lg\beta_2=7.40$　即 $\lg K_1=3.40$　$\lg K_2=4.00$，$K_{稳}$ $[Ag(NH_3)_2]^+=7.40$

(2) 酸式、碱式络合物及多核氢氧基络合物的化学式标明于 *n* 栏中。

**附表 3　氨羧络合剂络合物的稳定常数(18～25℃，*I*=0.1)**

| 金属离子 | lg*K* | | | | | | |
|---|---|---|---|---|---|---|---|
| | EDTA | DCyTA | DTPA | EGTA | HEDTA | NTA | |
| | | | | | | $\lg\beta_1$ | $\lg\beta_2$ |
| $Ag^+$ | 7.32 | | | 6.88 | 6.71 | 5.16 | |
| $Al^{3+}$ | 16.13 | 19.5 | 18.6 | 13.9 | 14.3 | 11.4 | |
| $Ba^{2+}$ | 7.86 | 8.69 | 8.87 | 8.41 | 6.3 | 4.82 | |
| $Be^{2+}$ | 9.2 | 11.51 | | | | 7.11 | |
| $Bi^{3+}$ | 27.94 | 32.3 | 35.6 | | 22.3 | 17.5 | |
| $Ca^{2+}$ | 10.69 | 13.20 | 10.83 | 10.97 | 8.3 | 6.41 | |
| $Cd^{2+}$ | 16.46 | 19.93 | 19.2 | 16.7 | 13.3 | 9.83 | 14.61 |
| $Co^{2+}$ | 16.31 | 19.62 | 19.27 | 12.39 | 14.6 | 10.38 | 14.39 |
| $Co^{3+}$ | 36 | | | | 37.4 | 6.84 | |

（续）

| 金属离子 | lgK | | | | | | |
|---|---|---|---|---|---|---|---|
| | EDTA | DCyTA | DTPA | EGTA | HEDTA | NTA | |
| | | | | | | $\lg\beta_1$ | $\lg\beta_2$ |
| $Cr^{3+}$ | 23.4 | | | | | 6.23 | |
| $Cu^{2+}$ | 18.80 | 22.00 | 21.55 | 17.71 | 17.6 | 12.96 | |
| $Fe^{2+}$ | 14.32 | 19.0 | 16.5 | 11.87 | 12.3 | 8.33 | |
| $Fe^{3+}$ | 25.1 | 30.1 | 28.0 | 20.5 | 19.8 | 15.9 | |
| $Ga^{3+}$ | 20.3 | 23.2 | 25.54 | | 16.9 | 13.6 | |
| $Hg^{2+}$ | 21.7 | 25.00 | 26.70 | 23.2 | 20.30 | 14.6 | |
| $In^{3+}$ | 25.0 | 28.8 | 29.0 | | 20.2 | 16.9 | |
| $Li^{+}$ | 2.79 | | | | | 2.51 | |
| $Mg^{2+}$ | 8.7 | 11.02 | 9.30 | 5.21 | 7.0 | 5.41 | |
| $Mn^{2+}$ | 13.87 | 17.48 | 15.60 | 12.28 | 10.9 | 7.44 | |
| Mo(V) | ～28 | | | | | | |
| $Na^{+}$ | 1.66 | | | | | | 1.22 |
| $Ni^{2+}$ | 18.62 | 20.3 | 20.32 | 13.55 | 17.3 | 11.53 | 16.42 |
| $Pb^{2+}$ | 18.04 | 20.38 | 18.80 | 14.71 | 15.7 | 11.39 | |
| $Pb^{2+}$ | 18.5 | | | | | | |
| $Sc^{2+}$ | 23.1 | 26.1 | 24.5 | 18.2 | | | 24.1 |
| $Sn^{2+}$ | 22.11 | | | | | | |
| $Sr^{2+}$ | 8.63 | 10.59 | 9.77 | 8.50 | 6.9 | 4.98 | |
| $Th^{4+}$ | 23.2 | 25.6 | 28.78 | | | | |
| $TiO^{2+}$ | 17.3 | | | | | | |
| $Tl^{3+}$ | 37.8 | 38.3 | | | | 20.9 | 32.5 |
| U(Ⅳ) | 25.8 | 27.6 | 7.69 | | | | |
| $VO^{2+}$ | 18.8 | 20.1 | | | | | |
| $Y^{3+}$ | 18.09 | 19.85 | 22.13 | 17.16 | 14.78 | 11.41 | 20.43 |
| $Zn^{2+}$ | 16.50 | 19.37 | 18.40 | 12.7 | 14.7 | 10.67 | 14.29 |
| $ZrO^{2+}$ | 29.5 | | 35.8 | | | 20.8 | |
| 稀土元素 | 16～20 | 17～22 | 19 | | 13～16 | 10～12 | |

注：EDTA 代表乙二胺四乙酸；DCyTA(或 DCTA、CyDTA)代表 1，2-二胺基环己烷四乙酸；DTPA 代表二乙基三胺五乙酸；EGTA 代表乙二醇二乙醚二胺四乙酸；HEDTA 代表 N-β羟基乙基乙二胺三乙酸；NTA 代表氨三乙酸。

附表 4　难溶化合物的溶度积常数

| 序号 | 分子式 | $K_{sp}$ | $pK_{sp}$ | 序号 | 分子式 | $K_{sp}$ | $pK_{sp}$ |
|---|---|---|---|---|---|---|---|
| 1 | $Ag_3AsO_4$ | $1.0\times10^{-22}$ | 22.0 | 32 | $BaC_2O_4$ | $1.6\times10^{-7}$ | 6.79 |
| 2 | $AgBr$ | $5.0\times10^{-13}$ | 12.3 | 33 | $BaCrO_4$ | $1.2\times10^{-10}$ | 9.93 |
| 3 | $AgBrO_3$ | $5.50\times10^{-5}$ | 4.26 | 34 | $Ba_3(PO4)_2$ | $3.4\times10^{-23}$ | 22.44 |
| 4 | $AgCl$ | $1.8\times10^{-10}$ | 9.75 | 35 | $BaSO_4$ | $1.1\times10^{-10}$ | 9.96 |
| 5 | $AgCN$ | $1.2\times10^{-16}$ | 15.92 | 36 | $BaS_2O_3$ | $1.6\times10^{-5}$ | 4.79 |
| 6 | $Ag_2CO_3$ | $8.1\times10^{-12}$ | 11.09 | 37 | $BaSeO_3$ | $2.7\times10^{-7}$ | 6.57 |
| 7 | $Ag_2C_2O_4$ | $3.5\times10^{-11}$ | 10.46 | 38 | $BaSeO_4$ | $3.5\times10^{-8}$ | 7.46 |
| 8 | $Ag_2CrO_4$ | $1.2\times10^{-12}$ | 11.92 | 39 | $Be(OH)_2$② | $1.6\times10^{-22}$ | 21.8 |
| 9 | $Ag_2Cr_2O_7$ | $2.0\times10^{-7}$ | 6.70 | 40 | $BiAsO_4$ | $4.4\times10^{-10}$ | 9.36 |
| 10 | $AgI$ | $8.3\times10^{-17}$ | 16.08 | 41 | $Bi_2(C_2O_4)_3$ | $3.98\times10^{-36}$ | 35.4 |
| 11 | $AgIO_3$ | $3.1\times10^{-8}$ | 7.51 | 42 | $Bi(OH)_3$ | $4.0\times10^{-31}$ | 30.4 |
| 12 | $AgOH$ | $2.0\times10^{-8}$ | 7.71 | 43 | $BiPO_4$ | $1.26\times10^{-23}$ | 22.9 |
| 13 | $Ag_2MoO_4$ | $2.8\times10^{-12}$ | 11.55 | 44 | $CaCO_3$ | $2.8\times10^{-9}$ | 8.54 |
| 14 | $Ag_3PO_4$ | $1.4\times10^{-16}$ | 15.84 | 45 | $CaC_2O_4$ | $2.3\times10^{-9}$ | 8.64 |
| 15 | $Ag_2S$ | $6.3\times10^{-50}$ | 49.2 | 46 | $CaF_2$ | $2.7\times10^{-11}$ | 10.57 |
| 16 | $AgSCN$ | $1.0\times10^{-12}$ | 12.00 | 47 | $CaMoO_4$ | $4.17\times10^{-8}$ | 7.38 |
| 17 | $Ag_2SO_3$ | $1.5\times10^{-14}$ | 13.82 | 48 | $Ca(OH)_2$ | $5.5\times10^{-6}$ | 5.26 |
| 18 | $Ag_2SO_4$ | $1.4\times10^{-5}$ | 4.84 | 49 | $Ca_3(PO_4)_2$ | $2.0\times10^{-29}$ | 28.70 |
| 19 | $Ag_2Se$ | $2.0\times10^{-64}$ | 63.7 | 50 | $CaSO_4$ | $3.16\times10^{-7}$ | 5.04 |
| 20 | $Ag_2SeO_3$ | $1.0\times10^{-15}$ | 15.00 | 51 | $CaSiO_3$ | $2.5\times10^{-8}$ | 7.60 |
| 21 | $Ag_2SeO_4$ | $5.7\times10^{-8}$ | 7.25 | 52 | $CaWO_4$ | $8.7\times10^{-9}$ | 8.06 |
| 22 | $AgVO_3$ | $5.0\times10^{-7}$ | 6.3 | 53 | $CdCO_3$ | $5.2\times10^{-12}$ | 11.28 |
| 23 | $Ag_2WO_4$ | $5.5\times10^{-12}$ | 11.26 | 54 | $CdC_2O_4\cdot3H_2O$ | $9.1\times10^{-8}$ | 7.04 |
| 24 | $Al(OH)_3$① | $4.57\times10^{-33}$ | 32.34 | 55 | $Cd_3(PO_4)_2$ | $2.5\times10^{-33}$ | 32.6 |
| 25 | $AlPO_4$ | $6.3\times10^{-19}$ | 18.24 | 56 | $CdS$ | $8.0\times10^{-27}$ | 26.1 |
| 26 | $Al_2S_3$ | $2.0\times10^{-7}$ | 6.7 | 57 | $CdSe$ | $6.31\times10^{-36}$ | 35.2 |
| 27 | $Au(OH)_3$ | $5.5\times10^{-46}$ | 45.26 | 58 | $CdSeO_3$ | $1.3\times10^{-9}$ | 8.89 |
| 28 | $AuCl_3$ | $3.2\times10^{-25}$ | 24.5 | 59 | $CeF_3$ | $8.0\times10^{-16}$ | 15.1 |
| 29 | $AuI_3$ | $1.0\times10^{-46}$ | 46.0 | 60 | $CePO_4$ | $1.0\times10^{-23}$ | 23.0 |
| 30 | $Ba_3(AsO_4)_2$ | $8.0\times10^{-51}$ | 50.1 | 61 | $Co_3(A_sO_4)_2$ | $7.6\times10^{-29}$ | 28.12 |
| 31 | $BaCO_3$ | $5.1\times10^{-9}$ | 8.29 | 62 | $CoCO_3$ | $1.4\times10^{-13}$ | 12.84 |

（续）

| 序号 | 分子式 | $K_{sp}$ | $pK_{sp}$ |
|---|---|---|---|
| 63 | $CoC_2O_4$ | $6.3\times10^{-8}$ | 7.2 |
| 64 | $Co(OH)_2$（蓝） | $6.31\times10^{-15}$ | 14.2 |
| | $Co(OH)_2$（粉红，新沉淀） | $1.58\times10^{-15}$ | 14.8 |
| | $Co(OH)_2$（粉红，陈化） | $2.00\times10^{-16}$ | 15.7 |
| 65 | $CoHPO_4$ | $2.0\times10^{-7}$ | 6.7 |
| 66 | $Co_3(PO_4)_3$ | $2.0\times10^{-35}$ | 34.7 |
| 67 | $CrAsO_4$ | $7.7\times10^{-21}$ | 20.11 |
| 68 | $Cr(OH)_3$ | $6.3\times10^{-31}$ | 30.2 |
| 69 | $CrPO_4\cdot4H_2O$（绿） | $2.4\times10^{-23}$ | 22.62 |
| | $CrPO_4\cdot4H_2O$（紫） | $1.0\times10^{-17}$ | 17.0 |
| 70 | $CuBr$ | $5.3\times10^{-9}$ | 8.28 |
| 71 | $CuCl$ | $1.2\times10^{-6}$ | 5.92 |
| 72 | $CuCN$ | $3.2\times10^{-20}$ | 19.49 |
| 73 | $CuCO_3$ | $2.34\times10^{-10}$ | 9.63 |
| 74 | $CuI$ | $1.1\times10^{-12}$ | 11.96 |
| 75 | $Cu(OH)_2$ | $4.8\times10^{-20}$ | 19.32 |
| 76 | $Cu_3(PO_4)_2$ | $1.3\times10^{-37}$ | 36.9 |
| 77 | $Cu_2S$ | $2.5\times10^{-48}$ | 47.6 |
| 78 | $Cu_2Se$ | $1.58\times10^{-61}$ | 60.8 |
| 79 | $CuS$ | $6.3\times10^{-36}$ | 35.2 |
| 80 | $CuSe$ | $7.94\times10^{-49}$ | 48.1 |
| 81 | $Dy(OH)_3$ | $1.4\times10^{-22}$ | 21.85 |
| 82 | $Er(OH)_3$ | $4.1\times10^{-24}$ | 23.39 |
| 83 | $Eu(OH)_3$ | $8.9\times10^{-24}$ | 23.05 |
| 84 | $FeAsO_4$ | $5.7\times10^{-21}$ | 20.24 |
| 85 | $FeCO_3$ | $3.2\times10^{-11}$ | 10.50 |
| 86 | $Fe(OH)_2$ | $8.0\times10^{-16}$ | 15.1 |
| 87 | $Fe(OH)_3$ | $4.0\times10^{-38}$ | 37.4 |
| 88 | $FePO_4$ | $1.3\times10^{-22}$ | 21.89 |
| 89 | $FeS$ | $6.3\times10^{-18}$ | 17.2 |
| 90 | $Ga(OH)_3$ | $7.0\times10^{-36}$ | 35.15 |
| 91 | $GaPO_4$ | $1.0\times10^{-21}$ | 21.0 |
| 92 | $Gd(OH)_3$ | $1.8\times10^{-23}$ | 22.74 |
| 93 | $Hf(OH)_4$ | $4.0\times10^{-26}$ | 25.4 |
| 94 | $Hg_2Br_2$ | $5.6\times10^{-23}$ | 22.24 |
| 95 | $Hg_2Cl_2$ | $1.3\times10^{-18}$ | 17.88 |
| 96 | $HgC_2O_4$ | $1.0\times10^{-7}$ | 7.0 |
| 97 | $Hg_2CO_3$ | $8.9\times10^{-17}$ | 16.05 |
| 98 | $Hg_2(CN)_2$ | $5.0\times10^{-40}$ | 39.3 |
| 99 | $Hg_2CrO_4$ | $2.0\times10^{-9}$ | 8.70 |
| 100 | $Hg_2I_2$ | $4.5\times10^{-29}$ | 28.35 |
| 101 | $HgI_2$ | $2.8\times10^{-29}$ | 28.55 |
| 102 | $Hg_2(IO_3)_2$ | $2.0\times10^{-14}$ | 13.71 |
| 103 | $Hg_2(OH)_2$ | $2.0\times10^{-24}$ | 23.7 |
| 104 | $HgSe$ | $1.0\times10^{-59}$ | 59.0 |
| 105 | $HgS$（红） | $4.0\times10^{-53}$ | 52.4 |
| 106 | $HgS$（黑） | $1.6\times10^{-52}$ | 51.8 |
| 107 | $Hg_2WO_4$ | $1.1\times10^{-17}$ | 16.96 |
| 108 | $Ho(OH)_3$ | $5.0\times10^{-23}$ | 22.30 |
| 109 | $In(OH)_3$ | $1.3\times10^{-37}$ | 36.9 |
| 110 | $InPO_4$ | $2.3\times10^{-22}$ | 21.63 |
| 111 | $In_2S_3$ | $5.7\times10^{-74}$ | 73.24 |
| 112 | $La_2(CO_3)_3$ | $3.98\times10^{-34}$ | 33.4 |
| 113 | $LaPO_4$ | $3.98\times10^{-23}$ | 22.43 |
| 114 | $Lu(OH)_3$ | $1.9\times10^{-24}$ | 23.72 |
| 115 | $Mg_3(AsO_4)_2$ | $2.1\times10^{-20}$ | 19.68 |
| 116 | $MgCO_3$ | $3.5\times10^{-8}$ | 7.46 |
| 117 | $MgCO_3\cdot3H_2O$ | $2.14\times10^{-5}$ | 4.67 |
| 118 | $Mg(OH)_2$ | $1.8\times10^{-11}$ | 10.74 |
| 119 | $Mg_3(PO_4)_2\cdot8H_2O$ | $6.31\times10^{-26}$ | 25.2 |

（续）

| 序号 | 分子式 | $K_{sp}$ | $pK_{sp}$ | 序号 | 分子式 | $K_{sp}$ | $pK_{sp}$ |
|---|---|---|---|---|---|---|---|
| 120 | $Mn_3(AsO_4)_2$ | $1.9\times10^{-29}$ | 28.72 | 152 | $Pr(OH)_3$ | $6.8\times10^{-22}$ | 21.17 |
| 121 | $MnCO_3$ | $1.8\times10^{-11}$ | 10.74 | 153 | $Pt(OH)_2$ | $1.0\times10^{-35}$ | 35.0 |
| 122 | $Mn(IO_3)_2$ | $4.37\times10^{-7}$ | 6.36 | 154 | $Pu(OH)_3$ | $2.0\times10^{-20}$ | 19.7 |
| 123 | $Mn(OH)_4$ | $1.9\times10^{-13}$ | 12.72 | 155 | $Pu(OH)_4$ | $1.0\times10^{-55}$ | 55.0 |
| 124 | MnS(粉红) | $2.5\times10^{-10}$ | 9.6 | 156 | $RaSO_4$ | $4.2\times10^{-11}$ | 10.37 |
| 125 | MnS(绿) | $2.5\times10^{-13}$ | 12.6 | 157 | $Rh(OH)_3$ | $1.0\times10^{-23}$ | 23.0 |
| 126 | $Ni_3(AsO_4)_2$ | $3.1\times10^{-26}$ | 25.51 | 158 | $Ru(OH)_3$ | $1.0\times10^{-36}$ | 36.0 |
| 127 | $NiCO_3$ | $6.6\times10^{-9}$ | 8.18 | 159 | $Sb_2S_3$ | $1.5\times10^{-93}$ | 92.8 |
| 128 | $NiC_2O_4$ | $4.0\times10^{-10}$ | 9.4 | 160 | $ScF_3$ | $4.2\times10^{-18}$ | 17.37 |
| 129 | $Ni(OH)_2$(新) | $2.0\times10^{-15}$ | 14.7 | 161 | $Sc(OH)_3$ | $8.0\times10^{-31}$ | 30.1 |
| 130 | $Ni_3(PO_4)_2$ | $5.0\times10^{-31}$ | 30.3 | 162 | $Sm(OH)_3$ | $8.2\times10^{-23}$ | 22.08 |
| 131 | $\alpha$-NiS | $3.2\times10^{-19}$ | 18.5 | 163 | $Sn(OH)_2$ | $1.4\times10^{-28}$ | 27.85 |
| 132 | $\beta$-NiS | $1.0\times10^{-24}$ | 24.0 | 164 | $Sn(OH)_4$ | $1.0\times10^{-56}$ | 56.0 |
| 133 | $\gamma$-NiS | $2.0\times10^{-26}$ | 25.7 | 165 | $SnO_2$ | $3.98\times10^{-65}$ | 64.4 |
| 134 | $Pb_3(AsO_4)_2$ | $4.0\times10^{-36}$ | 35.39 | 166 | SnS | $1.0\times10^{-25}$ | 25.0 |
| 135 | $PbBr_2$ | $4.0\times10^{-5}$ | 4.41 | 167 | SnSe | $3.98\times10^{-39}$ | 38.4 |
| 136 | $PbCl_2$ | $1.6\times10^{-5}$ | 4.79 | 168 | $Sr_3(AsO_4)_2$ | $8.1\times10^{-19}$ | 18.09 |
| 137 | $PbCO_3$ | $7.4\times10^{-14}$ | 13.13 | 169 | $SrCO_3$ | $1.1\times10^{-10}$ | 9.96 |
| 138 | $PbCrO_4$ | $2.8\times10^{-13}$ | 12.55 | 170 | $SrC_2O_4\cdot H_2O$ | $1.6\times10^{-7}$ | 6.80 |
| 139 | $PbF_2$ | $2.7\times10^{-8}$ | 7.57 | 171 | $SrF_2$ | $2.5\times10^{-9}$ | 8.61 |
| 140 | $PbMoO_4$ | $1.0\times10^{-13}$ | 13.0 | 172 | $Sr3(PO_4)_2$ | $4.0\times10^{-28}$ | 27.39 |
| 141 | $Pb(OH)_2$ | $1.2\times10^{-15}$ | 14.93 | 173 | $SrSO_4$ | $3.2\times10^{-7}$ | 6.49 |
| 142 | $Pb(OH)_4$ | $3.2\times10^{-66}$ | 65.49 | 174 | $SrWO_4$ | $1.7\times10^{-10}$ | 9.77 |
| 143 | $Pb_3(PO_4)_3$ | $8.0\times10^{-43}$ | 42.10 | 175 | $Tb(OH)_3$ | $2.0\times10^{-22}$ | 21.7 |
| 144 | PbS | $1.0\times10^{-28}$ | 28.00 | 176 | $Te(OH)_4$ | $3.0\times10^{-54}$ | 53.52 |
| 145 | $PbSO_4$ | $1.6\times10^{-8}$ | 7.79 | 177 | $Th(IO_3)_4$ | $2.5\times10^{-15}$ | 14.6 |
| 146 | PbSe | $7.9\times10^{-43}$ | 42.1 | 178 | $Th(IO_3)_4$ | $2.5\times10^{-15}$ | 14.6 |
| 147 | $PbSeO_4$ | $1.4\times10^{-7}$ | 6.84 | 179 | $Th(OH)_4$ | $4.0\times10^{-45}$ | 44.4 |
| 148 | $Pd(OH)_2$ | $1.0\times10^{-31}$ | 31.0 | 180 | $Ti(OH)_3$ | $1.0\times10^{-40}$ | 40.0 |
| 149 | $Pd(OH)_4$ | $6.3\times10^{-71}$ | 70.2 | 181 | TlBr | $3.4\times10^{-6}$ | 5.47 |
| 150 | PdS | $2.0\times10^{-58}$ | 57.6 | 182 | TlCl | $1.7\times10^{-4}$ | 3.76 |
| 151 | $Pm(OH)_3$ | $1.0\times10^{-21}$ | 21.0 | 183 | $Tl_2CrO_4$ | $9.77\times10^{-13}$ | 12.01 |

（续）

| 序号 | 分子式 | $K_{sp}$ | $pK_{sp}$ | 序号 | 分子式 | $K_{sp}$ | $pK_{sp}$ |
|---|---|---|---|---|---|---|---|
| 184 | $TlI$ | $6.5\times10^{-8}$ | 7.19 | 192 | $Zn_3(AsO_4)_2$ | $1.3\times10^{-28}$ | 27.89 |
| 185 | $TlN_3$ | $2.2\times10^{-4}$ | 3.66 | 193 | $ZnCO_3$ | $1.4\times10^{-11}$ | 10.84 |
| 186 | $Tl_2S$ | $5.0\times10^{-21}$ | 20.3 | 194 | $Zn(OH)_2$[③] | $2.09\times10^{-16}$ | 15.68 |
| 187 | $TlSeO_3$ | $2.0\times10^{-39}$ | 38.7 | 195 | $Zn_3(PO_4)_2$ | $9.0\times10^{-33}$ | 32.04 |
| 188 | $UO_2(OH)_2$ | $1.1\times10^{-22}$ | 21.95 | 196 | α－ZnS | $1.6\times10^{-24}$ | 23.8 |
| 189 | $VO(OH)_2$ | $5.9\times10^{-23}$ | 22.13 | 197 | β－ZnS | $2.5\times10^{-22}$ | 21.6 |
| 190 | $Y(OH)_3$ | $8.0\times10^{-23}$ | 22.1 | 198 | $ZrO(OH)_2$ | $6.3\times10^{-49}$ | 48.2 |
| 191 | $Yb(OH)_3$ | $3.0\times10^{-24}$ | 23.52 | | | | |

①～③：形态均为无定形。

**附表 5　标准电极电位(18～25℃)**

| 元素 | 半反应 | $\varphi^\theta$/V |
|---|---|---|
| Ag | $Ag_2S+2e^-=2Ag+S^{2-}$ | −0.71 |
| | $Ag_2S+H_2O+2e^-=2Ag+OH^-+HS^-$ | −0.67 |
| | $Ag_2S+H^++2e^-=2Ag+HS^-$ | −0.272 |
| | $Ag_2S+2H^++2e^-=2Ag+H_2S$ | −0.0362 |
| | $AgI+e^-=Ag+I^-$ | −0.152 |
| | $[Ag(S_2O_3)_2]^{3-}+e^-=Ag+2S_2O_3^{2-}$ | 0.017 |
| | $AgBr+e^-=Ag+Br^-$ | 0.071 |
| | $AgCl+e^-=Ag+Cl^-$ | 0.222 |
| | $Ag_2O+H_2O+2e^-=2Ag+2OH^-$ | 0.342 |
| | $Ag(NH_3)_2^++e^-=Ag+2NH_3$ | 0.37 |
| | $AgO+H_2O+2e^-=Ag_2O+2OH^-$ | 0.06 |
| | $Ag^++e^-=Ag$ | 0.799 |
| | $Ag_2O+2H^++2e^-=2Ag+H_2O$ | 1.17 |
| | $2AgO+2H^++2e^-=Ag_2O+H_2O$ | 1.40 |
| | $Ag(II)+e^-=Ag^+$ | 1.927 |
| Al | $Al(OH)_4^-+3e^-=Al+4OH^-$ | −2.33 |
| | $[AlF_6]^{3-}+3e^-=Al+6F^-$ | −2.07 |
| | $Al^{3+}+3e^-=Al$ | −1.66 |
| As | $As+3H_2O+3e^-=AsH_3+3OH^-$ | −1.37 |
| | $AsO_2^-+2H_2O+3e^-=As+4OH^-$ | −0.68 |
| | $AsO_4^{3-}+2H_2O+2e^-=AsO_2^-+4OH^-$ | −0.67 |
| | $As+3H^++3e^-=AsH_3$ | −0.60 |
| | $H_3AsO_3+3H^++3e^-=As+3H_2O$ | 0.248 |
| | $H_3AsO_4+2H^++2e^-=H_3AsO_3+H_2O$ | 0.559 |

（续）

| 元素 | 半反应 | $\varphi^\theta$/V |
|---|---|---|
| Au | $Au(CN)_2^- + e^- = Au + 2CN^-$ | −0.61 |
| | $H_2AuO_3^- + H_2O + 3e^- = Au + 4OH^-$ | 0.7 |
| | $AuBr_4^- + 2e^- = AuBr_2^- + 2Br^-$ | 0.82 |
| | $AuBr_4^- + 3e^- = Au + 4Br^-$ | 0.87 |
| | $AuCl_4^- + 2e^- = AuCl_2^- + 2Cl^-$ | 0.93 |
| | $AuBr_2^- + e^- = Au + 2Br^-$ | 0.96 |
| | $AuCl_4^- + 3e^- = Au + 4Cl^-$ | 0.99 |
| | $AuCl_2^- + e^- = Au + 2Cl^-$ | 1.15 |
| | $Au^{3+} + 2e^- = Au^+$ | 1.40 |
| | $Au^{3+} + 3e^- = Au$ | 1.50 |
| | $Au^+ + e^- = Au$ | 1.69 |
| Ba | $Ba^{2+} + 2e^- = Ba$ | −2.91 |
| Be | $Be^{2+} + 2e^- = Be$ | −1.85 |
| Bi | $Bi_2O_3 + 3H_2O + 6e^- = 2Bi + 6OH^-$ | −0.46 |
| | $BiOCl + 2H^+ + 3e^- = Bi + H_2O + Cl^-$ | 0.16 |
| | $BiO^+ + 2H^+ + 3e^- = Bi + H_2O$ | 0.32 |
| | $Bi_2O_4 + H_2O + 2e^- = Bi_2O_3 + 2OH^-$ | 0.56 |
| | $Bi_2O_4 + 4H^+ + 2e^- = 2BiO + 2H_2O$ | 1.59 |
| | $NaBiO_3 + 4H^+ + 3e^- = BiO^+ + Na^+ + 2H_2O$ | >1.80 |
| Br | $BrO^- + H_2O + 2e^- = Br^- + 2OH^-$ | 0.76 |
| | $Br_2$(液)$ + 2e^- = 2Br^-$ | 1.06 |
| | $HBrO + H^+ + 2e^- = Br^- + H_2O$ | 1.33 |
| | $BrO_3^- + 6H^+ + 6e^- = Br^- + 3H_2O$ | 1.44 |
| | $BrO_3^- + 6H^+ + 5e^- = \frac{1}{2}Br_2 + 3H_2O$ | 1.52 |
| | $HBrO + H^+ + e^- = \frac{1}{2}Br_2 + H_2O$ | 1.59 |
| C | $CNO^- + H_2O + 2e^- = CN^- + 2OH^-$ | −0.97 |
| | $2CO_2 + 2H^+ + 2e^- = H_2C_2O_4$ | −0.49 |
| | $CO_2 + 2H^+ + 2e^- = HCOOH$ | −0.20 |
| | $CH_3COOH + 2H^+ + 2e^- = CH_3CHO + H_2O$ | −0.12 |
| | $CO_2 + 2H^+ + 2e^- = CO + H_2O$ | −0.12 |
| | $HCHO + 2H^+ + 2e^- = CH_3OH$ | 0.23 |
| | $2HCNO + 2H^+ + 2e^- = (CN)_2 + 2H_2O$ | 0.33 |
| | $\frac{1}{2}(CN)_2 + H^+ + e^- = HCN$ | 0.37 |

（续）

| 元素 | 半反应 | $\varphi^{\theta}$/V |
|---|---|---|
| Ca | $Ca^{2+}+2e^{-}=Ca$ | −2.87 |
| Cd | $[Cd(CN)_4]^{2-}+2e^{-}=Cd+4CN^{-}$ | −1.09 |
| | $Cd^{2+}+2e^{-}=Cd$ | −0.402 |
| | $Cd^{2+}+2e^{-}=Cd(Hg)$ | −0.352 |
| Ce | $Ce^{3+}+3e^{-}=Ce$ | −2.34 |
| | $Ce^{4+}+2e^{-}=Ce^{3+}$ | 1.61 |
| Cl | $ClO_3^{-}+H_2O+2e^{-}=ClO_2^{-}+2OH^{-}$ | 0.33 |
| | $ClO_4^{-}+H_2O+2e^{-}=ClO_3^{-}+2OH^{-}$ | 0.36 |
| | $ClO^{-}+H_2O+e^{-}=\frac{1}{2}Cl_2+2OH^{-}$ | 0.40 |
| | $ClO_4^{-}+4H_2O+8e^{-}=Cl^{-}+8OH^{-}$ | 0.56 |
| | $ClO_2^{-}+H_2O+2e^{-}=ClO^{-}+2OH^{-}$ | 0.66 |
| | $ClO_2^{-}+2H_2O+4e^{-}=Cl^{-}+4OH^{-}$ | 0.77 |
| | $ClO^{-}+H_2O+2e^{-}=Cl^{-}+2OH^{-}$ | 0.89 |
| | $ClO_3^{-}+2H^{+}+e^{-}=ClO_2^{-}+H_2O$ | 1.15 |
| | $ClO_2+e^{-}=ClO_2^{-}$ | 1.16 |
| | $ClO_3^{-}+3H^{+}+2e^{-}=HClO_2+H_2O$ | 1.21 |
| | $2ClO_4^{-}+16H^{+}+14e^{-}=Cl_2+8H_2O$ | 1.34 |
| | $Cl_2$(气)$+2e^{-}=2Cl^{-}$ | 1.36 |
| | $ClO_4^{-}+8H^{+}+8e^{-}=Cl^{-}+4H_2O$ | 1.37 |
| | $Cl_2$(水)$+2e^{-}=2Cl^{-}$ | 1.395 |
| | $ClO_3^{-}+6H^{+}+6e^{-}=Cl^{-}+3H_2O$ | 1.45 |
| | $2ClO_3^{-}+12H^{+}+10e^{-}=Cl_2+6H_2O$ | 1.47 |
| | $HClO+H^{+}+2e^{-}=Cl^{-}+H_2O$ | 1.49 |
| | $2ClO^{-}+4H^{+}+2e^{-}=Cl_2+2H_2O$ | 1.63 |
| | $ClO_2+4H^{+}+5e^{-}=Cl^{-}+2H_2O$ | 1.95 |
| Co | $[Co(CN)_6]^{3-}+e^{-}=[Co(CN)_6]^{4-}$ | −0.83 |
| | $[Co(NH_3)_6]^{2+}+2e^{-}=Co+6NH_3$ | −0.43 |
| | $Co^{2+}+2e^{-}=Co$ | −0.277 |
| | $[Co(NH_3)_6]^{3+}+e^{-}=[Co(NH_3)_6]^{2+}$ | 0.1 |
| | $Co(OH)_3+e^{-}=Co(OH)_2+OH^{-}$ | 0.17 |
| | $Co^{3+}+3e^{-}=Co$ | 0.33 |
| | $Co^{3+}+e^{-}=Co^{2+}$ | 1.95 |

（续）

| 元素 | 半反应 | $\varphi^0$/V |
|---|---|---|
| Cr | $Cr^{2+}+2e^-=Cr$ | −0.91 |
| | $Cr^{3+}+3e^-=Cr$ | −0.74 |
| | $Cr^{3+}+e^-=Cr^{2+}$ | −0.41 |
| | $CrO_4^{2-}+4H_2O+3e^-=Cr(OH)_3+5OH^-$ | 0.13 |
| | $HCrO_4^-+7H^++3e^-=Cr^{3+}+4H_2O$ | 1.195 |
| | $Cr_2O_7^{2-}+14H^++6e^-=2Cr^{3+}+7H_2O$ | 1.33 |
| Cu | $[Cu(CN)_2]^-+e^-=Cu+2CN^-$ | −0.43 |
| | $Cu_2O+H_2O+2e^-=2Cu+2OH^-$ | −0.361 |
| | $[Cu(NH_3)_2]^++e^-=Cu+2NH_3$ | −0.12 |
| | $[Cu(NH_3)_4]^{2+}+2e^-=Cu+4HN_3$ | −0.04 |
| | $[Cu(NH_3)_4]^{2+}+e^-=[Cu(NH_3)_2]^++2NH_3$ | −0.01 |
| | $CuCl+e^-=Cu+Cl^-$ | 0.137 |
| | $Cu(edta)^{2-}+2e^-=Cu+(edta)^{4-}$ | 0.13 |
| | $Cu^{2+}+e^-=Cu^+$ | 0.159 |
| | $Cu^{2+}+2e^-=Cu$ | 0.337 |
| | $Cu^++e^-=Cu$ | 0.52 |
| | $Cu^{2+}+Cl^-+e^-=CuCl$ | 0.57 |
| | $Cu^{2+}+I^-+e^-=CuI$ | 0.87 |
| | $Cu^{2+}+2CN^-+e^-=[Cu(CN)_2]^-$ | 1.12 |
| Cs | $Cs^++e^-=Cs$ | −2.923 |
| F | $F_2+2e^-=2F^-$ | 2.87 |
| | $F_2+2H^++2e^-=2HF$ | 3.06 |
| Fe | $Fe(OH)_3+e^-=Fe(OH)_2+OH^-$ | −0.56 |
| | $Fe^{2+}+2e^-=Fe$ | −0.44 |
| | $Fe^{3+}+3e^-=Fe$ | −0.36 |
| | $[Fe(C_2O_4)_3]^3+e^-=[Fe(C_2O_4)_2]^{2-}+C_2O_4^{2-}$ | 0.02 |
| | $Fe(EDTA)^-+e^-=Fe(EDTA)^{2-}$ | 0.12 |
| | $[Fe(CN_6)]^{3-}+e^-=[Fe(CN)_6]^{4-}$ | 0.36 |
| | $[FeF_6]^{3-}+e^-=Fe^{2+}+6F^-$ | 0.4 |
| | $FeO_4^{2-}+2H_2O+3e^-=FeO_4^-+4OH^-$ | 0.55 |
| | $Fe^{3+}+e^-=Fe^{2+}$ | 0.77 |
| | $FeO_4^{2-}+8H^++3e^-=Fe^{3+}+4H_2O$ | 1.9 |

（续）

| 元素 | 半反应 | $\varphi^{\theta}$/V |
|---|---|---|
| Ga | $Ga(OH)_4^- + 3e^- = Ga + 4OH^-$ | −1.26 |
| | $Ga^{3+} + 3e^- = Ga$ | −0.56 |
| Ge | $GeO_2 + 4H^+ + 4e^- = Ge + 2H_2O$ | −0.15 |
| | $Ge^{2+} + 2e^- = Ge$ | 0.23 |
| H | $H_2 - 2e^- = 2H^+$ | −2.25 |
| | $2H_2O + 2e^- = H_2 + 2OH^-$ | −0.828 |
| | $2H^+ + 2e^- = H_2$ | 0.000 |
| | $H_2O_2 + 2H^+ + 2e^- = 2H_2O$ | 1.77 |
| Hg | $Hg_2Cl_2 + 2e^- = 2Hg + 2Cl^-$ | 0.2680 |
| | $Hg_2SO_4 + 2e^- = 2Hg + SO_4^{2-}$ | 0.614 |
| | $2HgCl_2 + 2e^- = Hg_2Cl_2 + 2Cl^-$ | 0.63 |
| | $Hg_2^{2+} + 2e^- = 2Hg$ | 0.792 |
| | $Hg_2^{2+} + 2e^- = Hg$ | 0.854 |
| | $2Hg_2^{+} + 2e^- = Hg_2^{2+}$ | 0.908 |
| I | $IO_3^- + 2H_2O + 4e^- = IO^- + 4OH^-$ | 0.14 |
| | $IO_3^- + 3H_2O + 6e^- = I^- + 6OH^-$ | 0.26 |
| | $I_3^- + 2e^- = 3I^-$ | 0.536 |
| | $I_2$(液)$ + 2e^- = 2I^-$ | 0.622 |
| | $IO_3^- + 6H^+ + 6e^- = I^- + 3H_2O$ | 1.085 |
| | $IO_3^- + 5H^+ + 4e^- = HIO + 2H_2O$ | 1.14 |
| | $2IO_3^- + 12H^+ + 10e^- = I_2 + 6H_2O$ | 1.19 |
| | $2HIO + 2H^+ + 2e^- = I_2 + 2H_2O$ | 1.45 |
| | $H_5IO_6 + H^+ + 2e^- = IO_3^- + 3H_2O$ | 1.6 |
| In | $In^{3+} + 2e^- = In^+$ | −0.40 |
| | $In^{3+} + 3e^- = In$ | −0.34 |
| Ir | $IrCl_6^{3-} + 3e^- = Ir + 6Cl^-$ | 0.77 |
| | $IrCl_6^{2-} + 4e^- = Ir + 6Cl^-$ | 0.835 |
| | $IrCl_6^{2-} + e^- = IrCl_6^{3-}$ | 1.026 |
| | $Ir^{3+} + 3e^- = Ir$ | 1.15 |
| K | $K^+ + e^- = K$ | −2.92 |
| La | $La^{3+} + 3e^- = La$ | −2.52 |
| Li | $Li + e^- = Li$ | −3.045 |

（续）

| 元素 | 半反应 | $\varphi^\theta$/V |
|---|---|---|
| Mg | $Mg^{2+}+2e^-=Mg$ | −2.375 |
| Mn | $Mn^{2+}+2e^-=Mn$ | −1.18 |
| | $Mn(CN)_6^{3-}+e^-=Mn(CN)_6^{4-}$ | −0.244 |
| | $MnO_4^-+e^-=MnO_4^{2-}$ | 0.564 |
| | $MnO_4^{2-}+2H_2O+2e^-=MnO_2+4OH^-$ | 0.6 |
| | $MnO_4^-+2H_2O+3e^-=MnO_2+4OH^-$ | 0.588 |
| | $MnO_2+4H^++2e^-=Mn^{2+}+2H_2O$ | 1.23 |
| | $Mn^{3+}+e^-=Mn^{2+}$ | 1.54 |
| | $MnO_4^-+8H^++5e^-=Mn^{2+}+4H_2O$ | 1.51 |
| | $MnO_4^-+4H^++3e^-=MnO_2+2H_2O$ | 1.695 |
| Mo | $Mo^{3+}+3e^-=Mo$ | −0.20 |
| | $MoO_2^++4H^++2e^-=Mo^{3+}+2H_2O$ | −0.01 |
| | $H_2MoO_4+2H^++e^-=MoO_2^++2H_2O$ | 0.48 |
| | $MoO_3^{2+}+2H^++e^-=MoO^{3+}+H_2O$ | 0.48 |
| | $Mo(CN)_6^{3+}++e^-=Mo(CN)_6^{4-}$ | 0.73 |
| N | $N_2+5H^++4e^-=N_2H_5^+$ | −0.23 |
| | $N_2O+4H^++H_2O+4e^-=2NH_2OH$ | −0.05 |
| | $NO_3^-+H_2O+2e^-=NO_2^-+2OH^-$ | 0.1 |
| | $N_2+8H^++6e^-=2NH_4^+$ | 0.26 |
| | $NO_3^-+2H^++e^-=NO_2+H_2O$ | 0.80 |
| | $NO_3^-+3H^++2e^-=HNO_2+H_2O$ | 0.94 |
| | $NO_3^-+4H^++3e^-=NO+2H_2O$ | 0.96 |
| | $HNO_2+H^++e^-=NH+H_2O$ | 1.00 |
| | $2HNO_2+4H^++4e^-=N_2O+3H_2O$ | 1.27 |
| Na | $Na^++e^-=Na$ | −2.713 |
| Nb | $Nb^{3+}+3e^-=Nb$ | −1.1 |
| | $NbO^{3+}+2H^++2e^-=Nb^{3+}+H_2O$ | −0.34 |
| | $NbO(SO_4)_2^-+2H^++2e^-=Nb^{3+}+H_2O+2SO_4^{2-}$ | −0.1 |
| Ni | $Ni(CN)_4^{2-}+e^-=Ni(CN)_3^{2-}+CN^-$ | −0.82 |
| | $Ni(OH)_2+2e^-=Ni+2OH^-$ | −0.72 |
| | $Ni(NH_3)_6^{2+}+2e^-=Ni+6NH_3$ | −0.52 |
| | $Ni^{2+}+2e^-=Ni$ | −0.23 |
| | $NiO_2+2H_2O+2e^-=Ni(OH)_2+2OH^-$ | 0.49 |
| | $NiO_2+4H^++2e^-=Ni^{2+}+2H_2O$ | 1.68 |

（续）

| 元素 | 半反应 | $\varphi^{\theta}$/V |
| --- | --- | --- |
| O | $O_2+H_2O+2e^-=HO_2^-+OH^-$ | −0.076 |
| | $O_2+2H_2O+4e^-=4OH^-$ | 0.401 |
| | $O_2+2H^++2e^-=H_2O_2$ | 0.68 |
| | $HO_2^-+H_2O+2e^-=3OH^-$ | 0.88 |
| | $O_2+4H^++4e^-=2H_2O$ | 1.229 |
| | $H_2O_2^++2H^++2e^-=2H_2O$ | 1.776 |
| | $O_3+2H^++2e^-=O_2+H_2O$ | 2.07 |
| Os | $OsCl_6^{3-}+e^-=Os^{2+}+6Cl^-$ | 0.4 |
| | $OsCl_6^{3-}+3e^-=Os+6Cl^-$ | 0.71 |
| | $Os^{2+}+2e^-=Os$ | 0.85 |
| | $OsCl_6^{2-}+e^-=OsCl_6^{3-}$ | 0.85 |
| | $OsO_4+8H^++8e^-=Os+4H_2O$ | 0.85 |
| P | $HPO_3^{2-}+2H_2O+2e^-=H_2PO_2^-+3OH^-$ | −1.57 |
| | $PO_4^{3-}+2H_2O+2e^-=HPO_3^{2-}+3OH^-$ | −1.12 |
| | $H_3PO_2+H^++e^-=P+2H_2O$ | −0.51 |
| | $H_3PO_3+2H^++2e^-=H_3PO_2+H_2O$ | −0.50 |
| | $H_3PO_4+2H^++2e^-=H_3PO_3+H_2O$ | −0.276 |
| Pb | $HPbO_2^-+H_2O+2e^-=Pb+2OH^-$ | −0.54 |
| | $Pb^{2+}+2e^-=Pb$ | −0.126 |
| | $PbO_2+H_2O+2e^-=PbO+2OH^-$ | 0.288 |
| | $PbO_2+4H^++2e^-=Pb^{2+}+2H_2O$ | 1.455 |
| | $PbO_2+SO_4^{2-}+4H^++e^-=PbSO_4+2H_2O$ | 1.685 |
| Pd | $PdCl_4^{2-}+2e^-=Pd+4Cl^-$ | 0.623 |
| | $PdCl_6^{2-}+4e^-=Pd+6Cl^-$ | 0.96 |
| | $Pd^{2+}+2e^-=Pd$ | 0.987 |
| | $PdCl_6^{2-}+2e^-=PbCl_4^{2-}+2Cl^-$ | 1.29 |
| Pt | $Pt(OH)_2+2e^-=Pt+2OH^-$ | 0.15 |
| | $Pt(OH)_6^{2-}+2e^-=Pt(OH)_2+4OH^-$ | 0.2 |
| | $PtCl_6^{2-}+2e^-=PtCl_4^{2-}+2Cl^-$ | 0.68 |
| | $PtCl_6^{2-}+2e^-=Pt+4Cl^-$ | 0.755 |
| | $Pt(OH)_2+2H^++2e^-=Pt+2H_2O$ | 0.98 |
| | $Pt^2+2e^-=Pt$ | 1.2 |

（续）

| 元素 | 半反应 | $\varphi^\theta$/V |
|---|---|---|
| Ra | $Ra^{2+}+2e^-=Ra$ | −2.92 |
| Rb | $Rb^++e^-=Rb$ | −2.924 |
| Re | $Re+e^-=Re^-$ | −0.4 |
| | $ReO_4^-+8H^++6Cl^-+3e^-=ReCl_6^{2-}+4H_2O$ | 0.19 |
| | $ReO_2+4H^++4e^-=Re+2H_2O$ | 0.260 |
| | $ReCl_6^{2-}+4e^-=Re+6Cl^-$ | 0.50 |
| | $ReO_4^-+4H^++3e^-=ReO_2+2H_2O$ | 0.51 |
| Rh | $RhC_6^{3-}+3e^-=Rh+6Cl^-$ | 0.44 |
| | $Rh^{2+}+e^-=Rh^+$ | 0.60 |
| | $Rh^++e^-=Rh$ | 0.60 |
| S | $SO_4^{2-}+H_2O+2e^-=SO_3^{2-}+2OH^-$ | −0.93 |
| | $2SO_3^{2-}+3H_2O+4e^-=S_2O_3^{2-}+6OH^-$ | −0.58 |
| | $S+2e^-=S^{2-}$ | 0.48 |
| | $S_2^{2-}+2e^-=2S^{2-}$ | −0.48 |
| | $2H_2SO_3+H^++2e^-=HS_2O_4^-+2H_2O$ | −0.08 |
| | $S_4O_6^{2-}+2e^-=2S_2O_3^{2-}$ | 0.08 |
| | $S+2H^++2e^-=H_2S$ | 0.14 |
| | $SO_4^{2-}+4H^++2e^-=H_2SO_3+H_2O$ | 0.17 |
| | $S_2O_3^{2-}+6H^++4e^-=2S+3H_2O$ | 0.5 |
| | $S_2O_8^{2-}+2e^-=2SO_4^{2-}$ | 2.01 |
| Sb | $Sb+3H^++3e^-=SbH_3$ | −0.51 |
| | $SbO_3^-+H_2O+2e^-=SbO_2^-+2OH^-$ | −0.43 |
| | $Sb_2O_3+6H^++6e^-=2Sb+3H_2O$ | −0.152 |
| | $SbO^++2H^++3e^-=Sb+H_2O$ | 0.212 |
| | $Sb_2O_5+6H^++4e^-=2SbO^++3H_2O$ | 0.581 |
| | $Sb_2O_5+4H^++4e^-=Sb_2O_3+2H_2O$ | 0.692 |
| Sc | $Sc^{3+}+3e^-=Sc$ | −2.08 |
| Se | $Se+2e^-=Se^{2-}$ | −0.78 |
| | $Se+2H^++2e^-=H_2Se$ | −0.40 |
| | $SeO_3^{2-}+3H_2O+4e^-=Se+6OH^-$ | −0.366 |
| | $SeO_4^{2-}+H_2O+2e^-=SeO_3^{2-}+2OH^-$ | 0.05 |
| | $H_2SeO_3+4H^++4e^-=Se+3H_2O$ | 0.74 |
| | $SeO_4^{2-}+4H^++2e^-=H_2SeO_3+H_2O$ | 1.15 |

（续）

| 元素 | 半反应 | $\varphi^\theta$/V |
|---|---|---|
| Si | $SiF_6^{2-}+4e^-=Si+6F^-$ | −1.24 |
| | $SiO_3^{2-}+H_2O+4e^-=Si+6OH^-$ | −1.7 |
| Sn | $Sn(OH)_6^{2-}+2e^-=HSnO_2^-+3OH^-+H_2O$ | −0.93 |
| | $HSnO_2^-+H_2O+2e^-=Sn+3OH^-$ | −0.91 |
| | $Sn^{2+}+2e^-=Sn$ | −0.14 |
| | $SnCl_6^{2-}+2e^-=SnCl_4^{2-}+2Cl^-$ | 0.14 |
| | $Sn^{4+}+2e^-=Sn^{2+}$ | 0.154 |
| | $SnCl_4^{2-}+2e^-=Sn+4Cl^-$ | 0.19 |
| Sr | $Sr^{2+}+2e^-=Sr$ | −2.89 |
| Ta | $Ta_2O_5+10H^++10e^-=2Ta+5H_2O$ | −0.81 |
| Te | $Te+2e^-=Te^{2-}$ | −1.14 |
| | $Te+2H^++2e^-=H_2Te$ | −0.72 |
| | $TeO_4^-+8H^++7e^-=Te+4H_2O$ | 0.472 |
| | $TeO_2+4H^++4e^-=Te+2H_2O$ | 0.53 |
| | $TeCl_6^{2-}+4e^-=Te+6Cl^-$ | 0.646 |
| | $H_6TeO_5+2H^++2e^-=TeO_2+4H_2O$ | 1.02 |
| Th | $Th(OH)_4+4e^-=Th+4OH^-$ | −2.48 |
| | $Th^{4+}+4e^-=Th$ | −1.90 |
| Ti | $TiF_6^{2-}+4e^-=Ti+6F^-$ | −1.19 |
| | $TiO_2+4H^++4e^-=Ti+2H_2O$ | −0.86 |
| | $Ti^{3+}+e^-=Ti^{2+}$ | −0.37 |
| | $Ti^{4+}+e^-=Ti^{3+}$ | 0.092 |
| | $TiO^{2-}+2H^++e^-=Ti^{3+}+H_2O$ | 0.099 |
| Tl | $Tl^++e^-=Tl$ | −0.336 |
| | $Tl^{3+}+2e^-=Tl^+$ | 1.25 |
| | $Tl^{3+}+Cl^-+2e^-=TlCl$ | 1.36 |
| U | $UO_2+2H_2O+4e^-=U+4OH^-$ | −2.39 |
| | $U^{3+}+3e^-=U$ | −1.80 |
| | $U^{4+}+e^-=U^{3+}$ | −0.61 |
| | $UO_2^{2+}+4H^++2e^-=U^{4+}+2H_2O$ | 0.33 |
| | $UO_2^++4H^++e^-=U^{4+}+2H_2O$ | 0.55 |

（续）

| 元素 | 半反应 | $\varphi^{\theta}$/V |
|---|---|---|
| V | $V^{2+}+2e^{-}=V$ | −1.18 |
| | $V^{3+}+e^{-}=V^{2+}$ | −0.256 |
| | $VO_2^{+}+4H^{+}+5e^{-}=V+2H_2O$ | −0.25 |
| | $VO^{2+}+2H^{+}+e^{-}=V^{3+}+H_2O$ | 0.337 |
| | $VO_2^{+}+4H^{+}+3e^{-}=V^{2+}+2H_9O$ | 0.36 |
| | $VO_2^{+}+2H^{+}+e^{-}=VO^{2+}+H_2O$ | 1.00 |
| W | $WO_3+6H^{+}+6e^{-}=W+3H_2O$ | −0.09 |
| | $W_2O_5+2H^{+}+2e^{-}=2WO_2+H_2O$ | −0.04 |
| | $2WO_3+2H^{+}+2e^{-}=W_2O_5+H_2O$ | −0.03 |
| Y | $Y^{3+}+3e^{-}=Y$ | −2.37 |
| Zn | $[Zn(CN)_4]^{2-}+2e^{-}=Zn+4CN^{-}$ | −1.26 |
| | $Zn(OH)_4^{2-}+2e^{-}=Zn+4OH^{-}$ | −1.216 |
| | $Zn^{2+}+2e^{-}=Zn$ | −0.763 |
| Zr | $Zr^{4+}+4e^{-}=Zr$ | −1.53 |
| | $ZrO_2+4H^{+}+4e^{-}=Zr+2H_2O$ | −1.43 |

**附表6　一些氧化还原电对的条件电极电位**

| 元素 | 半反应 | $\varphi^{\theta'}$/V | 介质 |
|---|---|---|---|
| Ag | Ag(Ⅱ)$+e^{-}=Ag^{+}$ | 1.927 | 4mol/L $HNO_3$ |
| | | 2.00 | 4mol/L $HClO_4$ |
| | $Ag^{+}+e^{-}=Ag$ | 0.792 | 1mol/L $HClO_4$ |
| | | 0.228 | 1mol/L HCl |
| | | 0.59 | 1mol/L NaOH |
| | $AgCl+e^{-}=Ag+Cl^{-}$ | 0.2880 | 0.1mol/L KCl |
| | | 0.2223 | 1mol/L KCl |
| | | 0.2000 | 饱和 KCl |
| As | $H_3AsO_4+2H^{+}+2e^{-}=H_3AsO_3+H_2O$ | 0.577 | 1mol/L HCl，$HClO_4$ |
| | | 0.07 | 1mol/L NaOH |
| | | −0.16 | 5mol/L NaOH |
| Au | $Au^{3+}+2e^{-}=Au^{+}$ | 1.27 | 0.5mol/L $H_2SO_4$(氧化金饱和) |
| | | 1.26 | 1mol/L $HNO_3$(氧化金饱和) |
| | | 0.93 | 1mol/L HCl |
| | $Au^{3+}+3e^{-}=Au$ | 0.30 | 7～8mol/L NaOH |

（续）

| 元素 | 半反应 | $\varphi^{\theta'}$/V | 介质 |
|---|---|---|---|
| Bi | $Bi^{3+}+3e^-=Bi$ | −0.05 | 5mol/L HCl |
| | | 0.0 | 1mol/L HCl |
| Cd | $Cd^{2+}+2e^-=Cd$ | −0.8 | 8mol/L KOH |
| Ce | $Ce^{4+}+e^-=Ce^{3+}$ | 1.70 | 1mol/L $HClO_4$ |
| | | 1.71 | 2mol/L $HClO_4$ |
| | | 1.75 | 4mol/L $HClO_4$ |
| | | 1.82 | 6mol/L $HClO_4$ |
| | | 1.87 | 8mol/L $HClO_4$ |
| | | 1.61 | 2mol/L $HNO_3$ |
| | | 1.62 | 2mol/L $HNO_3$ |
| | | 1.61 | 4mol/L $HNO_3$ |
| | | 1.56 | 8mol/L $HNO_3$ |
| | | 1.44 | 0.5mol/L $H_2SO_4$ |
| | | 1.44 | 1mol/L $H_2SO_4$ |
| | | 1.43 | 2mol/L $H_2SO_4$ |
| | | 1.28 | 1mol/L HCl |
| Co | $Co^{3+}+e^-=Co^{2+}$ | 1.84 | 3mol/L $HNO_3$ |
| | Co(乙二胺)$_3^{3+}+e^-=$Co(乙二胺)$_3^{2+}$ | −0.2 | 0.1mol/L $KNO_3$+0.1mol/L 乙二胺 |
| Cr | $Cr^{3+}+e^-=Cr^{2+}$ | −0.40 | 5mol/L HCl |
| | $Cr_2O_7^{2-}+14H^++6e^-=2Cr^{3+}+7H_2O$ | 0.93 | 0.1mol/L HCl |
| | | 0.97 | 0.5mol/L HCl |
| | | 1.00 | 1mol/L HCl |
| | | 1.05 | 2mol/L HCl |
| | | 1.08 | 3mol/L HCl |
| | | 1.15 | 4mol/L HCl |
| | | 0.92 | 0.1mol/L $H_2SO_4$ |
| | | 1.08 | 0.5mol/L $H_2SO_4$ |
| | | 1.10 | 2mol/L $H_2SO_4$ |
| | | 1.15 | 4mol/L $H_2SO_4$ |
| | | 0.84 | 0.1mol/L $HClO_4$ |
| | | 1.10 | 0.2mol/L $HClO_4$ |
| | | 1.025 | 1mol/L $HClO_4$ |
| | | 1.27 | 1mol/L $HNO_3$ |
| | $CrO_4^{2-}+2H_4O+3e^-=CrO_2^-+4OH^-$ | −0.12 | 1mol/L NaOH |

（续）

| 元素 | 半反应 | $\varphi^{\theta'}$/V | 介质 |
|---|---|---|---|
| Cu | $Cu^{2+}+e^{-}=Cu^{+}$ | −0.09 | pH=14 |
| Fe | $Fe^{3+}+e^{-}=Fe^{2+}$ | 0.73 | 0.1mol/L HCl |
| | | 0.72 | 0.5mol/L HCl |
| | | 0.70 | 1mol/L HCl |
| | | 0.69 | 2mol/L HCl |
| | | 0.68 | 3mol/L HCl |
| | | 0.68 | 0.1mol/L $H_2SO_4$ |
| | | 0.68 | 0.5mol/L $H_2SO_4$ |
| | | 0.68 | 1mol/L $H_4SO_4$ |
| | | 0.68 | 4mol/L $H_2SO_4$ |
| | | 0.735 | 0.1mol/L $HClO_4$ |
| | | 0.732 | 1mol/L $HClO_4$ |
| | | 0.46 | 2mol/L $H_3PO_4$ |
| | | 0.70 | 1mol/L $HNO_3$ |
| | | −0.7 | pH=14 |
| | | 0.51 | 1mol/L HCl+0.5mol/L $H_3PO_4$ |
| | $Fe(EDTA)^{-}+e^{-}=Fe(DETA)^{2-}$ | 0.12 | 0.1mol/L EDTA，pH=4～6 |
| | $Fe(CN)_6^{3-}+e^{-}=Fe(CN)_6^{4-}$ | 0.56 | 0.1mol/L HCl |
| | | 0.41 | pH=4～13 |
| | | 0.70 | 1mol/L HCl |
| | | 0.72 | 1mol/L $HClO_4$ |
| | | 0.72 | 1mol/L $H_2SO_4$ |
| | | 0.46 | 0.01mol/L NaOH |
| | | 0.52 | 5mol/L NaOH |
| I | $I_3^{-}+2e^{-}=3I^{-}$ | 0.5446 | 0.5mol/L $H_2SO_4$ |
| | $I_2$(水)$+2e^{-}=2I^{-}$ | 0.6276 | 0.5mol/L $H_2SO_4$ |
| Hg | $Hg_2^{2+}+2e^{-}=2Hg$ | 0.33 | 0.1mol/L KCl |
| | | 0.28 | 1mol/L KCl |
| | | 0.24 | 饱和 KCl |
| | | 0.66 | 4mol/L $HClO_4$ |
| | | 0.274 | 1mol/L HCl |
| | $2Hg^{2+}+2e^{-}=Hg_2^{2+}$ | 0.28 | 1mol/L HCl |

（续）

| 元素 | 半反应 | $\varphi^{0'}$/V | 介质 |
|---|---|---|---|
| In | $In^{3+}+3e^{-}=In$ | −0.3 | 1mol/L HCl |
| | | −0.47 | 1mol/L $Na_2CO_3$ |
| Mn | $MnO_4^{-}+8H^{+}+5e^{-}=Mn^{2+}+4H_2O$ | 1.45 | 1mol/L $HClO_4$ |
| | | 1.27 | 8mol/L $H_3PO_4$ |
| Sn | $SnCl_6^{2+}+2e^{-}=SnCl_4^{2-}+2Cl^{-}$ | 0.14 | 1mol/L HCl |
| | | 0.10 | 5mol/L HCl |
| | | 0.07 | 0.1mol/L HCl |
| | | 0.40 | 4.5mol/L $H_2SO_4$ |
| | $Sn^{2+}+2e^{-}=Sn$ | −0.16 | 1mol/L $HClO_4$ |
| Sb | Sb(Ⅴ)$+2e^{-}=$Sb(Ⅲ) | 0.75 | 3.5mol/L HCl |
| Mo | $Mo^{4+}+e^{-}=Mo^{3+}$ | 0.1 | 4mol/L $H_2SO_4$ |
| | $Mo^{6+}+e^{-}=Mo^{5+}$ | 0.53 | 2mol/L HCl |
| Tl | $Tl^{+}+e^{-}=Tl$ | −0.551 | 1mol/L HCl |
| | Tl(Ⅲ)$+2e^{-}=$Tl(Ⅰ) | 1.23~0.78 | 1mol/L $HNO_3$ 0.6mol/L HCl |
| U | U(Ⅳ)$+e^{-}=$U(Ⅲ) | ~−0.63 | 1mol/L HCl、或 $HClO_4$ |
| | | −0.85 | 1mol/L $H_2SO_4$ |
| V | $VO_2^{+}+2H^{+}+e^{-}=VO^{2+}+H_2O$ | −0.74 | pH=14 |
| Zn | $Zn^{2+}+2e^{-}=Zn$ | −1.36 | $CN^{-}$络合物 |

# 参考文献


[1] 黄君礼. 水分析化学 [M] . 3 版 . 北京：中国建筑工业出版社，2008.
[2] 王彤. 仪器分析与实验 [M]. 青岛：青岛出版社，2000.
[3] 陈集，朱鹏飞. 仪器分析教程 [M]. 北京：化学工业出版社，2010.
[4] 方禹之. 分析科学与分析技术 [M]. 上海：华东师范大学出版社，2002.
[5] 刘约权. 现代仪器分析 [M]. 2 版. 北京：高等教育出版社，2006.
[6] 夏心泉. 仪器分析 [M]. 北京：中央广播电视大学出版社，1995.
[7] 张锦柱. 分析化学简明教程 [M]. 北京：冶金工业出版社，2006.
[8] 汪尔康. 分析化学 [M]. 北京：北京理工大学出版社，2006.
[9] 刘志广. 分析化学 [M]. 北京：高等教育出版社，2008.
[10] 潘祖亭，李步海，李春涯. 分析化学 [M]. 北京：科学出版社，2010.
[11] 蔡明招. 分析化学 [M]. 北京：化学工业出版社，2009.
[12] 廖立夫. 分析化学 [M]. 武汉：华中科技大学出版社，2008.
[13] 胡乃非，欧阳津，晋卫军，等. 分析化学 [M]. 3 版. 北京：高等教育出版社，2010.
[14] 俞英明. 水分析化学 [M]. 北京：冶金工业出版社，2001.
[15] 奚旦立，孙裕生，刘秀英. 环境监测 [M]. 3 版. 北京：高等教育出版社，2004.
[16] 谢协忠，张钰镭，于瑞生，等. 水分析化学 [M]. 南京：河海大学出版社，2003.
[17] 蒋展鹏. 环境工程监测 [M]. 北京：清华大学出版社，1990.
[18] 曾泳淮，林树昌. 分析化学（仪器分析部分）[M]. 3 版. 北京：高等教育出版社，2004.
[19] 葛兴. 分析化学 [M]. 北京：中国农业大学出版社，2004.
[20] 孙福生，朱英存，李毓. 环境分析化学 [M]. 北京：化学工业出版社，2011.
[21] 张华，刘志广. 仪器分析简明教程 [M]. 大连：大连理工大学出版社，2007.
[22] 杜斌，郑鹏武. 实用现代色谱技术 [M]. 郑州：郑州大学出版社，2009.
[23] 陈集，饶小桐. 仪器分析 [M]. 重庆：重庆大学出版社，2002.
[24] 国家环保总局. 水和废水监测分析方法 [M]. 4 版. 北京：中国环境科学出版社，2002.
[25] 王国惠. 水分析化学 [M]. 北京：化学工业出版社，2009.
[26] 费学宁. 现代水质监测分析技术 [M]. 北京：化学工业出版社，2005.
[27] 邓勃. 仪器分析 [M]. 北京：清华大学出版社，1991.
[28] 王玉枝. 色谱分析 [M]. 北京：中国纺织出版社，2008.
[29] 刘虎威. 气相色谱方法及应用 [M]. 北京：化学工业出版社，2000.
[30] 朱明华，胡坪. 仪器分析 [M]. 4 版. 北京：高等教育出版社，2008.

# 北京大学出版社土木建筑系列教材(已出版)

| 序号 | 书名 | 主编 | 定价 | 序号 | 书名 | 主编 | 定价 |
|---|---|---|---|---|---|---|---|
| 1 | 建筑设备(第2版) | 刘源全　张国军 | 46.00 | 58 | 房地产开发与管理 | 刘　薇 | 38.00 |
| 2 | 土木工程测量(第2版) | 陈久强　刘文生 | 40.00 | 59 | 土力学 | 高向阳 | 32.00 |
| 3 | 土木工程材料(第2版) | 柯国军 | 45.00 | 60 | 建筑表现技法 | 冯　柯 | 42.00 |
| 4 | 土木工程计算机绘图 | 袁　果　张渝生 | 28.00 | 61 | 工程招投标与合同管理 | 吴　芳　冯　宁 | 39.00 |
| 5 | 工程地质(第2版) | 何培玲　张　婷 | 26.00 | 62 | 工程施工组织 | 周国恩 | 28.00 |
| 6 | 建设工程监理概论(第2版) | 巩天真　张泽平 | 30.00 | 63 | 建筑力学 | 邹建奇 | 34.00 |
| 7 | 工程经济学(第2版) | 冯为民　付晓灵 | 42.00 | 64 | 土力学学习指导与考题精解 | 高向阳 | 26.00 |
| 8 | 工程项目管理(第2版) | 仲景冰　王红兵 | 45.00 | 65 | 建筑概论 | 钱　坤 | 28.00 |
| 9 | 工程造价管理 | 车春鹂　杜春艳 | 24.00 | 66 | 岩石力学 | 高　玮 | 35.00 |
| 10 | 工程招标投标管理(第2版) | 刘昌明 | 30.00 | 67 | 交通工程学 | 李　杰　王　富 | 39.00 |
| 11 | 工程合同管理 | 方　俊　胡向真 | 23.00 | 68 | 房地产策划 | 王直民 | 42.00 |
| 12 | 建筑工程施工组织与管理(第2版) | 余群舟　宋会莲 | 31.00 | 69 | 中国传统建筑构造 | 李合群 | 35.00 |
| 13 | 建设法规(第2版) | 肖　铭　潘安平 | 32.00 | 70 | 房地产开发 | 石海均　王　宏 | 34.00 |
| 14 | 建设项目评估 | 王　华 | 35.00 | 71 | 室内设计原理 | 冯　柯 | 28.00 |
| 15 | 工程量清单的编制与投标报价 | 刘富勤　陈德方 | 25.00 | 72 | 建筑结构优化及应用 | 朱杰江 | 30.00 |
| 16 | 土木工程概预算与投标报价(第2版) | 刘　薇　叶　良 | 37.00 | 73 | 高层与大跨建筑结构施工 | 王绍君 | 45.00 |
| 17 | 室内装饰工程预算 | 陈祖建 | 30.00 | 74 | 工程造价管理 | 周国恩 | 42.00 |
| 18 | 力学与结构 | 徐吉恩　唐小弟 | 42.00 | 75 | 土建工程制图 | 张黎骅 | 29.00 |
| 19 | 理论力学(第2版) | 张俊彦　赵荣国 | 40.00 | 76 | 土建工程制图习题集 | 张黎骅 | 26.00 |
| 20 | 材料力学 | 金康宁　谢群丹 | 27.00 | 77 | 材料力学 | 章宝华 | 36.00 |
| 21 | 结构力学简明教程 | 张系斌 | 20.00 | 78 | 土力学教程 | 孟祥波 | 30.00 |
| 22 | 流体力学 | 刘建军　章宝华 | 20.00 | 79 | 土力学 | 曹卫平 | 34.00 |
| 23 | 弹性力学 | 薛　强 | 22.00 | 80 | 土木工程项目管理 | 郑文新 | 41.00 |
| 24 | 工程力学 | 罗迎社　喻小明 | 30.00 | 81 | 工程力学 | 王明斌　庞永平 | 37.00 |
| 25 | 土力学 | 肖仁成　俞　晓 | 18.00 | 82 | 建筑工程造价 | 郑文新 | 38.00 |
| 26 | 基础工程 | 王协群　章宝华 | 32.00 | 83 | 土力学(中英双语) | 郎煜华 | 38.00 |
| 27 | 有限单元法(第2版) | 丁　科　殷水平 | 30.00 | 84 | 土木建筑CAD实用教程 | 王文达 | 30.00 |
| 28 | 土木工程施工 | 邓寿昌　李晓目 | 42.00 | 85 | 工程管理概论 | 郑文新　李献涛 | 26.00 |
| 29 | 房屋建筑学(第2版) | 聂洪达　郄恩田 | 48.00 | 86 | 景观设计 | 陈玲玲 | 49.00 |
| 30 | 混凝土结构设计原理 | 许成祥　何培玲 | 28.00 | 87 | 色彩景观基础教程 | 阮正仪 | 42.00 |
| 31 | 混凝土结构设计 | 彭　刚　蔡江勇 | 28.00 | 88 | 工程力学 | 杨云芳 | 42.00 |
| 32 | 钢结构设计原理 | 石建军　姜　袁 | 32.00 | 89 | 工程设计软件应用 | 孙香红 | 39.00 |
| 33 | 结构抗震设计 | 马成松　苏　原 | 25.00 | 90 | 城市轨道交通工程建设风险与保险 | 吴宏建　刘宽亮 | 75.00 |
| 34 | 高层建筑施工 | 张厚先　陈德方 | 32.00 | 91 | 混凝土结构设计原理 | 熊丹安 | 32.00 |
| 35 | 高层建筑结构设计 | 张仲先　王海波 | 23.00 | 92 | 城市详细规划原理与设计方法 | 姜　云 | 36.00 |
| 36 | 工程事故分析与工程安全 | 谢征勋　罗　章 | 22.00 | 93 | 工程经济学 | 都沁军 | 42.00 |
| 37 | 砌体结构 | 何培玲 | 20.00 | 94 | 结构力学 | 边亚东 | 42.00 |
| 38 | 荷载与结构设计方法(第2版) | 许成祥　何培玲 | 30.00 | 95 | 房地产估价 | 沈良峰 | 45.00 |
| 39 | 工程结构检测 | 周　详　刘益虹 | 20.00 | 96 | 土木工程结构试验 | 叶成杰 | 39.00 |
| 40 | 土木工程课程设计指南 | 许　明　孟茁超 | 25.00 | 97 | 土木工程概论 | 邓友生 | 34.00 |
| 41 | 桥梁工程(第2版) | 周先雁　王解军 | 37.00 | 98 | 工程项目管理 | 邓铁军　杨亚频 | 48.00 |
| 42 | 房屋建筑学(上：民用建筑) | 钱　坤　王若竹 | 32.00 | 99 | 误差理论与测量平差基础 | 胡圣武　肖本林 | 37.00 |
| 43 | 房屋建筑学(下：工业建筑) | 钱　坤　吴　歌 | 26.00 | 100 | 房地产估价理论与实务 | 李　龙 | 36.00 |
| 44 | 工程管理专业英语 | 王竹芳 | 24.00 | 101 | 混凝土结构设计 | 熊丹安 | 37.00 |
| 45 | 建筑结构CAD教程 | 崔钦淑 | 36.00 | 102 | 钢结构设计原理 | 胡习兵 | 30.00 |
| 46 | 建设工程招投标与合同管理实务 | 崔东红 | 38.00 | 103 | 土木工程材料 | 赵志曼 | 39.00 |
| 47 | 工程地质 | 倪宏革　时向东 | 25.00 | 104 | 工程项目投资控制 | 曲　娜　陈顺良 | 32.00 |
| 48 | 工程经济学 | 张厚钧 | 36.00 | 105 | 建设项目评估 | 黄明知　尚华艳 | 38.00 |
| 49 | 工程财务管理 | 张学英 | 38.00 | 106 | 结构力学实用教程 | 常伏德 | 47.00 |
| 50 | 土木工程施工 | 石海均　马　哲 | 40.00 | 107 | 道路勘测设计 | 刘文生 | 43.00 |
| 51 | 土木工程制图 | 张会平 | 34.00 | 108 | 大跨桥梁 | 王解军　周先雁 | 30.00 |
| 52 | 土木工程制图习题集 | 张会平 | 22.00 | 109 | 工程爆破 | 段宝福 | 42.00 |
| 53 | 土木工程材料 | 王春阳　裴　锐 | 40.00 | 110 | 地基处理 | 刘起霞 | 45.00 |
| 54 | 结构抗震设计 | 祝英杰 | 30.00 | 111 | 水分析化学 | 宋吉娜 | 42.00 |
| 55 | 土木工程专业英语 | 霍俊芳　姜丽云 | 35.00 | 112 | 基础工程 | 曹　云 | 43.00 |
| 56 | 混凝土结构设计原理 | 邵永健 | 40.00 | 113 | 建筑结构抗震分析与设计 | 裴星洙 | 35.00 |
| 57 | 土木工程计量与计价 | 王翠琴　李春燕 | 35.00 | | | | |

请登陆 www.pup6.cn 免费下载本系列教材的电子书(PDF版)、电子课件和相关教学资源。

欢迎免费索取样书，并欢迎到北大出版社来出版您的大作，可在 www.pup6.cn 在线申请样书和进行选题登记，也可下载相关表格填写后发到我们的邮箱，我们将及时与您取得联系并做好全方位的服务。

联系方式：010-62750667，donglu2004@163.com，linzhangbo@126.com，欢迎来电来信咨询。